隧 道 工 程

主 编 耿大新 方 焘 石钰锋

普通高校土木工程专业系列精品规划教材

编审委员会

总　序

土木工程是促进我国国民经济发展的重要支柱产业。近30年来，我国公路、铁路、城市轨道交通等基础设施以及城市建筑进入了高速发展阶段，以高速、重载和超高层为特征的建设工程的安全性、经济性和耐久性等高标准要求向传统的土木工程设计、施工技术提出了严峻挑战。面对新挑战，国内外土木工程行业的设计、施工、养护技术人员和科研工作者在工程实践和科学研究工作中，不断提出创新理念，积极开展基础理论和技术创新，研发了大量的新技术、新材料和新设备，形成了成套设计、施工和养护的新规范和技术手册，并在工程实践中大范围应用。

土木工程行业日新月异的发展，对现代土木工程专业技术人才培养提出了迫切要求。教材建设和教学内容是人才培养的重要环节。为面向普通高校本科生全面、系统和深入阐述公路、铁路、城市轨道交通以及建筑结构等土木工程领域的基础理论和工程技术成果，由中南大学出版社、中南大学土木工程学院组织国内土木工程领域一批专家、学者组成"普通高校土木工程专业系列精品规划教材"编审委员会，共同编写这套系列教材。通过多次研讨，确定了这套土木工程专业系列教材的编写原则：

1. 系统性

本系列教材以《土木工程指导性专业规范》为指导，教材内容满足城乡建筑、公路、铁路以及城市轨道交通等领域的建筑工程、桥梁工程、道路工程、铁道工程、隧道与地下工程和土木工程管理等方向的需求。

2. 先进性

本系列教材与21世纪土木工程专业人才培养模式的研究成果密切结合，既突出土木工程专业理论知识的传承，又尽可能全面反映土木工程领域的新理论、新技术和新方法，注重各门内容的充实与更新。

3. 实用性

本系列教材针对90后学生的知识与素质特点，以应用性人才培养为目标，注重理论知识与案例分析相结合，传统教学方式与基于现代信息技术的教学手段相结合，重点培养学生的工程实践能力，提高学生的创新素质。这套教材不仅是面向普通高校土木工程专业本科生的课程教材，还可作为其他层次学历教育和短期培训的教材和广大土木工程技术人员的专业参考书。

4. 严谨性

本系列教材的编写出版要求严格按国家相关规范和标准执行，认真把好编写人员遴选关、教材大纲评审关、教材内容主审关和教材编辑出版关，尽最大努力提高教材编写质量，力求出精品教材。

根据本套系列教材的编写原则，我们邀请了一批长期从事土木工程专业教学的一线教师负责本系列教材的编写工作。但是，由于我们的水平和经验所限，这套教材的编写肯定有不尽人意的地方，敬请读者朋友们不吝赐教。编委会将根据读者意见、土木工程发展趋势和教学手段的提升，对教材进行认真修订，以期保持这套教材的时代性和实用性。

最后，衷心感谢全套教材的参编同仁，由于他们的辛勤劳动，编撰工作才能顺利完成。真诚感谢中南大学校领导、中南大学出版社领导和编辑们，由于他们的大力支持和辛勤工作，本套教材才能够如期与读者见面。

余志武

2015 年 7 月

前 言

近年来，随着铁路、公路、地铁等交通工程的快速发展，隧道设计施工技术日新月异。本书根据教育部土木工程专业的课程设置指导意见和隧道工程发展的实际状况进行编写，以便对专业知识进行补充和更新，使之适应新经济建设时代下的技术要求。从隧道的概念、种类出发，对国内外交通隧道工程的发展、勘察、结构设计与计算、施工方法与工艺、新奥法理论与技术、运营管理与养护维修等方面进行了系统的介绍。同时针对新时代高速铁路的发展，着重对高速铁路隧道设计中的限界规定、断面设计、空气动力学效应及工程措施等进行了详细的介绍。通过本课程学习，使学生掌握有关铁路隧道的勘察、设计和构造原理以及计算理论和计算方法，熟悉有关施工方面知识，具备从事隧道工程的设计、施工、管理的基本知识和能力。

本书以铁路隧道为主，兼顾公路隧道。由于公路和铁路规范存在一定的差异，本书编写过程中，相关术语和数据大多以现行铁路规范为依据。同时由于行业规范的不断修订，如书中内容与现行规范不相符时，请以现行规范为准。

全书共分 11 章：第 1 章绪论，介绍隧道的基本概念、分类及发展历程；第 2 章隧道调查及围岩分级，包括隧道工程勘测内容及要求、隧道围岩分级；第 3 章隧道总体设计，包括隧道及洞口位置选择、铁路及公路隧道线性设计和横断面设计；第 4 章隧道结构构造，包括衬砌、洞门和附属结构的一般构造要求及耐久性设计要求；第 5 章隧道洞门与洞口构造物设计，包括洞门设计的基本要求和墙式洞门的检算；第 6 章隧道作用，包括隧道作用分类及组合，围岩压力的分类及计算；第 7 章隧道支护结构设计计算方法，包括结构力学法、岩体力学法和信息反馈法；第 8 章高速铁路隧道，包括高速铁路隧道空气动力学问题、横断面设计、洞口缓冲结构物和洞门设计；第 9 章隧道防排水设计，包括隧道和明洞防排水措施；第 10 章隧道施工方法，包括隧道的爆破、出渣、支护、监控量测及辅助作业；第 11 章隧道常见病害类型及其养护与维修。实际教学中可根据大纲要求侧重选用相关章节。

本书第 1、2、3、4、5、8、9 章由耿大新编写，第 6、7 章由石钰锋编写，第 10、11 章由方焘编写。编写过程中除参考文献中所列资料外，还参考了部分论文、讲稿及网络资料，恕不一一列举。由于编者水平有限，故书中难免有些许错误和不足，恳请专家和读者批评指正。为促进老师间的交流，本教材提供参考课件，联系邮箱：gengdaxin@ ecjtu. jx. cn；270347713@ qq. com。

耿大新
2016 年 4 月

目　录

第 1 章　绪　论

1.1　隧道工程的基本概念与特点

隧道是埋置于地层内，两端有出入口，供车辆、行人、水流及管线等通过的工程建筑物，是人类利用地下空间的一种形式。1970 年国际经济合作与发展组织召开的隧道会议综合了各种因素，将隧道定义为："以某种用途、在地面下采用任何方法，按规定形状和尺寸修筑的断面积大于 2 m^2 的洞室。"

施工时，沿设计位置按设计形状开挖地层，如圆形、矩形、马蹄形等，为防止隧道变形、塌落或是有水涌入，沿隧道的周围修建的支护结构，称为"衬砌"。隧道端部外露面，为保护洞口和排放流水而修筑的结构物，称为"洞门"。

为了保证隧道的正常使用，还需设置一些附属建筑物：如为工作人员在隧道内进行维修或检查时能及时避让驶来的列车而在隧道两侧开辟的"避车洞"；为了保证车辆正常运行而设置的照明设施；为了排除隧道内渗入的地下水而设置的防、排水设施；为了净化隧道内车辆所排出的烟尘和有害气体而设置的通风系统等。

隧道工程具有节约土地、对环境影响相对较小、城市内拆迁量小、结构安全可靠等优点，尤其是特长和长大隧道能够提高线路质量，大大缩短线路长度和运行时间，但同时也存在着技术难度大、施工风险高、隐蔽工程多、施工环境艰苦和管理复杂等诸多缺点。

1.2　隧道分类

隧道的种类繁多，分类方法有如下几种。

①按照隧道所处的地质条件，可以分为：土质隧道和石质隧道。土质隧道是在土层中开挖的隧道。土是由岩石经过风化、搬运和沉积等一系列作用和变化后形成的，土体颗粒之间联结较弱，工程性质较差，一般不会保留地质构造形迹。土质隧道多处于浅地表层，易坍塌，多数不具有自稳性。石质隧道是在岩体中开挖的隧道。岩体由岩石和结构面组成，经受了各种地质作用，内部往往残存了各种永久变形和地质构造形迹。隧道围岩既是荷载体，又是承载体，当围岩质量较好时，可以自稳。

②按照国际隧道协会(ITA)定义的隧道的横断面积的大小，可以分为：极小断面隧道(2～3 m^2)、小断面隧道(3～10 m^2)、中等断面隧道(10～50 m^2)、大断面隧道(50～100 m^2)和特大断面隧道(大于 100 m^2)。

③按照隧道所在的位置，可以分为：山岭隧道、水底隧道和城市隧道。山岭隧道为穿越地表山体而开挖修筑的工程，多为石质隧道。为了便于排水，隧道一般设计为单面坡或人字坡。水底隧道是为穿越地表江河湖海而开修筑的工程，一般呈U字形，即中间低，两边洞口高。施工时，水患处理是工程的重中之重。城市隧道工程地处城市，一般工程用地范围较小，周边建构筑物较多，减小对环境影响是该类隧道的难点。

④按照隧道的长度，可以分为：短隧道、中隧道、长隧道和特长隧道。由于铁路隧道和公路隧道对通风要求的不同，长度划分的界限也不同，如表1－1所示。

表1－1 隧道长度划分界限(单位：m)

	特长隧道	长隧道	中隧道	短隧道
铁路隧道	$L>10000$	$10000\geqslant L>3000$	$3000\geqslant L>500$	$500\geqslant L$
公路隧道	$L>3000$	$3000\geqslant L>1000$	$1000\geqslant L>500$	$500\geqslant L$

⑤按照隧道埋置的深度，可以分为：浅埋隧道和深埋隧道。埋深的深浅是个相对概念，与隧道围岩的等级、开挖宽度等多个因素有关，一般以隧道覆盖层能否形成“自然拱”为界限，并考虑一定的余量。铁(公)路隧道设计规范通常取2～2.5倍坍方平均高度值作为界限。当隧道覆盖层厚度小于该值时为浅埋隧道，大于该值时为深埋隧道。

⑥按照隧道的用途，可以分为：交通隧道、水工隧洞、市政隧道、矿山巷道。交通隧道是为交通运输而在地下修筑的工程建筑物。常见的有铁路隧道、公路隧道、地下铁道、航运隧道和人行地道等。水工隧道是水利枢纽的重要组成部分，是为水力发电在地下修筑的供引水、排水、发电及变电机组安装的洞室。常见的有引水洞、尾水洞、导流洞、排沙洞、主厂房、主变室等。市政隧道是城市中为安置各种不同市政设施而修建的地下孔道。常见的有雨水隧道、污水隧道、管路隧道及线路隧道，为了便于养管维修，也可将多种隧道合建，称之为共同沟。矿山巷(hàng)道是为矿体开采而修筑的由地表通往矿床的通道。常见的有运输巷道、采准巷道和通风巷道等。

1.3 隧道工程的发展

1.3.1 交通隧道发展历史

早在上古时代，人类就已经会利用天然洞穴作为栖身之所，并且逐步在平原地区挖掘类似天然洞穴的窑洞来居住。公元前2180—前2160年左右，古巴比伦人在幼发拉底河下修筑的行人隧道，长190 m，是迄今发现的最早的交通隧道。建于东汉明帝永平九年(公元66年)的石门隧道，位于今陕西省汉中县褒谷口内，是我国最早采用“火烧水浇”开凿的穿山通车隧道。

(1)铁路隧道

近代，随着英国工业革命的开始，经济高速发展，大量的发明得以应用。1804年，理查·特尔维域克在英国威尔士发明了第一台能在铁轨上前进的蒸汽机车。1814年，史蒂芬逊制造了第一台蒸汽机车。1825 年，英格兰的史托顿与达灵顿铁路成为第一条成功的蒸汽火车铁路，很快铁路便在英国和世界各地通行起来。随着铁路的出现，大量的隧道得以修筑，隧道施工技术得到快速发展，各时期世界最长铁路隧道如表 1－2 所示。

表 1－2　世界最长铁路隧道年表

时期	隧道名称	长度/km	国家	类型
1829—1841	沃平隧道	2.06	英国	城市隧道
1841—1848	鲍克斯隧道	2.95	英国	山岭隧道
1848—1871	斯坦内奇隧道	4.803	英国	山岭隧道
1871—1882	弗雷瑞斯铁路隧道	13.636	法国、意大利	山岭隧道
1882—1906	圣哥达铁路隧道	15.003	瑞士	山岭隧道
1906—1922	辛普朗隧道Ⅰ号	19.803	瑞士、意大利	山岭隧道
1922—1982	辛普朗隧道Ⅱ号	19.824	瑞士、意大利	山岭隧道
1982—1988	大清水隧道	22.221	日本	山岭隧道
1988 年至现在	青函隧道	53.85	日本	水底隧道

解放前，我国经济不发达，隧道修建得不多。解放后，随着交通工程的发展，隧道建设才有了长足的进展，各时期我国最长铁路如表 1－3 所示。据不完全统计，截至 2014 年，我国已完工的特长铁路隧道有 82 座。西格二线的关角隧道（已贯通，尚未通车），全长 32645 m，排名第一；兰渝线的西秦隧道（已贯通，尚未通车），全长 28100 m，排名第二；石太客运专线太行山隧道，左线全长 27839 m，右线全长 27848 m，排名第三。

表 1－3　我国最长铁路（已运营通车）隧道年表

时期	名称	长度/km	铁路线	地点
1890—1904	狮球岭隧道	0.261	中国台湾地区铁路	台湾基隆
1904—1942	兴安岭隧道	3.077	东清铁路	内蒙古牙克石
1942—1965	杜草隧道	3.849	中东铁路	黑龙江尚志
1965—1966	凉风垭隧道	4.270	川黔铁路	贵州桐梓
1966—1972	沙木拉达隧道	6.383	成昆铁路	四川喜德
1972—1988	驿马岭隧道	7.032	京原铁路	山西灵丘－河北涞源
1988—2000	大瑶山隧道	14.295	京广铁路衡广复线	广东坪石－乐昌
2000—2006	秦岭隧道	18.460	西康铁路	陕西西安－柞水
2006—2009	乌鞘岭隧道	20.060	兰新铁路	甘肃天祝－古浪
2009—2014	太行山隧道	27.848	石太客运专线	山西盂县

(2)公路隧道

1886 年，德国工程师卡尔·本茨的三轮机动车获得德意志专利权，这是公认的世界上第一辆现代汽车。随着汽车的普及，20 世纪 30 年代西方一些国家开始修建高速公路，60 年代以后，世界各国高速公路发展迅速，长大公路隧道相继涌现，各时期世界最长公路隧道如表 1－4 所示。

表 1－4 世界最长公路隧道年表

年份	中文名称	长度/km	国家	公路
2000—2014	洛达尔隧道	24.510	挪威	欧洲 E16 公路
1980—1999	圣哥达公路隧道	16.918	瑞士	瑞士 A2 公路 欧洲 E35 公路
1970—1980	阿尔贝格公路隧道	13.972	奥地利	欧洲 E60 公路
1960—1970	勃朗峰隧道	11.611	法国、意大利	欧洲 E25 公路

解放初期，我国受国家发展战略的制约，国内交通运输方式以铁路为主，公路隧道的建设相对落后于铁路隧道。但进入 20 世纪 90 年代后，随着高等级公路的大量修建，公路隧道发展迅速，各时期我国最长公路隧道如表 1－5 所示。

表 1－5 我国最长公路隧道年表

年份	名称	长度/km	地点	公路
2007—2014	秦岭终南山隧道	18.020	陕西，西安－柞水	包茂高速公路
2000—2007	方斗山隧道	7.605	重庆，石柱	沪渝高速公路
1994—2000	二郎山隧道	4.176	四川，天全－泸定	318 国道
1987—1994	鼓山隧道	3.1384	福建，福州	104 国道
1980—1987	铁力买提隧道	1.897	新疆，库车－和静	217 国道
1972—1980	向阳洞	1.400	河南，辉县	229 省道
1969—1972	愚公洞	0.810	河南，辉县	229 省道

(3)城市地铁

地铁属于城市快速轨道交通的一部分，运量大、速度快、污染少、能耗低。自 1863 年英国伦敦第一条地下铁道起，截至 2014 年，全世界共有 12 个国家和地区地铁(含城市快速轨道交通)运营里程超过 200 km，如表 1－6 所示。地铁运营线路长度超过 200 km 的城市有 13 座，如表 1－7 所示。地下铁道的建筑规模日趋宏大。德国慕尼黑地铁卡尔广场站深达六层，第一层是人行通道及商店餐厅，二层作为货物仓库，三、四层为地下停车场，可同时容纳 800 辆汽车，五、六层是车站的站厅及站台。

表 1-6　地铁(含城市快速轨道交通)运营里程超过 200 km 的国家和地区

排名	国家/地区	轨道交通系统总长度/km	站台数目	启用年度
1	中国大陆	2305	1496	1969
2	美国	1228.3	972	1870
3	韩国	660.3	822	1933
4	日本	642.4	803	1919
5	西班牙	533.1	642	1863
6	俄罗斯	446.8	281	1935
7	德国	446.4	484	1902
8	英国	386	477	1974
9	法国	345.9	477	1900
10	巴西	257.5	195	1974
11	中国香港	249.6	300	1888
12	墨西哥	233.4	233	1969

表 1-7　地铁运营线路长度超过 200 km 的城市

排名	国家	城市	长度/km
1	中国	上海	567
2	中国	北京	465
3	英国	伦敦	402
4	澳大利亚	墨尔本	372
5	美国	纽约	369
6	日本	东京	326
7	韩国	首尔	314
8	俄罗斯	莫斯科	312.9
9	西班牙	马德里	284
10	中国	广州	260.5
11	中国	香港	218.2
12	法国	巴黎	215
13	墨西哥	墨西哥城	201.388

1.3.2　国内外著名隧道

(1)青函隧道

青函隧道横越津轻海峡，1964 年动工，1987 年建成，共耗资约 27 亿美元。主隧道全长 53.9 km，海底部分 23.3 km，是目前世界上最长的铁路隧道。它由 3 条隧道组成，主隧道宽 11.9 m，高 9 m，断面积 80 m^2。最大水深 140 m，最小覆盖层厚 100 m。工程地质条件复杂，施工难度大，施工期间共造成 33 人死亡，1300 余人伤残。海底复杂的地质断层和软岩构造，曾出现多次严重渗水事故，隧道 1969 年和 1976 年两度被海水淹没，每次水害都耗时近 5 个月才整治完成。

(2)哥达隧道

哥达隧道位于瑞士中部阿尔卑斯山区的一条高速铁路上，连接瑞士和意大利。设计时速250 km/h，全长57 km，是目前世界上最长的山岭隧道。1999年动工，2010年全隧贯通，大约有2500名工人参与该项工程，8人不幸遇难。至今已经花费了98亿瑞士法郎(约合103亿美元)，预计2017年铁路竣工通车。

图1-1　青函隧道

图1-2　哥达隧道

(3)洛达尔隧道

洛达尔隧道位于洛达尔和艾于兰之间，全长24.51 km，是目前世界上最长的公路隧道。洛达尔隧道1995年3月动工，2000年11月27日正式通车，整个工程项目共耗资约1亿美元。过去来往于奥斯陆和卑尔根的车辆不仅要在洛达尔乘3小时的轮渡穿越松恩峡湾，还要通过一段地势非常险峻的山路，并且在冬季冰冻时期禁止通行。洛达尔隧道通车后，奥斯陆与卑尔根之间的行车时间从以往的14个小时缩短至7个小时，车辆在冬季照常通行无阻。

(4)德拉瓦隧道

德拉瓦隧道从Rondout水库取水，通过Chelsea泵站抬高水头，经West Branch水库、Kensico水库，到达纽约市郊区的Hillview水库，全长137 km，宽4.1 m，是世界上最长的输水隧道。工程1939年动工，1945年完工，每天经该隧道运输的水量约490万m^3，占纽约市用水量的一半。工程每天渗漏的水量大约有14万m^3，2013年1月对渗漏水处开始大修，预计投资约10亿美元。

图1-3　洛达尔隧道

图1-4　德拉瓦隧道

(5)英吉利海峡隧道(英语：The Channel Tunnel；法语：le tunnel sous la Manche)

英吉利海峡隧道1986年2月12日开工，1994年5月6日开通，耗资约100亿英镑(约150亿美元)，是世界上规模最大的利用私人资本建造的工程项目。隧道全长约51 km，海底段37.5 km，由2条直径7.6 m的铁路隧道和1条直径4.8 m的服务隧道组成。隧道勘探时发现海底有一层泥灰质白垩岩(Chalk Marl)，厚度约30 m，抗渗性好，硬度不大，裂隙也较少，易于掘进。隧道线路就布置在它的下部，距海底25～40 m，最大埋深100 m。隧道轴线在平面和立面上均呈平坦的W形，采用盾构掘进机施工。工程相继解决了"盾构在深层高水压下的密封防水技术"、"钢筋混凝土管片衬砌的结构和防水"、"长距离掘进的运输"等技术难题。隧道的规划设计把施工和运行安全放在极重要的地位，运输、供电、照明、供水、冷却、排水、通风、通信、防火等系统都充分考虑了紧急备用的要求，提高了运行、维护的可靠性。例如2008年9月11日，英吉利海峡海底隧道发生火灾，2天后9月13日即开始恢复客运服务。

(6)日本东京湾水隧道

东京湾水隧道(Tokyo Bay Aqua Tunnel)全长为15.1 km，是目前世界上最长的海底公路隧道。隧道海底段由8台直径为14.14 m的超大型泥水加压平衡盾构在海底高水压的软弱黏土地层中穿越施工，距离长，施工难度大。为了缩短盾构的掘进距离，于9.9 km隧道段的海上部分中间处筑造了川崎人工岛。该公路隧道于1997年开放，大大舒缓了东京圈逐年增长的交通压力。

图1-5　英吉利海峡隧道

图1-6　日本东京湾水隧道

(7)狮球岭隧道

狮球岭隧道又名刘铭传隧道，位于台湾基隆市安乐区嘉仁里崇德路129号，是我国最早建成的铁路隧道，全长261 m。隧道穿过页岩、砂岩及黏土地层，最大埋深61 m。在地层压力较大处，拱部用砖作衬砌，边墙用石料作衬砌；在岩层较好处，则用木料作衬砌。隧道于1887年从南北两端同时开工，由外国工程师定出线路方向及中心桩的开挖高度，由清朝政府的军队负责施工。筑路官兵用粗笨工具开挖，克服了大塌方等不少困难，终于在1890年建成。狮球岭隧道南口外观以红砖砌成，在隧道竣工完成时，由巡抚刘铭传题额"旷宇天开"，左右对联曰："十五年生面独开羽毅飙轮，从此康庄通海屿；三百丈岩腰新阔天梯石栈，居然人力胜神工"。目前狮球岭隧道已停止使用，仅供游人参观。

(8)八达岭隧道

八达岭隧道全长1091.2 m，位于北京市延庆县，原京张铁路的青龙桥车站附近，是我国自行修建的第一座单线越岭铁路隧道。1907—1908年，由土木工程师詹天佑亲自规划督造。隧道从长城之下穿越八达岭，进口端隧道外线路坡度为32.35‰，隧道内线路最大坡度为21.57‰。隧道穿过的岩层主要是较坚硬的片麻岩，另外还有部分角闪岩、页岩和砂岩等，风化呈破碎和泥质状态。八达岭隧道中部增设一竖井，增加两个工作面，缩短工期。同时，竖井上建有通风楼，供行车时排烟和通风用。隧道衬砌的拱圈采用预制混凝土块砌筑，边墙用混凝土就地灌注，底板用厚99.87 mm的石灰三合土铺筑。1968年曾对它进行过大修改造，至今保存完好。

(9)秦岭隧道

西(安)(安)康铁路秦岭隧道长18.46 km，横穿秦岭山脉，最深处距山顶1600 m。1999年9月6日贯通，当时居世界山岭隧道第6位、亚洲第2位。秦岭隧道是我国第一条特长铁路隧道，采用两座平行的单线隧道，分别长18.452 km和18.456 km，间距仅为30 m。

图1-7 狮球岭隧道

图1-8 八达岭隧道

(10)终南山隧道

终南山隧道在青岔至营盘间穿越秦岭，全长18.4 km，设计速度为80 km/h，是目前世界上最长的双洞高速公路隧道。2002年3月动工，2007年1月通车。通车后，西安至柞水的通行里程缩短约60 km，行车时间由原来的3小时缩短为40分钟。

(11)风火山隧道

风火山隧道为单线铁路隧道，轨面海拔标高4905 m，全长1338 m，全部位于永久性冻土层内，年均气温-7℃，寒季最低气温达-41℃，是目前世界上海拔最高的高原永久性冻土隧道。隧道最大埋深100 m，最小埋深8 m，进出口均设计有明洞，进口35 m，出口23 m，洞门形式采用斜切式结构，洞身采用5层先后施作的复合式衬砌结构形式。

(12)昆仑山隧道

青藏铁路昆仑山隧道是世界高原多年冻土区第一长隧道，位于昆仑山北麓，全长1686 m，海拔高度4648 m，处于高原腹地，具有独特的冰缘干寒气候特征。工程2001年9月开工，2002年9月26日贯通。工程设计采用保护冻土的原则，隧道防排水及衬砌隔热保温层选用PVC-PE复合防水板、聚氨酯(PU)保温板、TN-1型聚氨酯黏接剂等新材料，采用黏贴工艺施工，真正做到无钉铺设，有效地提高了防水保温层的防水隔热效果。

图1－9　终南山隧道

图1－10　风火山隧道

(13)狮子洋隧道

狮子洋隧道位于广深港客运专线东涌站至虎门站区间，穿越珠江口狮子洋河段，是我国第一座水下铁路隧道，行车目标值350 km/h。隧道暗埋段长10.49 km，采用4台泥水平衡式盾构施工；引道敞开段长0.31 km，采用明挖施工。隧道采用双洞单线结构，内径9.8 m，外径10.8 m，管片厚度50 cm，净空有效面积约65 m^2。2007年11月9日狮子洋隧道第一台盾构机开始掘进，先后攻克了“高水压、强渗透地质条件下掘进机水中带压更换刀具”等多项世界性的技术难题，成功穿越深水、淤泥和超浅埋地段，2011年3月12日盾构机水下精确对接，全线贯通。

图1－11　昆仑山隧道

图1－12　狮子洋隧道

(14)函谷关隧道

函谷关隧道全长7851 m，最大埋深220 m，是我国最长及断面最大的黄土隧道。设计为单洞双线，线间距5 m，行车目标值350 km/h，断面净空有效面积约164 m^2。隧道所在区域地质条件复杂，且先后4次下穿连霍高速公路、7次穿越冲沟，施工难度大，安全风险高，外界干扰大，是郑西客运专线重点控制工程。工程于2005年9月25日开工，2008年9月5日全隧贯通。

(15)关角隧道

新关角隧道为西格(西宁－格尔木)铁路二线工程的控制性工程，2007 年 11 月 6 日开工，2014 年 4 月 15 日 双线正洞全线贯通。隧道设计为双洞单线，线间距 40 m，行车目标值 160 km/h，预留 200 km/h 的条件，采用钻爆法施工，全长 32.645 km，为目前国内规划最长的铁路隧道。

图 1－13　函谷关隧道

图 1－14　关角隧道

(16)上海长江隧道

长江隧道采用盾构施工穿越长江南港水域，工程主要分为引道段、暗埋段和盾构段，具有“长、大、深”三大特点，一次性掘进 7.5 km，是目前世界上盾构连续施工最长的工程。隧道内径约 13.7 m，盾构直径达 15.43 m，是当时世界上最大的盾构隧道。

(17)翔安隧道

厦门翔安隧道全长 8.69 km，其中海底隧道长约 6.05 km，跨越海域宽约 4.2 km，是我国大陆地区第一座海底隧道。设计采用三孔隧道方案，两侧为行车主洞，各设置 3 车道，中孔为服务隧道。隧道最深处位于海平面下约 70 m。左、右线隧道各设通风竖井 1 座，全线共设 12 处行人横通道和 5 处行车横通道。工程于 2005 年 9 月 6 日正式开工，2009 年 11 月三条隧道全面贯通，2010 年 4 月 26 日开通运营。

图 1－15　上海长江隧道

图 1－16　翔安隧道

1.3.3　隧道工程发展展望

近年来我国经济持续高速发展，综合国力不断增强。随着东部通海、中部崛起、西部大开发、一带一路战略的相继推出，公路、铁路、水利、城市轨道交通等设施得到了长足发展，我国已成为世界隧道及地下工程建设规模和建设速度第一大国。

截至2013年底，我国已有公路隧道11359座，总长9606 km。进入21世纪以来，公路隧道年均增长率高达20%，且有逐年增速加快的趋势。

截至2013年底，我国已有运营铁路隧道11074座，总长8939 km；在建铁路隧道4206座，长度7795 km；已纳入规划的铁路隧道4600座，总长约1.06万km。

截至2013年底，围绕大型水利枢纽工程，我国已建成的各类水工隧道总长超过1万km，在建及纳入规划的水工隧道总长超过3000 km。

截至2014年，我国大约有45个城市规划了轨道交通，其中已有37个城市获发改委批复，规划线路总长度超过18000 km。

我国近期在隧道及地下工程建设领域已列出多项重点研究课题，包括特长及复杂隧道，为南水北调西线方案做准备；海底及深埋隧道，为琼州海峡、渤海海湾和台湾海峡通道做准备；特大断面隧道及洞室，为开发规模更大、规格更高的油气洞库和地下厂房、仓库做技术先导等，隧道发展迎来黄金时期。

思考与练习

1. 隧道的含义及特点是什么？
2. 隧道有哪些分类方法？各分类方法的出发点是什么？
3. 查阅资料，谈谈对未来隧道发展的看法。

第2章

隧道工程地质调查及围岩分级

隧道是埋置于地层中的工程建筑物，而地层又是亿万年地壳运动的产物，地层情况变化万千，错综复杂。隧道的安全与否，很大程度上取决于对地层情况的判断及对工程地质隐患的处置。详尽的勘测资料，对围岩进行恰如其分的分级，是安全、优质、快速、不留后患地修建隧道的前提。

隧道工程勘测的目的是通过地质测绘、钻探、物探、取样、原位测试、室内试验及岩土计算分析，查明地形、地貌、地层层序、岩性特征、物理力学指标、地质构造、水文地质条件和各种不良地质等方面情况，据以评价隧道所穿越地段的地质特点，确定隧道围岩级别，预测由于隧道开挖可能产生的不良地质现象，研究并提出工程处理措施。

2.1 隧道工程地质调查与勘测

2.1.1 自然及生态环境调查

自然环境主要是指隧道所在地区的地形、地貌、气象、水文、用地、灾害及区域性地质等。生态环境主要指隧道所在地区的生物及其生存繁衍的各种自然因素、条件的总和，是具有一定生态关系构成的系统整体。

自然及生态环境调查，目的是为规划线路与隧道的关系及进行勘察工作提供条件，评价隧道修建和营运交通对周边环境的影响程度，提出必要的环境保护措施。一般通过踏勘和收集当地既有资料的方式进行。

2.1.2 工程地质调查

工程地质特征，指地质构造及地层、岩性的状况。主要调查内容包括：

①查明隧道通过地段地形、地貌、地层、岩性、地质构造。岩质隧道应着重查明岩层层理、片理、节理等软弱结构面的产状及组合形式，断层、褶皱的性质、产状、宽度及破碎程度；土质隧道应着重查明土的成因类型、结构、成分、密实程度、潮湿程度等。

②查明洞身是否通过煤层、气田、膨胀性地层、有害矿体及富集放射性物质的地层等，并作出工程地质条件评价。当测区存在有害气体和放射性物质时，应按劳动保护、环境保护的相关条例查明含量，预测释放程度。若超出规定的容许值时，须采取必要的防护措施。

③调查隧址中出现的不良地质和特殊地质现象，如崩塌、岩堆、滑坡、岩溶、泥石流、湿陷性黄土、盐渍土、盐岩、多年冻土、雪崩、冰川等，查明其发生的原因及其类型和规模，根

据其发展的趋势，判明其对隧道的影响程度，特别是对洞口及边、仰坡的影响，提出工程措施意见。

④对于深埋隧道，应预测隧道洞身地温情况。

⑤深埋及构造应力集中地段，对坚硬、致密、性脆岩层应预测岩爆的可能性，对软质岩层应预测围岩大变形的可能性。

⑥特长、长大隧道或地质条件复杂的隧道，应做好隧道地质条件的宏观控制，提出应重点监测或进行超前地质预报的方法和段落，以预防突发性地质灾害。

⑦对隧道浅埋段及洞口段应查明覆盖层厚度、岩土体的风化和破碎程度、含水情况，评价其对隧道洞身围岩及洞口边、仰坡稳定的影响。

⑧对傍山隧道，外侧洞壁较薄时，应预测偏压危害。

⑨在接长明洞地段，应查明明洞基底的工程地质条件。

⑩当设置有横洞、平行导坑、斜井、竖井等辅助坑道时，应查明其工程地质条件。

⑪在烈度超过Ⅶ度的地震区，搜集调查断裂构造时，应特别注意全新活动断裂和发震断裂。全新活动断裂是指在近代地质时期内(约一万年)有过较强烈的地震活动，或在近期正在活动，在将来(今后一百年)可能继续活动的断层。

⑫应根据地质调绘、勘探、测试成果资料，综合分析岩性、构造、地下水状态、初始地应力状态等围岩地质条件，结合岩体完整性指数、岩体纵波速度等，分段确定隧道围岩分级。

2.1.3　水文地质调查

水文地质特征，指地下水类型，含水层的分布范围、水量、补给关系、水质及其对混凝土的侵蚀性等。主要调查内容包括：

①查明隧道通过地段的井、泉等情况，分析水文地质条件，判明地下水类型、水质、侵蚀性、补给来源等，预测洞身最大及正常分段涌水量，并取样做水质分析。

②在岩溶发育区，应分析突水、突泥的危险，充分估计隧道施工诱发地面塌陷和地表水漏失等破坏环境条件的问题，并提出相应工程措施意见。

③特长隧道及水文地质复杂的中、长隧道应进行专门的水文地质勘察与评价工作。

2.1.4　气象调查

在隧道选线时，应充分考虑当地的气象条件。洞口附近的崩塌、洪水、风吹雪、雪崩、路面冻结、挂冰、雾、洞外亮度、海岸或山顶的阵风等对交通安全有一定的影响。在设计中，必须依据气象资料考虑混凝土结构的防冻、混凝土骨料及用水的保温、施工道路的选择等。在这方面，青藏铁路上的隧道工程就是最好的实例。除此之外，还应调查分析洞口附近的风向、风速对隧道通风的影响，洞口附近的防风挡墙、预防风吹雪构造物、植树带的位置、洞口排出废气的流动方向等。气象调查内容包括：

降雨：年降雨量、月平均降雨量、日最大降雨量、小时最大降雨量。

降雪：最大降雪日、最大积雪量、积雪期、最大日降雪量、雪密度、雪温。

气温、地温：年平均气温、绝对最高最低气温、日温差；冻结期、冻结深度、多年冻土深度、水温。

风向、风速：频率分布(年间、月间、日间)。

雾：发生日数(频度、滞留时间及其能见度)。

雪崩、风吹雪：场所、规模、频度、时期、种类。

洪水：洪水量、水位、时期。

当地的气象资料，如果不能满足工程需要，应进行气象观测以作补充。制订气象观测计划时，应根据目的和用途选择观测项目、场所、时间、精度和仪器。观测场所应具有代表性，按适当的时间间隔进行。

2.1.5 隧道勘测

(1)隧道勘测工作要求

隧道工程勘探测试应结合采用的施工方法进行，并符合以下要求：

①钻孔位置和数量应视地质复杂程度而定。洞门附近覆土较厚时，应布置勘探孔。地质复杂、长度大于1000 m的隧道，洞身应按不同地貌及地质单元布置勘探孔查明地质条件，并取代表性岩土试样进行物理力学性质试验；主要的地质界线，重要的不良地质、特殊岩土地段，可能产生突泥危害地段等处应有钻孔控制，对有害矿体和气体，应取样做定性、定量分析；穿越城市和大江大河的隧道应按相关规定进行勘探或专题研究。洞身地段的钻孔位置宜布置在中线外8～10 m；钻探完毕，应回填封孔。

②地质条件复杂的隧道宜采用综合勘探方法。深钻孔应综合利用，既考虑取芯界定岩、土层分层位置，测试岩土物理力学性质，又应作为水文钻孔，探明地下水位、含水层位置和厚度，并取样做水质分析。

③钻探深度应至路肩以下3～5 m，遇溶洞、暗河及其他不良地质时，应适当加深至溶洞及暗河底以下5 m。

④钻探中应做好水位观测和记录，探明含水层的位置和厚度，并取样做水质分析。水文地质条件复杂的隧道，应做水文地质试验，测定地下水的流向、流速及岩土的渗透性，计算涌水量，必要时应进行地下水动态观测。

高速铁路和时速200 km客货共线铁路的隧道工程地质勘察工作除应符合上述规定外，还应满足下列要求：

①隧道洞身的勘探应根据地层及地质构造发育情况，适当增加勘探与测试工作量；埋深小于100 m的较浅隧道或洞身段沟谷较发育的隧道，勘探点间距不宜大于500 m；埋深较大隧道勘探点的布置应根据地质调查及物探成果专门研究确定；断层和物探异常点应有勘探点控制。

②充分利用物探成果和其他勘探资料，综合分析隧道的工程地质和水文地质条件，合理确定隧道的围岩分级。

③通过粉土、黏性土、黄土地段的隧道，应根据设计需要增加渗透系数和固结系数等项目的试验。

(2)勘测分类及工作要求

隧道勘测应分为设计阶段勘测和施工阶段勘测。各阶段的勘测内容、范围、精度等应根据隧道规模及其使用目的确定。

设计阶段勘测，根据隧道规模的不同，宜采用测绘、弹性波探测、遥感、钻孔、试验坑道等方法进行。结合隧道的初步设计和施工图设计，设计阶段的勘测又可分为初测和定测。

初测为初步设计提供资料，应完成的勘测工作有：隧道所在地区自然条件的调查、隧道工程对周围环境影响的调查、工程地质及水文地质勘查、地形测量、导线测量等。勘探数量及布置视隧道区域地质的复杂程度而定，宜沿洞身纵断面交错布置。勘测完成后应编制工程地质勘察报告或说明、隧道线路方案工程地质图或隧道地区地质构造图、隧道纵断面图，并分段提供隧道围岩分级。

定测是根据有关单位批准的初步设计文件及审核意见，在初测基础上进一步核对、落实、深化相关勘测资料，对复杂地质问题给出可靠性结论，为施工图设计提供资料。

施工阶段勘测，根据需要宜采用开挖工作面直接观察或利用超前钻孔、导坑、试验坑道、物探等进行，核定岩层构造、岩性、地下水等情况，及时预测和解决施工中遇到的工程地质及水文地质问题，为验证或修改设计提供依据，并及时调整施工方法，确保施工安全。

2.2　围岩分级

围岩是指隧道开挖后其周围产生应力重分布范围内的岩体或土体，或指隧道开挖后对其稳定性产生影响的那部分岩体或土体。从力学分析角度来看，围岩的边界应选在隧道开挖应力稳定的地方，或者说在围岩的边界上因开挖隧道而产生的位移应该为零，这个范围在横断面上为 6 ~ 10 倍的洞径。然而，如果从区域地质构造的观点来研究围岩，其范围要比上述数字大得多。

隧道开挖后不同岩体所表现出的性态不同，可归纳为充分稳定、基本稳定、暂时稳定和不稳定四种。在根据岩体完整程度和岩石强度等指标给予定性和定量评级的基础上，按施工开挖后的稳定性将围岩分为若干级别，这就是围岩分级。围岩级别是选择施工方法的依据，是进行科学管理及正确评价经济效益、确定结构上的荷载(松散荷载)、确定衬砌结构的类型及尺寸、制定劳动定额、材料消耗标准等的基础。

2.2.1　围岩分级指标

岩体分级一般采用定性、定量或定性与定量相结合的方法。定性分级，是在现场对影响岩体质量的诸因素进行鉴别、判断，或对某些指标做出评判、打分，可从全局上把握，充分利用工程实践经验。定性分级法经验的成分较大，有一定人为因素和不确定性。定量分级，是依据对岩体(或岩石)性质进行测试的数据，经计算获得岩体质量指标，能够建立确定的量的概念。由于岩体性质和存在条件十分复杂，分级时仅用少数参数和某个数学公式难于全面、准确地概括所有情况，实际工作中测试数量总是有限的，抽样的代表性也受操作者的经验所局限。

工程岩体分级，多采用定性与定量相结合的方法，并分两步进行，先确定岩体基本质量，再结合具体工程的特点确定和修正岩体级别。岩体基本质量由岩石坚硬程度和岩体完整程度两个因素确定。围岩级别的修正一般考虑地下水、主要结构面及地应力等因素。

(1)岩石坚硬程度

岩石坚硬程度是指岩石在外荷载作用下，抵抗变形直至破坏的能力。它与岩石组成的矿物成分、结构、致密程度、风化程度以及受水软化程度有关。岩石坚硬程度一般采用岩石单轴饱和抗压强度、弹性(变形)模量、回弹值等力学指标表征。在这些力学指标中，单轴饱和抗压强度容易测得，数据离散性小，代表性强，与其他强度指标相关密切，同时又能反映出岩石受水软化的性质，因此，筛选采用单轴饱和抗压强度(R_c)作为反映岩石坚硬程度的定量指标。当无条件取得实测值时，也可采用实测的岩石点荷载强度指数$I_{S(50)}$的算值，并按下式换算：

$$R_c = 22.82 I_{s(50)}^{0.75} \tag{2-1}$$

岩石单轴饱和抗压强度与定性划分的岩石坚硬程度的对应关系，可按表2-1确定。

表2-1　岩石坚硬程度划分

名称		定性鉴定办法	R_c/MPa	代表性岩石
硬质岩	坚硬岩	锤击声清脆、有回弹、震手、难击碎；浸水后大多无吸水反应	>60	未风化-弱风化的花岗岩、正长岩、闪长岩、辉绿岩、玄武岩、安山岩、片麻岩、石英片岩、硅质板岩、石英岩、硅质胶结的砾岩、石英砂岩、硅质石灰岩等
	较坚硬岩	锤击声较清脆、有轻微回弹、稍震手、较难击碎；浸水后有轻微吸水反应	60~30	弱风化的坚硬岩；未风化-弱风化的熔结凝灰岩、大理岩、板岩、白云岩、石灰岩、钙质胶结的砂页岩等
软质岩	较软岩	锤击声不清脆、无回弹、较容易击碎；浸水后指甲可刻出印痕	30~15	强风化的坚硬岩；弱风化-强风化的较坚硬岩；未风化-微风化的凝灰岩、千枚岩、砂质泥岩、泥灰岩、泥质砂岩、粉砂岩、页岩等
	软岩	锤击声哑、无回弹、有凹痕，易击碎；浸水后手可掰开	15~5	强风化的坚硬岩；弱风化-强风化的较坚硬岩；弱风化的较软岩；未风化的泥岩
	极软岩	锤击声哑、无回弹、有较深的凹痕，手可捏碎；浸水后可捏成团	<5	全风化的各种岩石；各种半成岩

岩石坚硬程度定性划分时，其风化程度应按表2-2确定。

表2-2　岩石风化程度的划分

名称	风化特征
未风化	结构构造未变，岩质新鲜
微风化	结构构造、矿物色泽基本未变，部分裂隙面有铁锰质渲染
弱风化	结构构造部分破坏，矿物色泽较明显变化，裂隙面出现风化矿物或存在风化夹层
强风化	结构构造大部分破坏，矿物色泽明显变化，长石、云母等多风化成次生矿物
全风化	结构构造全部破坏，矿物成分除石英外，大部分风化成土状

岩石强度还影响围岩失稳破坏的形态，强度高的硬岩多表现为脆性破坏，在隧道内可能发生岩爆现象。而强度低的软岩，则以塑性变形为主，流变现象较为明显。

(2)岩体完整程度

岩体结构特征是长时间地质构造运动的产物，是控制隧道稳定性及岩体破坏形态的关键，一般可用岩体完整程度来表示。岩体完整程度是指构成岩体的岩块大小，以及这些岩块的组合排列形态。它反映了岩体受地质构造作用的严重程度。实践证明，围岩的完整程度对隧道的稳定与否起主导作用，在相同岩性的条件下，岩体愈破碎，隧道就愈容易失稳。因此，在近代围岩分级法中，都已将岩体的完整程度作为分级的基本指标之一。

影响岩体完整性的因素很多，从结构面的几何特征来看，有结构面的密度、组数、产状和延伸程度，以及各组结构面相互切割关系；从结构面性状特征来看，有结构面的张开度、粗糙度、起伏度、充填情况、充填物中水的赋存状态等。

岩体完整程度一般采用岩体完整性指数(K_v)表征。针对不同的工程地质岩组或岩性段，选择有代表性的点、段，测定岩体弹性纵波速度，并应在同一岩体取样测定岩石弹性纵波速度。K_v 值应按下式计算：

$$K_v = (v_{pm}/v_{pr})^2 \tag{2-2}$$

式中：v_{pm}为岩体弹性纵波速度，km/s；v_{pr}为岩石弹性纵波速度，km/s。

当无条件取得 K_v 的实测值时，可用岩体体积节理数(J_v)换算得到。在工程工点处，选择有代表性的露头或开挖壁面进行节理(结构面)统计，每一测区面积不应小于 $2\times5\ m^2$。除成组节理外，对延伸长度大于 1 m 的分散节理亦应予以统计，已为硅质、铁质、钙质充填再胶结的节理不予统计。岩体 J_v 值，按下式计算：

$$J_v = S_1 + S_2 + \cdots + S_n + S_k \tag{2-3}$$

式中：J_v 为岩体体积节理数，条/m³；S_n 为第 n 组节理每米长测线上的条数；S_k 为每立方米岩体非成组节理条数。

表 2-3　J_v 与 K_v 对照表

J_v/(条·m^{-3})	<3	3~10	10~20	20~35	>35
K_v	>0.75	0.75~0.55	0.55~0.35	0.35~0.15	<0.15

岩体的力学性质不但与软弱结构面的数量有关，还与它的充填度(即充填物在结构面内填充程度)、充填物成分与结构、充填物厚度以及结构面的起伏度等有关。为了全面反映结构面的影响，一般还需考虑结构面结合程度。

表 2-4 结构面结合程度的划分

名称	结构面特征
结合好	张开度小于 1 mm，无充填物 张开度 1~3 mm，硅质或铁质胶结 张开度大于 3 mm，结构面粗糙，为硅质胶结
结合一般	张开度 1~3 mm，钙质或泥质胶结 张开度大于 3 mm，结构面粗糙，铁质或钙质胶结
结合差	张开度 1~3 mm，结构面平直，为泥质或泥质和钙质胶结 张开度大于 3 mm，多为泥质或岩屑充填
结合很差	泥质充填或泥夹岩屑充填，充填物厚度大于起伏差

上述指标获取后，即可按表2－5确定岩体完整程度。

表2－5 岩石完整程度划分

等级	结构面发育程度		岩体完整性指数 K_v	岩体体积节理数 J_v	结构面结合程度	结构面类型	结构类型
	组数	平均间距/m					
完整	1～2	>1.0	>0.75	>3	好或一般	节理、裂隙、层面	整体状或巨厚层结构
较完整	1～2	>1.0	0.75～0.55	3～10	差		块状或厚层结构
	2～3	1.0～0.4			好或一般		块状结构
较破碎	2～3	1.0～0.4	0.55～0.35	10～20	差	节理、裂隙、层面、小断层	裂隙块状或中厚层结构
	>3	0.4～0.2			好或一般		镶嵌碎裂结构、中薄层结构
破碎	>3	0.4～0.2	0.35～0.15	20～35	差	各类结构面	裂隙块状结构
		<0.2			差或一般		碎裂状结构
极破碎	无序		<0.15	>35	很差		散体状结构

注：平均间距指主要结构面(1～2组)间距的平均值。

规模较大、贯通性较好的软弱结构面，即使只有1～2条，往往也会对工程岩体的稳定性有重要的影响，这种影响不能通过岩体分级得到考虑，应当进行专门研究，例如对重要的或复杂的岩石工程需要用数值模拟或物理模拟进行岩体稳定性分析研究等。

(3)岩体的膨胀性

膨胀性是指岩体浸水后体积增大的性质。当岩体的膨胀性、易溶性以及相对于工程范围，规模较大、贯通性较好的软弱结构面成为影响岩体稳定性的主要因素时，应考虑这些因素对工程岩体级别的影响。

某些含黏土矿物(如蒙脱石、水云母及高岭石)成分的软质岩石，经水分作用后在黏土矿物的晶格内部或细分散颗粒的周围生成结合水溶剂腔(水化膜)，并且在相邻近的颗粒间产生楔劈效应，当楔劈作用力大于结构联结力，岩石显示膨胀性。膨胀岩一般可用膨胀力、自由膨胀率、饱和吸水率等指标进行判定，判定标准如表2－6所示。当有两项及以上测试数据满足表中所列指标时，可判定为膨胀岩。

表2－6 膨胀岩的室内试验判定指标

试验项目		判定指标
自由膨胀率 F_s/%	不易崩解的岩石	$F_s \geqslant 3$
	易崩解的岩石	$F_s \geqslant 30$
膨胀力 P_p/kPa		$P_p \geqslant 100$
饱和吸水率 w_{sat}/%		$w_{sat} \geqslant 10$

注：对于不易崩解的岩石，应取轴向或径向自由膨胀率中的大值进行判定；对于易崩解的岩石，将其粉碎，过0.5 mm的筛去除粗颗粒后，比照土的自由膨胀率试验方法进行。

(4)初始地应力

岩体地应力为存在于岩体中未受扰动的自然应力，或称原岩应力。地应力场呈三维状态有规律地分布于岩体中。当工程开挖后，应力受到开挖扰动的影响而重新分布，重分布后形成的应力则称为二次应力或诱导应力。

岩体的初始地应力场主要由自重应力和构造应力组成。自重应力由地心引力作用引起，大小等于上覆岩体的重量，随深度呈线性增加。构造应力由地壳构造运动引起并残留至今，在全球范围内构造应力的总规律是以水平应力为主。

岩体初始应力状态，当无实测资料时，可根据工程埋深或开挖深度、地形地貌、地质构造运动史、主要构造线和开挖过程中出现的岩爆、岩芯饼化等特殊地质现象进行判断。

(5)地下水

地下水是造成施工塌方、使隧道围岩丧失稳定的重要因素之一。地下水对围岩的影响主要表现在：

①软化围岩，对软岩尤其突出，对土体则可促使其液化或流动，对致密的岩石影响较小。

②软化结构面，水会冲走充填物或使夹层软化，从而减少夹层间摩阻力，促使岩块滑动。

③承压水可增加围岩的滑动力，使围岩失稳。

地下水的状态一般可分为 3 级，如表 2－7 所示。

表 2－7　地下水状态的分级

级别	状态	渗水量 $l/(\mathrm{min}\cdot 10\ \mathrm{m}^{-1})$
Ⅰ	干燥或湿润	<10
Ⅱ	偶有渗水	10～25
Ⅲ	经常渗水	25～125

2.2.2　铁路隧道围岩分级

(1)基本分级

铁路隧道围岩分级采用以围岩稳定性为基础的两步分级模式。首先根据岩石坚硬程度(表2－1)和岩体完整程度(表2－5)两个因素确定围岩基本分级，如表2－8 所示。然后结合隧道工程的特点，考虑地下水状态、初始地应力状态等因素进行修正。

表 2－8　铁路隧道围岩分级判定

围岩级别	围岩主要工程地质条件		围岩开挖后的稳定状态(单线)	围岩弹性纵波速度 v_p /(km·s^{-1})
	主要工程地质特征	结构特征和完整状态		
Ⅰ	硬质岩($R_c>60$ MPa)：受地质构造影响轻微，节理不发育，无软弱面(或夹层)；层状岩层为厚层，层间结合良好	呈巨块状整体结构	围岩稳定，无坍塌，可能产生岩爆	>4.5

续表 2-8

围岩级别	围岩主要工程地质条件		围岩开挖后的稳定状态(单线)	围岩弹性纵波速度 v_p /(km·s^{-1})
	主要工程地质特征	结构特征和完整状态		
Ⅱ	硬质岩($R_c>30$ MPa):受地质构造影响较重,节理较发育,有少量软弱面(或夹层)和贯通微张节理,但其产状及组合关系不致产生滑动;层状岩层为中层或厚层,层间结合一般,很少有分离现象,或为硬质岩石偶夹软质岩石	呈大块状砌体结构	暴露时间长,可能会出现局部小坍塌;侧壁稳定;层间结合差的平缓岩层,顶板易塌落	3.5~4.5
	软质岩($R_c\approx30$ MPa):受地质构造影响轻微,节理不发育;层状岩层为厚层,层间结合良好	呈巨块状整体结构		
Ⅲ	硬质岩($R_c>30$ MPa):受地质构造影响严重,节理发育,有层状软弱面(或夹层),但其产状及组合关系尚不致产生滑动;层状岩层为薄层或中层,层间结合差,多有分离现象;或为硬、软质岩石互层	呈块石、碎石状镶嵌结构	拱部无支护时可产生小坍塌,侧壁基本稳定,爆破震动过大易塌	2.5~4.0
	软质岩($R_c\approx5\sim30$ MPa):受地质构造影响较严重,节理较发育;层状岩层为薄层,中层或厚层,层间结合一般	呈大块状砌体结构		
Ⅳ	硬质岩($R_c>30$ MPa):受地质构造影响很严重,节理很发育;层状软弱面(或夹层)已基本被破坏	呈碎石状,压碎结构	拱部无支护时可产生较大的坍塌,侧壁有时失去稳定	1.5~3.0
	软质岩($R_c\approx5\sim30$ MPa):受地质构造影响严重,节理发育	呈块(石)碎(石)状,镶嵌结构		
	土体:①略具压密或成岩作用的黏性土及砂性土;②黄土(Q_1、Q_2);③一般钙质、铁质胶结的碎石土、卵石土、大块石土	①和②呈大块状,压密结构;③呈巨块状,整体结构		
Ⅴ	石质围岩位于挤压强烈的断裂带内,裂隙杂乱,呈石夹土或土夹石状	呈角(砾)碎石状,松散结构	围岩易坍塌,处理不当会出现大坍塌,侧壁经常小坍塌;浅埋时易出现地表下沉或塌至地表	1.0~2.0
	一般第四系的半干硬至硬塑的黏性土及稍湿至潮湿的一般碎石土、卵石土、圆砾、角砾土及黄土(Q_3、Q_4)	非黏性土呈松散结构,黏性土及黄土呈松软结构		
Ⅵ	软塑状黏性土及潮湿的粉细砂等	黏性土呈易蠕动的松软结构;砂性土呈潮湿松散结构	围岩极易坍塌变形,有水时土砂常与水一齐涌出;浅埋时易塌至地表	<1.0(饱和状态的土<1.5)

注:表中"围岩级别"和"围岩主要工程地质条件"栏,不包括膨胀性围岩、多年冻土等特殊岩土。

(2)围岩级别修正

围岩级别应在围岩基本分级的基础上，结合隧道工程的特点，考虑地下水状态、初始地应力状态等因素进行修正。隧道洞身埋藏较浅，应根据围岩受地表的影响情况进行围岩级别修正。当围岩为风化层时，应按风化层的围岩基本分级考虑；围岩仅受地表影响时，应降低 1 ~2 级。

地下水对围岩级别的修正，宜按表 2 –9 进行。

表 2 –9　地下水影响的修正

地下水状态分级	围岩级别					
	Ⅰ	Ⅱ	Ⅲ	Ⅳ	Ⅴ	Ⅵ
Ⅰ	Ⅰ	Ⅱ	Ⅲ	Ⅳ	Ⅴ	—
Ⅱ	Ⅰ	Ⅱ	Ⅳ	Ⅴ	Ⅵ	—
Ⅲ	Ⅱ	Ⅲ	Ⅳ	Ⅴ	Ⅵ	—

初始地应力对围岩级别的修正，宜按表 2 –10 进行。

表 2 –10　初始地应力影响的修正

初始地应力状态	围岩级别				
	Ⅰ	Ⅱ	Ⅲ	Ⅳ	Ⅴ
极高应力	Ⅰ	Ⅱ	Ⅲ或Ⅳ①	Ⅴ	Ⅵ
高应力	Ⅰ	Ⅱ	Ⅲ	Ⅳ或Ⅴ②	Ⅵ

注：①围岩为较破碎的极硬岩、较完整的硬岩时，定为Ⅲ级；围岩为完整的较软岩、较完整的软硬互层时，定为Ⅳ级。
②围岩为破碎的极硬岩、较破碎及破碎的硬岩时，定为Ⅳ级；围岩为完整及较完整软岩、较完整及较破碎的较软岩时，定为Ⅴ级。

2.2.3　公路隧道围岩分级

公路隧道围岩分级采用定性特征划分和定量指标划分相结合的方法进行综合评判。定性指标一般在初勘阶段采用调查和测绘，配合物探及少量钻探确定；详勘阶段采用钻探，结合调绘及物探等获取。定量指标一般采用对应的现场测试或室内试验获取。

围岩基本分级的分段长度不宜小于 20 m。评判采用两步分级，并按以下顺序进行。

①根据岩石坚硬程度(表 2 –1)和岩体完整程度(表 2 –5)两个基本因素的定性特征和定量的岩体基本质量指标 BQ，综合进行初步分级。

$$BQ = 90 + 3R_c + 250K_v \qquad (2-4)$$

式中：R_c 为饱和单轴抗压强度，MPa；当 $R_c > 90K_v + 30$ 时，$R_c = 90K_v + 30$；K_v 为岩体完整性指数，当 $K_v > 0.04R_c + 0.4$ 时，$K_v = 0.04R_c + 0.4$。

②当隧道内存在地下水、围岩稳定性受软弱结构面影响、存在高初始应力等情况时，要对围岩基本质量指标进行修正，修正公式如下：

$$[BQ]=BQ-100(K_1+K_2+K_3) \tag{2-5}$$

式中：$[BQ]$为围岩基本质量指标修正值；BQ为围岩基本质量指标；K_1为地下水影响修正系数，如表2-11所示；K_2为主要软弱面结构面产状影响修正系数，如表2-12所示；K_3为初始应力状态影响修正系数，如表2-13所示。

表2-11　地下水影响修正系数K_1

地下水出水状态 \ K_1 \ BQ	>450	450~351	350~251	≤250
潮湿或点滴状出水	0	0.1	0.2~0.3	0.4~0.6
淋雨状或涌流状出水，水压≤0.1 MPa或单位出水量≤10L/(min·m)	0.1	0.2~0.3	0.4~0.6	0.7~0.9
淋雨状或涌流状出水，水压>0.1 MPa或单位出水量>10L/(min·m)	0.2	0.4~0.6	0.7~0.9	1.0

表2-12　主要软弱结构面产状影响修正系数K_2

结构面产状及其与洞轴线的组合关系	结构面走向与洞轴线夹角<30°结构面倾角30°~75°	结构面走向与洞轴线夹角>60°结构面倾角>75°	其他组合
K_2	0.4~0.6	0~0.2	0.2~0.4

表2-13　初始应力状态影响修正系数K_3

初始应力状态 \ BQ		>550	550~451	450~351	350~251	≤250
K_3	极高应力区	1.0	1.0	1.0~1.5	1.0~1.5	1.0
	高应力区	0.5	0.5	0.5	0.5~1.0	0.5~1.0

③按修正后的岩体基本质量指标$[BQ]$，结合岩体的定性特征综合评判，根据表2-14确定围岩的详细分级。

表2-14　公路隧道围岩分级表

围岩级别	围岩或土体主要定性特征	$[BQ]$
Ⅰ	坚硬岩、岩体完整、巨整体状或巨厚层状结构	>550
Ⅱ	坚硬岩、岩体完整、块状或厚层状结构；较坚硬岩、岩体完整、块状整体结构	550~451
Ⅲ	坚硬岩、岩体破碎、巨块(石)碎(石)状镶嵌结构； 较坚硬岩或较软硬岩层、岩体较完整、块状体或中厚层结构	450~351
Ⅳ	坚硬岩、岩体破碎、碎裂结构；较坚硬岩、岩体较破碎－破碎、镶嵌碎裂结构；较软岩或软硬岩互层，且以软岩为主、岩体较完整－较破碎、中薄层状结构	350~251
	土体：①压密或成岩作用的黏性土及砂性土；②黄土(Q_1、Q_2)；③一般钙质、铁质胶结的碎石土、卵石土、大块石土	

续表 2－14

围岩级别	围岩或土体主要定性特征	[BQ]
Ⅴ	较软岩、岩体破碎；软岩、岩体较破碎－破碎；极破碎各类岩体，碎、裂状，松散结构	≤250
	一般第四系的半干硬至硬塑的黏性土及稍湿至潮湿的碎石土；卵石土、圆砾土、角砾土及黄土(Q_3、Q_4)；非黏性土呈松散结构，黏性土及黄土呈松软结构	
Ⅵ	软塑状黏性土及潮湿、饱和粉细砂层、软土等	

注意：本表不适于特殊条件的围岩，如膨胀性围岩和多年冻土等。

2.2.4　各级围岩的物理力学指标

在工程设计或计算分析中，各级围岩的物理力学指标标准值应按试验资料确定，无试验资料时可按表 2－15 选用。

表 2－15　各级围岩的物理力学指标

围岩级别	重度 γ /($kN \cdot m^{-3}$)	弹性反力系数 K /($MPa \cdot m^{-1}$)	变形模量 E/GPa	泊松比 μ	内摩擦角 φ/(°)	黏聚力 c/MPa	计算摩擦角 φ_0/(°)
Ⅰ	26～28	1800～2800	＞33	＜0.2	＞60	＞2.1	＞78
Ⅱ	25～27	1200～1800	20～33	0.2～0.25	50～60	1.5～2.1	70～78
Ⅲ	23～25	500～1200	6～20	0.25～0.3	39～50	0.7～1.5	60～70
Ⅳ	20～23	200～500	1.3～6	0.3～0.35	27～39	0.2～0.7	50～60
Ⅴ	17～20	100～200	1～2	0.35～0.45	20～27	0.05～0.2	40～50
Ⅵ	15～17	＜100	＜1	0.4～0.5	＜22	＜0.1	30～40

注：①本表数值不包括黄土地层；②选用计算摩擦角时，不再计内摩擦角和黏聚力。

思考与练习

1. 隧道工程地质调查主要内容是什么？
2. 隧道工程勘测的基本内容有哪些？
3. 隧道围岩分级的意义是什么？
4. 隧道围岩分级考虑哪些因素？
5. 公路隧道和铁路隧道围岩分级的区别有哪些？

第 3 章

隧道总体设计

隧道总体设计主要根据线路等级、隧道长度、施工方法和营运要求，确定隧道的位置、平纵断面线形及横断面等，使得隧道功能满足线路总体规划要求。

3.1 隧道位置选择

隧道位置的选择关系到施工的难易程度，对工期和造价有着至关重要的影响。影响隧道位置的因素很多，如地质条件、水文地质条件、地形和地貌条件、线路技术条件、施工技术水平及工期、投资条件、运营要求等。在众多因素中，根本性的因素是地质条件和地形条件，充分掌握好这两方面的资料，认识它们之间的内在联系，分清主次，统筹研究，处理好近期与远期、隧道工程与其他工程的关系，就可选择出较为理想的隧道位置和恰当的进出口位置。地质条件很差时，特长隧道的位置应控制线路走向，以避开不良地质地段；长隧道的位置亦应尽可能避开不良地质地段，并与路线走向综合考虑；中短隧道可服从线路走向。

3.1.1 隧道位置选择的基本原则

隧道位置的选择应遵循下列原则：

①隧道应选择在地质构造简单、地层单一、岩体完整等工程地质条件较好的地段，以隧道轴线垂直岩层走向最为有利；

②隧道应避开断层破碎带，当必须穿过时，宜与之垂直或以大角度穿过；

③隧道应避开岩溶强烈发育区、地下水富集区、有害气体及放射性地层、地层松软地带；

④地质构造复杂、岩体破碎、堆积层厚等工程地质条件较差的傍山隧道，宜向山脊线内移，加长隧道，避免短隧道群；

⑤隧道洞口应选择在山坡稳定、覆盖层薄、无不良地质之处，宜早进洞、晚出洞；

⑥隧道顺褶曲构造轴线布置时，宜避绕褶曲轴部破碎带，选择在地质条件较好的一侧翼部通过；

⑦隧道宜避开高地应力区，不能避开时，洞轴宜平行最大主应力方向。

3.1.2 不同地形条件下隧道位置的选择

根据隧道穿越的地形，一般可分为越岭隧道和傍山隧道。

(1)越岭隧道

分水岭一般是指分隔相邻两个流域的山岭或高地，河水从这里流向两个相反的方向。通过山区的交通干线往往要翻越分水岭，从一个水系进入另一个水系，这段线路称之为越岭线。线路为穿越分水岭而修建的隧道称为越岭隧道。越岭隧道地段，一般山峦起伏，地形陡峻，工程地质和水文地质条件均较复杂，交通运输条件也比较困难，施工及弃碴场地狭窄。隧道施工往往控制全线或部分地段的工期。

越岭隧道主要解决的问题是：垭口的选择，过岭高程的确定，垭口两侧线路展线方案的布置。

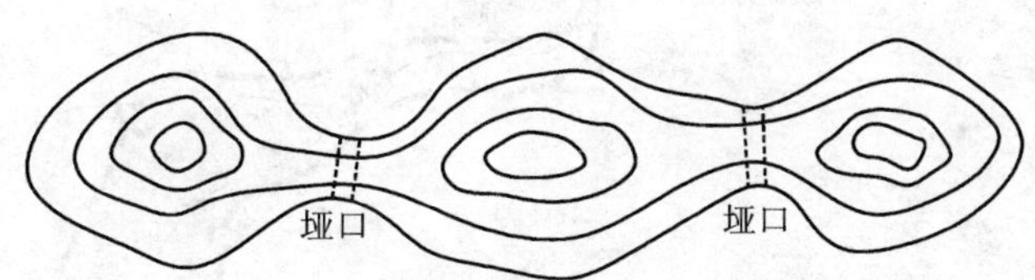

图3-1　垭口示意图

越岭隧道平面位置关键是选择合适的垭口。垭口是山脊线上相对较低的鞍部，如图3-1所示，是选定越岭隧道线路方案的控制点。一般以线路顺直，隧道长度最短的垭口作为越岭隧道方案的比选基础，同时考虑地质条件，优选高程合适、山梁较薄、地质情况较好且有良好引线或展线条件的垭口。

例如，成昆线从大渡河水系的牛日河进入安宁河水系的孙水河，需穿越小凉山分水岭，该岭与两侧高差约900 m，线路需克服越岭的巨大高差，图3-2、图3-3为沙木拉打越岭长隧道的方案比选平、纵断面示意图，越岭地段计有沙木拉打、瓦吉木、小相岭、阳糯雪山四个垭口，可作为越岭隧道位置的比选方案。每个垭口对应的隧道如表3-1所示。除沙木拉打垭口高程较低外，其余三个垭口高程与泸沽的高差达700 m，各方案路线沿河谷顺坡而下，地势开阔，都有展线条件。通过比选，小相岭垭口最靠近航空方向，线路长度最短，其越岭隧道长度为19.5 km；阳糯雪山垭口稍偏离航空方向，越岭隧道最长为25.75 km，其造价最高；瓦吉木垭口偏离航空方向稍远，其越岭隧道长度为14.5 km，两端引线工程较大；沙木拉打垭口路线较长，但越岭隧道最短，仅为6.379 km，就当时技术条件及施工工期等因素，经综合比选后，确定采用沙木拉打垭口越岭隧道方案。

表3-1　越小凉山分水岭线路隧道方案

线路方案	隧道长/km	高程/m	线路长/km
沙木拉打	6.379	2188～2243	143.5
瓦吉木	14.5	1950～2077	109.3
小相岭	19.5	1782～1815	73.2
阳糯雪山	25.75	1760～1800	83.5

越岭隧道立面位置的选择是指隧道越岭标高的选择。垭口不同，越岭标高不同，就会出现不同长度的隧道方案。越岭位置高，隧道长度短，施工工期短，但两端展线长，线路拔起高度大，通过能力小，运营条件差；越岭位置低，则与前者相反，但施工难度增加。从后期运营角度出发，宜采用低位置方案，但必须进行多种因素综合比选。

例如：川黔线凉风垭隧道初设时，拟定三个备选方案，如图3-4所示。马鞍山方案：越岭隧道长2810 m，位置较高，线路需克服较大高差。雷神坡方案：越岭隧道长3490 m，位置比马鞍山方案低，线路状况大为改善，但该处有一大断层，地质条件不利。凉风垭方案（采用

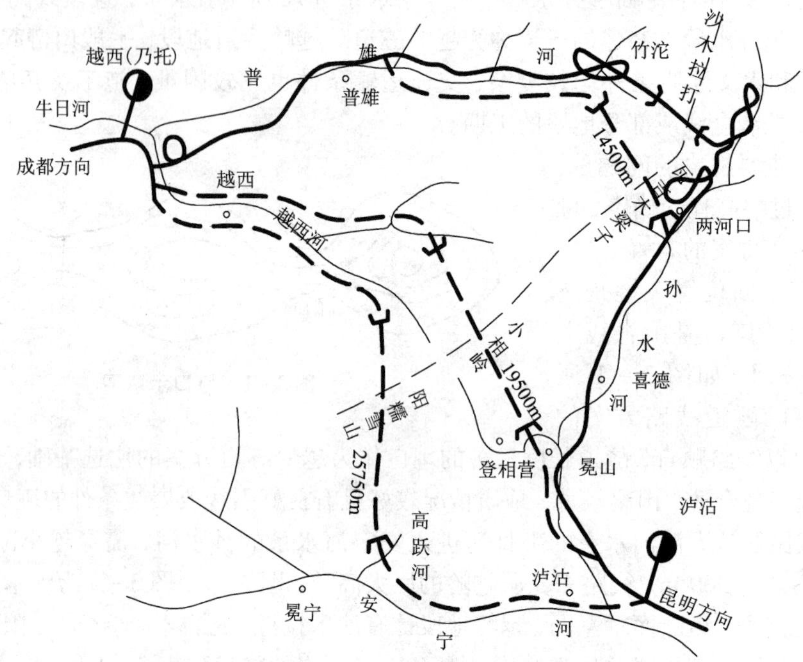

图 3-2 越西至泸沽段越岭隧道方案平面示意图

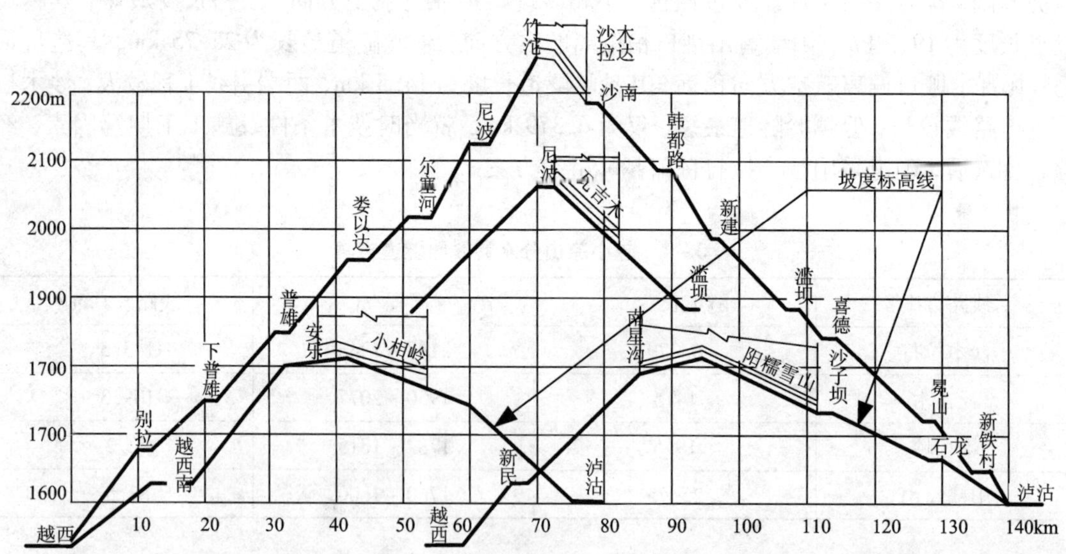

图 3-3 越西至泸沽段越岭隧道方案纵断面示意图

方案）：越岭隧道长 4270 m，拔起高度小、展线短、线路较顺直。

越岭线上，地形起伏陡峻，在展线时还可能需要修建专门的展线隧道，图 3-5 所示的螺旋线隧道和套线隧道是展线上常用的隧道类型。随着我国隧道施工技术水平和经济实力的提高，修建长大隧道的技术难题和经济困难已基本解决，高速铁路倾向于长大直线隧道，展线隧道已经应用较少。

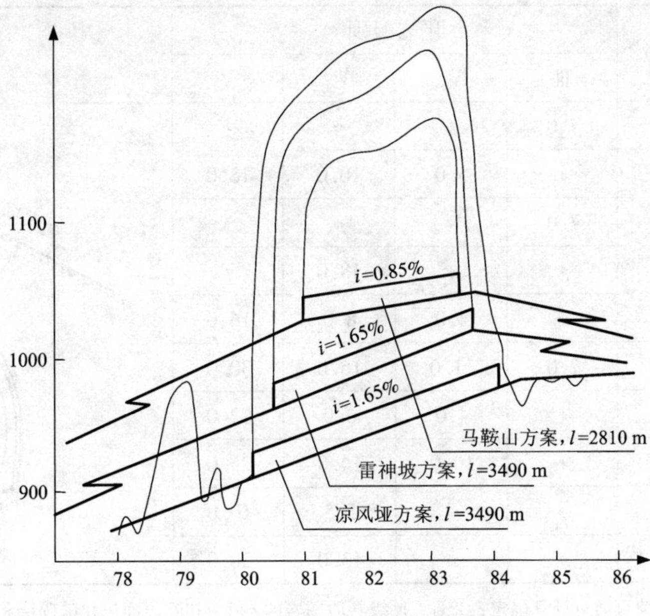

图3-4　凉风垭隧道方案示意图

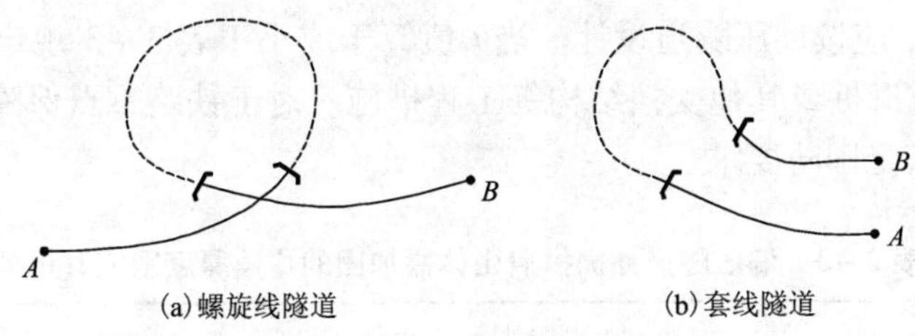

图3-5　常见展线隧道类型

(2)沿河、傍山隧道

山区铁路(或公路)除越岭地段以外，线路大多是沿河傍山而行，在地势陡峻的峡谷地段，常需修建的隧道即为傍山隧道或河谷线隧道。

傍山隧道的特点：

①依山傍水修建时，施工中容易破坏山体平衡，造成各种病害；

②在山体表层范围内修建隧道，常常遇到崩塌、滑坡、错落、松散堆积及泥石流等不良地质现象，地质情况较为复杂；

③一般埋深较浅，属浅埋隧道和短隧道群，洞身覆盖薄、易产生不对称的偏压情况；

④河道狭窄，水流湍急冲刷力强，对山坡稳定和隧道安全威胁较大。

傍山隧道的位置选择要点：

①保证最小覆盖层厚度。

傍山隧道在浅埋地段，要注意洞身覆盖厚度问题。为保持山体稳定和避免冲刷、偏压，隧道位置宜往山体内侧靠，一般要求隧道外侧最小覆盖厚度应满足表3-2要求。

表 3－2 偏压隧道外侧拱肩山体最大覆盖厚度 t(m)

地面坡 1∶m	线别	围岩级别				示意图
		Ⅲ	Ⅳ石	Ⅳ土	Ⅴ	
1∶0.75	双线	7.0	*	*	*	
1∶1	单线	*	5.0	10.0	18.0	
	双线	7.0	*	*	*	
1∶1.25	双线	*	*	18.0	*	
1∶1.5	单线	*	4.0	8.0	16.0	
	双线	7.0	11.0	16.0	30.0	
1∶2	单线	*	4.0	6.0	12.0	
	双线	*	10.0	14.0	25.0	
1∶2.5	单线	*	*	5.5	10.0	
	双线	*	*	13.0	20.0	

注：①Ⅵ级围岩的 t 值可通过计算确定；②Ⅲ、Ⅳ级石质围岩的 t 值应扣除表面风化破碎层和坡积层厚度；③“＊”表示缺少统计资料，设计时可通过工程类比或经验设计取值。

一般情况下，Ⅲ～Ⅴ级围岩，地面倾斜，隧道外侧拱肩至地表的垂直距离 t 等于或小于表 3－2 所列数值时，应按偏压隧道设计。当 t 值等于或小于表 3－3 规定时，尚应在洞外采取设置地表锚杆、抗滑桩或其他支挡结构等工程措施。对于铁路重点保障隧道，隧道顶部最小覆盖层厚度还应满足国防要求。

表 3－3 偏压隧道外侧拱肩山体需加固的覆盖厚度限值 t(m)

地面坡 1∶m	线别	围岩级别				示意图
		Ⅲ	Ⅳ石	Ⅳ土	Ⅴ	
1∶0.75	双线	3.0	*	*	*	
1∶1.00	单线	*	3.0	5.0	12.0	
	双线	3.0	8.0	*	*	
1∶1.25	双线	*	*	10.0	*	
1∶1.50	单线	*	2.0	4.0	9.0	
	双线	3.0	7.0	9.0	20.0	
1∶2.00	单线	*	2.0	3.5	7.0	
	双线	*	6.0	8.0	17.0	
1∶2.50	单线	*	*	3.0	6.0	
	双线	*	*	7.0	14.0	

注：①Ⅲ、Ⅳ级石质围岩的 t 值应扣除表面风化破碎层和坡积层厚度；②“＊”表示缺少统计资料，设计时可通过工程类比或经验设计取值。

河岸存在冲刷现象或河道窄、水流急、冲刷力强的地段，要考虑冲刷对山体和洞身稳定的影响，隧道位置宜往山体内侧靠一些，有可能时，最好设在稳定的岩层中，如图3-6所示。

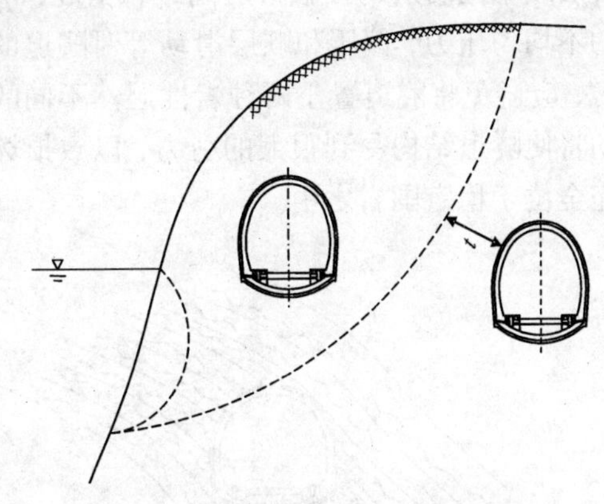

图3-6 河道冲刷影响下隧道选线

②“裁弯取直”。

线路沿山嘴绕行应与直穿山嘴的隧道方案进行比较。如山嘴地段地形陡峻、地质复杂，河岸冲刷严重，以路堑或短隧道通过难以长期保证运营安全时，应尽可能用“裁弯取直”，以较长隧道方案通过。

例如：关村坝隧道位于金口河至道林子间，原设计沿大渡河绕行，线路迂回长达16.6 km，其间有隧道8座总长4.2 km(最长的隧道不足2 km)，大中桥2座共长124 m，土石方2.15×10^8 m^3，还通过枕头坝至中坪溪长达8 km的不良地质地段，且要占用不少农田，因而研究了裁弯取直做长隧道的方案。经过比选，采用了6107 m长的关村坝隧道方案。裁弯取直与绕行方案相比，缩短线路10.1 km，减少了25个弯道和车站1处，避开了不良地质地段，占用农田显著减少，工程单一，还可节约大量运营费，为安全行车创造了良好条件。

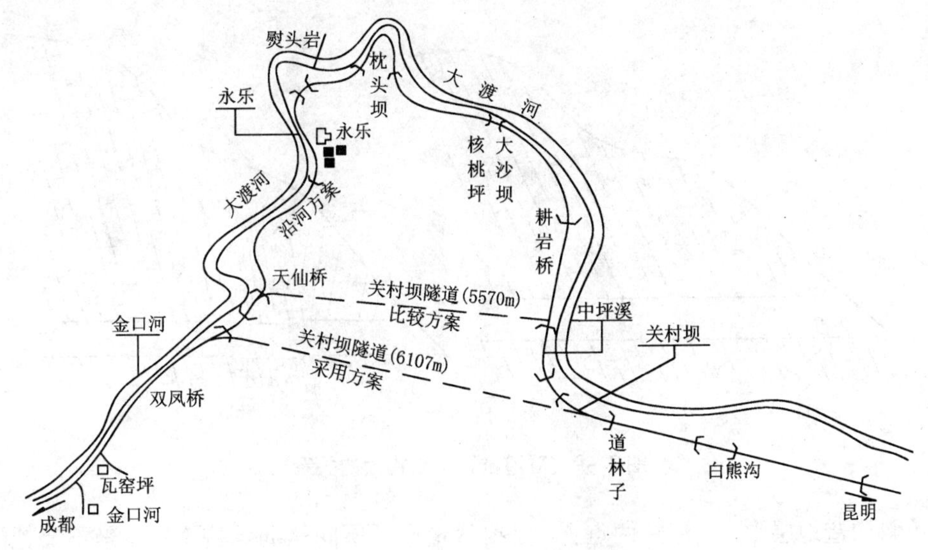

图3-7 关村坝隧道平面图

3.1.3 不同地质条件下隧道位置的选择

(1)单斜构造

单斜构造是指成层的岩层向一个方向倾斜的地质构造，常见的地质问题为不均匀地层压力或偏压，或者顺层滑动等现象。

当隧道与倾斜的岩层走向一致时，如图3-8(a)所示，要注意岩层层理、片理、结构、软弱夹层或不同岩层的接触带层间结合情况，节理裂隙发育程度，地下水活动的影响，可能产生的不均匀压力，偏压和顺层滑动等对隧道的影响。线路可能沿两种不同岩性的岩层修建隧道时，应避免将隧道置于两种岩性迥然不同的软弱构造面处，如图 3 -8(b)的 B 位置，地层滑动将使隧道结构受到很大的剪力，以致损坏结构物。而比较合理的应该是 A 位置，因为它已完全位于稳定围岩之中。

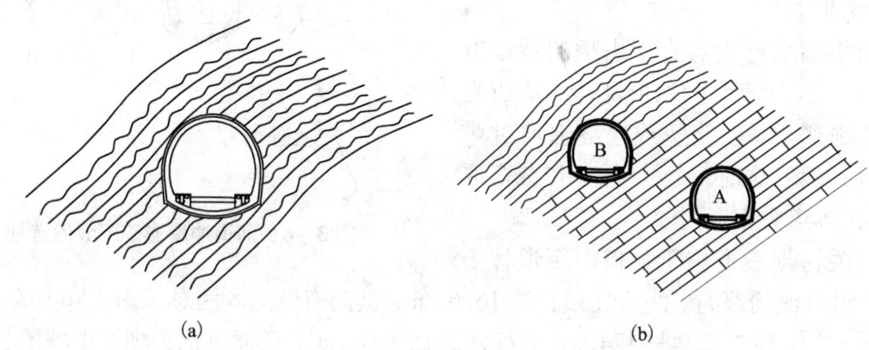

图 3 -8　隧道与倾斜岩层的走向一致

隧道中线以垂直岩层走向穿越最为有利，如图 3 -9(a)所示。如果隧道有某一段位于软弱地段中，当地层产生顺层滑动时，可能压迫该段发生相对于隧道主体的错动，而与邻段断开，如图 3 -9(b)。后期隧道衬砌设计时，应予以加强。

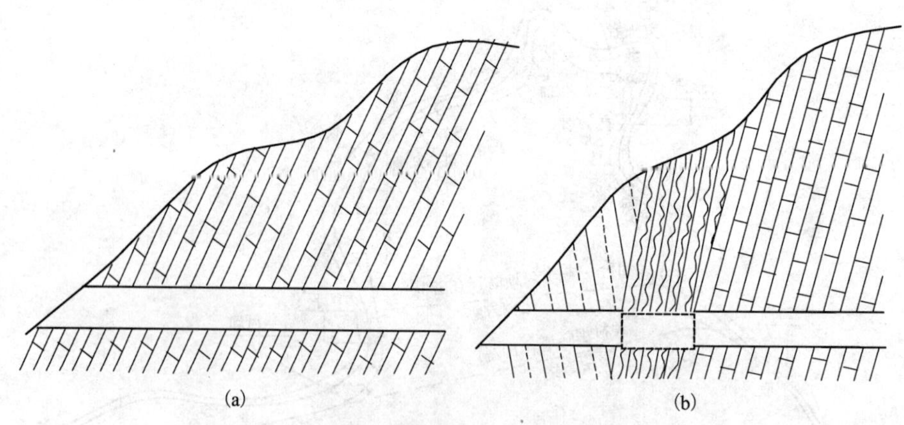

图 3 -9　隧道位置与结构面的关系

在单斜构造地层中，应注意两点：一是要尽量避开层间软弱结构面；二是不要把隧道纵轴线设计成与层理面平行，特别是不要与软弱结构面的走向一致，至少要形成一定的交角。

(2)褶曲构造

在褶曲构造地区，地层一部分翘起成为背斜，另一部分下挠成为向斜。背斜地层受弯而在上面出现开裂，切割岩体成为上大下小的楔块。楔块受到两侧邻块的挟持，使得楔块的重量由邻块分担，因而只产生小于原重的压力。与此相反，向斜地层受弯而在下面开裂，切割岩体成为上小下大的楔块。这种楔块在重力作用下，极易脱离母岩而坠落，从而给隧道结构物以较大的荷载，而且在施工时，容易发生掉块或坍方，对工程产生不利影响。此外，在向斜地层中，地下水积聚凹底，也将增加施工的困难。

在褶曲地层中，隧道洞身不宜顺沿褶曲构造轴部通过，宜将隧道置于褶曲构造的翼缘。如图3－10中，隧道宜置于B处，而非A、C处。

对于向斜构造，要设法避开，若必须通过时，则以垂直或大角度穿越构造轴部为宜。为避免地下水危害的可能，宜将隧道置于不透水层中，或争取隧道顶板为隔水层。

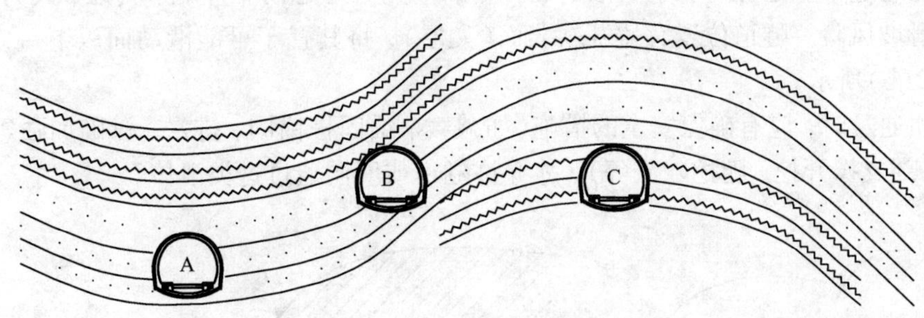

图3－10　褶曲构造中隧道位置选择

(3)断层

一般断裂构造由于受构造运动的影响，岩体较破碎。多呈块石、碎石、角砾或断层泥状，围岩稳定性差，岩石强度低，围岩压力大，地下水发育，隧道施工时极易产生坍方，常有突然涌水现象发生。因此，隧道位置要尽量避开严重破碎地带，避免与断裂带走向靠近平行，如必须通过断裂带时，应尽量使隧道与断裂走向垂直或大角度斜交通过，特别对于区域性大断裂，尤应注意。

某线路走向与一区域性大断裂带平行，隧道位置比选了几个不同的方案，如图3－11所示，最后采用(甲)方案通过，避开了外线崩塌、坍方的威胁和中线长区段正穿或靠近断层带的不利条件。

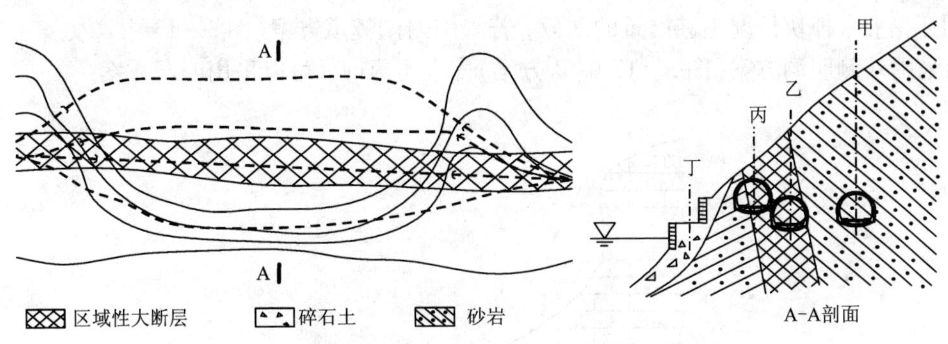

图3－11　断层破碎带处隧道选线

3.1.4　不良及特殊地质地区隧道位置的选择

不良地质和特殊地质地区是指存在滑坡、崩塌、岩堆、泥石流、岩溶、危岩、落石、瓦斯等危害的地区。

(1)滑坡地区

采用隧道避开滑坡时，应使隧道洞身埋藏在滑床(或可能滑动面)以下一定厚度的稳固地层中，如图 3－12(a)中 A 所示位置，确保隧道施工和滑坡变形移动不致影响隧道的安全。

对于大型滑坡体或崩滑体，只有在查明滑坡的成因、性质、类型及构造的基础上，如图 3－12(a)中 B 所示位置，可采取有效措施(如上部减载或下部支挡、排水、加固等)加以处理，不致因施工而造成古滑坡体复活，给施工、运营造成严重影响的情况下，才允许隧道在滑坡体或坍滑体中通过。

当隧道通过不稳定并有软弱夹层的岩体时，应充分考虑河岸冲刷、剥蚀、人为活动影响等引起的滑坡风险。隧道位置宜避开软弱面(夹层)，将其置于可能滑动面以下一定深度处，如图 3－12(b)所示。

如必须通过时，应有确保安全的措施(如减载、锚固桩锚固、排水、衬砌加强等)和施工措施(如分部支撑开挖、随挖随支等)，才允许隧道或明洞通过这类滑体。

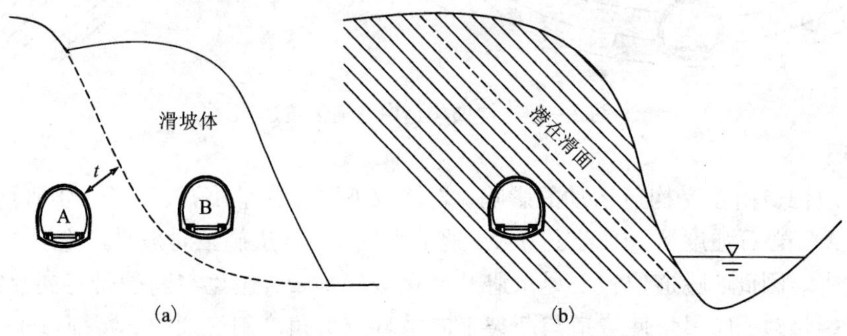

图 3－12　滑坡地区隧道选线

(2)崩塌地区

当陡岸斜坡严重张裂或者山坡有崩塌可能时，隧道位置宜往里靠通过较为安全。只有经过查明确认为稳定，或者可以采取处理措施，保证斜坡张裂或崩塌不致影响到隧道安全的情况下，才允许隧道在外侧岩壁通过。

对于落石、掉块情况不甚严重的区段，若采用内侧隧道方案(图 3－13 中 A 方案)工程量大，而采用外侧明洞方案(图 3－13 中 B 方案)安全可靠时，可以采用明洞方案。

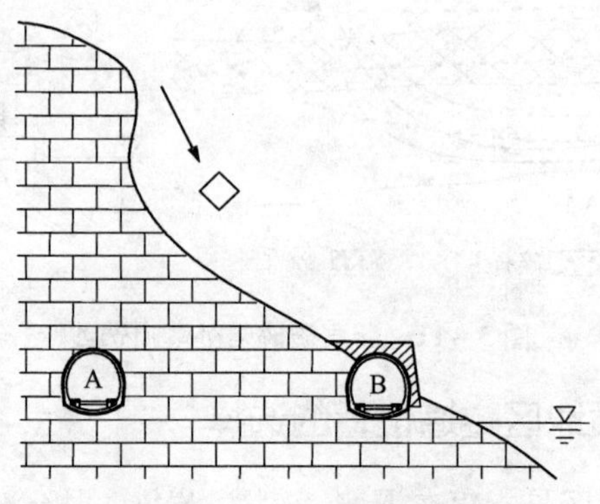

图 3－13　崩塌地区隧道选线

(3)岩堆地区

岩石经风化作用，分解和剥离成为大小不一的块体，从山坡上方滚下，或冲刷挟持而堆积在山坡坡脚处，形成松散堆积体。通过这类地区，隧道应设置在具有一定覆盖厚度的基岩中，如图3－14中A的位置，尽量避免设在不稳定的堆积体和松散岩堆中，如图3－14中B的位置。

(4)泥石流

线路行经泥石流地区，与明洞方案相比，隧道方案受泥石流影响更小，如图3－15中，宜优选方案B，而不是方案A。

隧道方案，需使洞身置于基岩中或稳定的地层内，并保持拱顶以上有一定的安全覆盖厚度。同时考虑地表水和地下水与隧道位置的关系及影响，并研究提出妥善的防排水措施。应避免把隧道放在冲积扇范围内，以免堵塞隧道洞口。隧道顶板厚度要满足河床下切、安全施工和泥石流改道等因素，否则，应研究采取合理可行的措施。

对明洞方案，要考虑施工的必要条件。明洞基础应置于基岩或牢固可靠的地基上。洞顶回填应考虑河床下切和上涨以及相互转化的可能情况。

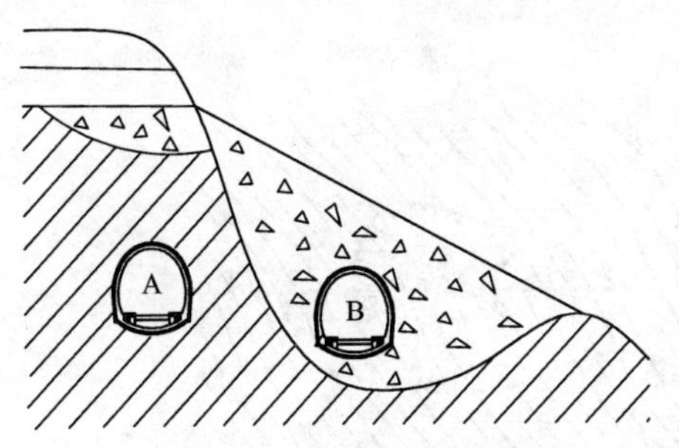

图3－14　岩堆地区隧道选线

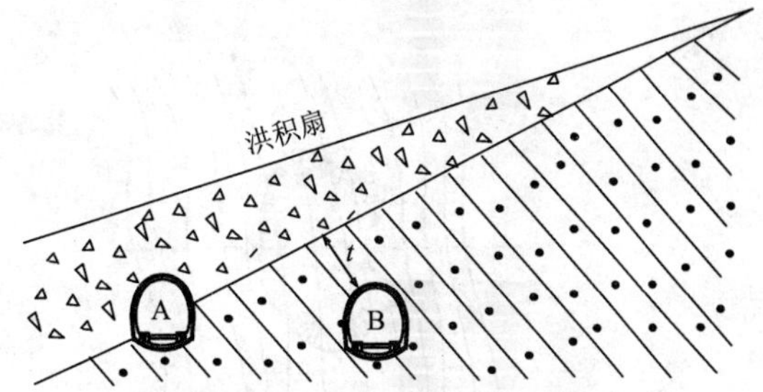

图3－15　泥石流地区隧道选线

(5)溶洞地区

尽量避免穿越岩溶严重发育的地下溶蚀大厅、暗河、地质构造破碎带等地段，避开可溶岩与非可溶岩的接触带。当不能避开时，宜择其较狭窄、影响范围最小处，垂直或以大角度穿越。

宜选择岩溶水不发育的地带通过。施工及运营时均需防范岩溶突水风险。

隧道洞身周围有溶洞存在而不能避开时，宜使隧道与溶洞间壁(特别是顶底板)保持一定的岩壁厚度，否则应有合理的处理措施。

决定隧道高程及坡度时，要根据岩溶的溶蚀形态、分布规律以及岩溶水的流通条件，研究分析而定。隧道位置一般要求选在地下水分水岭线以上。其坡度可根据地下水排泄要求，设置为单坡或人字坡。当地下水位高，或水量丰富不能靠正洞排除时，应采取合适的截排水措施。

3.2　隧道洞口位置的选择

洞口是隧道进出的咽喉，又是隧道施工中的主要通道。洞口位置选择的好坏，将直接影响隧道施工、造价、工期和运营安全。

隧道洞口位置选择时要结合洞口的地形、地质条件、施工、运营条件以及洞口的相关工程(桥涵、通风设施等)综合考虑。隧道应早进洞、晚出洞，同时应符合下列要求：

①隧道洞口的设置，应减少对原有坡面的破坏；

②当洞口处有塌方、落石、泥石流等威胁时，应尽早进洞；

③线路跨沟或沿沟进洞时，应结合防排水工程，确定洞口位置；

④漫坡地形的洞口位置，宜结合弃碴的处理、填方利用、排水以及有利施工等因素，综合分析确定；

⑤洞口段应结合地形、地质条件和施工方法等确定加固措施，必要时可采取地表注浆。

3.2.1 不同地形条件下隧道洞口位置的选择

①洞口应尽可能设在线路与地形等高线相垂直的地方，使洞门结构物不致于受到偏压力作用，如图 3-16(a)所示。如必须斜交进洞时，尽量使交角不小于45°，尽量避免隧道中线与地形等高线平行，如图 3-16(b)所示。Ⅳ级以上围岩地段或Ⅷ度地震区不宜采用斜交洞门。

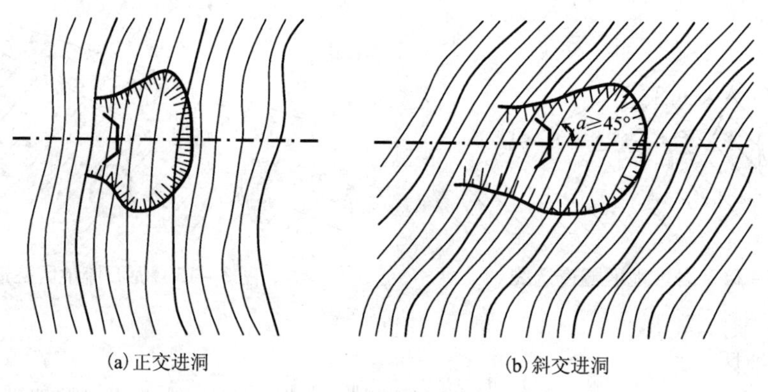

(a)正交进洞 (b)斜交进洞

图 3-16 洞门平面示意图

②傍山隧道洞口，靠山一侧边坡较高时，如有塌方、落石等风险，应早进洞或接长明洞，必要时采取适当的防护措施。特别注意洞口段的地层情况及覆盖厚度，如果形成偏压，须防止坍顶和破坏山体的稳定。

③悬崖陡壁下的洞口，不宜切削原坡面。若崖壁稳定，则可贴壁进洞，如图 3-17(a)所示；如可能发生掉块，则可采用接长明洞、棚洞或其他防落石措施，如图 3-17(b)所示。

④在漫坡地形选择洞口时，应综合考虑洞外线路土方工程量、排水、施工等多因素，尽量少占农田。隧道位于城镇、风景区附近时，尽量少做长挖堑进洞，可适当延长明洞为宜，如图 3-18 所示。

⑤洞口不宜设在垭口沟谷的中心或沟底低洼处，不要与水争路。一般情况下，垭口沟谷在地质构造上是最薄弱的一环，常会遇到断层带或褶曲带、古坍方、冲积土等松散地质。此外，地面流水都汇集在沟底，再加上洞口路堑的开挖，破坏了山体原有的平衡，更容易引起坍方，甚至不能进洞。因此洞口最好放在沟谷一侧，让出沟心，留出泄水的通路。如图 3-19 中，隧道宜选择方案 B，而不是处于沟谷的方案 A。

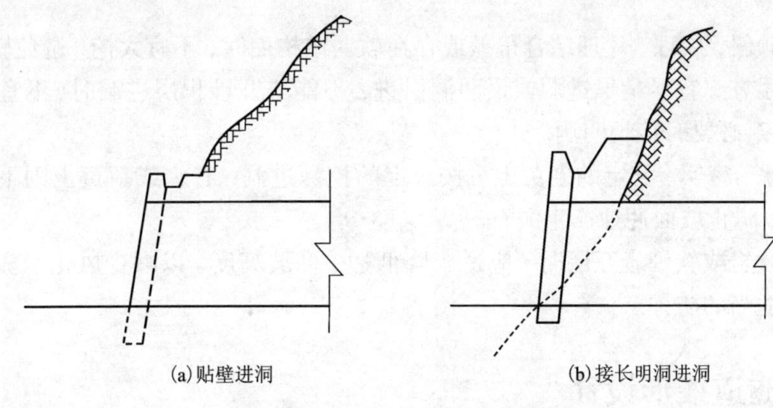
(a) 贴壁进洞　(b) 接长明洞进洞

图 3－17　陡壁进洞纵断面示意图

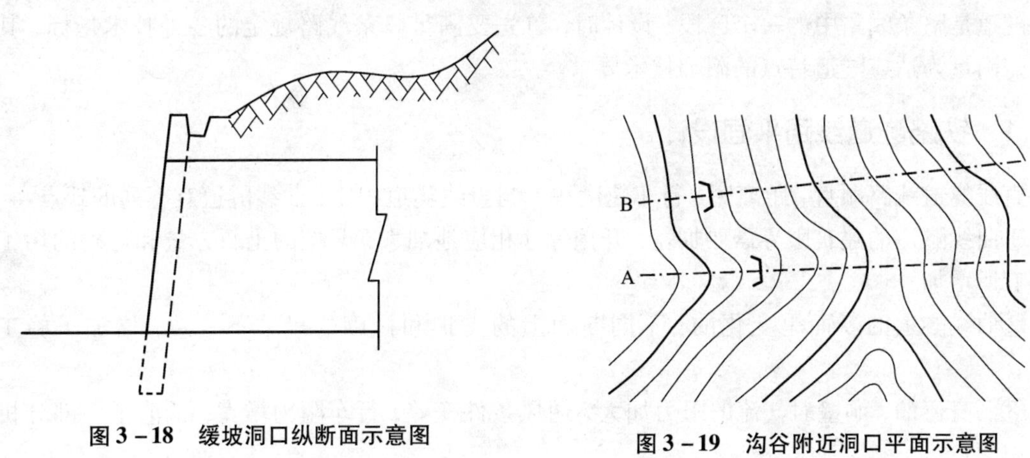

图 3－18　缓坡洞口纵断面示意图

图 3－19　沟谷附近洞口平面示意图

⑥当隧道附近有河流、湖泊、溪水等水源时，洞口标高应在洪水位安全线以上，其路肩高程应高出设计水位加波浪侵袭高度和壅水高度至少 0.5 m。设计水位的洪水频率标准在Ⅰ、Ⅱ级铁路应为 1/100（百年一遇），Ⅲ级铁路为 1/50；当观测洪水（包括调查可靠的有重现可能的历史洪水）高于上述设计洪水频率标准时，则应按观测洪水设计；但当观测洪水的频率在Ⅰ、Ⅱ级铁路超过 1/300，Ⅲ级铁路超过 1/100 时，则应分别按 1/300 和 1/100 设计。

⑦洞口位置确定，需同时考虑施工场地的布置。隧道洞口多在山地沟谷之中，地势狭窄，而施工有许多工序是在洞外进行的，需要一定的场地，如运输便通的位置、弃碴的地点、材料堆放的位置、机械设备的保养、生产管理及生活用房等。

⑧环境保护是隧道洞口选择时应着重考虑的因素，过去有所忽视。随着对环境保护的要求越来越高，在确定洞口位置时，必须认真考虑如何尽量少破坏天然植被，以便最大限度地保护自然景观。当洞口附近有居民点时，还应考虑施工爆破、噪音、水质污染对环境的影响，切实做好相应的工程措施。

3.2.2　不同地质条件下隧道洞口位置的选择

①洞口应尽可能地设在山体稳定、地质较好、地下水不太丰富的地方，尽量避开崩塌、滑坡、岩堆、岩溶、流砂、泥石流、盐岩、多年冻土、雪崩、冰川等对结构物会造成危害的

地方。

②当岩层倾斜，层理、片理结合很差或存在软弱结构面时，不宜大挖，避免斩断岩脚，防止顺层滑动或塌方。宜尽量早进洞或设明洞引进，不能避开堆积层进洞时(不宜采用清方的办法缩短洞口)，必要时接长明洞。

③干燥无水、密实、稳定的老黄土可按一定的挖深进洞，有水或新黄土则不宜大挖。洞口应避开冲沟，防止坡面冲蚀产生泥石流。

④洞口为软岩或软硬岩互层时，应适当降低边、仰坡高度，以减少风化暴露面，同时对软岩坡面可作适当的防护。

3.3 铁路隧道线形设计

隧道是整条线路中的一个区段，设计时，首先要满足整条线路规定的各种技术指标，其次尚需满足为适应隧道特点的附加技术要求。

3.3.1 铁路隧道线路平面设计

直线隧道线路顺直，距离短，行车速度快。与直线隧道相比，曲线隧道有下列的缺点：

①曲线隧道的建筑限界需要加宽，开挖尺寸相应地加大，开挖的土石方量和衬砌的圬工量都有所增加；

②曲线隧道的断面是变化的，不同断面上的支护和衬砌的尺寸不一致，增加了施工难度；

③洞身弯曲，洞壁对气流的阻力加大，通风条件变差，行车阻力增大，抵消了一部分机车牵引力；

④曲线隧道洞内进行施工测量时，操作复杂，精度也有所降低；

⑤列车在曲线隧道内运行时，由于列车产生离心力，再加上洞内空气潮湿，使得钢轨加速磨损，从而使洞内的养护工作量增大。

⑥运营中为了保证隧道建筑限界的要求和正常的行车条件，需要经常检查线路平面和水平，曲线隧道也较直线隧道增加了维护作业量和难度；

鉴于上述缺点，铁路隧道内的线路最好采用直线。但因地形、地质等条件限制，必须采用曲线时，应注意以下问题：

①应尽可能采用较大的曲线半径和较短的曲线长度，且将曲线设置在隧道洞口附近为宜，以减小其不利影响。

②在曲线两端应设缓和曲线时，最好不使洞口恰恰落在缓和曲线上。因为缓和曲线在平面上半径总在改变，外轨超高值也在变化，在双重变化下，列车行驶不平稳，所以，应尽可能将缓和曲线设在洞外一个适当距离以外。

③隧道内若设置圆曲线，其长度不应短于一节车厢的长度。

④一座隧道内最好不设一个以上的曲线，尤其是不宜设置反向曲线或复合曲线，因其维修养护比同向曲线复杂，列车运行比同向曲线更不平稳。

⑤当必须设置两条曲线时，两曲线间应有足够长的夹直线，一般是要求在三倍车辆长度

以上。

例如，越岭线上的隧道，线路常常是沿着垭口的一侧山谷转入山体后，又沿着垭口的另一侧山谷转出。可以使隧道较长的中段放在直线上，但由于地形原因，隧道两端为了转向都要落在曲线上，这种情况是常见的。此时，如果垭口两侧沟谷地势开阔，则可将曲线放在洞口以外。如果地势条件必须把曲线引进隧道，那么，施工时先按主体的直线隧道开挖，两端暂开直的照准导坑，以补救曲线所形成的缺点，待全隧道的导坑开通后，再把两端按原设计的曲线调整过来，如图3－20所示。

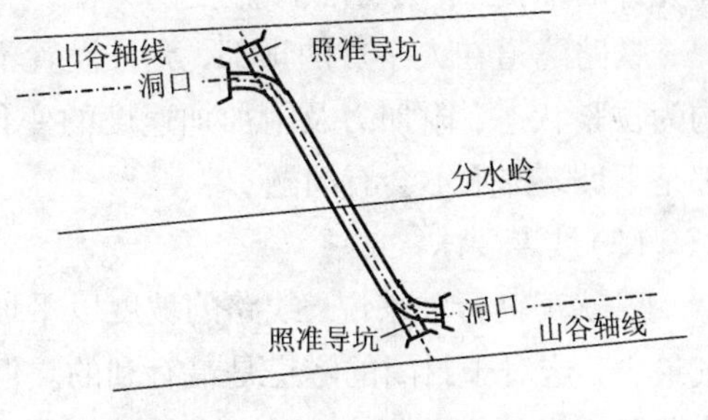

图3－20　隧道设置曲线示例

3.3.2　铁路隧道线路纵断面设计

铁路隧道纵断面的设计，必须满足行车安全和平稳的要求，并应考虑施工和养护的方便，设计主要考虑的因素是排水、施工、通风、越岭高程等，主要内容有：

(1)坡道形式

单坡，如图3－21(a)所示，多用于线路的紧坡(指需要在较短的距离内拔高较大的高程)地段或是展线的地区，因为单坡可以争取高程。单坡隧道两洞口的高差较大，由此产生的气压差和热位差能促进洞内的自然通风。在施工过程中，低位洞口有利，因它是往上坡方向掘进，重车下坡，空车上坡，运输动力消耗低，产生的废气少，水也自然顺着坡道排出；而高位洞口不利，因其是往下坡方向掘进，出碴、排水不便，车辆排放废气多。

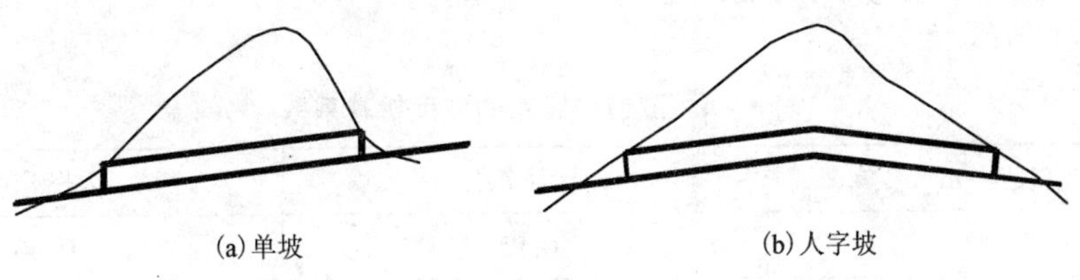

图3－21　坡道形式

人字坡，如图3－21(b)所示，多用于长大隧道，尤其是越岭隧道。在满足排水的同时，人字坡不必抬高洞口高程，它与山坡的自然坡形正好一致，这对于不需要争取高程的越岭隧道是十分合适的。由于隧道两端都是往上坡施工，因而掘进、排水都有利，但施工废气将自然集聚于工作面，不利于通风。运营时，废气也会聚集在坡顶，即使用较强的机械通风，有时也排除不干净，长期积累，浓度渐渐重大，因而对于长大隧道，往往在坡顶设置通风竖井，以利运营通风。

两种不同的坡形适用于不同的隧道。对于紧坡地段，线路要争取高程，应考虑采用单坡隧道，对于可以单口掘进的短隧道，也可以采用单坡。而对于长大隧道，特别是越岭隧道宜采用人字坡。此外，在设计时，还需考虑施工条件，如地下水的发育程度、出碴量的大小等，在允许的前提下，尽量照顾施工的方便。

铁路隧道在人字坡的顶部，允许设置不长于200 m的平坡。当列车通过这种地段时，车钩为拉紧状态，附加力及附加加速度的变化较小，可以用较短的分坡平坡段。分坡平道两侧都是下坡，排水不会有问题。

(2)坡度要求

仅就车辆行驶来说，线路的坡度以平坡最好，既不要冲坡也不要带制动行驶，产生的废气最少，这对于封闭的隧道是最有利的。但是，考虑到排水的需要，隧道需设置一定的坡度。铁路隧道设计规范规定，隧道内线路不得设置为平坡，最小的允许坡度应不小于3‰，在最冷月平均气温低于-5℃的地区、地下水发育的隧道宜适当加大坡度。

不同等级的铁路线路有不同的限坡(最大坡度)。由于隧道内的行车条件比明线差，因此需要对限坡作进一步的折减。原因如下：

①洞内湿度影响。

隧道内空气的相对湿度大，因而在钢轨踏面上凝成一层水分子薄膜，使轮轨之间的黏着系数降低，导致机车的牵引力降低。

②洞内空气阻力影响。

列车在隧道内行驶，其作用犹如一个活塞，洞内的空气阻力会削弱列车的牵引力。

位于长大坡道上且长度大于400 m的隧道，其坡度应予以折减。曲线地段的隧道，应先进行隧道内线路最大坡度折减，再进行曲线折减。折减的方法按下式进行：

$$i_{允} = m \cdot i_{限} - i_{曲} \tag{3-1}$$

式中：m为隧道内线路的坡度折减系数，与隧道的长度有关，规范中列出了经验数值，如表3-4所示；$i_{允}$为设计中允许采用的最大坡度，‰；$i_{限}$为按照线路等级规定的限制最大坡度，‰；$i_{曲}$为曲线阻力折算的坡度当量，‰。

表3-4 隧道内线路的坡度折减系数

隧道长度/m	电力牵引	内燃牵引
401~1000	0.95	0.90
1001~4000	0.90	0.80
>4000	0.85	0.75

注：最大坡度不分单、双机牵引，也不分单、双线隧道。

由于当列车的机车进入隧道时，空气阻力就已增加，黏着系数也已开始减小，机车的牵引能力就降低，因此不但隧道内的线路应按上述方式予以折减，洞口外一段距离内，也要考虑相应的折减。在上坡进洞前半个远期货物列车长度范围内，按洞内一样予以折减。列车出洞，机车已达明线，则不存在坡度折减问题，如图3-22所示。

(3)坡段长度

隧道内坡段长度不宜太短，最好不小于列车的长度，考虑到长远的发展，最好不小于远期到发线的长度。坡段太短意味着变坡点多而密集，列车行驶不平稳，司机操纵要随时调

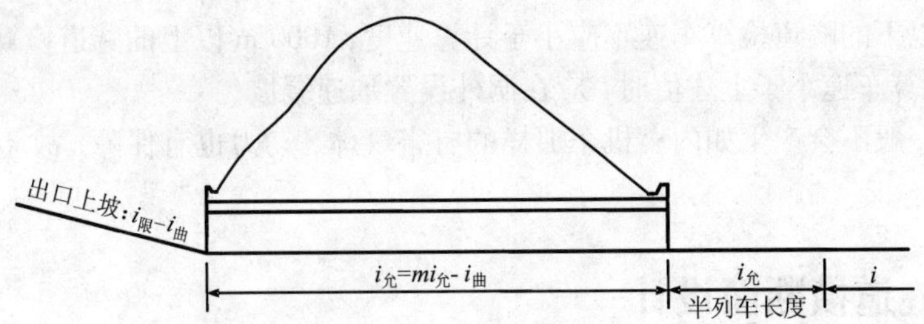

图 3－22　坡度折减区段示意

整。当列车经过变坡点时，受力情况也跟着变化，车辆间会发生相互冲撞，产生附加力和附加加速度。如果坡度太短，一列车在行驶中，同时跨越两个变坡点，车体、车钩都在同时受到不利的影响，有时会因此发生事故。另外，如果隧道内坡度变化甚多，也将给施工和运营养护增加困难。

凸形纵断面分坡平段，列车通过这种地段时，车钩处于拉紧状态，附加力及附加加速度的变化较小，接近规定最大坡差的假设条件，可以用较短的坡度长度。凸形纵断面分坡平段，当隧道位于两端，货物列车以接近计算速度通过时，允许坡段长缩短至 200 m。

铁路隧道设计规范规定，隧道内纵断面坡段设计，必须满足行车安全和平稳的要求，并应考虑施工和养护的方便，宜设置长坡段，但不宜把坡段定得太长，尤其是单坡隧道，坡度已用到了最大限度。长上坡路段，即使坡度未超限制，也会使机车疲劳或超负荷，以致有停车或出现车轮打滑的情况，容易发生事故。长下坡路段，制动时间过久，机车闸瓦摩擦发热，将使燃油失效，以致刹不住车，发生溜车事故。长大隧道可以设缓坡段，以缓解机车负荷。

(4)坡段连接

两个相邻坡段坡差太大会引起车辆之间仰俯不一，车钩受到扭力，容易发生断钩。在设计坡度时，坡间的代数差不应大于重车方向的限坡值 $i_{允}$。

采用人字坡的越岭隧道，坡顶两侧坡面相反，坡差很容易超过限值，一般在坡项处设置一段长度不超过 200 m 的分坡平道。

当坡差小于 3‰时，行车不平顺的情况还不太严重；当坡差大于 3‰时，列车行驶就有不平顺的感觉。设计行车速度≤160 km/h 时，Ⅰ、Ⅱ级铁路相邻坡段的坡差大于 3‰，Ⅲ级铁路相邻坡段的坡差大于 4‰时，应圆曲线形竖曲线连接；Ⅰ、Ⅱ级铁路的竖曲线半径应为 10000 m，Ⅲ级铁路应为 5000 m。

隧道内的缓和曲线不应与竖向曲线相重叠。缓和曲线范围内，外轨轨面高程一般以不大于 2‰的超高递减坡度逐渐升高。竖曲线范围内的轨顶将以一定的变化率圆顺变化。若两者重叠，变化率不能协调，在一定程度上外轨顶改变了竖曲线、缓和曲线在立面上的形状，对养护工作要求较高，存在一定困难。

(5)隧道内列车最小行车速度

列车上坡需要有一定的速度，才能将动能转为势能。内燃机牵引的列车开始上坡时，一般都有足够的前进能力，行至中途机车的效能就会有所降低，逐渐衰减以至趋近于不能前进而出现打滑、停车甚至倒退等危险情况。即便能勉强爬上，缓缓而过，洞内行车时间过长，产生的污浊空气也会使机车工作人员以及旅客感到不适，甚至酿成窒息晕倒等事故。因此要求：1000 m 及以下的隧道检算车速不应小于计算速度，1000 m 以上的隧道检算车速不应小于 25 km/h。当检算车速小于上述值时，应在洞外设置加速缓坡。

电力机车一般不会产生如内燃机车那样的有害气体，动力也有保障，故不须作最低速度检算。

3.4 铁路隧道横断面设计

隧道净空是指衬砌内轮廓线所包围的空间，根据隧道建筑限界确定。隧道建筑限界是为了保证隧道内各种交通的正常运行与安全，而规定在一定宽度和高度范围内不得有任何障碍物的空间范围。

3.4.1 铁路隧道建筑限界

“机车车辆限界”是指处在平坡直线上的机车车辆最外轮廓的限界尺寸，它能满足全国铁路线上正在运行的各种型号机车和车辆在横断面尺寸上的最大需要。

“基本建筑限界”是指铁路线上所有建筑物和设备均不得侵入的轮廓线，以保证列车往来行驶绝无刮碰并安全通过。

“隧道建筑限界”是指在“基本建筑限界”的基础上，再适当地放大一点，留出少许空间，用以安装一些如照明、通信和信号等设备。

《标准轨距铁路隧道建筑限界》(GB146.2—83)规定：对于新建或改建，行驶蒸汽机车或内燃机车的单线和双线隧道，建筑限界分别采用“隧限 1 - A”和“隧限 1 - B”，如图 3 - 23 所示。对于新建或改建行驶电力机车的单线和双线铁路隧道，建筑限界分别采用“隧限 2 - A”和“隧限 2 - B”，如图 3 - 24 所示。

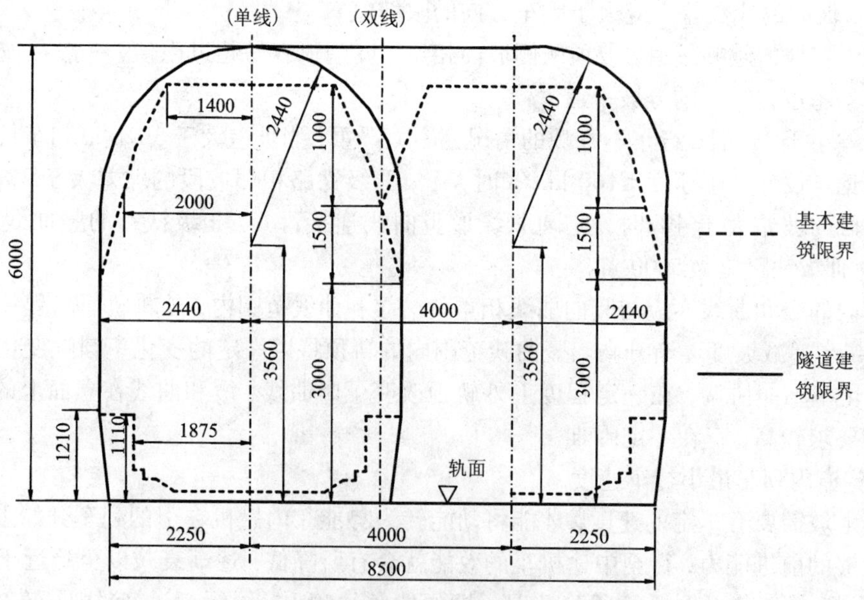

图 3 - 23 蒸汽及内燃牵引单、双线隧道限界(单位：mm)

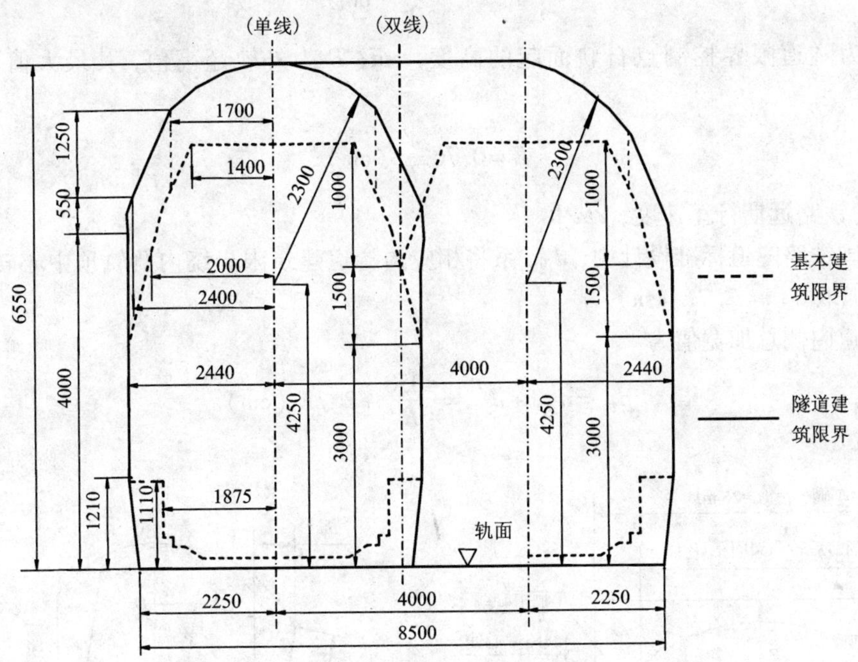

图 3－24　电力牵引单、双线隧道限界(单位: mm)

3.4.2　曲线隧道的净空加宽

(1)加宽原因

当列车在曲线上行使时，由于车体内倾和平移，使得所需横断面积有所增加。为了保证列车在曲线隧道中安全通过，隧道中曲线段的净空必须加大。铁路曲线隧道的净空加宽值是由以下的需要来决定的。

①车辆通过曲线时，转向架中心点沿线路运行，而车辆是刚性体，其矩形形状不会改变。这就使得车厢两端产生向曲线外侧的偏移($d_{外}$)，中间部分则向内侧偏移($d_{内1}$)，如图 3－25 所示。

②由于曲线上存在外轨超高，导致车辆向曲线内侧倾斜，使车辆限界的各个控制点在水平方向上向内移动了一个距离($d_{内2}$)，如图 3－26 所示。

因此，曲线隧道净空的加宽值由三部分：$d_{内1}$、$d_{内2}$、$d_{外}$组成。

(2)单线铁路隧道的加宽计算

①车辆中间部分向曲线内侧的偏移 $d_{内1}$ 为:

$$d_{内1} = \frac{l^2}{8R} \tag{3-2}$$

式中：l 为车辆转向架中心距，取 18 m；R 为曲线半径，m。

则
$$d_{内1} = \frac{18^2}{8R} \times 100 = \frac{4050}{R}\ (\text{cm}) \tag{3-3}$$

②外轨超高使车体向曲线内侧倾斜偏移 $d_{内2}$ 为:

$$d_{内2}=\frac{H\cdot E}{150}\ (\mathrm{cm}) \tag{3-4}$$

式中：H 为隧道限界控制点自轨面起的高度，cm；E 为外轨超高值，其最大值不超过 15 cm；且

$$E=0.76\frac{v^2}{R}\ (\mathrm{cm}) \tag{3-5}$$

式中：v 为铁路远期行车速度，km/h。

在我国铁路隧道标准设计中，$d_{内2}$ 系将相应的隧道建筑限界绕内侧轨顶中心转动 r 角求得，可近似取 $d_{内2}=2.7E(\mathrm{cm})$。

故隧道内侧总加宽值为

$$d_{内}=d_{内1}+d_{内2}=\frac{4050}{R}+2.7E\ (\mathrm{cm}) \tag{3-6}$$

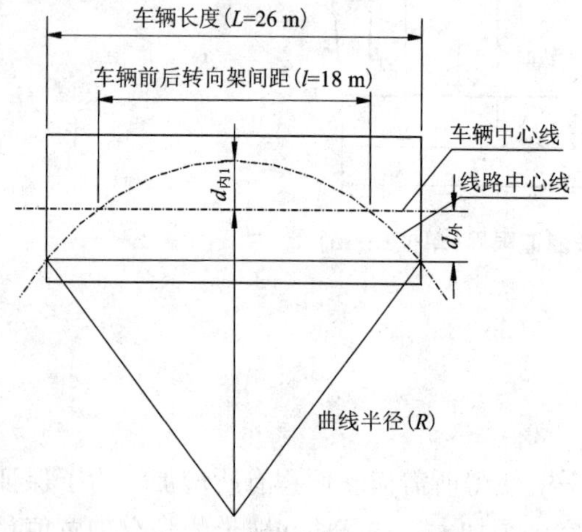

图 3-25　曲线隧道净空加宽平面示意图

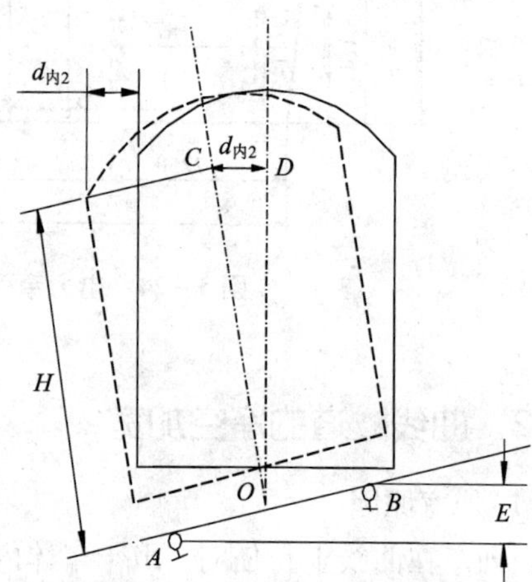

图 3-26　曲线隧道净空加宽断面示意图

③车辆两端向曲线外侧的偏移 $d_{外}$ 为：

$$d_{外}=\frac{L^2-l^2}{8R} \tag{3-7}$$

式中：L 为标准车辆长度，我国为 26 m；

故隧道外侧加宽值为

$$d_{外}=\frac{26^2-18^2}{8R}\times100=\frac{4400}{R}\ (\mathrm{cm}) \tag{3-8}$$

单线铁路曲线隧道总加宽的值为

$$d_{总}=d_{内1}+d_{内2}+d_{外}=\frac{4050}{R}+2.7E+\frac{4400}{R}=\frac{8450}{R}+2.7E \tag{3-9}$$

(3)双线铁路曲线隧道的加宽值计算

双线铁路曲线隧道的内侧加宽值 $d_{内}$ 及外侧加宽值 $d_{外}$ 与单线曲线隧道加宽值计算相同。内外侧线路中线间的加宽值 $d_{中}$，如图 3-27 所示。

当外侧线路的外轨超高大于内侧线路的外轨超高时

$$d_{中} = \frac{8450}{R} + \frac{H}{150} \times \frac{E}{2}\ (\text{cm}) \tag{3-10}$$

式中：H 为车辆外侧顶角距内轨顶面的高度，取 360 cm；E 为外侧线路的外轨超高值，cm；R 为曲线半径，m。

故
$$d_{中} = \frac{8450}{R} + \frac{360}{150} \times \frac{E}{2}\ (\text{cm})$$

或
$$d_{中} = \frac{8450}{R} + 1.2E\ (\text{cm}) \tag{3-11}$$

其他情况

$$d_{中} = \frac{8450}{R}\ (\text{cm}) \tag{3-12}$$

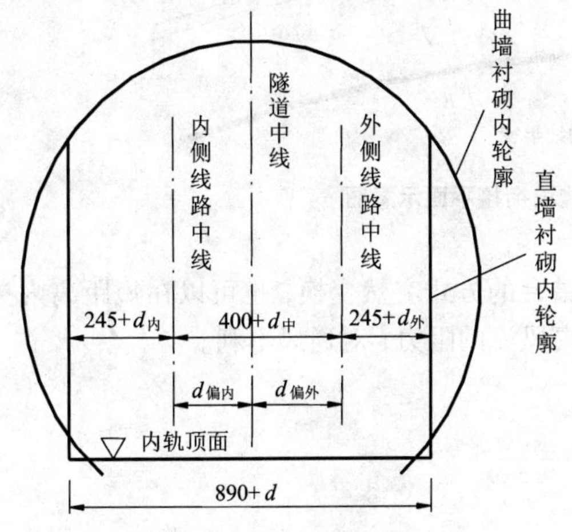

图 3－27　双线隧道加宽示意图(cm)

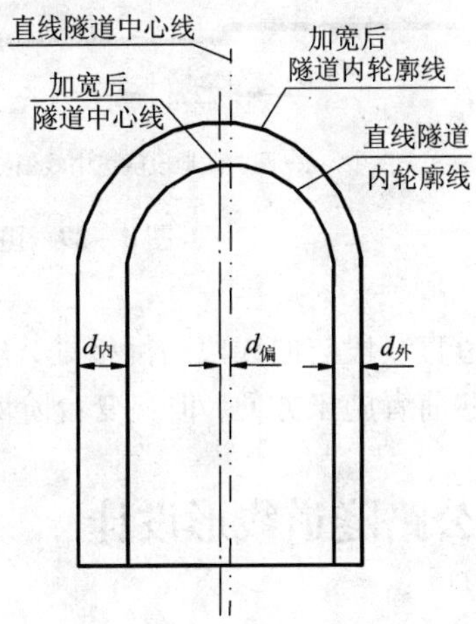

图 3－28　单线隧道加宽示意图

(4)曲线隧道中线与线路中线偏移距离

曲线隧道内外侧加宽值不同(内侧大于外侧)，断面加宽后，隧道中线向曲线内侧偏移了一个距离 $d_{偏}$，单线隧道的偏移，如图 3－28 所示。

$$d_{偏} = \frac{d_{内} - d_{外}}{2} \tag{3-13}$$

双线隧道的曲线偏移情况如图 3－27 所示，其中内侧线路中线至隧道中线的距离为

$$d_{偏内} = 200 - \frac{d_{内} - d_{外} - d_{中}}{2} \tag{3-14}$$

外侧线路中线至隧道中线的距离为

$$d_{偏外} = 200 + \frac{d_{内} - d_{外} + d_{中}}{2} \tag{3-15}$$

3.4.3　曲线隧道加宽的平面布置

当列车由直线进入曲线，车辆前转向架跨进缓和曲线的起点以后，由于曲线外轨已经开始有了超高，车辆随之开始倾斜，车辆后端亦开始偏离线路中线，所以，车辆前转向架到车

辆后端点的范围内，就该予以加宽。该段长度为两转向架间距 18 m 加转向架中心到车辆后端部点的距离 4 m，采用圆曲线加宽值的一半，即 $0.5d_{总}$。当车辆的一半进入缓和曲线中点时，其车辆后端偏离中线，应按前面转向架所在曲线的半径及超高值决定加宽值 $d_{总}$。此时，前面转向架中心已接近圆曲线，故车辆后半段，即车长之半 26/2 = 13 m 的范围内，应按圆曲线的加宽值 $d_{总}$ 予以加宽，如图 3－29 所示。

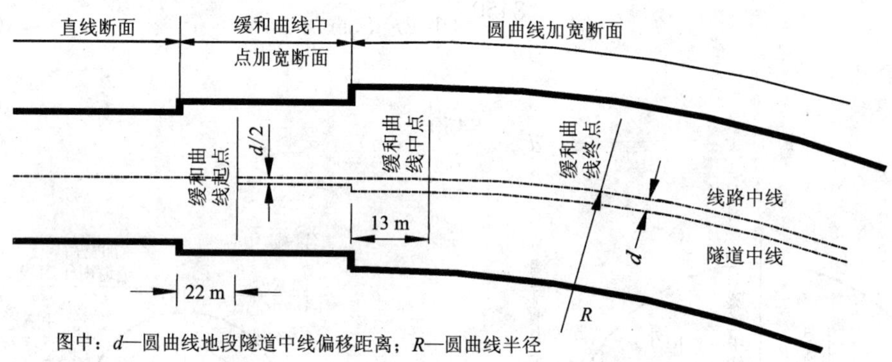

图 3－29 隧道曲线与直线段衔接平面示意图

隧道直线段与曲线段的衔接处，衬砌可以用错台的方式突然变换，也可以在短距离内抹顺变换。前者施工方便，但突变台阶增大了隧道内风流的阻力，对通风不利。

3.5 公路隧道线形设计

3.5.1 公路隧道线路平面设计

在公路隧道中，设置小半径曲线会产生视距问题，即司机的通视不好，容易出交通事故。如必须设置曲线时，则最好采用不设超高、且能满足视距要求的平曲线半径，如表 3－6 所示。当受条件限制，不得不采用小半径曲线时，需考虑加宽隧道断面，并设置超高，超高值不宜大于 4% 。

隧道内一般禁止超车，设计时应采用停车视距和会车视距，如表 3－7 所示。

单向行驶的长隧道，如果在出口一侧设置大半径曲线，面向司机的出口段衬砌边墙的亮度是逐渐增加的，有利于驾驶者眼睛对洞外亮度的适应，尤其是当出口处阳光可以直接射入时，隧道出口段曲线的优势就更明显。因此在曲线设计时，可以适当考虑这一因素。

表 3－6 公路隧道不设超高最小平曲线半径

路拱 \ 设计速度/(km·h^{-1})	120	100	80	60	40	30	20
≤2.0%	5500	4000	2500	1500	600	350	150
>2.0%	7500	5250	3350	1900	800	450	200

表 3－7　公路停车视距与会车视距

公路等级	高速公路、一级公路				二、三、四级公路				
设计速度/(km·h⁻¹)	120	100	80	60	80	60	40	30	20
停车视距/m	210	160	110	75	110	75	40	30	20
会车视距/m	—	—	—	—	220	150	80	60	40

洞外连接线应与隧道线形相协调，隧道洞口内外各 3 s 设计速度行程长度范围的平面线形应一致，即处于同一个直线或圆曲线内。由于缓和曲线内曲率不断变化，连接线一般不采用，但当处于下列两种情况时，连接线可采用缓和曲线或缓和曲线与圆曲线组合线形，并设置诱导和光过渡等方面的措施。

①路线平纵面线形指标较高，平曲线半径大于规范规定的一般平曲线半径最小值的 2 倍，最大纵坡小于 2%，行车视距大于停车视距规定值 2 倍以上，且调整后工程规模增加较大时；

②隧道群之间每个洞口线形均采用理想线形有困难，在平面指标较高、处于上坡进洞，且行车视距满足要求时。

3.5.2　公路隧道线路纵断面设计

公路隧道一般宜采用单向坡，特别是单向通行的隧道，宜设计为通行下坡。考虑行车安全性、营运通风规模、施工作业效率和排水要求，隧道纵坡不应小于 0.3%，一般情况不应大于 3%。受地形等条件受限制时，高速公路、一级公路的中、短隧道可适当加大，但不宜大于 4%。短于 100 m 的隧道纵坡可与隧道外路线的指标相同。

当采用较大纵坡时，必须对行车安全性、通风设备和营运费用、施工效率的影响等作充分的技术经济综合论证。当公路隧道纵坡坡度大于 2% 时，汽车上坡行驶时排放的有害物质会急剧增加，为通风效果考虑，宜将坡度控制在 2% 以内。

地下水发育的长、特长隧道可采用人字坡，由于人字坡通风较差，宜将坡度控制在 1% 以内。

隧道变坡处应设置竖曲线，凸形竖曲线和凹形竖曲线的最小半径和最小长度符合表 3－8 的规定。纵坡的变换不宜过大、过频，以保证行车安全视距和舒适性。

表 3－8　竖曲线最小半径和最小长度(m)

设计速度/(km·h⁻¹)		120	100	80	60	40	30	20
凸形竖曲线半径	一般值	17000	10000	4500	2000	700	400	200
	极限值	11000	6500	3000	1400	450	250	100
凹形竖曲线半径	一般值	6000	4500	3000	1500	700	400	200
	极限值	4000	3000	2000	1000	450	250	100
竖曲线长度		100	85	70	50	35	25	20

隧道洞口内外各3s设计速度行程长度范围的纵面线形应一致，有条件时宜取5s设计速度行程。隧道洞口的纵坡，宜设置一定长的直坡段，以使驾乘人员有较好的行车视距。当条件困难不能满足时，应采用较大的竖曲线半径，特别是当隧道设计速度大于等于60 km/h时，洞口竖曲线半径应符合表3－9的规定。

表3－9 洞口视觉所需的最小竖曲线半径(m)

设计速度/($km \cdot h^{-1}$)		120	100	80	60
竖曲线半径	凸形	20000	16000	12000	9000
	凹形	12000	10000	8000	6000

3.6 公路隧道横断面设计

公路隧道建筑限界包括车道、路肩、路缘带、人行道等的宽度，以及车道、人行道的净高，限界如图3－30所示。建筑限界高度，高速公路、一、二级公路H取5.0 m，三、四级公路H取4.5 m，限界基本宽度如表3－10所示。

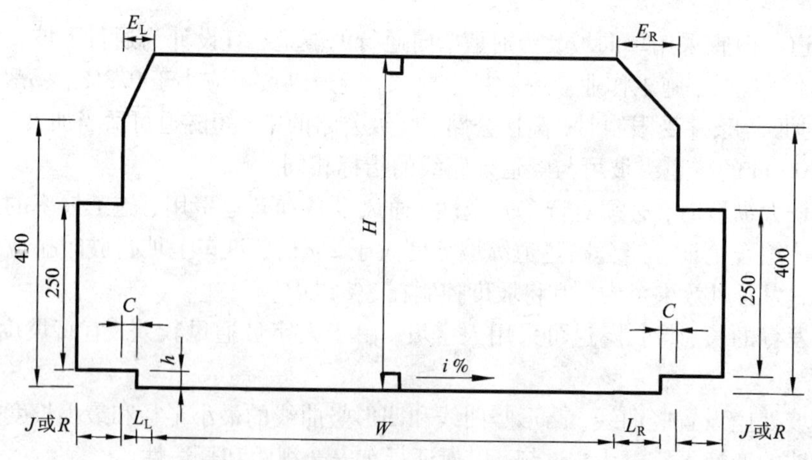

图3－30 公路隧道建筑限界示意图(cm)

图中：H—建筑限界高度；W—行车道高度；L_L—左侧向宽度；L_R—右侧向宽度；C—余宽；J—检修道；R—人行道宽度；h—检修道或人行道高度；E_L—建筑限界左顶角宽度，$E_L = L_L$；E_R—建筑限界右顶角宽度，当$L_R \leq 1$ m时，$E_R = L_R$，当$L_R < 1$ m时，$E_R = 1$ m

高速公路和一级公路隧道内应设置检修道。其他等级公路隧道，应根据隧道所在地区的行人密度、隧道长度、交通量及交通安全等因素确定人行道的设置。检修道或人行道宜双侧设置，高度h宜为25～40 cm，最大高度不应高于80 cm。确定检修道标高，应综合考虑以下因素：

①检修人员步行时的安全；

②紧急情况时，司乘人员拿取消防设备方便；

③满足其下放置电缆、光缆、给水管等的空间尺寸要求；

④不会给驾驶员造成心理障碍。

单向行车隧道应在右侧设置紧急停车带，双向行车隧道应两侧交错设置。停车带建筑限界如图3－31所示，侧向宽度3.5 m，长度40 m，其中有效长度不得小于30 m，设置间距不宜大于750 m。停车带的路面横坡，长隧道可取水平，特长隧道可取0.5%～1.0%或水平。

不设检修道、人行道的隧道，可不设紧急停车带，但应按500 m间距交错设置行人避车洞。

表3－10　公路隧道建筑限界横断面组成最小宽度(m)

公路等级	设计速度	车道宽度 W	侧向宽度		余宽 C	人行道 R	检修道 J		隧道建筑净宽		
			左侧 L_L	右侧 L_R			左侧	右侧	设检修道	设人行道	不设人行道检修道
高速公路 一级公路	120	3.75×2	0.75	1.25			0.75	0.75	11		
	100	3.75×2	0.5	1			0.75	0.75	10.5		
	80	3.75×2	0.5	0.75			0.75	0.75	10.25		
	60	3.50×2	0.5	0.75			0.75	0.75	9.75		
二级公路 三级公路 四级公路	80	3.75×2	0.75	0.75		1				11	
	60	3.50×2	0.5	0.5		1				10	
	40	3.50×2	0.25	0.25		0.75				9	
	30	3.25×2	0.25	0.25	0.25						7.5

注：①三车道隧道除增加车道数外，其他宽度同表；增加车道的宽度不得小于3.5 m。②连拱隧道的左侧可不设检修道或人行道，但应设50 cm(120 km/h与100 km/h时)或25 cm(80 km/h与60 km/h)时的余宽。③设计速度120 km/h时，两侧检修道宽度均不宜小于1.0 m；设计速度100 km/h时，右侧检修道宽度不宜小于1.0 m。

当隧道建筑限界宽度大于所在公路的建筑限界宽度时，两端连接线应有不短于50 m的、同隧道等宽的路基加宽段；当隧道限界宽度小于所在公路建筑限界宽度时，两端连接线的路基宽度仍按公路标准设计，其建筑限界宽度应设有4 s设计速度行程的过渡段与隧道洞口衔接，以保持隧道洞口内外横断面顺适过渡。

3.7　隧道衬砌内轮廓设计步骤

铁路隧道和公路隧道衬砌断面设计步骤类似，均为：线路等级→建筑限界→初步拟定尺寸→计算内力→检算强度→调整尺寸→重复上述计算，直到合适为止。

拟定结构形状和尺寸可采取经验类比的方法，以铁路隧道为例，考虑因素有：

(1)内轮廓——选定净空形状

紧贴限界，衬砌表面平顺圆滑，如图3－32所示，并满足以下要求：

①行车速度140 km/h及以下铁路隧道内轮廓，除应满足限界要求外，还需考虑相应的功能要求，例如为通风、照明、消防、监控、营运管理等设施提供安装空间，同时考虑围岩变

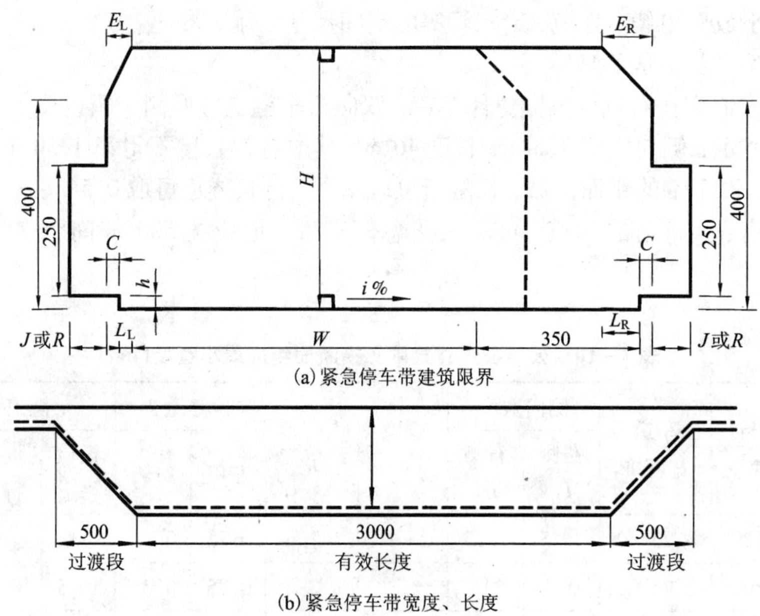

图 3－31　紧急停车带的建筑限界、宽度和长度(单位：cm)

形、施工方法影响的预留变形量，使确定的断面形式及尺寸，达到安全、经济、合理。同一线路上的隧道宜采用相同的内轮廓，如需改变，应使既有钢拱架能在工地采用较简便的方法改制后即能应用。

②为便于拱架倒用和各类衬砌衔接，拱形明洞、偏压衬砌，通常采用与一般地区隧道相同的衬砌内轮廓。因受地质、地形条件与施工因素等的影响，围岩压力分布有很大的不均匀性，拟定的内轮廓应对各种荷载有较好的适应性。

③内轮廓形状应力求简单、平顺，一般拱部内轮廓由三心圆组成。曲线隧道衬砌尺寸加宽的变化以采用 10 cm 为一级的加宽分级为宜。

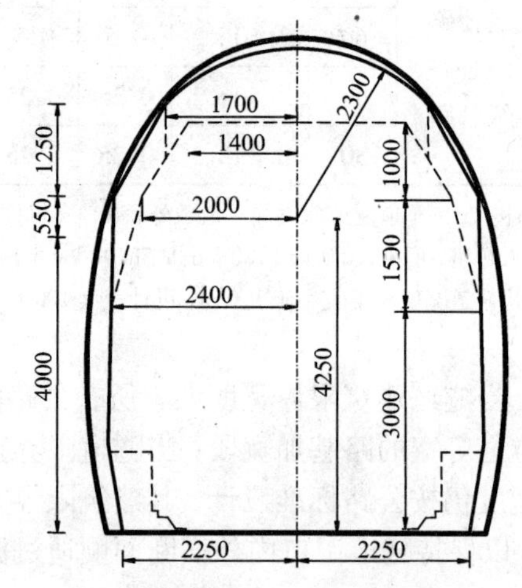

图 3－32　铁路隧道衬砌内轮廓与限界(mm)

④旅客列车最高行车速度 160 km/h 新建铁路隧道需考虑空气动力学效应，轨面以上净空横断面面积，单线隧道不应小于 42 m^2，双线隧道不应小于 76 m^2。

(2)结构轴线——抽象出进行计算的几何形状

隧道衬砌结构的轴线尽可能地符合荷载作用下的压力线。

当衬砌承受径向分布的静水压力时，结构轴线以圆形最合适。当衬砌主要承受竖向荷载和不大的水平荷载时，结构轴线上部宜采用圆弧形或尖拱形，下部可以做成直线形(即直墙式)。当衬砌承受竖向荷载的同时，又承受较大的水平荷载时，衬砌结构的轴线上部宜采用圆弧形或平拱形，下部可采用凸向外方的圆弧形(即曲墙式)。如果结构有底鼓或沉陷的风险，则底部宜设置凸向下方的仰拱。

(3)截面厚度——检算强度

截面厚度具有足够的强度满足受力要求，最小厚度满足施工要求。

关于衬砌结构的设计计算方法在后面的章节中予以说明。承受荷载的隧道建筑物各部结构截面最小厚度不应小于表 3 - 11 的规定。

表 3 - 11　截面最小厚度(cm)

建筑材料种类	隧道和明洞衬砌	洞门端墙、翼墙和洞口挡土墙
混凝土	20	30
片石混凝土	—	50

思考与练习

1. 隧道位置选择的基本原则是什么?
2. 越岭隧道和傍山隧道选择位置时考虑的主要因素是什么?
3. 隧道位置选择时，如遇不良地质情况该怎么处理? 试举例分析。
4. 隧道洞口选择应符合哪些要求? 其工程意义是什么?
5. 直线隧道相比曲线隧道具有哪些优点?
6. 铁路隧道线路纵断面设计的内容是什么?
7. 曲线隧道加宽的原因是什么? 如何计算加宽量?
8. 简述铁路隧道衬砌内轮廓设计步骤和注意事项。

第 4 章

隧道结构构造

隧道可分为主体建筑物和附属建筑物。前者是为了保持隧道的稳定，保证隧道正常使用而修建的，由洞身结构及洞门组成。后者指保证隧道正常使用所需的各种辅助设施，例如铁路隧道供维修人员避让列车而设的避车洞、保护隧道内电缆的电缆槽等。

4.1 衬砌类型及构造

衬砌是指为防止围岩变形或坍塌，沿隧道洞身周边用钢筋混凝土等材料修建的永久性支护结构。常用的衬砌结构类型有：整体式混凝土衬砌、拼装式衬砌、喷锚衬砌和复合式衬砌等。

4.1.1 整体式混凝土衬砌

整体式混凝土衬砌采用模筑现浇而成，对地质条件的适应性较强，易于按需要成型，整体性好，抗渗性强，适用于多种施工条件，可用木模板、钢模板或衬砌台车等，在我国隧道工程中被广泛采用。它采用混凝土现浇而成，在灌注以后不能立即承受荷载，必须经过一个养护的过程，因而施工进度受到一定的限制。

依据围岩地质特点的不同，整体式混凝土衬砌可采用多种形式，如半衬砌、厚拱薄墙衬砌、直墙拱形衬砌和曲墙拱形衬砌，其中后两种衬砌形式在铁路和公路隧道中最为常用。

(1)直墙拱形衬砌

直墙拱形衬砌主要适用于地质条件比较好、水平向压力较小的Ⅰ～Ⅲ级围岩地层中。若一座隧道大部采用直墙式衬砌，仅局部地段为Ⅳ级围岩，则此段也可用加强后的直墙式衬砌，以使全隧道衬砌内轮廓一致，便于施工。

图4－1为我国单线非电化铁路隧道直墙式衬砌的断面标准图，由上部拱圈、两侧竖直边墙和下部铺底三部分组合而成。拱圈以大小两种不同半径分别做成三心圆弧线，当中左右45°内用较小的半径，两边用较大的半径。拱圈是等厚的，内外弧圆心重合，外弧的半径为各自增加了一个拱圈厚度的尺寸。两侧边墙是与拱圈等厚的竖直墙，与拱圈平齐衔接。洞内一侧边墙深度稍大，以便设置排水沟。隧道底板以贫混凝土做成平槽，称之为铺底，铺设线路的道砟。

(2)曲墙式衬砌

曲墙式衬砌适用于地质比较差、岩体松散破碎、强度不高、地下水丰富、且侧向水平压力较大的情况。

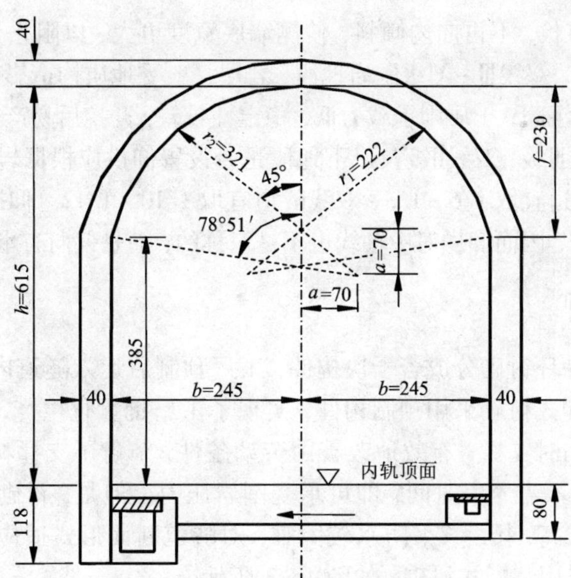

图 4－1　我国单线非电化铁路隧道直墙式衬砌(cm)

图 4－2 为Ⅴ级围岩单线非电化铁路隧道曲墙式衬砌的标准图，由顶部拱圈、侧面曲边墙和底部仰拱所组成。顶部采用变厚度拱圈，拱顶稍薄，拱脚稍厚，外弧与内弧的半径不同，圆心位置也互不重合。侧墙采用变厚度曲墙，内弧外弧的圆心在同一水平，外弧在圆心水平面以下为直线形，稍稍向内偏斜。Ⅴ级或Ⅵ级围岩，压力很大，侧墙外轮廓圆心水平面下的

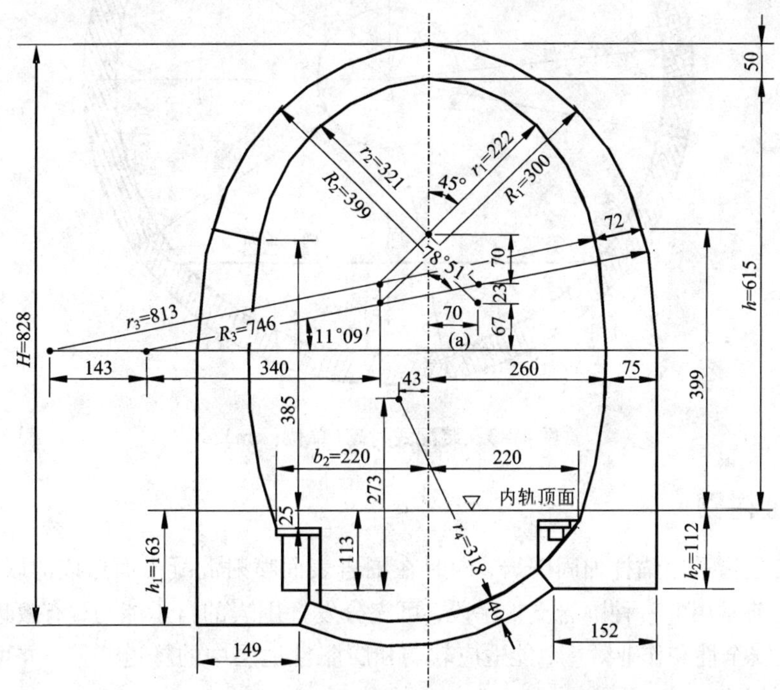

图 4－2　铁路隧道Ⅴ级围岩整体曲墙式衬砌标准图(cm)

部分，做成竖直直线形状，不再向内倾斜，使侧墙底宽度更大，以阻止受压下沉。

单线Ⅳ～Ⅵ级围岩、双线Ⅲ～Ⅵ级围岩地段，岩层一般受地质构造影响严重，风化破碎，侧压力较大，基础易产生沉陷；土质则承载力低，稳定性较差，开挖后易产生隆起变形，应采用曲墙有仰拱的衬砌。单线Ⅲ级、双线Ⅱ级及以下地段是否设置仰拱应根据岩性、地下水情况确定。仰拱的矢跨比，单线隧道宜取1/6～1/8，双线隧道宜取1/10～1/12。仰拱虽然是圆弧形，但由于洞内一侧需设排水沟，因而仰拱对中轴线也不是对称的，而是偏向有水沟的一侧。

4.1.2 装配式衬砌

装配式衬砌是将一环衬砌分成若干块构件，工厂预制后运入隧道内，用机械拼装成一环接着一环的衬砌。装配式衬砌采用预制构件，实现了工厂批量化生产，洞内机械化拼装，且不需要拱架、模板等临时支撑，有效地改善了劳动条件，节省了支撑材料及劳力，缩短了工期，衬砌拼装完成后，不需养生时间，即可承受围岩压力。但是，衬砌拼装需要有足够的空间，构件尺寸精度要求高，接缝多，防水较困难，对隧道断面形式适应性较差。地铁工程多采用圆形断面，大都采用装配式衬砌，如图4－3所示。

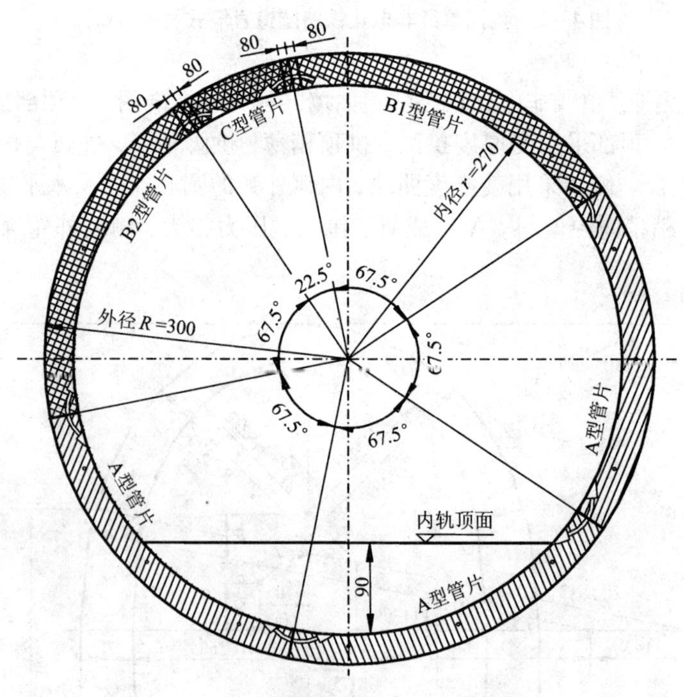

图4－3 装配式衬砌(单位：cm)

4.1.3 喷锚衬砌

喷锚衬砌是指采用锚杆加固围岩，同时在围岩表面喷射混凝土而形成的联合支护体系。喷锚衬砌是目前常用的一种围岩支护手段，可充分发挥围岩的自承能力，有效地利用洞内净空，提高作业安全性和作业效率，能适应软弱和膨胀性地层中的隧道开挖，并可用于整治坍方和衬砌的裂损。

与模筑混凝土不同，喷锚衬砌不是以一个刚度强大的结构物来抵抗围岩压力，而是通过喷射混凝土和施作锚杆，与围岩合成一体，充分发挥围岩本身的自稳能力，是柔性衬砌。喷锚衬砌可有效降低工人劳动强度，减小隧道开挖断面，节省圬工工程量。

地下水不发育的Ⅰ、Ⅱ级围岩的短隧道，可采用喷锚衬砌，设计参数可参考表4－1。

表4－1　喷锚衬砌的设计参数

围岩级别	单线隧道	双线隧道
Ⅰ	喷射混凝土厚度5 cm	喷射混凝土厚度8 cm，必须时设置锚杆，锚杆长1.5～2.0 m，间距1.2～1.5 m
Ⅱ	喷射混凝土厚度8 cm，必须时设置锚杆，锚杆长1.5～2.0 m，间距1.2～1.5 m	喷射混凝土厚度10 cm，必须时设置锚杆，锚杆长2.0～2.5 m，间距1.0～1.2 m，必要时设置局部钢筋网

注：①边墙喷射混凝土厚度可略低于表列数值，当边墙围岩稳定，可不设置锚杆和钢筋网；②钢筋网的网格间距宜为15～30 cm，钢筋网保护层厚度不应小于3 cm。

喷锚衬砌设计应符合下列要求：

①喷锚衬砌内部轮廓应比整体式衬砌适当放大，除考虑施工误差和位移量外，应再预留10 cm作为必要时补强用。

②遇下列情况不应采用喷锚衬砌：地下水发育或大面积淋水地段；能造成衬砌腐蚀或膨胀性围岩的地段；最冷月平均气温低于－5℃地区的冻害地段；有其他特殊要求的隧道。

4.1.4　复合式衬砌

复合式衬砌由初衬（外衬）和二衬（内衬）组成。隧洞开挖后，先在洞壁表面喷射一层早强混凝土，厚度多在5～20 cm之间，有时也同时施作锚杆，凝固后形成薄层柔性支护结构，即为初衬。待初衬与围岩变形基本稳定后，即可绑扎钢筋、推移模板台车就位、就地灌筑混凝土施作二衬。为了防止地下水流入或渗入隧道内，可在初衬和二衬之间设防水层。

与其他类型的衬砌相比，复合式衬砌造价较高，施工较复杂，但结构合理，防水效果好，是目前公路、铁路隧道主要支护形式。初衬施作及时，刚度小，易变形，与围岩密贴，可有效保护和加固围岩，充分发挥围岩的自承作用。二衬表面光洁平整，可以防止初衬风化，装饰内壁，降低风阻，增强安全感。

隧道应优先采用复合式衬砌，并符合下列规定：

①综合考虑包括围岩在内的支护结构、断面形状、开挖方法、施工顺序和断面闭合时间等因素，力求充分发挥围岩的自承能力。

②初期支护宜采用喷锚支护，基层平整度应符合$D/L\leqslant 1/16$（D为初期支护基层相邻两凸面凹进去的深度；L为基层两凸面的距离）；二次衬砌宜采用模筑混凝土，内轮廓连接圆顺。

③各级围岩在确定开挖断面时，除应满足隧道建筑限界要求外，还应预留适当的围岩变形量，其量值可根据围岩级别、隧道宽度、埋置深度、施工方法和支护情况等条件，采用工程类比法确定，当无类比资料时，可参照表4－2采用。

表 4-2 预留变形量(mm)

围岩级别	铁路隧道		公路隧道	
	单线	双线	两车道	三车道
Ⅱ	—	10~30	—	10~50
Ⅲ	10~30	30~50	20~50	50~80
Ⅳ	30~50	50~80	50~80	80~120
Ⅴ	50~80	80~120	80~120	100~150
Ⅵ	设计或现场量测确定			

注：①破碎、深埋、软岩隧道取大值，完整、浅埋、硬岩隧道取小值；②有明显流变、原岩应力较大和膨胀性围岩，应根据量测数据反馈分析确定。

④复合式衬砌初期支护及二次衬砌的设计参数，可采用工程类比确定，并通过理论分析进行验算，当无类比资料时，铁路隧道可参照表 4-3 与表 4-4 选用，公路隧道可参照表 4-5、表 4-6 选用，并应根据现场围岩量测信息对支护参数作必要的调整。

表 4-3 单线铁路隧道(160 km/h 及以下)复合式衬砌设计参数表

围岩级别	初期支护							二次衬砌厚度/cm	
	喷混凝土厚度/cm		锚杆			钢筋网	钢架	拱墙	仰拱
	拱墙	仰拱	位置	长度/m	间距/m				
Ⅱ	5							25	
Ⅲ	7		局部	2.0	1.2~1.5			25	
Ⅳ	10		拱、墙	2.0~2.5	1.0~1.5	必要时设置		30	40
Ⅴ	15~22	15~22	拱、墙	2.5~3.0	0.8~1.0	拱墙、仰拱	必要时设置	35	40
Ⅵ	通过试验确定								

表 4-4 双线铁路隧道(160 km/h 及以下)复合式衬砌设计参数表

围岩级别	初期支护							二次衬砌厚度/cm	
	喷混凝土厚度/cm		锚杆			钢筋网	钢架	拱墙	仰拱
	拱墙	仰拱	位置	长度/m	间距/m				
Ⅱ	5~8		局部	2.0~2.5	1.5			30	
Ⅲ	8~10		拱、墙	2.0~2.5	1.2~1.5	必要时设置		35	45
Ⅳ	15~22	15~22	拱、墙	2.5~3.0	1.0~1.2	拱墙、仰拱	必要时设置	40	45
Ⅴ	20~25	20~25	拱、墙	3.0~3.5	0.8~1.0	拱墙、仰拱	拱墙、仰拱	45	45
Ⅵ	通过试验确定								

注：①采用钢架时，宜选用格栅钢架，钢架设置间距宜为 0.5~1.5 m；②对于Ⅳ、Ⅴ级围岩，可视情况采用钢筋束支护，喷射混凝土厚度可取小值；③钢架与围岩之间的喷射混凝土保护层厚度不成小于 4 cm；临空一侧的混凝土保护层厚度不应小于 3 cm。

表 4－5　两车道公路隧道复合式衬砌设计参数表

围岩级别	初期支护							二次衬砌厚度/cm	
	喷混凝土厚度/cm		锚杆			钢筋网	钢架	拱墙	仰拱
	拱墙	仰拱	位置	长度/m	间距/m				
Ⅰ	5	—	局部	2.0	—	—	—	30	—
Ⅱ	5～8	—	局部	2.0～2.5	—	—	—	30	—
Ⅲ	8～12	—	拱、墙	2.0～3.0	1.0～1.5	局部 @25×25	—	35	—
Ⅳ	12～15	—	拱、墙	2.5～3.0	1.0～1.2	拱、墙 @25×25	拱、墙	35	35
Ⅴ	15～25	—	拱、墙	3.0～4.0	0.8～1.2	拱、墙 @20×20	拱、墙、仰拱	45	45
Ⅵ	通过试验，计算确定								

表 4－6　三车道公路隧道复合式衬砌设计参数表

围岩级别	初期支护							二次衬砌厚度/cm	
	喷混凝土厚度/cm		锚杆			钢筋网	钢架	拱墙	仰拱
	拱墙	仰拱	位置	长度/m	间距/m				
Ⅰ	8	—	局部	2.5	—	局部	—	35	—
Ⅱ	8～10	—	局部	2.5～3.5	—	局部	—	40	—
Ⅲ	10～15	—	拱、墙	3.0～3.5	1.0～1.5	拱、墙 @25×25	拱、墙	45	45
Ⅳ	15～20	—	拱、墙	3.0～4.0	0.8～1.0	拱、墙(双层) @20×20	拱、墙、仰拱	50，钢筋混凝土	50
Ⅴ	20～30	—	拱、墙	3.5～5.0	0.5～10	拱、墙 @20×20	拱、墙、仰拱	60，钢筋混凝土	60，钢筋混凝土
Ⅵ	通过试验，计算确定								

注：有地下水时，可取大值；无地下水时，可取小值。采用钢架时，宜选用格栅钢架。

4.1.5　衬砌材料

隧道衬砌的材料，应具有足够的强度和耐久性，同时满足就地取材、降低造价、施工方便及易于机械化施工等要求。为了推广高强钢筋，铁路工程设计中已停用 HPB235 钢筋，最低型号改用 HPB300 钢筋，并建议采用 HRB400 及以上级别高强钢筋。

隧道工程各部位建筑材料的强度等级应满足耐久性要求，并不应低于表 4－7 和表 4－8 的规定。

表 4-7 衬砌建筑材料

工程部位 \ 材料种类	混凝土		钢筋混凝土		喷射混凝土		
	铁路	公路	铁路	公路	铁路		公路
					喷锚衬砌	喷锚支护	
拱圈	C25	C20	C30	C25	C25	C20	C20
边墙	C25	C20	C30	C25	C25	C20	C20
仰拱	C25	C20	C30	C25	C25	C20	C20
底板	—	C20	C30	C25	—	—	—
仰拱填充	C20	C10	—		—	—	—
水沟、电缆槽	C25	C25	—	C25	—	—	—
水沟、电缆槽盖板	—		C25	C25	—	—	—

表 4-8 洞门建筑材料

工程部位 \ 材料种类	混凝土	钢筋混凝土	片石混凝土（公路）	砌体
端墙	C20	C25	C15	M10 水泥砂浆砌块石或 C20 片石混凝土
顶帽	C20	C25	—	M10 水泥砂浆砌粗料石
翼墙和洞口挡土墙	C20	C25	C15	M10(公路：M7.5)水泥砂浆砌块石
侧沟、截水沟	C15	—	C15	M10(公路：M5)水泥砂浆砌片石
护坡	C15	—	C15	M10(公路：M5)水泥砂浆砌片石

注：①护坡材料也可采用 C20 喷射混凝土；②最冷月平均气温低于 -15℃的地区，表列水泥砂浆强度应提高一级；③铁路隧道规范洞门建筑材料已经取消片石混凝土；④砌体括号中水泥砂浆标号为公路隧道设计规范要求，其他条目公路与铁路隧道规范的要求都相同。

4.2 隧道洞门

洞门是隧道洞口用圬工砌筑并加以建筑装饰的支挡结构物，是隧道进、出口的标志。习惯上将大里程桩号端定义为出口洞门，小里程桩号端定义为进口洞门。铁路(公路)隧道的长度指进出口洞门墙外表面与线路内轨顶面标高线(路线中线)交点之间的距离。

隧道洞门形式很多，总的来说可以分为墙式和明洞式。

墙式洞门是指在隧道进出口处采用挡墙支挡洞口正面仰坡和路堑边坡，减少洞口土石方开挖量，拦截仰坡上方的小量剥落、掉块，保持边、仰坡的稳定，并将坡面汇水引离隧道，保证洞口线路的安全。常见的结构形式主要有端墙式、柱式、翼墙式、台阶式。

明洞式洞门是隧道的一种变化形式，采用明挖法或露天修建，洞顶及拱背可有回填土石遮盖，也可不回填，常见的形式主要有拱式明洞和棚式明洞。明洞式洞门对山体的开挖较小，甚至不开挖，圬工量小，有利于保护环境，近年来应用广泛。

4.2.1　墙式洞门

(1)端墙式洞门

端墙式洞门是在隧道洞口正面设置端墙，用于支护洞口仰坡，保持其稳定，并将仰坡水流汇集排出，如图 4－4 所示。端墙式洞门适用于地形开阔，岩质基本稳定的Ⅰ～Ⅲ级地区。

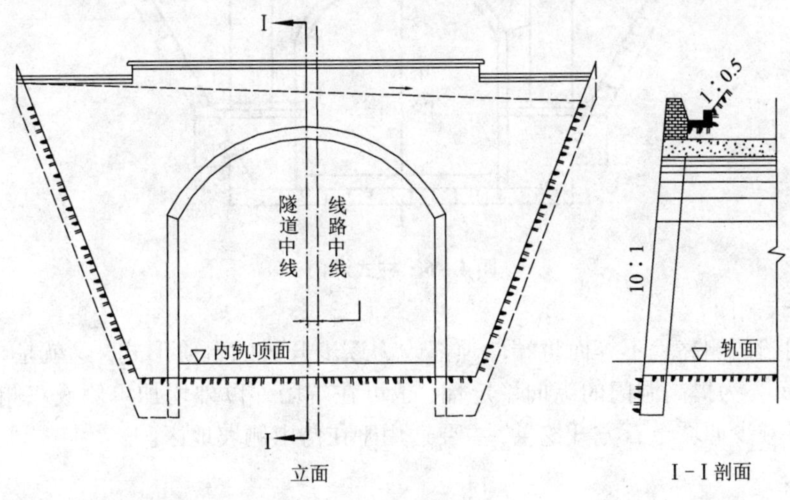

图 4－4　端墙式洞门

(2)翼墙式洞门

翼墙式洞门是在端墙以外增加单侧或双侧的翼墙，如图 4－5 所示。翼墙与端墙共同作用，以抵抗山体纵向推力，增加洞门的抗滑动和抗倾覆的能力。翼墙式洞门适用于洞口地质条件较差，山体纵向推力较大，围岩级别在Ⅳ级及以下的地区。

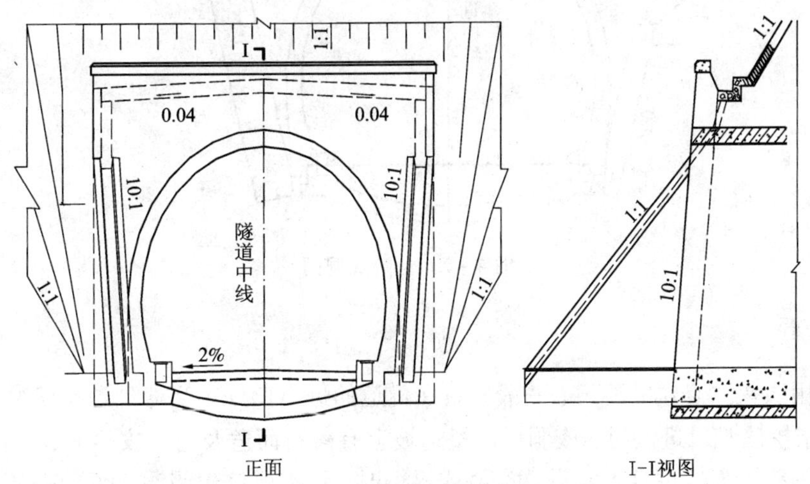

图 4－5　翼墙式洞门

(3)柱式洞门

柱式洞门是在端墙中部设置两个断面较大的柱墩，如图 4－6 所示。柱墩与端墙共同作用，以增加端墙的稳定性。柱式洞门主要适用于地形较陡，地质条件较差，仰坡有下滑的可能，而又受地形或地质条件限制不能设置翼墙的地区。

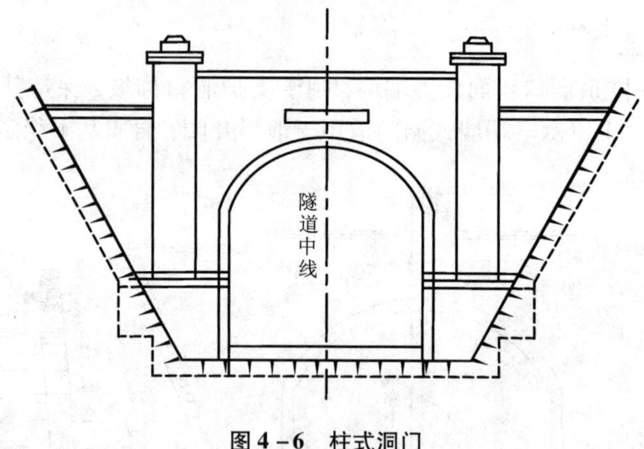

图 4-6　柱式洞门

(4) 台阶式洞门

为适应洞门两侧高程不等而将端墙顶部改为逐步升级的台阶形式，这就是台阶式洞门，如图 4-7 所示。为提高洞门的纵向稳定性，也可在端墙外以外增加单侧或双侧的翼墙。台阶式洞门可以减少仰坡土石方开挖量，主要适用于在傍山侧坡地区。

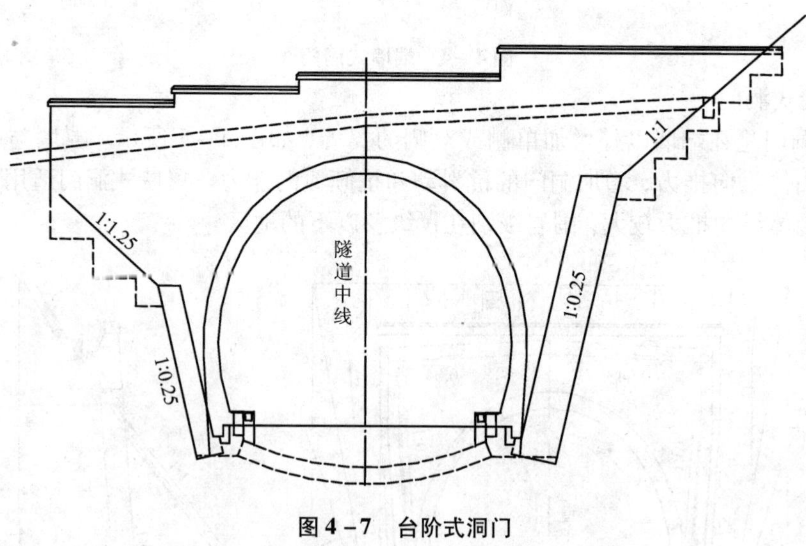

图 4-7　台阶式洞门

4.2.2　明洞

明洞是用明挖法修建的隧道，一般修筑在隧道的进出口处。当遇到地质状况差且洞顶覆盖层薄，用暗挖法难以进洞时，或洞口路堑边坡上有落石而危及行车安全时，或铁路、公路、河渠必须在铁路上方通过且不宜做立交桥或涵渠时，均需要修建明洞。近年来随着环保意识的增强，减少对山体的开挖，公路和铁路隧道已经广泛采用接长明洞方式进洞，洞口处多采用削切式或喇叭口式。本节主要列出的是传统的明洞形式，铁路隧道新型削切式或喇叭口式明洞洞门详见 8.4 节。

明洞的结构类型因地形、地质和危害程度的不同而有许多种形式，采用最多的是拱式明洞(一般简称明洞)和棚式明洞(一般简称棚洞)两种。

拱式明洞依路堑形式和受力条件之不同，可分为半路堑单压型、半路堑偏压型、路堑对称型和路堑偏压型。拱式结构整体性能好，能适应较大的岩土压力，可以倒用隧道拱架模板，适用范围广。

棚式明洞按外侧支撑结构之不同，常见的形式有盖板式和悬臂式两种。棚式明洞系简单支撑结构，对地基承载能力要求不高，盖板可以预制吊装，适用于路基场地狭窄和既有线增建明洞的情况。

(1)路堑对称型明洞

路堑对称型明洞如图4－8所示，在挖出路堑的基面上，先修建与隧道衬砌相似的结构，但是截面尺寸稍大一些。然后再回填土石。两侧墙外回填片石，使其密实。上面回填土石，夯实并覆盖防水黏土层，层上留有排水的沟槽，以防止地面水的渗入。

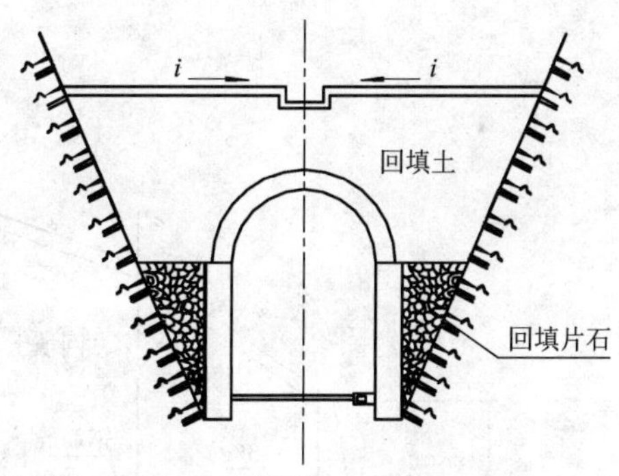

图4－8　对称式拱形明洞

适用于路堑边坡处于对称或接近对称，边坡岩层基本稳定，仅防边坡有少量坍塌、落石，或用于隧道洞口破碎，覆盖层较薄而难以用暗挖法修建的隧道。

(2)路堑偏压型明洞

路堑偏压型明洞如图4－9所示，施工方法与对称型明洞类似。适用于两侧边坡高差较大的不对称路堑。它承受不对称荷载，拱圈为等截面，而边墙的外侧厚度视所处位置的地质和地形情况而定，亦可以和内侧边墙厚度相同，也可以大于内侧边墙厚度。

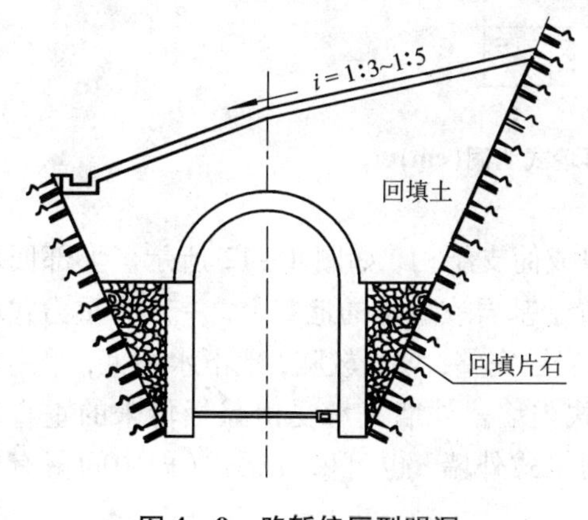

图4－9　路堑偏压型明洞

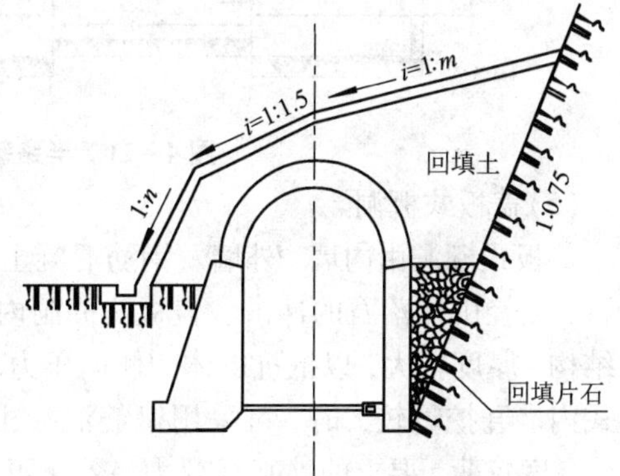

图4－10　半路堑偏压斜墙式明洞

(3)半路堑偏压斜墙式明洞

在傍山隧道的洞口或傍山线路上，一侧边坡陡立且有坍方、落石的可能，对行车安全有威胁时；或隧道必须通过不良地质地段而急需提前进洞时，宜修建半路堑式拱形明洞。

半路堑偏压斜墙式明洞如图4－10所示，承受偏压荷载，拱圈和内侧边墙为等厚，外侧边墙为不等厚的斜墙式。适用于地形倾斜，低侧处路堑有较宽敞的地面可供回填土石的地区。

(4)半路堑单压耳墙式明洞

半路堑单压耳墙式明洞是在内侧墙上方边缘设置耳墙以提高结构的抗倾覆稳定性，如图4－11所示。当外侧地形低下不能保持回填土的天然稳定坡度，或是按天然稳定坡度则边坡将延伸很远时，可以在结构的外墙顶上接高一段挡墙，用以拦截土石的流失，可采用此类明洞。

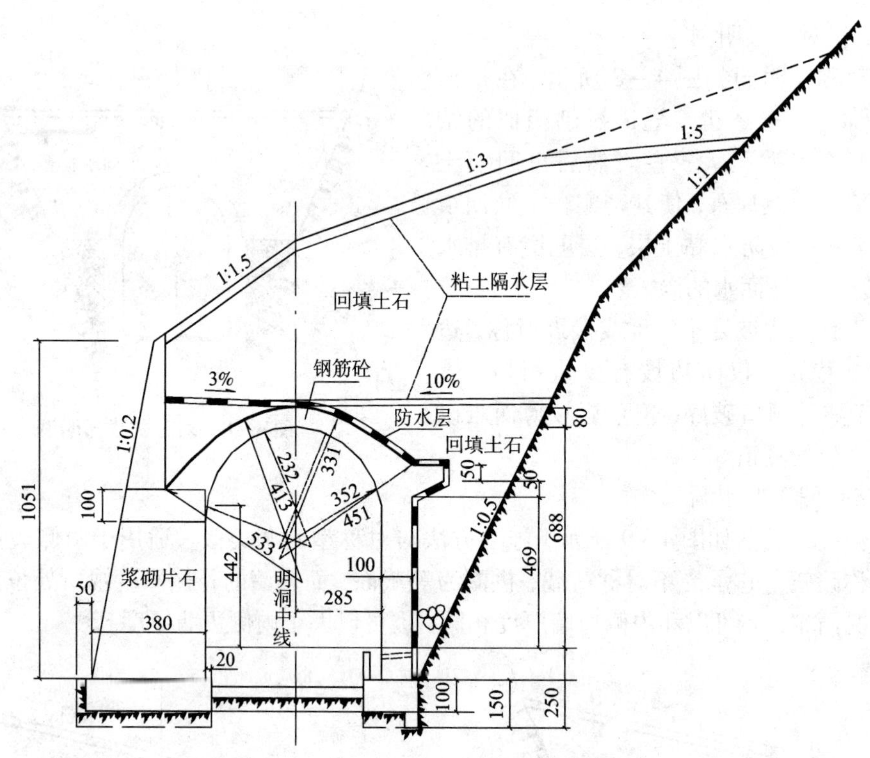

图4－11 半路堑单压耳墙式明洞(cm)

(5)盖板式棚洞

盖板式棚洞由内墙、外墙及钢筋混凝土盖板组成简支结构，如图4－12所示。上部回填土石，减轻山体落石的冲击。盖板式棚洞内侧应置于基岩或稳定的地基上，一般为重力式墩台结构，厚度较大，以抵抗山体的侧向压力。当基岩层完整，坡面较陡，地下水不大，采用重力式内墙开挖量较大时，可采用钢筋混凝土锚杆式内墙。外墙只承受由盖板传来的垂直压力，厚度较薄，要求的地基承载力较小，可采用钢架式外墙，也可做成梁式(即中间留有侧洞)，以适应地形和节省圬工。

(6)悬臂式棚洞

悬臂式棚洞如图4－13所示，内墙为重力式，上端接悬臂式横梁，其上铺以盖板，在盖板的内端设平衡重来维持结构受外荷载作用下的稳定性。同时为了保证棚洞的稳定性，悬臂必须伸入稳定的基岩内。它适用于稳定而陡峻的山坡，外侧地形难以满足一般棚洞的地基要求，且落石不太严重的情况。

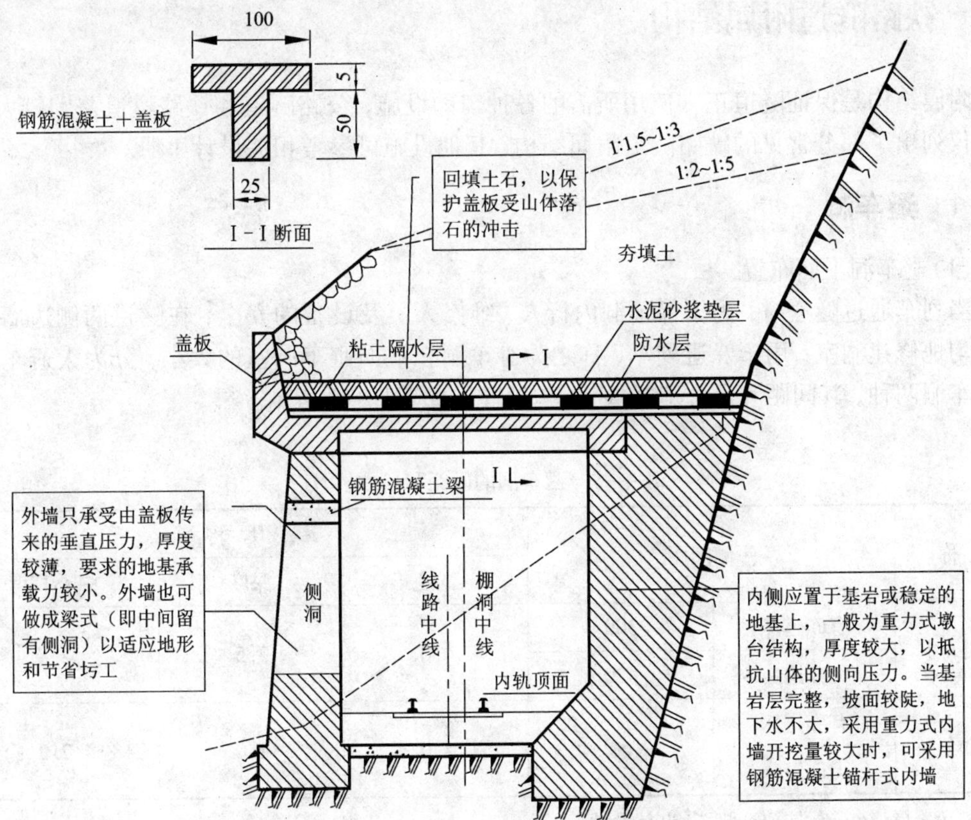

图 4－12　盖板式棚洞(单位：cm)

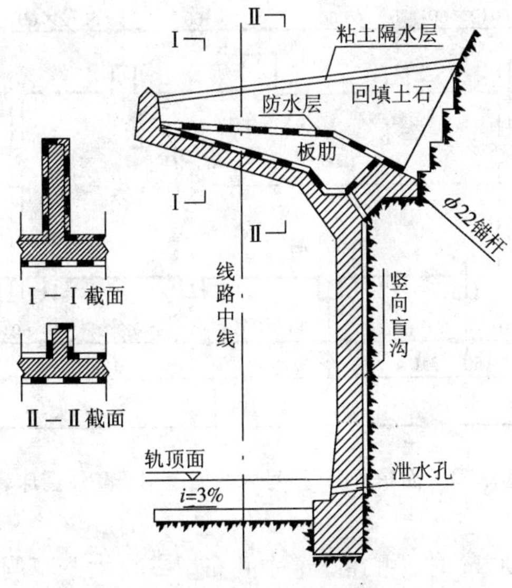

图 4－13　悬臂式棚洞

4.3 铁路隧道附属结构

附属结构是保证隧道正常使用所需的各种辅助设施，公路隧道和铁路隧道差别较大，本书中仅列出了部分常见的铁路隧道附属结构，其他设施可参考相关设计手册。

4.3.1 避车洞

(1)避车洞平面布置

当列车通过隧道时，为了保证洞内行人、维修人员及设备的安全，在隧道两侧边墙上交错均匀地修建洞室，用于躲避列车，称之为避车洞。根据避车洞室的大小，分为大避车洞和小避车洞两种，其间距和尺寸应按表 4－9 设置，如图 4－14 所示。

表 4－9 避车洞的间距和尺寸(m)

名称	一侧间距		尺寸		
			宽度	深度	中心高度
大避车洞	有砟道床	300	4.0	2.5	2.8
	无砟道床	420			
小避车洞	有砟道床	60	2.0	1.0	2.2
	无砟道床				

注：双线隧道小避车洞每侧间距按 30 m 设置。

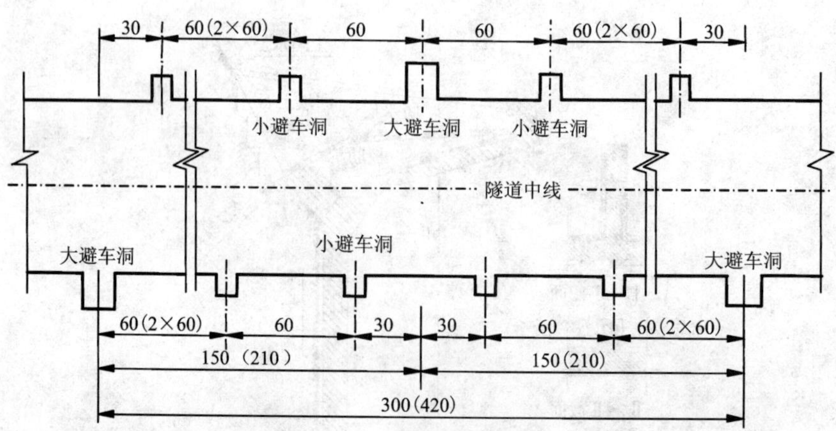

图 4－14 避车洞平面布置图(括号内数据适用于整体道床，单位：m)

当隧道长度在 300～400 m 时，可在隧道中间布置一个大避车洞；隧道长度在 300 m 以下时，可不布置大避车洞；如果两端洞口接桥或路堑，当桥上无避车台或路堑两边侧沟外无平台时，应与隧道一并考虑布置大避车洞。避车洞不应设于衬砌断面变化处、不同衬砌类型衔接处或变形缝处。旅客列车行车速度为 160 km/h 的隧道内，避车洞内应沿洞壁设置高 1.2 m 的钢制扶手。

(2) 避车洞底部标高

当避车洞位于直线上且隧道内有人行道时，为便于维修小车和行人躲入，避车洞底面应与人行道顶面齐平；无人行道时，避车洞的底面应与道砟顶面(或侧沟盖板顶面)齐平，采用整体道床时，应与道床面齐平。

当避车洞位于曲线上时，因受曲线外轨超高的影响，采用碎石道床的隧道内，在各种不同的超高值 E 时，线路内侧和外侧轨枕端头道床面(即避车洞底面)低于内轨顶面的高度分别为 h_1 及 h_2，如图 4-15 所示。其值为：

$$\left.\begin{aligned}\text{内侧：}h_1 &= 25 + 0.33E\ (\text{cm})\\ \text{外侧：}h_2 &= 25 - 1.33E\ (\text{cm})\end{aligned}\right\}\qquad(4-1)$$

式中：E 为曲线外轨超高值，cm；25 cm 为隧道内线路采用钢筋混凝土轨枕未加超高时，内轨顶面至轨枕端头道床面(避车洞底面)的高度。当线路为整体道床时，应根据钢轨、扣件的类型，道床结构形式、尺寸等另行确定。

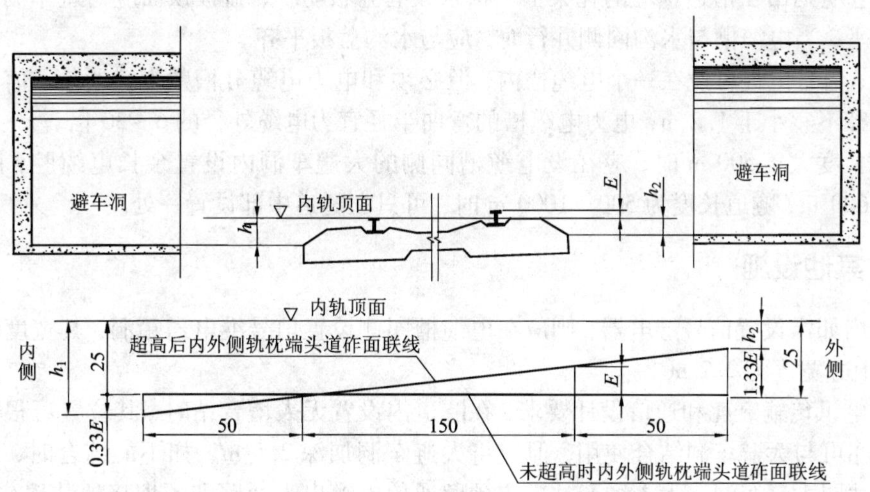

图 4-15　避车洞底部标高示意图(单位：cm)

为了使避车洞的位置明显，应将洞内全部及洞周边 30 cm 粉刷成白色，并在洞的两侧各 10 m 处的边墙上涂刷醒目白色箭头指向避车洞。

(3) 避车洞的净空大小及衬砌类型

大小避车洞的形状及基本尺寸如图 4-16 所示，图中括号内的数字为小避车洞的尺寸。大避车洞的净空尺寸为 4.0 m(宽) ×2.5 m(深) ×2.8 m(中心高)。小避车洞的净空尺寸为 2.0 m(宽) ×1.0 m(深) ×2.2 m(中心高)。避车洞的衬砌类型应和隧道衬砌类型相适应。

4.3.2　电缆槽

隧道内应设置电缆槽，用于铺设照明、通信、信号以及电力等电缆。电缆槽用混凝土浇筑，槽底有高低差时，纵向应顺坡连接，槽内铺以细砂做垫层，低压电缆可直接放在垫层面

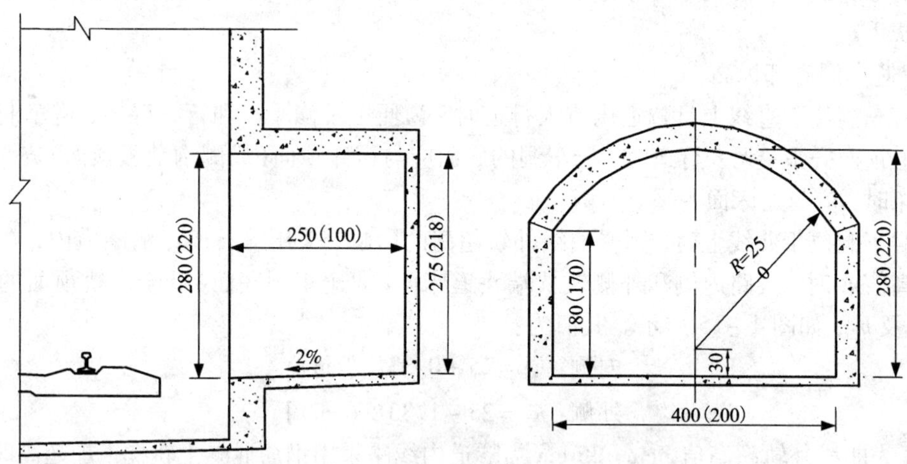

图 4-16 避车洞基本尺寸(括号中数字为小避车洞尺寸，单位：cm)

上，高压电缆则吊在槽边预埋的托架上。槽顶设有盖板防护，盖板顶面应与避车洞底面或道床顶面齐平，当电缆槽与水沟同侧并行时，应与水沟盖板平齐。

通信、信号电缆可设在一个电缆槽内，但必须和电力电缆分槽敷设。通信、信号电缆槽的弯曲半径不宜小于 1.2 m，电力电缆槽的弯曲半径宜为电缆外径的 6 ~ 30 倍。

隧道长度大于 500 m 时，应在设电缆槽同侧的大避车洞内设置余长电缆腔，间距可为 420 m 或 600 m，隧道长度为 500 ~ 1000 m 时，可只在隧道中部设置一处。

4.3.3 其他设施

隧道内如需设置信号继电器，则应在电缆槽同侧设置信号继电器箱洞，其宽度和深度均为 2 m，中心宽度为 2.2 m。

根据电讯传输衰耗和通信设计要求，在隧道内设置无人增音站时，其位置可根据通信要求确定，亦可与大避车洞结合使用，但应将大避车洞加深 2.5 m。如不能结合时，则另行修建，其尺寸同大避车洞。无人增音站内应预留通信电缆出入通路和预埋接地装置(接地体)，并应有防排水措施，要求做到不渗水、不漏水。

电力牵引的长隧道，如需设置存放维修接触网的绝缘梯车洞时，宜利用施工辅助坑道或避车洞修建，其间距为 500 m。

隧道内当需设置变压器洞、信号继电器箱洞及无线电通信电台箱洞等设备洞室时，可根据有关专业要求协商办理。

Ⅰ级铁路的特长隧道和有特殊需要的长隧道，宜单独设置存放专用器材等运营养护设备的洞室，并做出明显标志。必要时，还应设置报警、消防及其他应急设施。分期修建时，隧道断面应能满足后期安装应急设施的净空要求。

旅客列车行车速度 160 km/h 的新建铁路隧道，应根据隧道长度及防灾救援等情况考虑设置救援通道。对有辅助坑道的隧道，应利用辅助坑道作紧急出口。

同时修建相邻双孔隧道时，宜按表 4 - 10 规定在相邻双孔隧道之间设置供巡查、维修、救援等使用的行人和行车横通道。

表4-10 横通道间距和尺寸(m)

名称	间距	宽度	高度
行人横通道	300~400	2.0	2.2
行车横通道	600~800	4.0	4.5

注：①隧道长度为600~800 m时，可在隧道中部设行人横通道，长度小于600 m时可不设；②隧道长度为1000~1200 m时，可在隧道中部设一行车横通道，长度小于1000 m时可不设。

4.4 隧道结构耐久性设计

隧道结构耐久性，是指隧道结构在自然环境、使用环境及材料内部因素的作用下，在设计要求的目标使用期内，在预期的少维修、可维修、但不大修的条件下而保持其安全、使用功能和外观要求的能力。

4.4.1 隧道结构耐久性的影响因素

影响结构耐久性的主要因素是结构物所处的环境。混凝土结构所处的环境类别概况为：碳化环境、氯盐环境、化学侵蚀环境、冻融破坏环境和磨蚀环境。隧道一般不考虑磨蚀环境，其他各类环境分级如表4-11~表4-14所示。

表4-11 碳化环境

环境作用等级	T1	T2	T3
环境条件特征	年平均相对湿度<60% 长期在水下(不包括海水)或土中	年平均相对湿度≥60%	水位变动区 干湿交替区

注：当钢筋混凝土薄型结构的一侧干燥而另一侧湿润或饱水时，其干燥一侧混凝土的碳化锈蚀作用等级应按T3级考虑。

表4-12 氯盐环境

环境作用等级	环境条件特征
L1	海洋(盐湖)环境，长期在海(盐湖)水水下，土下
	海洋环境，离平均水位15 m以上的海上大气区，离涨潮岸线100~300 m的陆上近海区
	水(土)中，100 mg/L(150 mg/kg)≤Cl^-浓度≤500 mg/L(750 mg/kg)，且有干湿交替
L2	海洋环境，低于平均水位15 m以内的海上大气区，离涨潮岸线100 m以内的陆上近海区
	水(土)中，500 mg/L(750 mg/kg)<Cl^-浓度≤5000 mg/L(7500 mg/kg)，且有干湿交替
L3	海洋环境，海水潮汐区或浪溅区
	水(土)中，Cl^-浓度>5000 mg/L(7500 mg/kg)，且有干湿交替

表 4－13 化学侵蚀环境

化学侵蚀类型		环境作用等级			
		H1	H2	H3	H4
硫酸盐侵蚀	环境水中 SO_4^{2-} 含量，mg/L	≥200 ≤600	>600 ≤3000	>3000 ≤6000	>6000
	强透水性环境土中 SO_4^{2-} 含量，mg/kg	≥2000 ≤3000	>3000 ≤12000	>12000 ≤24000	>24000
	弱透水性环境土中 SO_4^{2-} 含量，mg/kg	≥3000 ≤12000	>12000 ≤24000	>24000	
盐类结晶侵蚀	环境土中 SO_4^{2-} 含量，mg/kg		≥2000 ≤3000	>3000 ≤12000	>12000
酸性侵蚀	环境水中 pH	≤6.5 ≥5.5	<5.5 ≥4.5	<4.5 ≥4.0	
二氧化碳侵蚀	环境水中侵蚀性 CO_2 含量，mg/L	≥15 ≤40	>40 ≤100	>100	
镁盐侵蚀	环境水中 Mg^{2+} 含量，mg/L	≥300 ≤1000	>1000 ≤3000	>3000	

注：①对于盐渍土地区的混凝土结构，埋入土中的混凝土遭受化学侵蚀；当环境多风干燥时，露出地表的毛细吸附区内的混凝土遭受盐类结晶型侵蚀。②对于一面接触含盐环境水（或土）而另一面临空且处于干燥或多风环境中的薄壁混凝土，接触含盐环境水（或土）的混凝土遭受化学侵蚀，临空面的混凝土遭受盐类结晶侵蚀。③当环境中存在酸雨时，按酸性环境考虑，但相应作用等级可降一级。

表 4－14 冻融破坏环境

环境作用等级	环境条件特征
D1	微冻地区＋频繁接触水
D2	微冻地区＋水位变动区
	严寒和寒冷地区＋频繁接触水
	微冻地区＋氯盐环境＋频繁接触水
D3	严寒和寒冷地区＋水位变动区
	微冻地区＋氯盐环境＋水位变动区
	严寒和寒冷地区＋氯盐环境＋频繁接触水
D4	严寒和寒冷地区＋氯盐环境＋水位变动区

注：严寒地区、寒冷地区和微冻地区是根据其最冷月的平均气温划分的。严寒地区、寒冷地区和微冻地区最冷月的平均气温 t 分别为：$t \leqslant -8℃$，$-8℃ < t < -3℃$ 和 $-3℃ \leqslant t \leqslant 2.5℃$。

4.4.2 隧道复合式衬砌结构耐久性设计

复合式衬砌结构耐久性设计，应在充分考虑服役环境的基础上，从设计到施工全面控制，以提高结构的服役寿命。

（1）混凝土结构的使用环境类别与环境作用等级

铁路隧道混凝土工程主体结构的主要环境类别及作用等级如图 4 – 17 所示，冻融环境只发生在距离洞口 50 m 以内。

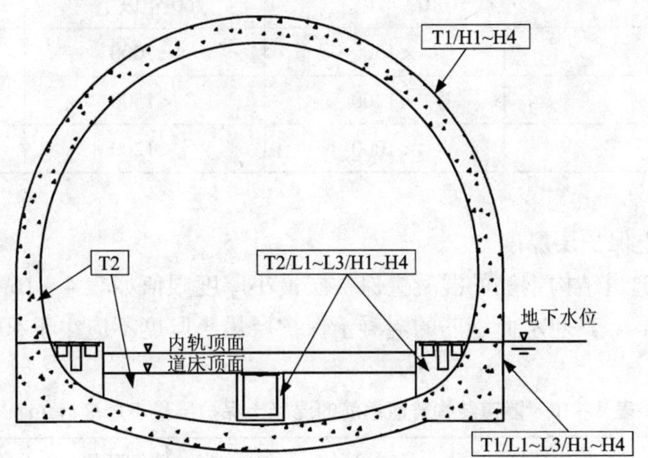

图 4 – 17　隧道混凝土工程主体结构的主要环境类别及作用等级

(2)混凝土结构的设计使用年限

铁路隧道各部分结构设计使用年限应满足：衬砌等不可更换构件 100 年，轨道板，道床板、轨枕(埋入式)等可更换构件 60 年，盖板，沟槽等附属结构的小型构件 30 年。

(3)隧道耐久性设计的结构构造措施

①隧道宜采用曲墙衬砌，表面平整光滑，带仰拱衬砌边墙与仰拱应连接圆顺。

②隧道拱墙、仰拱、设备洞室、辅助坑道、附属设施等混凝土结构应满足相应的防水等级要求。

③隧道衬砌采用素混凝土结构时，应采取混凝土防裂措施。

④暴露在衬砌结构外的埋设件与衬砌结构的连接应可靠有效，宜采用预埋或预留孔(槽)等。连接部位必须设置有效的密封和防渗漏处理措施，外露部件应进行防腐处理。

⑤对地表水和地下水应做妥善处理，洞内外形成一个完整的防排水系统。洞内排水系统与洞外排水系统顺接，高洞口端应设置横向盲沟防止洞外水流入隧道。

⑥隧道水沟应根据所处环境的作用等级，采取相应的防腐蚀措施。

⑦最冷月平均气温低于 –5℃ 地区冬季有水隧道的冻害地段，宜设置保温水沟、中心深埋沟或防寒泄水洞等措施。

⑧隧道防水混凝土结构的厚度不应小于 300 mm。

⑨隧道衬砌结构的施工缝、变形缝应按一级防水要求采取可靠的防水措施，混凝土结构的结构缝应尽量避开最不利环境的作用，不得在结构缝处设置排水构造。。

(4)混凝土耐久性评价

在不同环境条件下，混凝土耐久性主要是通过电通量进行评价，具体指标如表 4 – 15 所示。冻融环境可通过抗冻等级评价，氯盐环境可通过氯离子扩散系数评价。

表 4－15　混凝土的电通量(v/m)

混凝土强度等级	设计使用年限		
	100 年以上	60 年以上	30 年以上
<C30	<1500	<2000	<2500
C30～C45	<1200	<1500	<2000
≥C50	<1000	<1200	<1500

(5)钢筋混凝土保护层厚度

不同环境下，隧道结构钢筋的混凝土保护层最小厚度限值如表 4－16 所示。采用钢筋混凝土的隧道衬砌结构，其迎水面钢筋的混凝土保护层最小厚度不应小于 50 mm

表 4－16　隧道结构普通钢筋的混凝土保护层最小厚度(mm)

环境类别	碳化环境			氯盐环境			冻融破坏环境				化学侵蚀环境			
作用等级	T1	T2	T3	L1	L2	L3	D1	D2	D3	D4	H1	H2	H3	H4
保护层厚度	35	35	40	40	45	55	35	40	45	55	30	40	45	55

(6)结构防腐蚀附加措施

当混凝土结构处于严重腐蚀环境(L3、H3、H4、D3、D4)下，混凝土除了应满足构造要求外，还应采取适当的防腐蚀强化措施。不同环境下混凝土结构可按表 4－17 选择一种或多种防腐蚀强化措施。

表 4－17　不同环境下混凝土防腐蚀强化措施

环境类别	外包钢板	表面涂装	表面浸渍	涂层钢筋	钢筋阴极保护	降低地下水位	换填土
L	√	√		√	√		
H	√	√				√	√
D	√	√	√				

(7)结构使用期间的检测、养护、维修或局部更换

铁路混凝土结构耐久性设计应充分考虑运营检查、维修的需要，并创造便利条件。严重腐蚀环境和重要工程的混凝土结构，应对结构全寿命的检查与维修做出规划，并在工程现场设置专供检测取样用的构件，构件的尺寸、材料、配筋、成型、养护以及暴露环境条件等应能代表实际结构。必要时，可在结构的代表性部位设置传感元件以监测结构耐久性的变异发展情况。

思考与练习

1. 简述隧道衬砌的类型及其适用条件。
2. 简述隧道洞门的作用、结构类型及其适用条件。
3. 简述铁路隧道附属结构及其设计要求。
4. 绘图说明铁路隧道主体结构的环境类别。
5. 简述复合式衬砌结构耐久性设计的要求及构造措施。

第 5 章

隧道洞门与洞口构造物设计

5.1 洞门设计的基本要求

5.1.1 洞门形式选择

洞门结构形式应根据洞口的地形、地质条件及工程特点确定，并符合下列要求：

①当线路中线与洞口地形等高线斜交，经技术经济比较不宜采用正交洞门，且围岩分级在Ⅲ级以上时，可采用斜交式洞门。斜交洞门的端墙与线路中线的交角不应小于45°，在松软地层中不宜采用斜交洞门；

②设有运营通风的隧道，洞门结构形式应结合通风设施一并考虑；

③位于城镇、风景区、车站附近的洞门，宜考虑建筑景观及环境协调要求；

④有条件时可采用削切式或其他新型洞门结构。

5.1.2 洞门墙基础设置要求

①基础必须置于稳固的地基上，并埋入地面下一定深度，土质地基埋入的深度不应小于1 m；

②在冻胀性土上设置基础时，基底应置于冻结线以下0.25 m，或采取其他工程措施；

③在松软地基上设置基础，当地基承载力不足时，应结合具体条件采取扩大基础等措施。

5.1.3 洞门构造要求

①当洞顶仰坡土石有剥落可能时，仰坡坡脚至洞门端墙墙背的水平距离不宜小于1.5 m；洞门端墙顶高出仰坡坡脚不宜小于0.5 m；洞门端墙与仰坡间水沟的沟底至衬砌拱顶外缘的高度不宜小于1 m。

②当洞口有翼墙或挡土墙时，沿轨枕底面水平由线路中线至邻近翼墙、挡土墙的距离，至少有一侧(曲线地段系曲线外侧)不应小于3.5 m。

③洞门墙应根据地基情况设置变形缝，墙身应设置泄水孔。

④为了保证洞口的稳定和安全，不得大挖大刷，确保边仰坡的稳定。如果必须刷坡，边仰坡的坡率和控制高度建议参考表5－1。

表 5－1　洞口边、仰坡坡率及控制高度

围岩级别	II			III		IV			V	
边、仰坡坡率	贴壁	1∶0.3	1∶0.5	1∶0.5	1∶0.75	1∶0.75	1∶1	1∶1.25	1∶1.25	1∶1.5
控制高度/m	15	20	25	20	25	15	18	20	15	18

5.2　墙式洞门设计计算

5.2.1　基本要求

洞门是支挡洞口正面仰坡和路堑边坡的结构物。洞门墙可视作挡土墙，主要承受墙背的水、土压力，需要检算其强度、基底应力、稳定性、截面和基底的偏心距。

目前，洞门检算主要有两种方法，一种是概率极限状态法，主要适用于旅客列车行车速度小于或等于 140 km/h、货物列车行车速度小于或等于 80 km/h 且不运行双层集装箱列车的一般地区单线铁路隧道洞门及拱形明洞结构的设计；另一种是破损阶段法和容许应力法，主要适用于其他情况下铁路和公路隧道洞门的设计。本节主要介绍容许应力法，洞门墙计算时，墙身压应力、基底应力、稳定性、截面和基底的偏心距应满足表 5－2 的要求。

表 5－2　洞门墙检算规定

墙身截面压应力 σ	≤容许应力
墙身截面偏心距 e	≤0.3h（h 为截面厚度）
基底应力 σ	≤地基容许承载力
基底偏心距 e	石质地基：≤B/4（B 为基底厚度） 土质地基：≤B/6（B 为基底厚度）
滑动稳定系数 K_c	≥1.3
倾覆稳定系数 K_0	≥1.5

5.2.2　计算方法

(1)洞门土压力计算

作用于洞门端墙及挡墙的墙背主动土压力按库仑理论计算，墙前部的被动土压力一般不予考虑。

洞门土压力可采用下列公式计算：

$$E = \frac{1}{2}\gamma H^2 \lambda \tag{5-1}$$

式中：E 为作用于洞门墙上的主动土压力；γ 为土体的重度；H 为挡土墙的高度；λ 为土压力系数。

土压力系数计算公式：

$$\lambda = \frac{(\tan\omega - \tan\alpha)(1 - \tan\alpha\tan\varepsilon)}{\tan(\omega + \varphi)(1 - \tan\omega\tan\varepsilon)}$$

$$\tan\omega = \frac{\tan^2\varphi + \tan\alpha\tan\varepsilon - \sqrt{(1 + \tan^2\varphi)(\tan\varphi - \tan\varepsilon)(\tan\varphi + \tan\alpha)(1 - \tan\alpha\tan\varepsilon)}}{\tan\varepsilon(1 + \tan^2\varphi) - \tan\varphi(1 - \tan\alpha\tan\varepsilon)} \tag{5-2}$$

式中：α 为墙背与垂直面的夹角；φ 为墙背土体或岩体的计算摩擦角；ε 为土体表面与水平面的夹角；ω 为最危险破裂面与垂直面的夹角。

(2)洞门端墙厚度

当洞门正面基本尺寸拟定后，在端墙的控制部位一般截取宽度为 1 m 的条带视作挡土墙。对检算条带和基底的截面偏心距进行验算，以求得检算条带的厚度作为端墙的厚度，进而检算强度和稳定性，符合规定后，再结合工程类比确定端墙厚度。

(3)检算条带选取

①柱式、端墙式洞门。

洞门端墙独立承受墙背土压力，计算条带如图 5－1 所示。分别选取Ⅰ、Ⅱ作为检算条带，检算墙身截面偏心和强度，以及基底偏心、应力及沿基底的滑动和绕墙趾倾覆的稳定性。

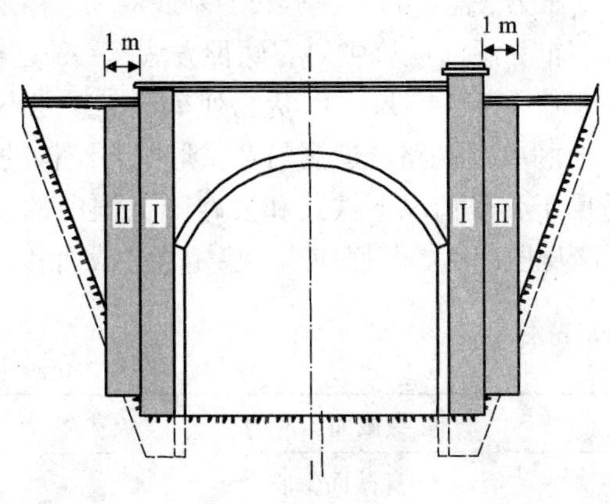

图 5－1　端墙检算条带

②翼墙式洞门。

洞门端墙与翼墙共同作用抵抗端墙墙背的土压力。端墙墙身截面应满足偏心距和强度的要求，并应满足与翼墙共同作用时的整体稳定性。

计算条带如图 5－2 所示。

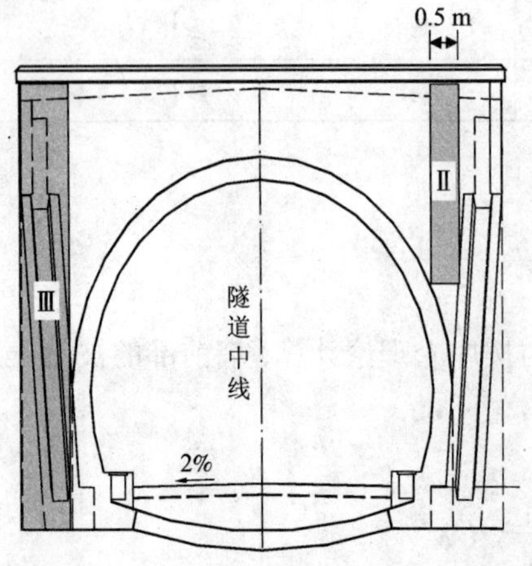

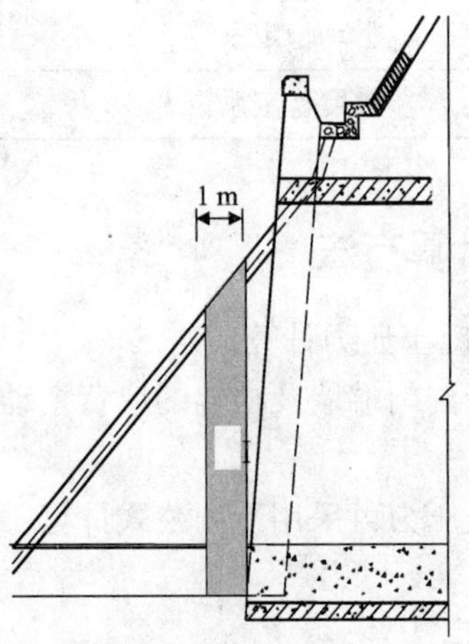

图 5－2　翼墙式洞门检算条带

检算翼墙时，沿翼墙竖向在端墙墙趾处取宽 1 m 的条带Ⅰ，按挡土墙检算偏心、强度及稳定性。

检算端墙时取最不利条带Ⅱ，检算其截面偏心和强度。

检算端墙与翼墙共同作用条带Ⅲ的滑动稳定性。

③偏压式隧道洞门。

计算条带如图 5－3 所示。

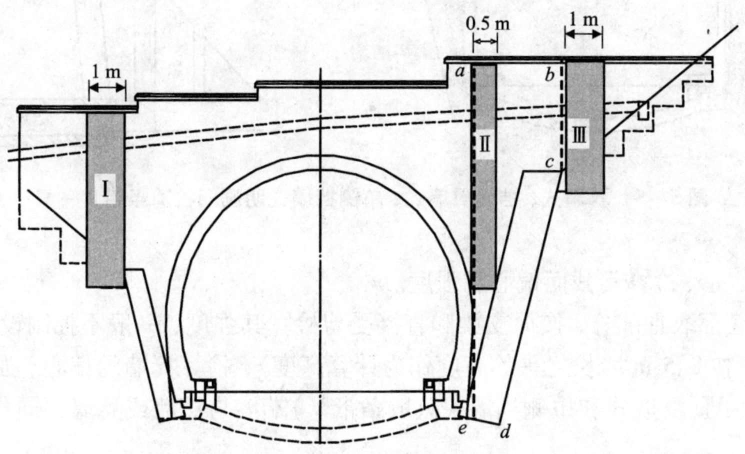

图 5－3　偏压式隧道洞门检算条带

取条带Ⅱ检算其截面偏心和强度。

取条带Ⅰ、Ⅲ中高者，检算其截面偏心和强度。

取 *abcde* 部分端墙与挡墙共同作用，检算其稳定性。

④翼墙式、挡墙翼墙式、单侧挡墙式明洞门。

计算条带如图 5－4、图 5－5 所示。

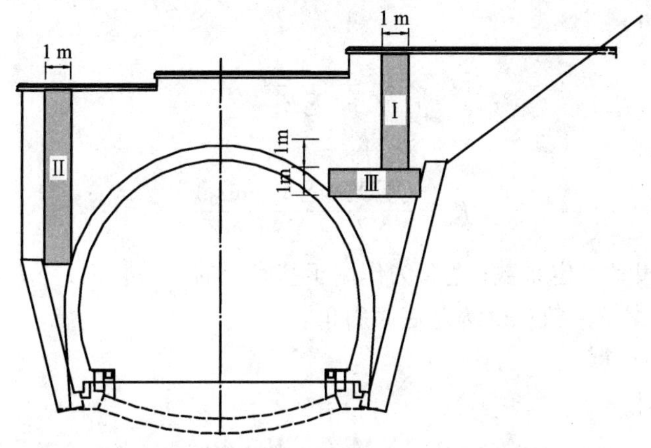

图 5－4　翼墙式、挡墙翼墙式、单侧挡墙式明洞门检算条带Ⅰ～Ⅲ

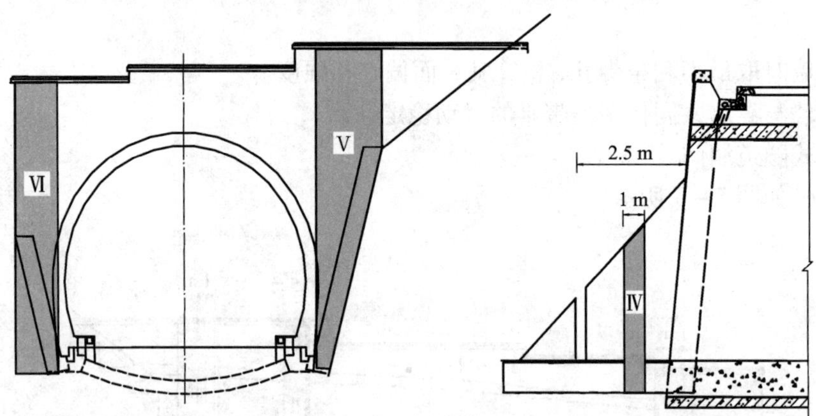

图 5-5　翼墙式、挡墙翼墙式、单侧挡墙式明洞门检算条带Ⅳ～Ⅵ

取条带Ⅰ、Ⅱ，检算其截面偏心和强度。

在条带Ⅰ底部取Ⅲ部分，按简支梁和直接受剪检算其强度，一般不控制设计。

取条带Ⅳ(按 2.5 m 墙长之平均高度作为计算高度)，检算翼墙的偏心、强度及稳定性。

取条带Ⅴ、Ⅵ(翼墙式和单侧挡墙式只取条带Ⅴ)端墙与挡墙或翼墙共同作用，检算其整体稳定性。

5.2.3　稳定性和强度检算

(1)倾覆稳定计算

$$K_0 = \frac{\sum M_y}{\sum M_0} \tag{5-3}$$

式中：K_0 为基底的倾覆稳定系数；$\sum M_y$为全墙的稳定力系对墙趾的总力矩；$\sum M_0$ 为全墙的倾覆力系对墙趾的总力矩。

(2)滑动稳定计算

①基底为水平时：

$$K_c = \frac{\sum N \cdot f}{\sum E_x} \tag{5-4}$$

②基底为倾斜时：

$$K_c = \frac{(\sum N + \sum E_x \tan\alpha_0)f}{\sum E_x - \sum N \tan\alpha_0} \tag{5-5}$$

式中：K_c 为基底的滑动稳定系数；$\sum N$ 为作用于基底上的总垂直力；$\sum E_x$ 为主动土压力的总水平分力；f 为基底摩擦系数；α_0 为基底倾斜角。

(3)基底偏心矩计算

①基底为水平时：

$$e = \frac{B}{2} - \frac{\sum M_y - \sum M_0}{\sum N} = \frac{B}{2} - C \tag{5-6}$$

②基底为倾斜时：

$$e = \frac{B'}{2} - \frac{\sum M_y - \sum M_0}{\sum N'} = \frac{B'}{2} - C' \tag{5-7}$$

式中：e 为基底合力的偏心距；B、B'为水平、倾斜基底的厚度；$\sum N'$为作用于倾斜基底上的总垂直分力；C、C'为$\sum N$、$\sum N'$对墙趾的力臂。

(4)基底压应力计算

①基底为水平时：

$$e \leqslant \frac{B}{6},\ \sigma = \frac{\sum N}{B}\left(1 \pm \frac{6e}{B}\right) \tag{5-8}$$

$$e > \frac{B}{6},\ \sigma_{\max} = \frac{2\sum N}{3C} \tag{5-9}$$

②基底为倾斜时：

$$e \leqslant \frac{B'}{6},\ \sigma = \frac{\sum N'}{B'}\left(1 \pm \frac{6e}{B'}\right) \tag{5-10}$$

$$e > \frac{B'}{6},\ \sigma_{\max} = \frac{2\sum N'}{3C'} \tag{5-11}$$

(5)墙身截面偏心距及强度

①偏心距 e_b：

$$e_b = \frac{M}{N} \tag{5-12}$$

式中：M 为计算截面以上各力对截面形心力矩的代数和；N 为作用于截面以上的法向力

②应力 σ：

$$\sigma = \frac{N}{b}\left(1 \pm 6\frac{e_b}{b}\right) \tag{5-13}$$

式中：b 为截面宽度。

当截面应力 σ 出现负值时，需检算不考虑圬工承受拉力时，受压区应力重分布的最大压应力，其值不得大于容许值。

思考与练习

1. 简述隧道洞门形式选择的要求。
2. 简述隧道洞门墙基础的设置要求。
3. 简述隧道洞门结构设计的基本内容。
4. 简述墙式洞门设计的要求和检算方法。
5. 上网搜索常见的隧道洞门形式，并说明它们的特点。

第 6 章

隧道作用

施加在结构上的集中力或分布力(直接作用),和引起结构变形、约束变化的原因(间接作用)统称为作用。施加在结构上的直接作用也称为荷载。

隧道作用(荷载)有很大的不确定性,与隧道所处的地形、地质条件、埋深、支护结构的类型及工作条件、施工方法等多个因素有关,在多数情况下仍用工程类比法来计算。目前,我国大部分混凝土结构已采用可靠度设计计算方法。但是,可靠度设计计算方法是建立在统计分析的基础上的,但对双线及三线隧道的围岩松动压力(永久作用)、公路铁路活载、施工荷载(可变作用)等各类作用的研究尚不够全面和深入,因此,铁路隧道规范既有可靠度设计计算方法(概率极限状态法,适用于旅客列车行车速度小于等于 140 km/h、货物列车行车速度小于等于 80 km/h 且不运行双层集装箱列车的一般地区单线铁路隧道整体式衬砌及洞门、单线铁路隧道偏压砌及洞门、单线铁路拱形明洞衬砌及洞门结构的设计),也保留了非可靠度设计计算方法(破损阶段法和容许应力法:适用于其他类型的隧道)。与之相应,隧道作用的计算方法也略有不同,设计时应予以注意。

6.1 作用种类及组合

6.1.1 作用分类

作用按时间变异性可分为永久、可变、偶然作用三类。直接作用在隧道结构上的荷载,按其存在的状态,可分为以下几类:

①永久荷载:在设计使用期内其值不随时间变化或其变化值与平均值相比可忽略不计的荷载;

②可变荷载:在设计使用期内其变化值与设计值相比不可忽略的荷载;

③偶然荷载:在设计使用期内偶然出现(或不出现),其值很大、持续时间很短的荷载。

根据铁路隧道设计规范,作用在隧道上的荷载及分类如表 6-1 所示。

隧道荷载类别及影响因素众多,荷载确定应综合考虑其所处地形、地质条件、埋深、结构特征和工作条件、施工方法、相邻隧道间距等因素。施工中如发现与实际不符,应及时修正。对于地质复杂的隧道,必要时应通过实地测量确定。

表 6-1 作用(荷载)分类

<table>
<tr><th>序号</th><th>作用分类</th><th>结构受力及影响因素</th><th colspan="2">荷载分类</th></tr>
<tr><td>1</td><td rowspan="6">永久作用</td><td>结构自重</td><td rowspan="6">永久荷载</td><td rowspan="10">主要荷载</td></tr>
<tr><td>2</td><td>结构附加恒载</td></tr>
<tr><td>3</td><td>围岩压力</td></tr>
<tr><td>4</td><td>土压力</td></tr>
<tr><td>5</td><td>混凝土收缩和徐变</td></tr>
<tr><td>6</td><td>水压力</td></tr>
<tr><td>7</td><td rowspan="9">可变作用</td><td>列车活载</td><td rowspan="4">基本可变荷载</td></tr>
<tr><td>8</td><td>活载所产生的土压力</td></tr>
<tr><td>9</td><td>冲击力</td></tr>
<tr><td>10</td><td>渡槽流水压力(设计渡槽明洞时)</td></tr>
<tr><td>11</td><td>制动力</td><td colspan="2" rowspan="5">其他可变荷载(附加荷载)</td></tr>
<tr><td>12</td><td>温度变化的影响</td></tr>
<tr><td>13</td><td>灌浆压力</td></tr>
<tr><td>14</td><td>冻胀力</td></tr>
<tr><td>15</td><td>施工荷载(施工阶段的某些外加力)</td></tr>
<tr><td>16</td><td rowspan="2">偶然作用</td><td>落石冲击力</td><td colspan="2" rowspan="2">偶然荷载</td></tr>
<tr><td>17</td><td>地震力</td></tr>
</table>

注：表中的水压力主要是针对在富水地层中的隧道，水压力的影响也是必须重点考虑的因素。

6.1.2 作用(荷载)组合

我国现行《铁路隧道设计规范》(TB 10003—2005)对于隧道设计给出了两种设计方法：概率极限状态法、破损阶段法和容许应力法。与之相应，计算荷载组合，有以下两方面的相关规定。

(1)概率极限状态法中的作用组合

采用概率极限状态法设计隧道结构时，结构的作用设计值：

$$F_d = \gamma_f F_k \tag{6-1}$$

式中：F_d 为作用设计值；γ_f 为作用分项系数；F_k 为作用标准值。

隧道结构的作用应根据不同的极限状态和设计状况进行组合。一般情况下可按作用的基本组合进行设计，基本组合可表达为：结构自重 + 围岩压力或土压力。基本组合中各作用的组合系数取 1.0，当考虑其他组合时，应另外确定作用的组合系数。结构自重标准值可按结构设计尺寸及材料标准重度计算。

当考虑地震作用或落石冲击力时，可采用作用的偶然组合，其表达式为：结构自重 + 围岩压力或土压力 + 地震作用或落石冲击力。

此外，在隧道结构上可能出现的荷载，按承载能力要求进行检验时，隧道结构的作用应根据不同的极限状态和设计状态进行组合。

(2)破损阶段法和容许应力法中的作用组合

隧道和明洞衬砌按破损阶段检算构件截面强度时，结构所受的荷载按表 6－1 规定选取，并选择最不利组合工况进行检算。

其中，明洞荷载组合时应符合几个规定：

①明洞顶回填土压力计算，当有落石危害需检算冲击力时，可只计算洞顶设计填土重力和落石冲击力的影响，具体设计时可通过量测资料或有关计算验证。

②当设置立交明洞时，应分不同情况计算列车活载、公路活载或渡槽流水压力。

③当计算作用于深基础明洞外墙的列车活载时，可不考虑列车的冲击力、制动力。

6.2 围岩压力

6.2.1 初始地应力

初始地应力是指天然状态下存在于岩体或土体介质内部的应力。在未扰动的岩层中开挖隧道，岩体内部存在的应力即为初始地应力(也称原始应力、地应力或一次应力)。受地壳构造运动的影响，地层岩体多处于复杂的受力状态。

初始地应力由初始自重应力和构造应力组成：

$$\sigma = \sigma_g + \sigma_s \tag{6-2}$$

式中：σ 为初始地应力；σ_g 为自重应力分量；σ_s 为构造应力分量。

(1)初始自重应力计算

在自重作用下，岩体任一点所受到的竖向应力等于上覆岩土体重量所产生的压力。给定水平侧压力系数 K_0 后，自重应力按下式计算：

$$\sigma_z^g = \sum \gamma_i H_i \tag{6-3}$$

$$\sigma_x^g = K_0(\sigma_z - p_w) + p_w \tag{6-4}$$

式中：σ_z^g、σ_x^g 为竖直方向和水平方向初始自重地应力；γ_i 为计算点以上第 i 层岩石的重度；H_i 为计算点以上第 i 层岩石的厚度；p_w 为计算点的孔隙水压力，通常 $p_w = \gamma_w \cdot H_w$；H_w 为计算点的水头；K_0 为侧压力系数，其理论值为$\dfrac{\mu}{1-\mu}$；μ 为岩体的泊松比。

显然，当垂直应力已知时，侧向应力的大小取决于岩体的泊松比。大多数岩体的泊松比 $\mu = 0.15 \sim 0.35$，则计算所得的侧压力系数值为 $K_0 = 0.18 \sim 0.54$。因此在自重应力场中，通常侧向应力小于垂直应力。

岩体的应力状态是随深度而变化的，其应力状态可视围岩的不同，分别处于弹性、隐塑性或流动状态，相应的侧压力系数也不同。随着深度的增加，μ 值将趋于 0.5，则水平侧压力系数接近于 1.0，此时与静水压力相似，岩体接近流动状态。根据量测资料分析，通常情况下，在浅埋及浅部地下工程所涉及的范围内，岩体可近似认为处于弹性状态。

(2)构造应力计算

构造应力是由地质构造运动而产生的，有较大的不确定性，难以用数学力学的方法进行计算。只能在一定的假定下，用简化的手段加以表达。如假设构造应力为均布或线性分布应力，则在二维平面应变问题中，构造应力表达式为：

$$
\begin{aligned}
\sigma_x^s &= a_1 + a_4 z \\
\sigma_z^s &= a_2 + a_5 z \\
\tau_{xz}^s &= a_3
\end{aligned}
\tag{6-5}
$$

式中：$a_1 \sim a_5$ 为常系数；z 为竖直坐标；σ_x^s 为水平向应力；σ_z^s 为竖向应力；τ_{xz}^s为剪应力。

与自重应力不同，构造应力有如下特点：

①地质构造形态不仅改变了重力应力场，而且除了以各种构造形态获得释放外，还以各种形态积蓄在岩体内，这种残余构造应力将对地下工程产生重大影响；

②构造应力场在地壳浅部已普遍存在，而且最大构造应力的方向，多近似为水平，其值常常大于重力应力场中的水平应力分量，甚至也大于垂直应力分量；

③构造应力很不均匀，它的参数无论在空间上、时间上都有很大的变化，特别是它的主应力方向和绝对值变化很大。

(3)初始地应力的量测

初始应力因其复杂性、离散性给岩土工程带来了极大的困难，为此人们在实践中寻找初始应力的探明手段。1915 年瑞典人哈斯特(N. Hast)在斯堪的纳维亚半岛首先开创了地应力的量测工作，从而开创了通过现场量测信息反演确定地应力的先河。通过对地球不同地区地应力的量测与理论分析证明，地应力是个非稳定的应力场，它是时间与空间的函数。但对人类工程活动所涉及的地壳岩体，在工程服役期内除少数构造活动带外，时间上的变化可不予考虑。

初始地应力的确定方法主要有水压致裂法、应力解除法和应力恢复法等。

①水压致裂法：在需要测试地应力的岩体中钻孔，用封隔器将上下两端密封起来；然后注入液体，加压直到孔壁破裂，并记录压力随时间的变化，并用印模器或井下电视观测破裂方位。最后根据破裂压力、封井压力以及橡胶塞套上压痕的方位，确定岩体天然主应力的大小和方位。

②应力解除法：将所测岩体单元与周围岩体分离，解除岩体单元上所受的应力，单元体的几何尺寸产生弹性恢复。应用一定的仪器，测定这种弹性恢复的应变值或变形值，可以借助弹性理论的解答来计算岩体单元所受的应力状态。

③应力恢复法：首先在岩块表面上安装不同方向的三个应变计，记录它们的初读数；接着在岩块上掏槽，使槽长远大于槽宽，并使槽壁与岩块表面直交，再记录应变计的读数；最后，把扁千斤顶固装在槽内，并逐渐增加千斤顶内的油压，使之逐渐施压于槽壁，直至三个应变计恢复到未掏槽时的初读数为止，此时千斤顶施加于槽壁的压强即等于槽壁平面原有的法向应力。因扁千斤顶不能对槽壁施加张力和剪力，故此法只适用于测量主平面上的主应力。

6.2.2　围岩压力与分类

围岩压力是指引起地下开挖空间周围岩体和支护变形或破坏的作用力。它包括由地应力引起的围岩应力以及围岩变形受阻而作用在支护结构上的作用。从广义来理解，围岩压力既包括围岩有支护的情况，也包括围岩无支护的情况；既包括作用在普通的传统支护如架设的支撑或施作的衬砌上所显示的力学性态，也包括在锚喷和压力灌浆等现代支护的方法中所显示的力学性态。从狭义来理解，围岩压力是指作用在支护结构上的压力。在工程中一般研究狭义围岩压力。

根据围岩压力的表现形式不同，可以分为：松动压力、形变压力、膨胀压力、冲击压力。

(1)松动压力

由于隧道开挖而松动或坍塌的岩体以重力形式直接作用在支护结构上的压力称为松动(散)压力。松动压力按作用在支护上的位置不同分为竖向压力、侧向压力和底压力。松动压力通常在下列三种情况下出现：在整体稳定的岩体中，可能出现个别松动掉块的岩石；在松散软弱的岩体中，坑道顶部和两侧边帮冒落；在节理发育的裂隙岩体中，围岩某些部位沿软弱面发生剪切破坏或拉坏等局部塌落。

(2)形变压力

形变压力是由于围岩变形受到与之密贴的支护结构抑制，在围岩与支护结构共同变形过程中，围岩对支护结构施加的接触压力。根据围岩的本构特性(主要指岩土材料的应力－应变关系)和受力程度不同，有弹性、塑性和黏性等不同性质的形变压力。形变压力除与围岩应力状态有关外，还与支护刚度及施作时机有关。柔性支护可产生一定位移而使形变压力减小，利于结构受力，但需及时设置衬砌，以免围岩位移过大而形成松动压力，不利于围岩稳定及结构受力。

(3)膨胀压力

由于围岩吸水而膨胀崩解所引起的压力称为膨胀压力，主要发生在膨胀岩中。与形变压力的基本区别在于它是由吸水膨胀引起，其值大小取决于围岩的水理性质。

(4)冲击压力

在(极)高地应力完整硬脆性的岩体中开挖隧道，由于岩体中积累了大量的弹性变形能，隧道开挖解除围岩的部分约束，被积累的弹性变形能突然释放，引起岩块抛射所产生的巨大压力，这就是冲击压力。

6.2.3 影响围岩压力的因素

影响围岩压力的因素很多，通常分为两大类：一类是地质因素，包括原始应力状态、岩石力学性质、岩体结构面等；另一类是工程因素，包括施工方法、支护设置时间、支护本身刚度、隧道位置及形状等。

在隧道开挖过程中，由于受到开挖面的约束，使其附近的围岩不能立即释放全部瞬时弹性位移，这种现象称为开挖面的“空间效应”。当采用紧跟开挖面支护的施工方法时，支护时间的迟早将会大大影响围岩压力的大小和稳定性。一般来说要尽快地封闭初期支护，以保证围岩的基本稳定。当地层条件极差时，需对围岩进行预加固，提高自承能力；或设置预支护结构分担围岩压力；当地层条件较差时，可不设置预支护结构，但应保证二次衬砌紧跟开挖面，及时分担围岩压力，防止围岩变形过大；当围岩条件较好时，可待围岩变形基本稳定后再施作二次衬砌，以减少作用在二衬上的围岩压力。

6.2.4 围岩松动压力

(1)松动压力的形成

隧道开挖所引起的围岩松动和破坏范围有大有小。对于一般裂隙岩体中的深埋隧道，其波及范围仅限于隧道周围一定区域。此时作用在支护结构上的围岩松动压力远小于其上覆地层自重压力，这可以用围岩的“成拱作用”来解释。将隧道所形成的相对稳定的拱称为“天然拱”或者“塌落拱”，天然拱范围内破坏了的岩体重量就是作用在支护结构上的围岩松动压力的来源。以水平地层为例，隧道开挖后上覆岩层的成拱过程如图6-1所示。

①变形阶段：隧道开挖后，在围岩应力重分布过程中，顶板开始沉陷，并出现拉断裂纹，如图6-1(a)所示；

②松动阶段：顶板中间部分的裂纹继续发展并张开，由于结构切割面等原因，逐渐转变为松动，石块开始掉落，支护所受的垂直压力急剧增加，如图6-1(b)所示；

③塌落阶段：顶板继续坍落，石块与围岩母体分离，其界面多为拱形。此时垂直压力稳定在一定的数值内，但侧向压力增加，即地层中原存应力沿两侧传递，如图6-1(c)所示；

④成拱阶段：顶板停止塌落，达到新的平衡，垂直压力和侧向压力趋于稳定，如图6-1(d)所示。

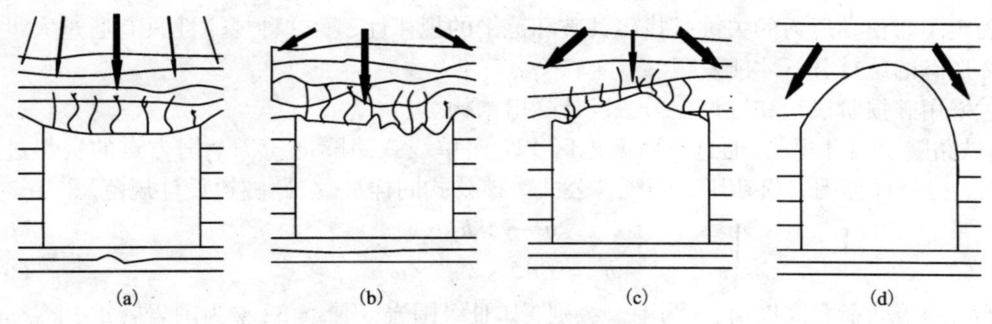

图6-1　松动压力的形成

(2)松动压力的影响因素

实践证明，除了围岩地质条件、支护结构架设时间、刚度等因素影响自然拱范围的大小外，还取决于以下因素：

①隧道的形状和尺寸。隧道拱圈越平坦，跨度越大，自然拱越高，松动压力越大。

②隧道的埋深。只有当隧道的埋深超过某一临界值时，才可能形成自然拱，习惯上称这种隧道为深埋隧道。

③施工因素。如爆破所产生的震动，常常是引起隧道塌方的重要原因之一，造成围岩松动压力过大。分部开挖多次扰动岩体，也会引起围岩失稳，导致自然拱范围增大，从而引起围岩松动压力增大。

(3)松动压力的确定方法

确定松动压力的方法主要有：直接量测法、经验法或工程类比法、理论估算法。

直接量测法用精确程度较高的仪器测量，直接得到围岩压力的方法。该方法测量结果最切合实际，是当前研究发展的主要方向，但受量测设备和技术水平的制约，目前还不能普遍采用。

经验法或工程类比法是根据大量以前工程实际资料的统计和总结，按不同围岩分级提出围岩压力的经验数值，作为后建隧道工程确定围岩压力依据的方法，是目前较多采用的方法。我国《公路隧道设计规范》和《铁路隧道设计规范》都给出了计算围岩松动压力的经验公式。

理论估算法是在实践的基础上从理论上研究围岩压力的方法。

由于地质条件的不确定性，影响围岩压力的因素多，所以企图建立一种完善且适合各种情况的通用围岩压力理论及计算方法很困难。目前，较为合理的做法是综合采用上述方法相互验证确定，本书将着重介绍我国铁路隧道设计规范中的方法。

6.2.5 深埋隧道围岩松动压力的计算方法

围岩松动压力的大小与围岩级别、隧道跨度、埋深等因素有关。当隧道的埋置深度超过一定限值后，由于围岩的"成拱作用"，围岩松动压力仅是隧道周边某一破坏范围(自然拱)内岩体的重量，而与隧道埋置深度无关。故解决这一破坏范围的大小就成为计算围岩松动压力的关键。

(1)规范法

确定围岩松动压力的关键是找出其破坏范围的规律性，而这种规律性只有通过大量的实际破坏形态的统计分析才能发现。

①采用破损阶段法和容许应力法设计隧道结构。

《铁路隧道设计规范》通过对西南地区 127 座单线铁路隧道 357 个坍方点的资料进行统计分析，得出计算围岩松动压力的统计公式。该公式同样被《公路隧道设计规范》采用。

$$q = \gamma \times h_q \tag{6-6}$$

$$h_q = 0.45 \times 2^{s-1} \times \omega \tag{6-7}$$

式中：h_q 为等效荷载高度值；s 为围岩级别，如Ⅲ级围岩，则 $s=3$；γ 为围岩容重，kN/m^3；ω 为宽度影响系数，且 $\omega = 1 + i(B-5)$；B 为坑道的宽度，m；i 为以 $B=5$ m 为基准，B 每增减 1 m 时的围岩压力增减率，当 $B<5$ m 时，取 $i=0.2$，$B>5$ m 时，取 $i=0.1$。

②采用概率极限状态法设计隧道结构。

《铁路隧道设计规范》分析研究了 1046 个样本的塌方数据库，根据数理统计原理，对塌方高度的概率参数统计，并采用 K－S 检验法对分析概型优度拟合检验，得到塌方高度的分布规律，并给出了概率极限状态法设计隧道结构时围岩松动压力的计算公式：

$$q = \gamma \times h_q = \gamma \times 0.41 \times 1.79^s \tag{6-8}$$

式中：s 为围岩级别，如Ⅲ级围岩，则 $s=3$；其他符号意义同上。

③围岩压力统计公式的适用条件：

- $H_t/B < 1.7$，H_t 为坑道净高度，m；
- 深埋隧道；
- 不产生显著的偏压力及膨胀压力的一般围岩；
- 采用钻爆法施工的隧道。

随着现代隧道施工技术的发展，隧道开挖引起的扰动范围可以被控制在最小限度内，从而围岩松动压力的发展也将受到控制，所以围岩松动压力的确定需要进一步研究。

在上述产生竖向压力的同时，隧道也出现侧向压力，即围岩水平匀布松动压力，其计算方法参见表 6－2 中的经验值(一般取平均值)，其适用条件同式(6－6)、式(6－7)和式(6－8)。

表6-2　围岩水平匀布松动压力

围岩级别	Ⅰ~Ⅱ	Ⅲ	Ⅳ	Ⅴ	Ⅵ
水平均布压力	0	$<0.15q$	$(0.15 \sim 0.30)q$	$(0.30 \sim 0.50)q$	$(0.5 \sim 1.00)q$

隧道围岩压力的量测资料表明，作用在支护结构上的荷载一般是不均匀的，受围岩级别、岩体结构、施工方法等因素的影响。围岩垂直松动压力的分布大致可简化为以下四种图式，如图6-2所示。

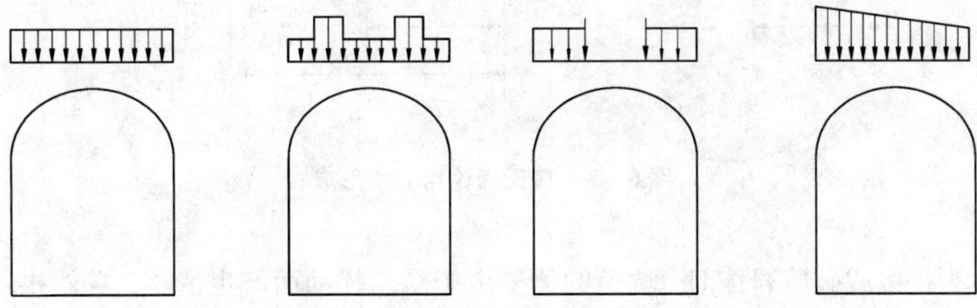

图6-2　垂直松动压力的分布图

以上压力分布图形只概括了一般情况，当地质、地形及其他原因可能产生特殊荷载时，松动压力的大小和分布应根据实际情况分析确定。

(2)普氏理论

普罗托奇耶柯诺夫认为，所有的岩体都在不同程度上被节理、裂隙切割，因此可简化为散粒体。但岩体又与一般的散粒体有所不同，因为在其结构面上还存在着不同程度的黏结力。基于抗剪强度等效原理，普氏提出了岩体的"坚固性系数f"(又称似摩擦系数)的概念。

$$f=\tan\varphi_0=\frac{\tau}{\sigma}=\frac{\sigma\tan\varphi+c}{\sigma}=\tan\varphi+\frac{c}{\sigma} \tag{6-9}$$

式中：φ、φ_0分别为岩体的内摩擦角和似摩擦角；τ、σ为岩体剪切破坏时的剪应力和正应力；c为岩体的黏结力。

岩体的"坚固性系数f"是一个评价岩体物性(以岩体强度为主，兼顾抗钻性、抗爆性、地下水等)的综合指标。

为了确定围岩的松动压力，普氏进一步提出了基于"自然拱"概念的计算理论，他认为在具有一定黏结力的松散介质中开挖坑道后，其上方会形成一个抛物线形的自然拱，作用在支护结构上的围岩压力就是自然拱内松散岩体的重力。自然拱的形状和尺寸(即它的高度h_k和跨度B)与岩体的坚固性系数有关，表达式如下：

$$h_k=\frac{b}{f} \tag{6-10}$$

式中：h_k为自然拱高度；b为自然拱的半跨度。

当岩体为坚硬岩体时，坑道侧壁较稳定，自然拱的跨度为坑道的跨度，如图6-3(a)

所示。

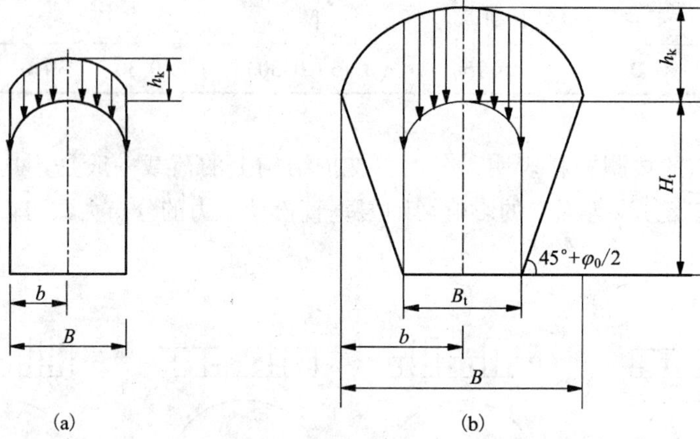

图6－3 普氏理论自然拱形成

当岩体为松散或破碎岩体时，坑道的侧壁由于受到扰动而产生滑移，自然拱的跨度也相应加大，如图6－3(b)所示。此时的 B 值表达式：

$$B = B_t + 2H_t \cdot \tan(45° - \frac{\varphi_0}{2}) \quad (6-11)$$

式中：B 为自然拱的跨度；H_t 为坑道的净高；B_t 为坑道的净宽；φ_0 为岩体的似摩擦角，$\varphi_0 = \arctan f$。

围岩垂直匀布松动压力：

$$q = \gamma h_k \quad (6-12)$$

围岩水平匀布松动压力按朗肯公式计算，即

$$e = (q + \frac{1}{2}\gamma H_t)\tan^2(45° - \frac{\varphi_0}{2}) \quad (6-13)$$

按普氏理论算得的围岩松动压力，岩体为软质围岩时较实际情况偏小，岩体为坚硬围岩时偏大，所以一般在松散、破碎围岩中较为适用。

(3)泰沙基理论

泰沙基也将岩体视为散粒体，开挖坑道后，会引起其上方岩体的变形下沉，并产生如图6－4所示的错动面 OAB。

假定作用在任何水平面上的竖向压应力 σ_v 是均布的，相应的水平力 $\lambda\sigma_v$（λ 为侧压力系数）。在离地面深度为 h 处取出厚度为 dh 的水平带单元体，考虑平衡条件 $\sum V = 0$ 得：

$$2b(\sigma_v + d\sigma_v) - 2b\sigma_v + 2\lambda\sigma_v \tan\varphi_0 dh - 2b\gamma dh = 0 \quad (6-14)$$

展开后得

$$\frac{d\sigma_v}{\gamma - \frac{\lambda\sigma_v \tan\varphi_0}{b}} - dh = 0$$

解上述微分方程，并引进边界条件：$\sigma_v |_{h=0}$，可得洞顶岩层中任一点的垂直压力为：

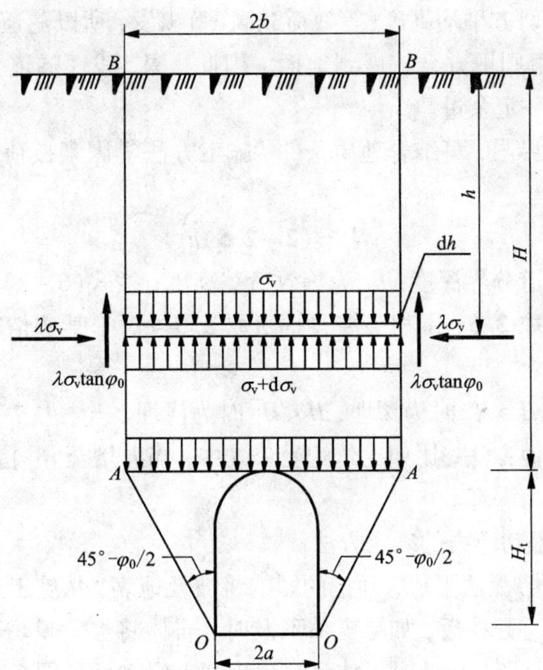

图6-4　泰沙基理论围岩压力图式

$$\sigma_v=\frac{\gamma b}{\tan\varphi_0\cdot\lambda}\left(1-e^{-\lambda\tan\varphi_0\cdot\frac{h}{b}}\right)\tag{6-15}$$

随坑道埋深 h 加大，$e^{-\lambda\tan\varphi_0\frac{h}{b}}$ 趋近于零，则 σ_v 趋于某一个固定值：

$$\sigma_v=\frac{\gamma b}{\tan\varphi_0\cdot\lambda}\tag{6-16}$$

泰沙基根据实验结果得出 $\lambda=1\sim1.5$，取 $\lambda=1$ 则

$$\sigma_v=\frac{\gamma b}{\tan\varphi_0}\tag{6-17}$$

如以 $\tan\varphi_0=f$ 代入，则：

$$\sigma_v=\frac{\gamma b}{f}$$

此时，泰沙基公式与普氏理论计算公式相同。泰沙基认为当 $H\geqslant5b$ 时为深埋隧道。

侧向均布压力则仍按朗肯公式计算，即

$$e=\left(\sigma_v+\frac{1}{2}\gamma H_t\right)\tan^2\left(45°-\frac{\varphi_0}{2}\right)\tag{6-18}$$

6.2.5　浅埋隧道围岩松动压力的计算方法

（1）深、浅埋隧道的判定原则

深埋与浅埋隧道的界限，一般以隧道顶部覆盖层能否形成“自然拱”为原则，但由于它与

许多因素有关，要具体确定出它的界限并不容易，因此只能按经验进行估算。深埋隧道围岩松动压力值是根据施工坍方平均高度(等效荷载高度)出发，所以隧道上覆岩体应有一定的厚度，才能形成塌落拱，否则坍方会扩展到地面。因此，深、浅埋隧道分界深度至少应大于坍方的平均高度，且具有一定余量。

浅埋与深埋隧道的界限，可结合地质条件、施工方法等因素按荷载等效高度值判定，公式如下：

$$H_p = (2 \sim 2.5)h_q \tag{6-19}$$

式中：H_p 为深、浅埋隧道分界深度；h_q 为等效荷载高度，按式(6－7)计算：

围岩较软时，系数取 2.5；围岩较坚硬时，取 2.0。对于某些情况，则应作具体分析后确定。

当隧道覆盖层厚度 $H \geq H_p$ 时为深埋，$H < H_p$ 时为浅埋。

深浅埋分界还有其他方法，比如比尔鲍曼公式中，当 h 增至 σ_v 趋于常数时即为深埋；泰沙基公式当 $h \geq 5b$ 时即为深埋。

(2)浅埋隧道围岩松动压力的确定方法

隧道浅埋时“自然拱”无法形成，开挖的影响将波及地表，从施工过程中岩体(包括土体)的运动情况可以看到隧道开挖后，如果支撑不及时，岩体将会大量坍落或移动，这种移动会影响到地表并形成一个坍陷区，此时岩体将会出现两个滑动面如图 6－5 所示，此时可以采用松散介质极限平衡理论进行分析。当滑动岩体下滑时，受到两种阻力作用：一是滑面上阻止滑动岩体下滑的摩擦阻力；二是支护结构的反作用力，这种反作用力的大小应等于滑动岩体对支护结构施加的压力，也就是所要确定的围岩松动压力。

根据受力的极限平衡条件知：围岩松动压力＝滑动岩体重力－滑面上的阻力。

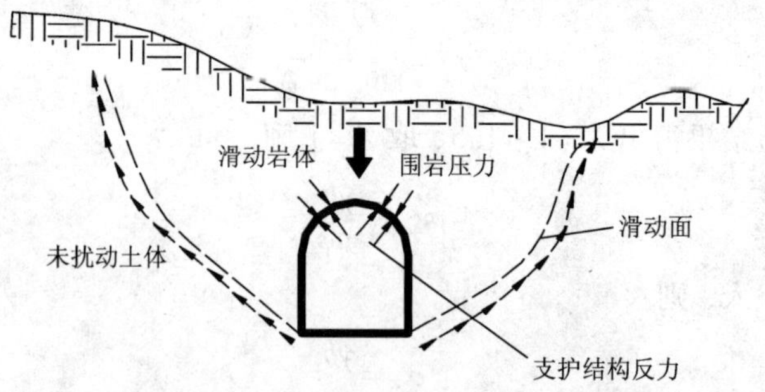

图 6－5　浅埋隧道上覆土体滑动图式

根据上覆岩体受力状态，铁路隧道设计规范将浅埋隧道荷载分为下述情况。

①超浅埋隧道：隧道埋深 H 小于或等于等效荷载高度 h_q(即 $H < h_q$)。

上覆岩体很薄，滑动面上的阻力很小。安全起见，计算时省略滑面上的摩擦阻力，围岩垂直均布压力为：

$$q = \gamma h \tag{6-20}$$

式中：γ 为围岩容重；h 为隧道埋置深度。

围岩水平均布压力 e 按均布考虑，由朗肯公式计算：

$$e=\left(q+\frac{1}{2}\gamma H_t\right)\tan^2\left(45^\circ-\frac{\varphi_0}{2}\right)$$

②隧道埋置深度 H 大于等效荷载高度 h_q（即 $h_q \leqslant H<(2\sim2.5)h_q$）。

随着埋深的增加，上覆岩体逐渐增厚，滑面上的阻力也随之增大。因此，围岩压力计算时，必须考虑滑面上的阻力。

施工中，上覆岩体的下沉和位移与许多因素有关。如支护是否及时、岩体的性质、坑道的尺寸及埋置深度的大小，施工方法是否合理等。为方便计算，根据实践经验作如下简化，如图6－6所示。

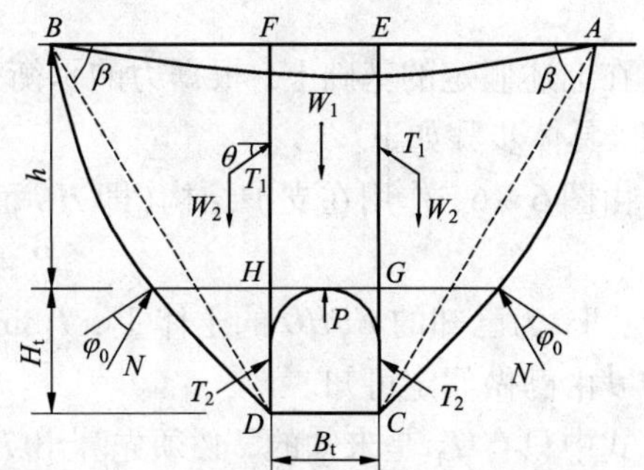

图6－6　浅埋隧道围岩压力计算图式

ⓐ岩体中形成的破裂面是一个与水平面成 β 角的斜直面，如图6－6中的 AC、BD 所示。

ⓑ当洞顶上的覆盖岩体 $EFHG$ 下沉时，受到两侧岩体的挟制，它反过来又带动了两侧三棱岩体（ACE、BDF）的下沉，而当岩体 $ABCD$ 下滑时，受阻于未扰动岩体的阻力。AC、BD 是假定的破裂面，而 FH、EG 并非破裂面，因此它的滑面阻力要小于破裂面的阻力。据此所形成的作用力有：洞顶上覆盖岩体 $EFHG$ 的重力 W_1；两侧三棱体 ACE、BDF 的重力 W_2；两三棱体给予下沉岩体 $EFDC$ 的阻力 T（对整个下滑岩体 T 为内力，$T=T_1+T_2$）；岩体 $ABCD$ 滑动时，两侧未扰动岩体给予的阻力 N。

ⓒ斜直面 AC、BD 是一个假定滑裂面，该滑面的抗剪强度决定于滑面的摩擦角 φ 及黏结力 c。为了简化计算，可采用岩体的似摩擦角 φ_0。需要注意的是洞顶岩体 $EFHG$ 与两侧三棱体之间的摩擦角 θ 与 φ_0 是不同的，因为 EG、FH 面上并没有发生破裂面，所以它介于零与 φ_0 之间，即 $0<\theta<\varphi_0$。岩体的物理力学性质对 θ 值影响极大，在计算时可以取经验值；此处假定 θ 与 φ_0 有关（见表6－3）。表中所推荐的数值，是根据隧道的埋深情况和地质、地形资料，经检算一些发生地表沉陷和衬砌开裂的隧道提出的，可供实际工程使用。

表6－3　岩体两侧摩擦角 θ 与似摩擦角 φ_0 的关系

岩体似摩擦角 φ_0	θ	岩体似摩擦角 φ_0	θ
$<20^\circ$	$(0\sim0.1)\varphi_0$	$45^\circ\sim50^\circ$	$(0.5\sim0.6)\varphi_0$
$20^\circ\sim30^\circ$	$(0.1\sim0.2)\varphi_0$	$50^\circ\sim55^\circ$	$(0.6\sim0.7)\varphi_0$
$30^\circ\sim35^\circ$	$(0.2\sim0.3)\varphi_0$	$55^\circ\sim60^\circ$	$(0.7\sim0.8)\varphi_0$
$35^\circ\sim40^\circ$	$(0.3\sim0.4)\varphi_0$	$60^\circ\sim65^\circ$	$(0.8\sim0.9)\varphi_0$
$40^\circ\sim45^\circ$	$(0.4\sim0.5)\varphi_0$	$>65^\circ$	$0.9\varphi_0$

此外，还可以进一步把各级围岩具体的 θ 和 φ_0 计算值列表，如表6－4所示。

表 6－4 各级围岩的 θ 和 φ_0 值

围岩级别	Ⅰ	Ⅱ	Ⅲ	Ⅳ	Ⅴ	Ⅵ
θ 角/(°)	73	60	43	23	12.5	7.5
φ_0 角/(°)	> 78	67 ~ 78	55 ~ 66	43 ~ 54	31 ~ 42	≤30

在上述假定的基础上，根据力的平衡条件，可求出作用在隧道支护结构上的围岩松动压力值，具体步骤如下。

由图 6－6，作用在支护结构(即 HG 面)上垂直压力为：

$$P = W_1 - 2T_1\sin\theta \tag{6-21}$$

式中：W_1 为已知的 $EFHG$ 的土体重；$T_1\sin\theta$ 为 $EFHG$ 岩体下滑时受两侧岩体挟制的摩擦力，其中 θ 由已做假定可知。

式中只有 T_1 是未知的，必须先算出 T_1 值才能求得支护结构上的垂直压力 P，T_1 的求解如下：

ⓐ两侧三棱体对洞顶岩体的挟制力 T_1。

取三棱体 BDF(或 ACE)作为脱离体分析，作用在其上的力有 W_2、T、N，如图 6－7(a)所示。其中 W_2 为 BDF 的岩体重力，N 为 BD 面上的摩擦阻力，T 为隧道与上覆岩体下沉而带动三棱体 BDF 下滑时在 FD 面上产生的带动下滑力。

从图 6－6 知 $T = T_1 + T_2$，T_1、T_2 分别为上覆岩体部分和衬砌部分带动 FD 面下滑时的带动力，其方向如图中所示。

因此要求出 T_1 必须先求 T。根据静力平衡条件，为了求出 T 值，可绘出力的示意图如图 6－7(b)所示。

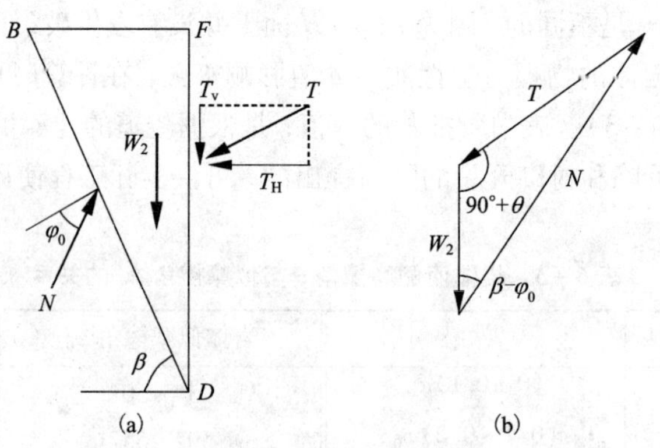

图 6－7 下滑力 T 计算图式

三棱体重力 W_2 为：

$$W_2 = \frac{1}{2}\gamma \times \overline{BF} \times \overline{DF} = \frac{1}{2}\gamma(h + H_t)^2\frac{1}{\tan\beta} \tag{6-22}$$

式中：h 为隧道顶部到地面的距离，H_t 为隧道净高，β 为破裂面与水平面的夹角。

据正弦定理得：

$$\frac{T}{\sin(\beta-\varphi_0)}=\frac{W_2}{\sin[90°-(\beta-\varphi_0+\theta)]}$$

将式(6－22)代入，化简后得：

$$T=\frac{1}{2}\gamma(h+H_t)^2\frac{\tan\beta-\tan\varphi_0}{\tan\beta[1+\tan\beta(\tan\varphi_0-\tan\theta)+\tan\varphi_0\tan\theta]}\cdot\frac{1}{\cos\theta} \tag{6-23}$$

令：

$$\lambda=\frac{\tan\beta-\tan\varphi_0}{\tan\beta[1+\tan\beta(\tan\varphi_0-\tan\theta)+\tan\varphi_0\tan\theta]} \tag{6-24}$$

则：

$$T=\frac{1}{2}\gamma(h+H_t)^2\frac{\lambda}{\cos\theta} \tag{6-25}$$

从散体极限平衡理论可知，T 为 FD 面上的带动下滑力，为 T_1 和 T_2 之和，则 λ 即为 FD 面上侧压力系数。

衬砌上覆岩体下沉时受到两侧摩阻力为 T_1，根据上述概念可知：

$$T_1=\frac{1}{2}\gamma h^2\frac{\lambda}{\cos\theta} \tag{6-26}$$

由上式可知，要求得 T_1 必须先计算出侧压力系数 λ，从式(6－24)知，λ 为 β、φ_0、θ 的函数。前已说明 φ_0、θ 为已知，而 β 为 BD 与 AC 滑动面与隧道底部水平面的夹角，由于 BD 和 AC 滑面并非极限状态下的自然破裂面，而是假定与岩体 $EFHG$ 下滑带动力有关的，所以最可能的滑动面必然是 T 为最大值时带动两侧岩体 BFD 和 ECA 的位置，该滑面的倾角即为 β。

ⓑ破裂面 BD 的倾角 β。

令 $\frac{d\lambda}{d\beta}=0$，化简得：

$$\tan\beta=\tan\varphi_0+\sqrt{\frac{(\tan\varphi_0{}^2+1)\tan\varphi_0}{\tan\varphi_0-\tan\theta}} \tag{6-27}$$

由式(6－27)知，在 T 极值条件下的 β 值仅与 φ_0 和 θ 值有关，而 φ_0 和 θ 是与围岩级别有关的已知值，求得 β 后，则侧压力系数 λ 可以求出，从而 T_1 值亦可求得，则问题得到解决。

ⓒ围岩总的垂直压力 P。

将求得的 T_1 值代入式(6－15)得：

$$P=W_1-2\times\frac{1}{2}\gamma h^2\frac{\lambda}{\cos\theta}\cdot\sin\theta$$

$$P=Bh\gamma-\gamma h^2\lambda\tan\theta$$

即：

$$P=\gamma h(B-h\lambda\tan\theta) \tag{6-28}$$

ⓓ围岩垂直匀布松动压力 q。

$$q=\frac{P}{B}=\gamma h\left(1-\frac{h\lambda\tan\theta}{B}\right)=\gamma hK \tag{6-29}$$

式中：K 为压力缩减系数；B 为隧道开挖宽度。

ⓔ求围岩水平匀布松动压力 e。

若水平压力按梯形分布，则作用在隧道顶部和底部的水平压力可直接写为：

$$e_1 = \gamma h\lambda$$
$$e_2 = \gamma(h + H_t)\lambda \tag{6-30}$$

式中：λ 为侧压力系数，由式(6-24)求得。

若为均布压力时则：

$$e = \frac{1}{2}(e_1 + e_2) \tag{6-31}$$

6.2.6 隧道围岩压力算例

例 6-1 某单线铁路隧道，设计行车速度 140 km/h，围岩等级Ⅴ级，容重 $\gamma = 21.5\ \mathrm{kN/m^3}$，隧道开挖宽度 $B = 7.8$ m，高度 $H_t = 9$ m，如图 6-8 所示。计算：(1)埋深 $H = 20$ m 时围岩压力；(2)埋深 $H = 10$ m 时围岩压力。(计算时纵向取单位长度)

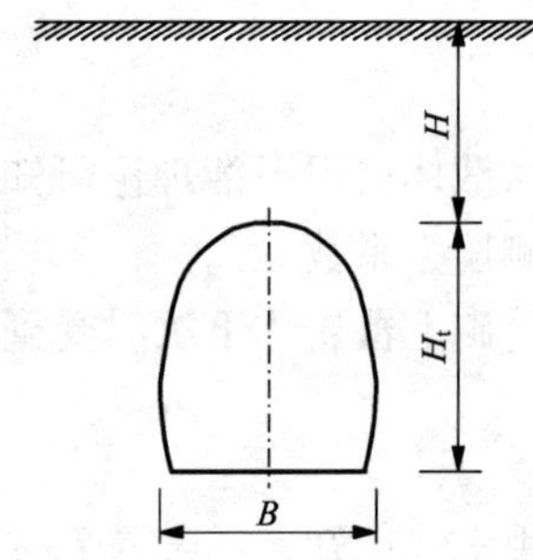

图 6-8 松动围岩压力计算示例

解：(1)埋深 $H = 20$ m 情况：

由式(6-8)知：

$$h_q = 0.41 \times 1.79^5 = 7.534\ \mathrm{m}$$

$H = 20\ \mathrm{m} > 2.5h_q$，属于深埋条件。

单线铁路隧道，且设计行车速度 140 km/h，采用概率极限状态法计算，由式(6-6)得垂直压力：

$$q = \gamma \times h_q = 21.5 \times 7.534 = 162\ \mathrm{kN/m^2}$$

查表(6-2)得水平均布松动压力为：

$$e = (0.3 \sim 0.5)q = 48.6 \sim 81\ \mathrm{kN/m^2}$$

(2)埋深 $H = 10$ m 情况：

等效荷载高度值 $h_q = 7.534$ m，$H = 10$ m 时，$h_q < H < 2.5h_q$，属于浅埋条件。

由式(6-29)计算浅埋隧道围岩压力

查表 6-4 有：取 $\theta = 12.5°$，$\varphi_0 = 36°$，则 $\tan\varphi_0 = 0.727$，$\tan\theta = 0.222$

$$\tan\beta = \tan\varphi_0 + \sqrt{\frac{(\tan\varphi_0{}^2 + 1)\tan\varphi_0}{\tan\varphi_0 - \tan\theta}} = 2.21$$

$$\lambda = \frac{\tan\beta - \tan\varphi_0}{\tan\beta[1 + \tan\beta(\tan\varphi_0 - \tan\theta) + \tan\varphi_0\tan\theta]} = 0.295$$

则垂直压力：

$$q = \gamma h_1(1 - \frac{h_1\lambda\tan\theta}{B}) = 357.76\ \mathrm{kN/m^2}$$

水平压力：

$$e_1 = \gamma h_1\lambda = 126.85\ \mathrm{kN/m^2}$$
$$e_2 = \gamma(h_1 + H_t)\lambda = 183.93\ \mathrm{kN/m^2}$$

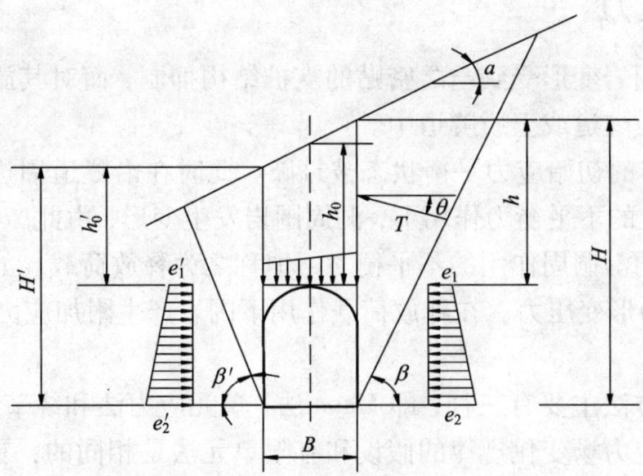

图6-9　偏压隧道衬砌作用计算图式

6.2.7　偏压隧道衬砌荷载的计算方法

对于傍山隧道，由于两侧山体的不对称，易发生山体变形及滑动。隧道结构受力分析如图6-9所示。当山体基岩稳定时，开挖隧道不至于发生滑动或坍塌，但会引起山体的沉陷变形。对于地面坡度陡斜的浅埋隧道，在围岩松动压力的计算公式中，应考虑地形的影响，公式推导方法与地面水平时的原则相同。由于地表的倾斜，隧道两侧岩体破裂面倾角为β'和β，如图6-9所示，与之相应的λ'和λ、T'和T值也分别不同。假定偏压分布图形与地面坡一致，围岩垂直松动压力为：

$$q=\frac{\gamma}{2}[(h+h')B-(\lambda h^2-\lambda' h'^2)\tan\theta] \tag{6-32}$$

式中：θ为顶板土柱两侧摩擦角，其余符号如图6-9所示。

$$\lambda=\frac{1}{\tan\beta-\tan\alpha}\cdot\frac{\tan\beta-\tan\varphi_0}{1+\tan\beta(\tan\varphi_0-\tan\theta)+\tan\varphi_0\tan\theta} \tag{6-33}$$

$$\lambda'=\frac{1}{\tan\beta'+\tan\alpha}\cdot\frac{\tan\beta'-\tan\varphi_0}{1+\tan\beta'(\tan\varphi_0-\tan\theta)+\tan\varphi_0\tan\theta} \tag{6-34}$$

$$\tan\beta=\tan\varphi_0+\sqrt{\frac{(\tan^2\varphi_0+1)(\tan\varphi_0-\tan\alpha)}{\tan\varphi_0-\tan\theta}} \tag{6-35}$$

$$\tan\beta'=\tan\varphi_0+\sqrt{\frac{(\tan^2\varphi_0+1)(\tan\varphi_0+\tan\alpha)}{\tan\varphi_0-\tan\theta}} \tag{6-36}$$

隧道水平压力为：

$$\left.\begin{aligned}e_1=\gamma h\lambda\quad e_2=\gamma h\lambda\\ e_1'=\gamma h\lambda\quad e_2'=\gamma H'\lambda\end{aligned}\right\} \tag{6-37}$$

上式中符号的意义如图6-9所示。

另外，浅埋隧道围岩松动压力还有比尔鲍曼、泰沙基公式等，本书中不做介绍，感兴趣的读者可查阅相关资料。

6.2.6 围岩形变压力

形变压力是由于围岩变形受到与之密贴的支护结构抑制，而对其施加的接触压力，一般发生在强度较低的岩质隧道或土质隧道中。

隧道开挖后，岩体的初始应力平衡状态被打破。此时在沿隧道周边分布的、与初始地应力大小相等、方向相反的不平衡力作用下，洞周围岩发生变形，由此产生附加应力和位移场。这类因隧道开挖引起的沿洞周作用的不平衡力习惯称之为释放荷载。如果受到支护结构的约束，释放荷载即转化为形变压力。在释放荷载作用下围岩产生附加应力场和位移场的现象称为开挖效应。

释放荷载的计算方法主要有三种，即 Mana 法、单元应力法和绕节点平均法。其中 Mana 法对边界节点间围岩应力场变化规律的假设和有限单元法是相同的，易于编制程序，通常采用此法。

Mana 法是通过单元应变矩阵将所有被开挖单元高斯点处的应力等效到节点上，从而求得等效节点力。

初始地应力含重力场时，第 j 步开挖时的释放荷载表达式：

$$\{P\}_j = \sum_{i=1}^{M_i} \int_{V_i} [B]^T \{\boldsymbol{\sigma}\}_{j-1} \mathrm{d}V - \sum_{i=1}^{M_i} \int_{V_i} [N]^T \{\boldsymbol{\gamma}\} \mathrm{d}V \tag{6-38}$$

式中：M_j 为第 j 步开挖被挖单元总数；$[B]$为单元应变矩阵；$\{\boldsymbol{\sigma}\}_{j-1}$为第 $j-1$ 步开挖后的单元应力；$[N]$为单元位移形函数矩阵；$\{\boldsymbol{\gamma}\}$为该步开挖被挖去的单元体力。

如第一步开挖时释放荷载为：

$$\{P\}_1 = \sum_{i=1}^{M_i} \int_{V_i} [B^T] \{\boldsymbol{\sigma}\}_0 \mathrm{d}V - \sum_{i=1}^{M_i} \int_{V_i} [N]^T \{\boldsymbol{\gamma}\} \mathrm{d}V \tag{6-39}$$

式中：$\{\boldsymbol{\sigma}\}_0$ 为初始应力；M_1 为第一步开挖时被挖去的单元总数。

单元应力法先根据初始地应力或者与前一步开挖相应的应力场，算得预计开挖边界上各节点应力，假定各节点间应力是线性分布的，之后将开挖边界上各节点应力方向反转，即改变其符号，得到释放荷载。此时将在边界上呈线性分布的释放荷载转化成等效节点荷载，如图 6-10 所示。

计算公式如下：

$$P_x^i = \frac{1}{6}[2s_x^i(b_1+b_2) + s_x^{i+1}b_2 + s_x^{i-1}b_1 + 2t_{xz}^i(a_1+a_2) + t_{xz}^{i+1}a_2 + t_{xz}^{i-1}a_1] \tag{6-40}$$

$$P_z^i = \frac{1}{6}[2\sigma_z^i(a_1+a_2) + \sigma_z^{i+1}a_2 + \sigma_z^{i-1}a_1 + 2\tau_{xz}^i(b_1+b_2) + \tau_{xz}^{i+1}b_2 + \tau_{xz}^{i-1}b_1] \tag{6-41}$$

式中：σ_x^i、σ_z^i、τ_{xz}^i分别为节点 i 上与初始地应力或与前一步开挖效应相应的正应力和剪应力分量；P_x^i、P_z^i 分别为节点 i 在 x 轴和 z 轴方向的等效节点力；x_i、z_i 分别为节点 i 在 x 轴和 z 轴方向上的坐标值；a_1、a_2、b_1、b_2 为系数，$u_i = R_i - R_0$；R_0；R_i；u_i。

节点的应力值采用绕节点平均法计算，即：围绕该节点的各单元的应力的平均值，并假定各节点间的应力呈线性分布，之后将开挖边界上各节点应力方向反转，将其视为释放荷载。此时节点应力值计算如下：

$$\sigma_i = \frac{1}{m}\sum_{e=1}^{m} \sigma_i^e \tag{6-42}$$

式中：σ_i 为节点 i 平均应力值；m 为围绕该节点的单元总数。

计算节点应力平均值时，引入面积加权系数，则(6－42)变成：

$$\sigma_i = \frac{\frac{1}{m}\sum_{e=1}^{m}\sigma_i^e}{\sum_{e=1}^{m}A_e} \tag{6-43}$$

式中：t_0 为任意单元 e 的面积，其余符号同上。

用这种方法计算等效节点力时，计算公式仍为式(6－40)、式(6－41)。

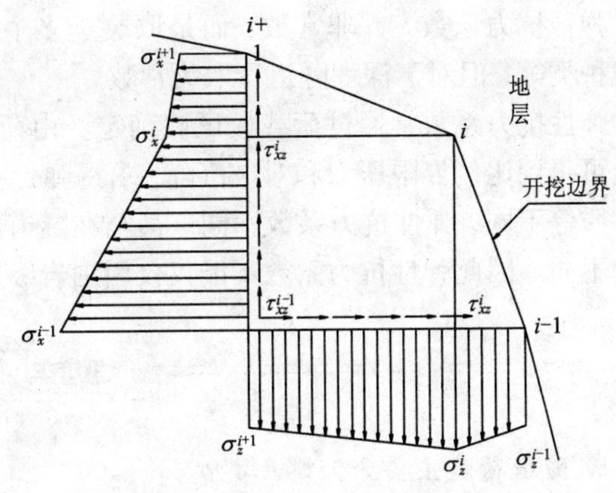

图 6－10　等效节点力示意图

6.3　地层弹性抗力

19 世纪后期，随着混凝土和钢筋混凝土材料在地下工程中的应用，地下结构的整体性稳定性有了很大的改善，此后地下结构开始按弹性连续拱形框架计算结构内力，作用在结构上的荷载是主动的地层压力，结构在地层压力下产生变形，地层反过来对结构产生约束，即对结构产生弹性抗力，限制衬砌变形，改善衬砌受力状态，提高衬砌结构承载力。

弹性抗力的计算主要有两种理论：整体变形理论和局部变形理论，如图 6－11 和图 6－12 所示。

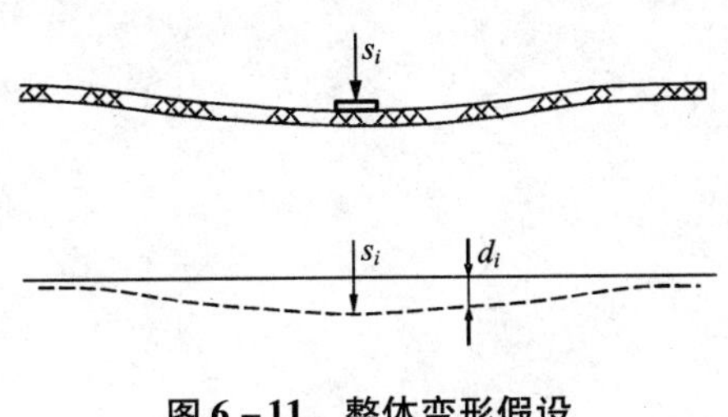

图 6－11　整体变形假设

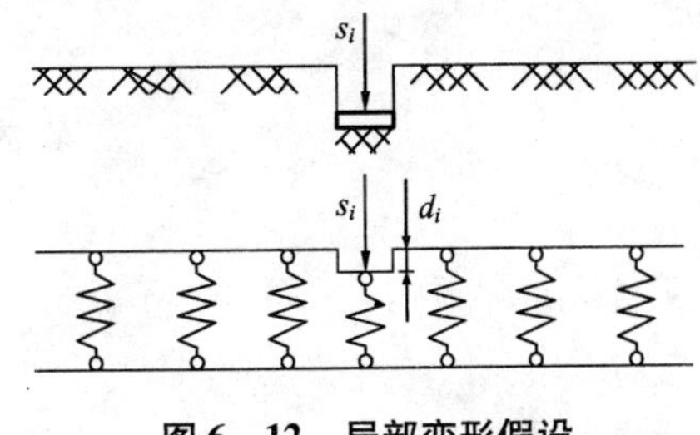

图 6－12　局部变形假设

整体变形理论是把围岩看作弹性半无限体，考虑了相邻质点间的相互影响。该理论更能体现围岩的实际变形特点，但是需要的围岩物理力学参数较多，计算较烦琐，且计算模型需假定施工对围岩不产生扰动，与实际情况也不完全相同，因此较少采用。

局部变形理论以温克尔(Winkler)假定为基础，将围岩简化为一组彼此独立的弹簧(弹性支撑)，每个弹簧表示一个小岩柱，某一弹簧受到压缩时所产生的反作用力只与自身压缩量成正比，而与其他弹簧无关。该理论计算简单适用，可以满足工程设计的需要，设计时较多采用。

局部变形理论认为围岩的弹性抗力与围岩在该点的变形成正比，即：

$$\sigma_i = k\delta_i \tag{6-44}$$

式中：δ_i 为围岩表面上任意一点的压缩变形，m；σ_i 为围岩在同一点上所产生的弹性抗力，

MPa；k 为围岩的弹性抗力系数，MPa/m。

弹性抗力系数 k 并非常数，而是取决于多个因素，如围岩的性质、衬砌的形状和尺寸、荷载种类等，但对于深埋隧道可取为常数。

弹性抗力系数常通过荷载板试验确定。由荷载板试验的压力和沉降关系曲线，即 $p-s$ 曲线可得到比例界限压力和对应沉降，求得弹性抗力系数。围岩等级相同，隧道的埋深、围岩性质等不同，弹性抗力系数不同。甚至在隧道的同一断面，竖直向和水平向的弹性抗力系数也不同。因此弹性抗力系数不能仅仅用围岩级别确定，关键还是要做现场试验。

思考与练习

1. 隧道荷载主要分为哪几类？
2. 简述隧道围岩压力的定义、分类及主要的确定方法。
3. 影响隧道围岩压力的因素有哪些？它们有什么特点？
4. 深、浅埋隧道有何差异？各自有什么特点？计算方法有什么不同？
5. 简述松动压力和形变压力的计算方法。
6. 简述地层弹性抗力概念及常用算法的特点。

第 7 章

隧道支护结构设计计算方法

隧道工程建筑物埋置于地层中，受力和变形与围岩紧密相关，支护结构与围岩作为整体相互约束，一起发挥作用。这种共同作用也是其与地面结构的主要区别，所以支护结构设计需要解决的核心问题就是如何反映支护结构与围岩相互作用的力学特征。

7.1　隧道设计计算理论的发展

确定围岩在地下结构上的作用(荷载)及其承载能力是支护结构理论要研究的重要问题。一般来说，支护结构计算理论大致有三个阶段，两类代表性的计算模型。阶段划分有：刚性结构阶段、弹性结构阶段、弹性介质阶段。计算模型有结构力学模型(又称结构－荷载模型)、岩体力学模型(又称地层－结构模型)。

早期的地下建筑物主要为砖石砌筑的拱形圬工结构，抗拉、抗剪强度低，且存在很多的接触缝，容易断裂。需拟定较大的截面来维护结构稳定，使得结构变形很小，因而将结构视为刚性结构的压力线理论最早出现。

19 世纪后期，随着混凝土和钢筋混凝土材料广泛用于地下工程的建造，地下结构的整体性稳定性有了很大的改善。地下结构按弹性连续拱形框架考虑，然后用超静定结构力学的方法进行计算，即弹性结构阶段，其又包括假定弹性抗力及弹性地基梁两个阶段。

随着岩体力学及现代隧道施工技术的发展，人们逐渐认识到地下结构与地层是一个受力整体，弹性介质理论计算结构内力也慢慢发展起来。这种方法的重要特征是把支护结构和岩体看成统一的力学体系来考虑，而它们之间的相互作用受很多因素影响，比如围岩的特性、支护结构的特性、支护结构与围岩的接触条件、施工技术的影响等。

刚性结构阶段采用的计算理论为压力线理论，不考虑围岩自身的承载能力，认为作用在支护结构上的压力仅仅是上覆层的重力，计算偏保守，会造成材料的浪费，已经不能适应时代发展需求。弹性结构及弹性介质阶段，采用的松弛荷载理论及岩承理论分别有各自的优缺点，目前隧道与地下工程中均有采用，二者特点对比分析如表 7－1 所示。

需要指出，上文所述的设计理论的发展阶段是人为划分的，各个理论的发展有一定内在联系，相互促进相辅相成，比如弹性结构阶段结构力学模型发展的同时，弹性介质阶段的岩体力学模型也在发展。当前的隧道与地下工程设计中，两大计算模型(理论体系)是并存的。尽管岩承理论在理论发展上更加科学，但在当前的历史时期，松弛荷载理论仍有其可用的条件。

目前，隧道工程主要使用的工程类比设计法，也正向着定量化、精确化和科学化方向发展。另外，在地下工程支护结构设计中应用可靠度理论、推行概率极限状态设计研究也取得了重大进展。计算方法研究方面，包括随机有限元、随机块体理论和随机边界元法在内的一系列新的理论分析方法近年来也有了很大进展。从发展趋势看，新奥法中的理论－经验－量测结合的信息化设计是未来地下工程支护结构设计理论的发展方向。

表7－1　两阶段的计算模型(理论体系)比较

		结构力学模型(松弛荷载理论)	岩体力学模型(岩承理论)
认识		围岩具有一定的承载能力，但极有可能因松弛的发展而导致失稳，对支护结构产生荷载作用，即视围岩为荷载的来源	围岩虽然可能产生松弛破坏而致失稳，但在松弛的过程中围岩仍有一定的承载能力，对其承载能力不仅要尽可能地利用，而且应当保护和增强，即视围岩为承载的主体，具有三位一体特性①
力学原理		土力学，视围岩为散粒体，计算其对支撑结构产生的荷载大小和分布； 结构力学，视支撑和衬砌为承载结构，检算其内力并使之合理； 建立的是“荷载－结构”力学体系，以最不利荷载组合作为结构设计荷载	弹塑性力学及岩体力学，视围岩为应力岩体，分析计算应力－应变状态及变化过程，并视支护为应力岩体的边界条件，起控制围岩的应力－应变作用，检验作用的效果并使之优化； 建立的是“围岩－支护”力学体系，以实际的应力－应变状态作为支护的设计状态
支护阻力		围岩变形过大，松动坍塌所产生的松动压力	支护与围岩共同作用，共同变形所产生的接触形变压力
理论分析	理论要点	①计算时通过围岩弹性抗力间接考虑围岩的承载能力； ②开挖隧道后，围岩产生松弛是必然的，但产生坍塌是偶然的，故应准确判断各类围岩产生坍塌的可能性大小； ③即使围岩不产生坍塌，但松弛同样向支护结构施加荷载，故应准确确定荷载的大小、分布； ④为保证围岩稳定，应根据荷载的大小和分布，设计临时支撑和永久衬砌作为承载结构，并使结构受力合理； ⑤尽管承载结构是按最不利荷载组合来设计的，但施工时应尽量避免松弛的发展和坍塌的产生	①计算时将支护结构与围岩视为一体，直接考虑围岩的承载作用； ②围岩是主要的承载部分，故在施工中应尽可能地保护围岩，减少扰动； ③初期支护和永久衬砌仅对围岩起约束作用，它应既允许围岩产生有限变形，以发挥其承载能力，又阻止围岩变形过度而失稳，故初期支护宜采用薄壁柔性结构； ④围岩的应力－应变动态预示着它是否能进入稳定状态，因此以量测作为手段掌握围岩动态进行施工监控和修改设计，以便适时提供适当支护，并先柔后刚，按需提供； ⑤整体失稳通常是由局部破坏发展所致，故支护结构应尽早封闭，全面约束围岩，尤其是围岩破碎软弱时，应及时修仰拱，使支护和围岩共同构成一个封闭的承载环
	优缺点	优点：理论简单，概念清晰，便于计算； 缺点：围岩荷载、弹性抗力大小及分布难以准确获得	优点：理论更加先进，认识更加正确； 缺点：连续介质力学理论建立地下结构解析方法求解相当困难、数值求解围岩应力释放的时空效应难以准确获得

注①：围岩的三位一体特性是指围岩既是产生围岩压力的原因，又是承受这个压力的承载结构，且是构成这个结构的天然材料。

7.2　结构力学法

7.2.1　隧道工程的受力特点

①地面结构施工多为加荷过程，荷载比较明确，且量级不大。与之不同，隧道工程是在自然状态下地层中开挖的，施工是卸荷过程。地质环境对支护结构设计影响显著，一方面，围岩形成的荷载取决于地应力，难以准确测试；另一方面，围岩物理力学参数需通过现场测试，不仅难度较大，而且不同地段测得的参数区别很大。正确描述和模拟场地的地质环境，是进行隧道工程设计的前提。

②围岩既是荷载的主要来源，也是承载的主体，与支护结构形成统一的受力体系相互约束，共同作用。充分发挥围岩自身的承载力，是隧道支护结构设计的根本出发点。

③作用在支护结构上的荷载受施工方法的影响。隧道的开挖方法、支护结构的类型及施作时机不同，围岩压力显现的性态也不同。

④隧道工程支护结构安全与否，要同时考虑支护结构能否承载以及围岩是否失稳两方面。其中支护结构的承载力可由支护材料强度来判断，而围岩是否失稳至今却还没有很好的判断准则。

7.2.2　结构力学法基本原理

结构力学法又称荷载 - 结构法，是将支护和围岩分开考虑，支护结构是承载主体，围岩作为荷载主要来源，同时考虑其对支护结构的变形起约束作用，采用结构力学的方法计算衬砌在荷载作用下的内力和变形。

根据对作用在支护结构上荷载处理方法的不同，结构力学法有以下几种模式。

(1) 主动荷载模式

不考虑围岩与支护结构的相互作用，支护结构在主动荷载作用下可以自由变形，如图 7 - 1(a)所示。它主要适用于约束衬砌变形能力较差或者没有约束能力的情况，如采用明挖法施工的城市地铁及明洞工程。

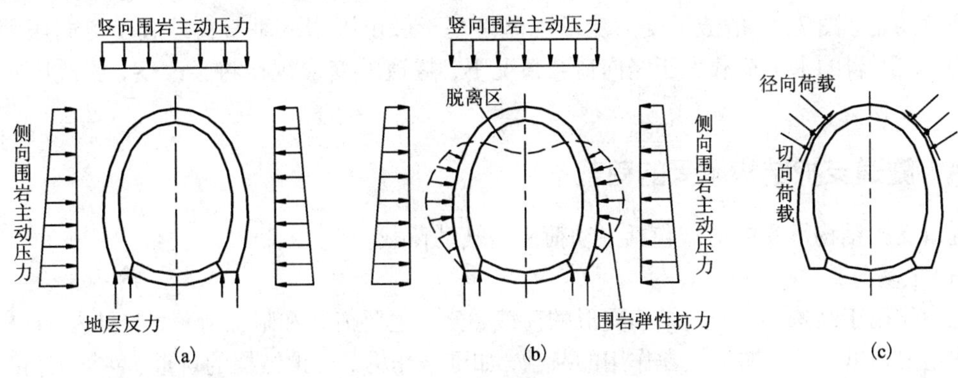

图 7 - 1　荷载 - 结构模式

(2)主动荷载加被动荷载(弹性抗力)模式

围岩不仅对支护结构施加主动荷载，而且由于围岩与支护结构的相互作用，还对支护结构施加约束反力，支护结构在荷载和约束反力共同作用下工作，如图7－1(b)所示。该种模式基本能反映出支护结构的实际受力状况，适用于各种类型的围岩，只是不同级别围岩的弹性抗力不同。

(3)实际荷载模式

采用量测仪器实地量测作用在支护结构上的荷载值，并作为荷载施加于待分析的结构上，如图7－1(c)所示。实地量测的荷载综合体现了围岩与支护结构的相互作用，更为真实。在支护结构与围岩接触牢固时，沿结构边缘可测得径向荷载和切向荷载。切向荷载的存在可减小荷载分布的不均匀程度，从而改善结构的受力。衬砌与围岩接触松散时，只能测到径向荷载。但是，实际量测到的荷载值，除与围岩特性有关外，还取决于支护结构的刚度以及支护结构背后回填的质量。因此，某一种实地量测的荷载，只能适用于与其相类似的情况。

7.2.3 隧道支护结构受力变形特点

围岩对衬砌变形起双重作用：围岩产生主动压力使衬砌变形，又产生被动压力阻止衬砌变形。如图7－2所示的曲墙式衬砌，在主动荷载(设围岩垂直压力大于侧向压力)作用下，拱顶变形背向地层，不受围岩的约束而自由变形，这个区域称为“脱离区”。而在两侧及底部，结构产生朝向地层的变形，并受到围岩的约束阻止其变形，因而围岩对衬砌产生了弹性抗力，这个区域称为“抗力区”。围岩与衬砌必须全面且紧密地接触是这种效应的前提条件。实际工程中，围岩与衬砌的接触状态相当复杂，受围岩性质、施工方法、衬砌类型等因素的影响，致使围岩与衬砌可能是全面接触，也可能是局部接触、面接触、点接触；有时是直接接触，有时通过回填物间接接触，有时候根本不接触。为便于计算，一般将上述复杂情况予以理想化，即假定衬砌结构与围岩全面地、紧密地接触。需要注意的是，图7－2的隧道受力变形规律是基于假定围岩的垂直荷载大于侧向压力的基础上的，在围岩的水平荷载大于竖向荷载情况下，隧道的变形规律将会改变，脱离区和弹性抗力区将互换。

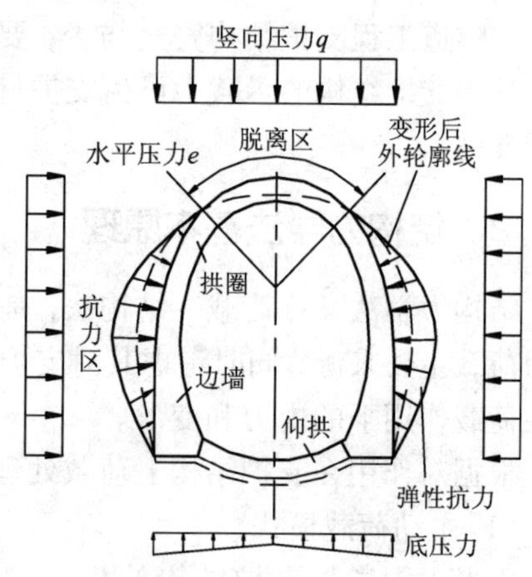

图7－2 隧道受力变形图

7.2.4 隧道支护结构承受的荷载

隧道支护结构承受的荷载包括主动荷载与被动荷载。

(1)主动荷载

主动作用于结构，并引起结构变形的荷载，分为主要荷载和附加荷载，参见表6－1。

①主要荷载：指长期及经常作用的荷载，如围岩压力、支护结构的自重、回填土荷载、地下水压力及列车、汽车活载等。其中围岩压力是最主要的，支护结构自重可按预先拟定的结构尺寸和材料容重计算确定，在含水地层中，静水压力可按最低水位考虑，这是因为静水压

力使衬砌结构物中的轴向力加大，而弯矩没有改变，对抗弯性能差而抗压性能好的混凝土衬砌结构来说，相当于改善了它的受力状态，对结构有利，按排水结构设计时可不考虑水压力的作用；但静水压力较大时，按不排水结构设计，应考虑水压力的作用。对于没有仰拱的衬砌结构，车辆活载直接传给地层，对于设有仰拱的衬砌结构，车辆活载对拱墙衬砌结构的受力影响应根据具体情况而定，一般可忽略不计。

②附加荷载：指偶然的、非经常作用的荷载，包括温差压力、灌浆压力、冻胀压力、混凝土收缩应力以及地震力等，主要是地震力。

计算荷载应根据上述两类荷载同时存在的情况进行组合。一般仅考虑主要荷载，只在某些特殊情况时，如抗震烈度Ⅵ度以上地区考虑地震荷载，或严寒地区冻胀性土壤的洞口段衬砌考虑冻胀力，对稳定性有严格要求的刚架和截面厚度大、变形受约束的结构考虑温度变化和混凝土收缩徐变的影响。这种情况才按主要荷载加附加荷载来检算结构，此时应采用较低的安全系数。

(2)被动荷载

被动荷载是指围岩的弹性抗力，即由于支护结构发生向围岩方向的变形而引起的围岩对支护结构的约束反力，产生在被衬砌压缩的围岩周边上。弹性抗力计算主要采用以温克尔(Winkler)假定为基础的局部变形理论。

7.2.5　隧道支护结构的计算方法

隧道支护结构计算的主要内容包括：采用工程类比法初步拟定断面的几何尺寸；确定作用在衬砌上的荷载及最不利荷载组合；采用结构力学方法计算构件的内力；检算最危险截面的承载力。

衬砌支护结构在主动荷载作用下产生的弹性抗力的大小和分布形态取决于衬砌支护结构的变形，而衬砌结构的变形又和弹性抗力有关，因此衬砌结构的内力计算是一个复杂的非线性问题，必须采用迭代解法或某些线性化的假定来解决。目前主要有：假定抗力图形法、弹性地基梁法和矩阵位移法。

(1)假定抗力区范围及抗力分布规律法(简称“假定抗力图形法”)

假定抗力图形法是在经过多次计算和经验积累，基本掌握了某种断面形式的衬砌在某种荷载作用下的变形规律的基础上，在遇到同类荷载作用下的同类衬砌结构时，可假定衬砌支护结构周边抗力分布的范围及抗力区各点抗力变化的图形。这样只要知道某一特定点的弹性抗力，就可求出其他各点的弹性抗力值。求出作用在衬砌结构上的荷载后，其内力计算就变成了超静定结构问题。该方法适用于曲墙式衬砌和直墙式衬砌拱圈的计算。

图 7－3 为曲墙式衬砌结构采用“假定抗力图形法”求解衬砌截面内力的典型计算图式。它是一个在主动荷载(垂直荷载大于侧向荷载)和弹性抗力共同作用下，将拱圈和边墙作为一个支撑在弹性地基上的整体无铰拱进行计算，计算中考虑墙脚位移的影响。仰拱一般是在无铰拱受力之后修建，一般不考虑仰拱对衬砌内力的影响。拱两侧的弹性抗力按二次抛物线分布，首先确定最大跨度处点 H 截面的弹性抗力值，其他各截面的弹性抗力值可通过抗力函数式求出。该方法的关键在于不但要求出结构内力，还要求出 H 点的抗力值。由温氏假定(局部变形理论)知道 H 点的抗力与该点衬砌结构变形有关，而该点变形是主动荷载和抗力共同作用的结果。假设 H 点的衬砌变形与该点的地层变形是一致的，由此可以多列出一个方程来

求解该点的抗力。

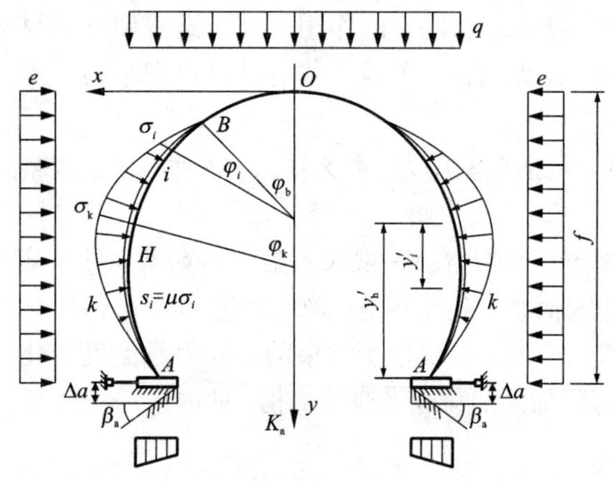

图7-3 曲墙式衬砌计算图式

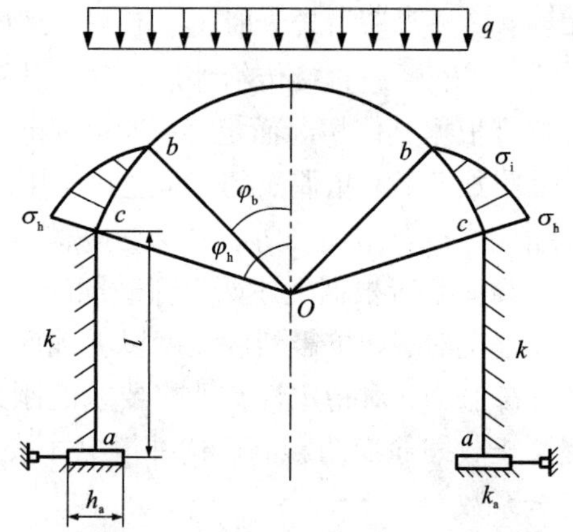

图7-4 直墙式衬砌计算示意图

(2)弹性地基梁法

弹性地基梁法是将衬砌结构看成置于弹性地基上的曲梁或直梁，基于温克尔假定的局部变形理论求解。当曲墙的曲率为常数或为直梁时，可采用初参数法求解结构内力。

一般来说直墙式衬砌的直边墙的求解适宜用此法。将直墙式衬砌的拱圈和边墙分开计算，如图7-4所示。拱圈简化为弹性固定在边墙顶上的无铰平拱，边墙为一个置于弹性地基上的直梁，并考虑边墙和拱圈之间的相互影响。计算时先根据其换算长度确定是长梁、短梁或刚性梁，然后按照初参数法来计算墙顶截面的位移及边墙各截面的内力值。

(3)矩阵位移法

矩阵位移法又叫直接刚度法，它是取衬砌结构节点的位移为基本未知量，与联结在同一节点各单元的节点位移相等(变形协调条件)，同时作用于某一节点的荷载必须与该节点上作用的各个单元的节点力相平衡(静力平衡条件)。首先找到单元节点力和单元节点位移的关系——单元刚度矩阵，之后进行整体分析，将每一个节点上有共同位移的各单元刚度矩阵元素叠加起来，建立以节点静力平衡为条件的结构刚度方程；然后，利用边界条件求解结构刚度方程，计算未知的结构各节点的位移；最后再根据变形协调条件，求得汇交于该节点各单元的单元节点位移，进而求出单元节点力——衬砌内力。

假定抗力图形法和弹性地基梁法计算较烦琐，且容易出错。矩阵位移法计算过程规范，有利于用计算机进行编程，发挥电子计算机的自动化效能，已得到广泛应用，逐渐取代以上方法。

7.2.6 矩阵位移法

(1)矩阵位移法的计算步骤

①对隧道衬砌整体结构沿其轴线进行离散，确定各分块单元的基本几何参数；选择结构坐标系和局部坐标系，将各节点和单元进行编号；并对围岩弹性抗力支撑链杆进行设置。

②把所有节点荷载沿结构坐标系分解，建立节点荷载向量和位移向量的关系式。

③利用各单元在局部坐标系中的单元刚度矩阵公式，计算局部坐标系中各单元的刚度矩阵。

④进行坐标转换，并将单元刚度矩阵按"对号入座"法则叠加到结构刚度矩阵中。

⑤引入边界约束条件，修改结构刚度矩阵，计算各节点位移；必要时对弹性支撑链杆的设置进行调整。

⑥利用杆件在结构坐标系中的单元刚度方程公式，计算结构坐标系中由节点位移产生的节点力。

(2)矩阵位移法基本结构图式

①衬砌支护结构的处理。

把衬砌沿其轴线离散化为直杆单元(梁单元)，因为这种单元能同时承受弯矩和轴力，单元的联接点称为节点。假定单元是等厚度的，取单元两端厚度的均值作为计算厚度，根据计算精度需要确定离散单元数。

对于墙基础的处理，如图7－5(a)中单元11和图7－5(b)单元12所示。边墙底端采用弹性固定加水平约束，能产生转动和垂直下沉，但不能产生水平位移(边墙底面和围岩之间摩擦力很大)。对于像图7－5(b)中拱和边墙的轴线不连续的特殊衬砌(带耳墙的明洞)或墙基需要展宽时，需添加特殊单元7－刚性单元。

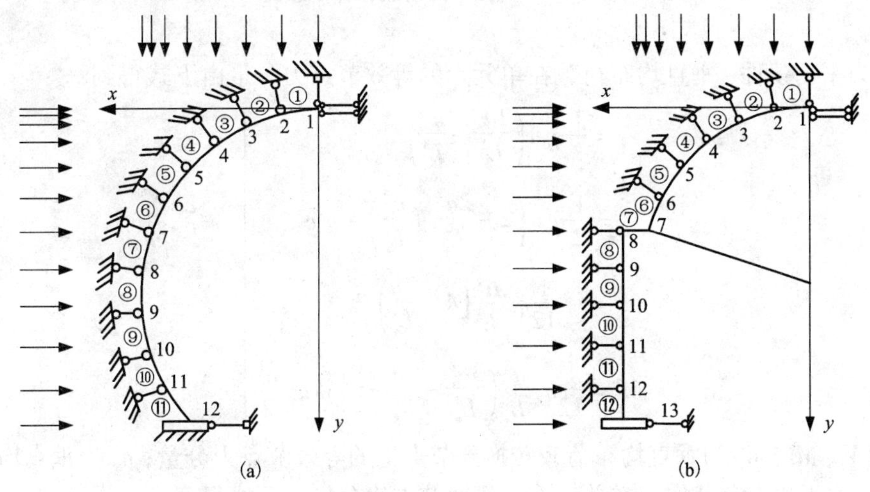

图7－5　直刚法计算图式

当结构和荷载对称时，可取半跨进行计算。在拱顶截面切开处设置两根水平链杆作为边界的约束条件，可近似反映原结构的受力状态。当结构对称而荷载不对称时，需要在拱顶截面切开处增设竖向链杆来反映原结构的约束状态。

对于曲墙衬砌设有仰拱的情况，若需考虑仰拱的作用，可将仰拱也划分为梁单元，并将仰拱、边墙、拱圈一起进行计算。

②等效节点荷载的处理。

主动荷载和结构自重并不直接作用于节点上，但计算中将它们离散化来配合衬砌的离散化，即将衬砌上所作用的分布荷载换算成等效节点荷载。

等效荷载置换的方法有两种：静力等效法和简单近似法。

ⓐ静力等效法。

按“静力等效的原则”进行，即均布荷载所做的虚功等于节点荷载所做的虚功。如图7-6所示，以某一衬砌单元为例，假定两端不等厚，由图知L在水平和垂直方向的投影：

$$L_x = L\cos\theta,\ L_y = L\sin\theta \tag{7-1}$$

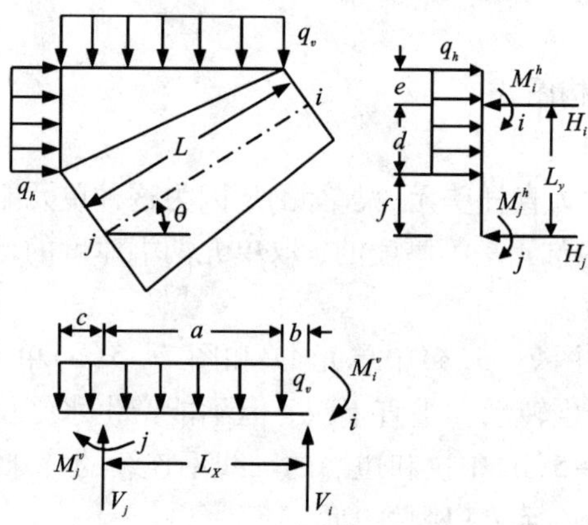

图7-6 等效节点荷载计算示意图

据静力平衡条件，垂直均布荷载在单元上的等效节点力分量由下式得到：

$$\left.\begin{aligned}
V_i &= \frac{1}{2}q_v a\left(\frac{2a^2}{L_x^2} - \frac{a^3}{L_x^3}\right)\\
V_j &= \frac{1}{2}q_v a\left(2 - \frac{2a^2}{L_x^2} + \frac{a^3}{L_x^3}\right) + q_v c\\
M_i^v &= -\frac{1}{12}q_v\,\frac{a^3}{L_x^3}\left(4 - \frac{3a}{L_x}\right)\\
M_j^v &= \frac{1}{12}q_v\,\frac{a^2}{L_x}\left(\frac{3a^2}{L_x^2} - \frac{8a}{L_x} + 6\right) - q_v\,\frac{c^2}{2}
\end{aligned}\right\} \tag{7-2}$$

式中：V_i、V_j、M_i^v、M_j^v为垂直均布荷载转换到节点上的等效节点力分量；q_v为垂直均布荷载。

同理，水平均布荷载作用在单元上的等效节点力分量由下式得到：

$$\left.\begin{aligned}
H_i &= \frac{1}{2}q_h d\left(2 - \frac{2d^2}{L_y^2} + \frac{d^3}{L_y^3}\right) + q_h e\\
H_j &= \frac{1}{2}q_h d\left(\frac{2d^2}{L_y^2} - \frac{d^3}{L_y^3}\right)\\
M_i^h &= \frac{1}{12}q_h h^2\left(\frac{3d^2}{L_y^2} - \frac{8d}{L_y} + 6\right) - q_h\,\frac{e^2}{2}\\
M_j^h &= -\frac{1}{12}q_h\,\frac{d^3}{L_y^2}(4L_y - 3d)
\end{aligned}\right\} \tag{7-3}$$

式中：H_i、H_j、M_i^h、M_j^h为水平均布荷载转换到节点上的等效节点力分量；q_h为水平均布荷载。

ⓑ简单近似法。

按简支梁分配的原则进行置换，且不计作用力改变位置时产生的力矩影响。对于分布荷载方向为竖向或水平的情况，等效节点力大小分别近似地取为节点两相邻单元水平或垂直投影长度的一半乘以衬砌计算宽度这一面积范围内的分布荷载的总和。而对于衬砌自重置换成节点等效荷载，其等效节点力可近似地取为节点两相邻单元重量的一半。此法尽管也得到了广泛的应用，但严格讲，节点力的置换应按静力等效的原则进行。

③围岩弹性抗力的处理。

隧道围岩弹性抗力的分布规律和大小与衬砌的形状、尺寸、刚度、围岩的力学性质有关，是非线性问题，所以必须先简化处理弹性抗力。

简化方法是把弹性抗力作用范围内的连续围岩，离散为若干条彼此互不相关的矩形岩柱。矩形岩柱的一个边长是衬砌的纵向计算宽度，通常取为单位长度，另一个边长是两相邻的衬砌单元的长度之和的一半，因岩柱的深度与传递轴力无关，故不予考虑。为了便于计算，以弹簧支撑模拟围岩弹性抗力，即在每个节点上设置一根弹性链杆来代替岩柱，并让它以铰接的方式支撑在衬砌单元之间的节点上，链杆的弹性特性即为围岩的弹性特性。

当衬砌与围岩黏结非常牢固，即它们之间不仅能传递法向力而且还能传递剪切力时，则在法向和切向各设置一个弹性支撑，分别代替围岩的法向约束和切向约束，如图7－7(a)所示。若衬砌与围岩之间没有足够的黏结力，此时两者之间不能传递法向拉力和剪切力，而只能传递法向压力，在忽略衬砌与围岩间摩擦时，弹性链杆可沿衬砌轴线的法向设置，如图7－7(b)所示。若考虑摩擦影响，弹性链杆将偏离衬砌轴线的法向一个摩擦角 φ，如图7－7(c)所示。为简化计算，也可将弹性链杆由法向设置改为水平设置，如图7－7(d)所示。

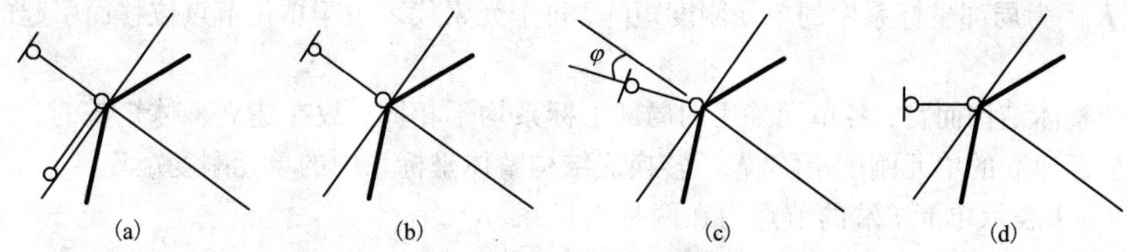

图7－7　围岩弹性抗力链杆设置示意图

(3)单元刚度矩阵的计算

①衬砌单元刚度矩阵(简称衬砌单刚)。

从图7－5中任取一单元，建立如图7－8所示的局部坐标系。规定杆轴的 $\bar{x}$ 方向为正方向，杆轴逆时针转90°后的方向为 $\bar{y}$ 轴的正方向。

图中单元节点位移和节点力写成如下矩阵形式(局部坐标系下)：

单元节点位移：$\{\bar{\delta}\}^e=[\bar{\boldsymbol{\delta}}_i\quad \bar{\boldsymbol{\delta}}_j]^T=[\bar{\boldsymbol{u}}_i\quad \bar{\boldsymbol{v}}_i\quad \bar{\boldsymbol{\varphi}}_i\quad \bar{\boldsymbol{u}}_j\quad \bar{\boldsymbol{v}}_j\quad \bar{\boldsymbol{\varphi}}_j]^T$

单元节点力：$\{\bar{S}\}^e=[\bar{\boldsymbol{S}}_i\quad \bar{\boldsymbol{S}}_j]^T=[\bar{\boldsymbol{N}}_i\quad \bar{\boldsymbol{Q}}_i\quad \bar{\boldsymbol{M}}_i\quad \bar{\boldsymbol{N}}_j\quad \bar{\boldsymbol{Q}}_j\quad \bar{\boldsymbol{M}}_j]^T$

式中：$\bar{u}_i$、$\bar{v}_i$、$\bar{\varphi}_i$、$\bar{u}_j$、$\bar{v}_j$、$\bar{\varphi}_j$ 分别表示 i、j 节点的轴向位移、横向位移、转角位移；$\bar{N}_i$、$\bar{Q}_i$、$\bar{M}_i$、$\bar{N}_j$、$\bar{Q}_j$、$\bar{M}_j$ 分别表示 i、j 节点的轴力、剪力、弯矩。

局部坐标系$(\bar{x},\ \bar{y})$中直梁单元的刚度方程为：

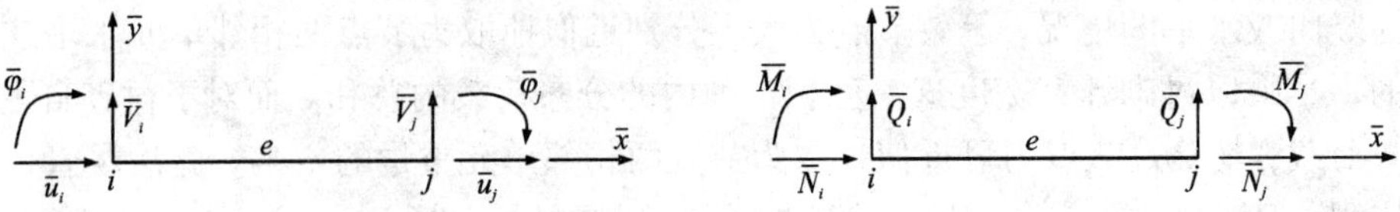

图 7－8　局部坐标系下节点位移和节点力

$$\begin{Bmatrix} \overline{N}_i \\ \overline{Q}_i \\ \overline{M}_i \\ \overline{N}_j \\ \overline{Q}_j \\ \overline{M}_j \end{Bmatrix} = \begin{bmatrix} \frac{EA}{l} & 0 & 0 & -\frac{EA}{l} & 0 & 0 \\ 0 & \frac{12EI}{l^3} & \frac{6EI}{l^2} & 0 & -\frac{12EI}{l^3} & \frac{6EI}{l^2} \\ 0 & \frac{6EI}{l^2} & \frac{4EI}{l} & 0 & -\frac{6EI}{l^2} & \frac{2EI}{l} \\ -\frac{EA}{l} & 0 & 0 & \frac{EA}{l} & 0 & 0 \\ 0 & -\frac{12EI}{l^3} & -\frac{6EI}{l^2} & 0 & \frac{12EI}{l^3} & -\frac{6EI}{l^2} \\ 0 & \frac{6EI}{l^2} & \frac{2EI}{l} & 0 & -\frac{6EI}{l^2} & \frac{4EI}{l} \end{bmatrix} \begin{Bmatrix} \overline{u}_i \\ \overline{v}_i \\ \overline{\varphi}_i \\ \overline{u}_j \\ \overline{v}_j \\ \overline{\varphi}_j \end{Bmatrix} \tag{7-4}$$

式中：l 为梁单元的长度；A 为梁单元的面积；I 为梁的惯性矩；E 为梁的弹性模量。

上式缩写成：

$$\{\overline{S}\}^e = [\overline{K}]^e \{\overline{\delta}\}^e \tag{7-5}$$

式中：$[\overline{K}]^e$ 为局部坐标系中的单元刚度矩阵，每个元素代表由于单位节点位移而引起的节点力。

对于整体结构而言，各单元采用的局部坐标系均不相同，故在建立整体矩阵时，需要将按局部坐标建立的单元刚度矩阵 $[\overline{K}]^e$ 转换成结构整体坐标系中的单元刚度矩阵。

图 7－9 表示单元 i 端的节点力在两种坐标系中的分量，由图可得：

$$\left.\begin{aligned} \overline{N}_i &= N_i\cos\alpha + Q_i\sin\alpha \\ \overline{Q}_i &= -N_i\sin\alpha + Q_i\cos\alpha \end{aligned}\right\} \tag{7-6}$$

在两种坐标系中，弯矩都作用在同一平面，是垂直于坐标平面的矢量，坐标变换对弯矩无影响，即：

$$\overline{M}_i = M_i \tag{7-7}$$

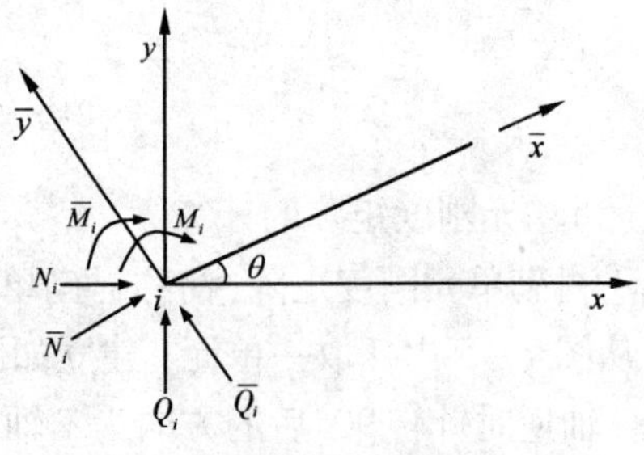

同理，对单元 j 端的节点力也可得出类似的关系式。

图 7－9　局部与整体坐标系转换

两种坐标系中单元节点力的转换采用矩阵形式表达：

$$\begin{Bmatrix} \overline{N_i} \\ \overline{Q_i} \\ \overline{M_i} \\ \overline{N_j} \\ \overline{Q_j} \\ \overline{M_j} \end{Bmatrix} = \begin{bmatrix} \cos\alpha & \sin\alpha & 0 & 0 & 0 & 0 \\ -\sin\alpha & \cos\alpha & 0 & 0 & 0 & 0 \\ 0 & 0 & 1 & 0 & 0 & 0 \\ 0 & 0 & 0 & \cos\alpha & \sin\alpha & 0 \\ 0 & 0 & 0 & -\sin\alpha & \cos\alpha & 0 \\ 0 & 0 & 0 & 0 & 0 & 1 \end{bmatrix} \begin{Bmatrix} N_i \\ Q_i \\ M_i \\ N_j \\ Q_j \\ M_j \end{Bmatrix} \tag{7-8}$$

式中：α 为局部坐标系与整体坐标系之间的夹角。

上式缩写成：

$$\{\overline{S}\}^e = [\boldsymbol{T}]\{S\}^e \tag{7-9}$$

式中：$[\boldsymbol{T}]$为坐标转换矩阵。

显然，节点力之间的这种转换关系，对节点位移同样适用，因此有：

$$\{\overline{\delta}\}^e = [\boldsymbol{T}]\{\delta\}^e \tag{7-10}$$

由上得出结构整体坐标系中的单元刚度矩阵如下：

$$[\boldsymbol{K}]^e = [\boldsymbol{T}]^T[\overline{\boldsymbol{K}}]^e[\boldsymbol{T}] \tag{7-11}$$

在整体坐标系中单元刚度方程为：

$$\{S\}^e = [\boldsymbol{K}]^e\{\delta\}^e \tag{7-12}$$

②弹性支撑链杆单元刚度矩阵(简称抗力单刚)。

弹性链杆单元如图7-10所示，将弹性支撑链杆按水平方向设置时，总体坐标系与局部坐标系一致。根据温氏假定，其抗力与水平方向位移之间的关系为：

$$R_{ix} = (k_i b s_i)u_i \tag{7-13}$$

式中：k_i 为弹性支撑所在处围岩的弹性抗力系数；b 为隧道计算宽度，一般取 1 m；s_i 为竖直投影长度，$s_i = \frac{1}{2}(l_i\sin\alpha_i + l_{i+1}\sin\alpha_{i+1})$；$u_i$ 为衬砌变形后支撑链杆的压缩位移；R_{ix}为围岩对衬砌的弹性抗力；$k_i b s_i$ 为支撑单元链杆相对于总体坐标系的刚度矩阵。

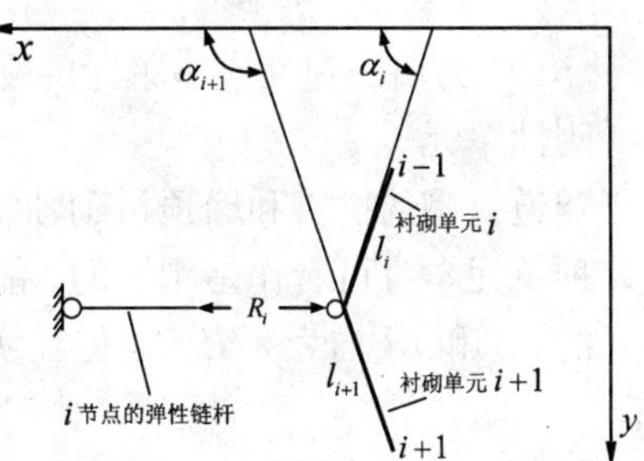

图7-10 弹性链杆单元示意图

写成矩阵形式为：

$$\{R_i\}^e = [\boldsymbol{K}_R]^e\{\Delta_i\}^e \tag{7-14}$$

③墙角弹性支座单元刚度矩阵。

墙角弹性支座单元如图7-11所示，沿线路方向取隧道计算宽度为 b，墙底宽度为 B，沿墙底分布的弹性抗力 σ_x，则墙底承受的弯矩为：

$$M_B = \int_{-\frac{B}{2}}^{\frac{B}{2}} \sigma_x x b \mathrm{d}x \tag{7-15}$$

根据温克尔假定，考虑到墙底变形微小，故有 $\Delta y = x \cdot \tan\varphi_B = x\varphi_B$，即

$$\sigma_x = \Delta y \cdot k_B^n = x\varphi_B k_B^n \tag{7-16}$$

解得：

$$M_B = \frac{1}{12}B^3 b\varphi_B k_B^n \quad (7-17)$$

墙底的剪力和轴力分别为：

$$Q_B = Bbk_B^t v_B \quad N_B = Bbk_B^n u_B \quad (7-18)$$

式中，u_B、v_B 分别为由轴向力和切向力引起的墙底垂直和水平方向的位移；φ_B 为由弯矩引起的墙底转角位移；k_B^t 为墙底围岩的切向弹性抗力系数，由于横向位移不考虑，可取为一个任意大值；k_B^n 为墙底围岩的法向弹性抗力系数，通常取围岩侧向弹性抗力系数的 1.2 倍。

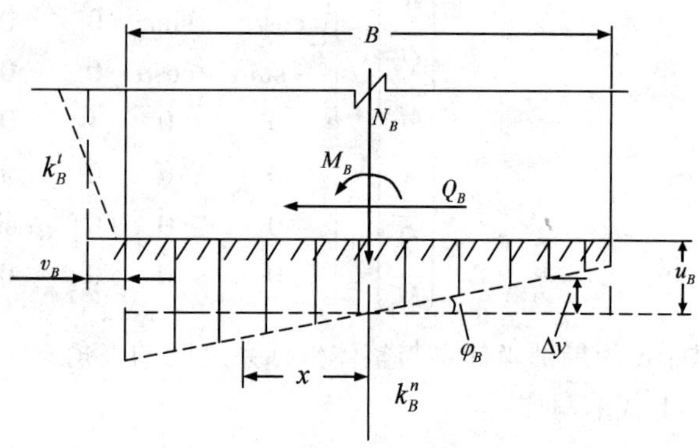

图 7-11　墙角弹性支座单元示意图

墙脚弹性支座单元的局部坐标系与总体坐标系一致，根据墙底的变形协调条件可得总体坐标系下墙脚弹性支座单元的位移与反力的关系：

$$\begin{bmatrix} \boldsymbol{N}_B \\ \boldsymbol{Q}_B \\ \boldsymbol{M}_B \end{bmatrix} = \begin{bmatrix} \boldsymbol{k}_B^n\boldsymbol{bB} & 0 & 0 \\ 0 & \boldsymbol{k}_B^t\boldsymbol{bB} & 0 \\ 0 & 0 & \boldsymbol{k}_B^n\boldsymbol{bB}^3/12 \end{bmatrix} \begin{bmatrix} \boldsymbol{u}_B \\ \boldsymbol{v}_B \\ \boldsymbol{\varphi}_B \end{bmatrix} \quad (7-19)$$

矩阵可缩写成：

$$\{S_B\}^e = [\boldsymbol{K}_B]^e\{\boldsymbol{\Delta}_B\}^e \quad (7-20)$$

式中：$[\boldsymbol{K}_B]^e$ 为墙底弹性支座单元的刚度矩阵。

④刚性单元。

当隧道衬砌的拱脚和墙顶衬砌轴线不连续或者墙底需要展宽基础时，需添加刚性单元连接。该种单元本身可看作是刚性的，能承受部分垂直荷载和水平荷载的作用。虽然从理论上讲单元的 *EA* 和 *EI* 均为无穷大，但在实际运算中，通常刚性单元的刚度取为普通单元刚度的 30 倍。

(4)结构刚度方程的建立

①结构刚度方程的形成。

对结构每个节点建立静力平衡方程式，将所有节点的平衡方程式集合在一起就是结构的刚度方程。

在结构节点 i 处作用有节点荷载，按总体坐标系考虑，可以写成 $\{P_i\}$，衬砌单元 i 和 $i+1$ 所提供的单元节点力 $\{S_i^i\}$ 和 $\{S_i^{i+1}\}$，它们是由于结构节点 $i-1$、i 和 $i+1$ 发生了位移 $\{\delta_{i-1}\}$、$\{\delta_i\}$ 和 $\{\delta_{i+1}\}$ 所引起的。根据变形协调条件，结构节点位移应等于单元节点位移，因此有：

$$\{S_i^i\} = [\boldsymbol{K}_{i,\,i-1}^i]\{\delta_{i-1}\} + [\boldsymbol{K}_{i,\,j}^i]\{\delta_i\}$$

$$\{S_i^{i+1}\} = [\boldsymbol{K}_{i,\,j}^{i+1}]\{\delta_i\} + [\boldsymbol{K}_{i,\,j+1}^{i+1}]\{\delta_{i+1}\}$$

第 i 号弹性支撑单元所提供的反力，由式(7-13)可知有：

$$\begin{Bmatrix} R_{ix} \\ R_{iy} \\ M_i^R \end{Bmatrix} = \begin{bmatrix} \boldsymbol{k}_i\boldsymbol{bs}_i & 0 & 0 \\ 0 & 0 & 0 \\ 0 & 0 & 0 \end{bmatrix} \begin{Bmatrix} u_i \\ v_i \\ \varphi_i \end{Bmatrix} \quad (7-21)$$

由静力平衡条件$\sum X_i=0$，$\sum Y_i=0$，$\sum M_i=0$得：

$$\{P_i\}=\{S_i^i\}+\{S_i^{i+1}\}+R_{ix}=[\boldsymbol{K}_{i,i-1}^i]\{\delta_{i-1}\}+([\boldsymbol{K}_{i,i}^i]+[\boldsymbol{K}_{i,i}^{i+1}]+[\boldsymbol{K}_i]_R)\{\delta_i\}+[\boldsymbol{K}_{i,i+1}^{i+1}]\{\delta_{i+1}\} \tag{7-22}$$

由$i=0\sim n$个节点的平衡条件得到$(n+1)$个方程式，集合后得到的结构刚度方程如下：

$$\begin{Bmatrix} P_0 \\ P_1 \\ P_2 \\ P_3 \\ \vdots \\ \vdots \\ P_{n-1} \\ P_n \end{Bmatrix}=\begin{bmatrix} \boldsymbol{K}_{00} & [\boldsymbol{K}_{01}^1] & & & & & \\ [\boldsymbol{K}_{10}^1] & \boldsymbol{K}_{11} & [\boldsymbol{K}_{12}^2] & & & & \\ & [\boldsymbol{K}_{21}^2] & \boldsymbol{K}_{22} & [\boldsymbol{K}_{23}^3] & & & \\ & & [\boldsymbol{K}_{32}^3] & \boldsymbol{K}_{33} & [\boldsymbol{K}_{34}^4] & & \\ & & & \ddots & \ddots & \ddots & \\ & & & & \ddots & \ddots & \ddots \\ & & & & [\boldsymbol{K}_{n-1,n-2}^{n-1}] & \boldsymbol{K}_{n-1,n-1} & [\boldsymbol{K}_{n-1,n}^n] \\ & & & & & [\boldsymbol{K}_{n,n-1}^n] & \boldsymbol{K}_{n,n} \end{bmatrix}\begin{Bmatrix} \delta_0 \\ \delta_1 \\ \delta_2 \\ \delta_3 \\ \vdots \\ \vdots \\ \delta_{n-1} \\ \delta_n \end{Bmatrix} \tag{7-23}$$

缩写成：

$$\{p\}=[\boldsymbol{k}]\{\delta\} \tag{7-24}$$

式中：$K_{00}=[\boldsymbol{K}_{00}^1]+[\boldsymbol{K}_0^0]_R K_{11}=[\boldsymbol{K}_{11}^1]+[\boldsymbol{K}_{11}^2]+[\boldsymbol{K}_1^1]_R$；…；

$K_{n-1,n-1}=[\boldsymbol{K}_{n-1,n-1}^{n-1}]+[K_{n-1,n-1}^n]+[K_{n-1}^{n-1}]_R$；$K_{n,n}=[\boldsymbol{K}_{n,n}^n]+[\boldsymbol{K}_n]a$

$[\boldsymbol{K}_i^i]_R$——第i个弹性支撑的刚度矩阵；

$[\boldsymbol{K}_n]_a$——墙脚弹性支座的刚度矩阵。

②结构刚度矩阵的特点。

结构刚度矩阵是一个对称矩阵。利用对称性，可以只存贮矩阵的上三角部分或下三角部分，这样既可以节省近一半的计算机存贮容量，又可以减少运算时间。另外，利用这一性质还可以校对结构刚度矩阵的正确性。

结构刚度矩阵是一个高度稀疏矩阵。矩阵内大多数元素为零，非零元素的个数一般只占元素总数的5%左右，并且都集中在主对角线周围的一个狭窄的带内。

结构刚度矩阵的奇异性。用直接刚度法按所有节点都可能产生位移建立起来的结构刚度矩阵是奇异矩阵，也即矩阵的行列式等于零，不存在逆矩阵。这是因为若只给定节点力，则节点位移并不能唯一确定，此时单元两端没有支撑，除了杆体本身产生弯曲和轴向变形外，还可产生任意的刚体位移。所以在求解结构刚度方程时，必须有足够的边界约束条件以限制结构的刚体位移，才能使方程得到唯一解。

(5)未知节点位移的求解

直接刚度法建立了结构刚度方程式(7-24)，引入必要的边界条件，即可对其进行求解。求解刚度方程就是求解线性方程组，求解线性方程组的方法很多，比如高斯消去法、迭代法等，具体可参考有关书籍。

(6)计算衬砌内力

求出结构节点位移后，根据变形协调条件(结构节点位移与汇交于此节点的单元节点位移相等)，从结构节点位移列阵$\{\delta\}$中，即可找出各单元的节点位移，即：

$$\{\delta_i\}^e = \{\delta_i\} \tag{7-25}$$

另外由单元刚度方程$\{\bar{S}\}^e = [\bar{\boldsymbol{K}}]^e \{\bar{\delta}\}^e$和坐标转换矩阵$[T]$，就可求出对应于单元局部坐标的单元节点力：

$$\{\bar{S}\}^e = [\bar{\boldsymbol{K}}]^e [T] \{\delta\}^e = [\boldsymbol{B}] \{\delta\}^e \tag{7-26}$$

式中：$[\boldsymbol{B}] = [\bar{\boldsymbol{K}}]^e [T]$称为应力矩阵。

需要指出，按上式所求得的是各单元端点的节点力。而前面已经提到衬砌内力是指衬砌节点上的轴力、弯矩和剪力。对于作用有节点外荷载的节点来说，汇交于该节点的各衬砌单元的节点力，尤其是轴力和剪力显然各不相同，一种最简单的简化处理方法就是取上、下两个单元的平均值作为衬砌的内力。

7.2.7 衬砌截面强度检算

按荷载－结构模型进行设计时，最后要进行截面的验算，衬砌的任一截面均应通过安全检算。由衬砌支护结构内力的计算结果可得任一截面所受弯矩、轴力和剪力，其中弯矩和轴力是主要的。根据偏心受压杆件可知，轴向力偏心距：$e_0 = M/N$（图7－12）。现行铁路隧道设计规范规定隧道结构计算有两种形式，分别为“概率极限状态法”、“破损阶段法和容许应力法”，应用可靠度理论和推行概率极限状态设计方法，制定相应的结构设计标准已经成为国内外工程结构设计发展的趋势。但由于岩土工程和地下结构工程与上述不同，它们所处的环境更为复杂，其作用和抗力不甚明确。因此铁路隧道规范规定，对一般地区单线隧道整体式衬砌及洞门、单线隧道偏压衬砌及洞门、单线拱形明洞及洞门结构可采用概率极限状态法设计；其他隧道结构则要求采用破损阶段法和容许应力法。

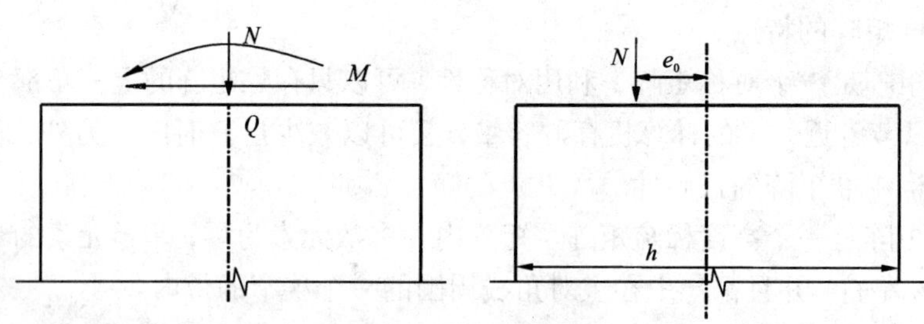

图7－12　截面内力

（1）概率极限状态法

隧道结构极限状态，包括承载能力极限状态和正常使用极限状态。按概率极限状态法进行结构设计时应根据它们各自的要求进行检算。

①承载能力极限状态的检算。

混凝土矩形截面中心及偏心受压构件，其受压承载能力应按式（7－27）检算。

$$\gamma_{sc} N_k \leqslant \varphi \alpha b h f_{ck} / \gamma_{Rc} \tag{7-27}$$

式中：N_k为轴向力标准值，MN，由各种作用标准值计算得到；γ_{sc}为混凝土衬砌构件抗压检算时作用效应分项系数，按表7－2选取；γ_{Rc}为混凝土衬砌构件抗压检算时抗力分项系数，按表7－2选取；φ为构件纵向弯曲系数，对于隧道衬砌、明洞拱圈及回填紧密的边墙，可取φ

$=1.0$；f_{ck}为混凝土衬砌轴心抗压强度标准值，MPa，按有关规范选取；b 为截面宽度，m；h 为截面高度，m；

α 为轴向力偏心影响系数，按下式计算。

$$\alpha = 1.0 + 0.648(e_0/h) - 12.569(e_0/h)^2 + 15.444(e_0/h)^3$$

表 7－2　混凝土衬砌构件抗压检算各分项系数

分项系数	单线深埋隧道	单线偏压隧道	单线明洞混凝土衬砌
作用效应分项系数 γ_{sc}	3.95	1.60	2.67
抗力分项系数 γ_{Rc}	1.85	1.83	1.35

注：偏压衬砌的分项系数仅适用于Ⅴ、Ⅵ级围岩。

②正常使用极限状态。

正常使用极限状态下，对隧道衬砌来说主要是不允许出现开裂。隧道或者明洞衬砌的混凝土矩形偏心受压构件抗裂承载力的检算公式如下：

$$\gamma_{st} N_k (6e_0 - h) \leqslant 1.75\varphi b h^2 \frac{f_{ctk}}{\gamma_{Rt}} \tag{7-28}$$

式中：γ_{st}为混凝土衬砌构件抗裂检算时的作用效应分项系数，按表 7－3 选取；γ_{Rt}为混凝土衬砌构件抗裂检算时的抗力分项系数，按表 7－3 选取；f_{ctk}为混凝土衬砌轴心抗拉强度标准值，MPa，按有关规范选取。

其他符号意义同前。

表 7－3　混凝土衬砌构件抗裂检算各分项系数

分项系数	单线深埋隧道	单线偏压隧道	单线明洞混凝土衬砌
作用效应分项系数 γ_{st}	3.10	1.40	1.52
抗力分项系数 γ_{Rt}	1.45	2.51	2.70

注：偏压衬砌的分项系数仅适用于Ⅴ、Ⅵ级围岩。

（2）破损阶段法及容许应力法

①混凝土和石砌体衬砌的抗压强度检算公式：

$$KN \leqslant \varphi \alpha R_a b h \tag{7-29}$$

式中：K 为混凝土和砌体结构安全系数，其取值见表 7－4；N 为轴向力；R_a 为混凝土或砌体的抗压极限强度，参照有关规范选取；b 为截面的宽度（通常 b 取 1 m 进行计算）；h 为截面的厚度；φ 为构件的纵向弯曲系数，对隧道衬砌拱圈及墙背紧密回填的边墙可取 $\varphi=1$；α 为轴向力偏心影响系数，其值为：$\alpha = 1 - 1.5e_0/h$；e_0 为轴向力偏心距，$e_0 = M/N$。

表 7-4 混凝土和砌体结构的强度安全系数

破坏原因 \ 圬工种类及荷载组合	混凝土		石砌体		钢筋混凝土	
	主要荷载	主要及附加荷载	主要荷载	主要及附加荷载	主要荷载	主要及附加荷载
(钢筋)混凝土或石砌体达到抗压极限强度	2.4	2.0	2.7	2.3	2.0	1.7
混凝土达到抗拉极限强度(主拉应力)	3.6	3.0	-	-	2.4	2.0

②混凝土和石砌体衬砌的抗拉强度检算公式:

$$KN \leqslant \varphi \frac{1.75R_l bh}{6e_0/h-1} \tag{7-30}$$

式中: R_l 为混凝土的抗拉极限强度。

对混凝土矩形构件,由现行《铁路隧道设计规范》规定的安全系数及材料强度数值结算结果表明:当 $e_0 \leqslant 0.2h$ 时,由抗压强度控制承载能力,而不必验算抗裂,当 $e_0 > 0.2h$ 时,由抗拉强度控制承载力,不必验算抗压。

③钢筋混凝土受弯构件抗弯强度计算。

ⓐ受压区面积为矩形时,如图 7-13(a)所示。

$$KM \leqslant R_w bx(h_0 - x/2) + R_g A_g'(h_0 - a') \tag{7-31}$$

其中,中性轴的位置 x 由下式确定:

$$R_g(A_g - A') = R_w bx$$

式中: K 为安全系数,按表 7-5 采用; M 为弯矩; R_w 为混凝土弯曲抗压极限强度, $R_w = 1.25R_a$,按表 7-6 采用; b 为矩形截面的宽度或 T 形截面的肋宽; x 为混凝土受压区的高度; h_0 为截面的有效高度; R_g 为钢筋的抗拉或抗压计算强度,见《铁路隧道设计规范》取值; A_g, A_g'为受拉和受压区钢筋的截面面积; a, a' 为自钢筋 A_g, A_g'的重心分布至截面最近边缘的距离。

表 7-5 钢筋混凝土结构的强度安全系数

荷载组合		主要荷载	主要荷载+附加荷载
破坏原因	钢筋达到计算强度或混凝土达到抗压或抗剪极限强度	2.0	1.7
	混凝土达到抗拉极限强度	2.4	2.0

表 7-6 混凝土的极限强度(MPa)

强度种类	符号	混凝土强度等级					
		C15	C20	C25	C30	C40	C50
抗压	R_a	12.0	15.5	19.0	22.5	29.5	36.5
弯曲抗压	R_w	15.0	19.4	24.2	28.1	36.9	45.6
抗拉	R_l	1.4	1.7	2.0	2.2	2.7	3.1

ⓑ受压区面积为T形时，如图7－13(b)所示。

$$KM \leqslant R_w[bx(h_0 - x/2) + 0.8(b_i' - b)h_i'(h_0 - h_i'/2)] + R_g A_g'(h_0 - a') \quad (7-32)$$

此时中性轴的位置 x 由下式确定：

$$R_g(A_g - A_g') = R_w[bx + 0.8(b_i' - b)h_i']$$

式中：b_i'为T形截面受压区翼缘计算宽度，按表7－7所列各项中的最小值采用；h_i'为T形截面受压区翼缘的高度；其余符号同上。

表7－7　T形截面受压区翼缘的计算宽度

序号	考虑情况	肋形梁	独立梁
1	按跨度 l	$l/3$	$l/3$
2	按梁肋净距 s	$b+s$	—
3	按翼缘高度 h_i'($h_i'/h_0 \geqslant 0.1$)	—	$b+12h_i'$

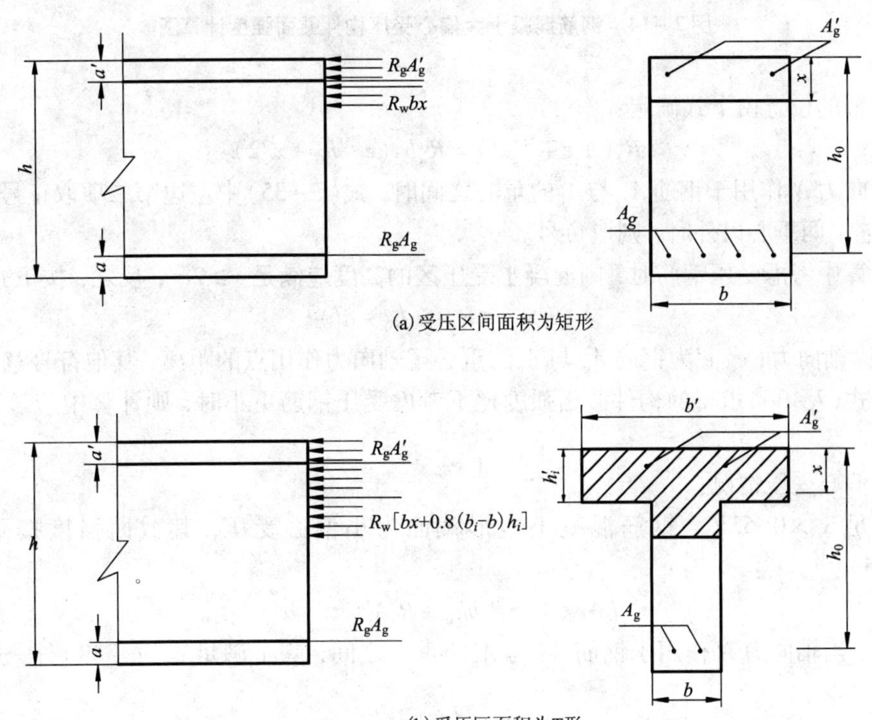

图7－13　钢筋混凝土受弯构件截面强度计算图

按式(7－31)、式(7－32)计算时，混凝土受压区的高度应该符合 $x \leqslant 0.55h_0$ 及 $x \geqslant 2a'$，且截面强度应符合 $KM \leqslant 0.5R_w bh_0^2$。但在构件中如果无受压钢筋或者计算中不考虑受压钢筋，只需符合 $x \leqslant 0.55h_0$。

④钢筋混凝土偏压构件截面强度检算。

ⓐ大偏心受压情况：

当满足 $x \leqslant 0.55h_0$ 即为大偏心受压，其截面强度按下式检算（图 7－14）：

$$KN \leqslant R_w bx + R_g(A'_g - A_g) \tag{7-33}$$

或：

$$KNe \leqslant R_w bx(h_0 - x/2) + R_g A'_g(h_0 - a') \tag{7-34}$$

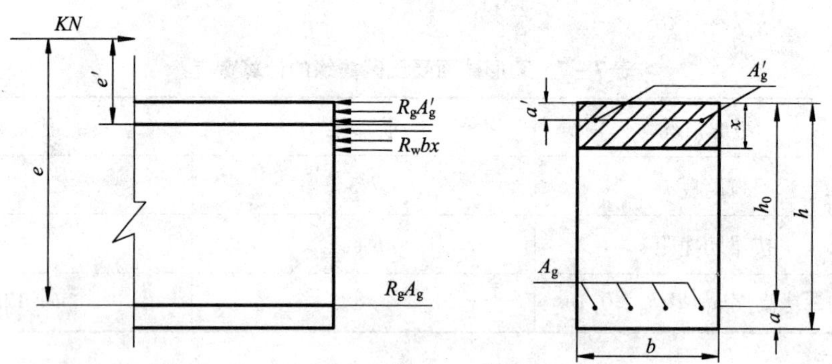

图 7－14　钢筋混凝土大偏心受压构件截面强度计算图

中性轴的位置由下式确定：

$$R_g(A_g e \mp A'_g e') = R_w bx(e - h_0 + x/2) \tag{7-35}$$

当轴向力 N 作用于钢筋 A_g 与 A'_g 的重心之间时，式（7－35）中左边第二项取正号；当 N 作用于 A_g 与 A'_g 两重心以外时，则取负号。

若计算中考虑受压钢筋时，则混凝土受压区的高度应满足 $x \geqslant 2a'$；反之，按下式计算：

$$KNe' \leqslant R_g A_g(h_0 - a') \tag{7-36}$$

式中：N 为轴向力；e、e' 为钢筋 A_g 与 A'_g 的重心至轴向力作用点的距离；其他符号意义同前。

当用式（7－36）求得的构件截面强度比不考虑受压钢筋更小时，则计算中应该不考虑受压钢筋。

ⓑ小偏心受压情况：

当满足 $x > 0.55h_0$，钢筋混凝土矩形截面为小偏心受压，其截面强度按下式计算（图 7－15）：

$$KNe \leqslant 0.5R_a bh_0^2 + R_g A'_g(h_0 - a') \tag{7-37}$$

另外，当轴向力 N 作用于钢筋 A_g 与 A'_g 的重心之间，除了满足式（7－39）外，还应满足下式：

$$KNe' \leqslant 0.5R_a bh'^2_0 + R_g A_g(h_0 - a') \tag{7-38}$$

式中符号意义同前。

除检算截面的强度外，为了充分发挥混凝土的抗压性能，克服其抗拉强度低的缺点，《铁路隧道设计规范》对轴力的偏心距有所限制。隧道和明洞混凝土衬砌的偏心距不宜大于 0.45 倍截面厚度，石砌体不应大于 0.3 倍截面厚度；基底偏心距，对岩石地基不大于 0.25 倍墙底厚度，对土质地基不大于 1/6 倍墙底厚度。

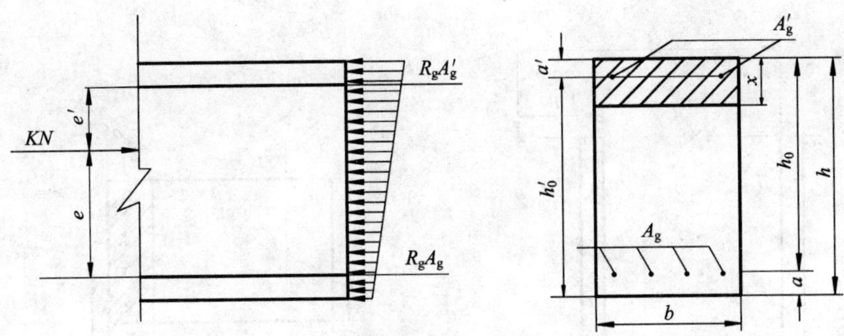

图7-15　钢筋混凝土小偏心受压构件截面强度计算图

7.2.8　隧道衬砌截面检算算例

例7-1　某隧道衬砌截面尺寸 $b \times h = 1000\ mm \times 600\ mm$，采用HRB335钢筋，下面对两种不同条件下的偏压构件进行衬砌截面强度检算。(1)轴向力设计值为：$N = 3.96 \times 10^5$ N，混凝土强度等级为C25，轴向力作用点至受拉钢筋合力点距离 $e = 600$ mm，轴向力作用点至受压钢筋作用点距离 $e' = 100$ mm，$A_g = A_g' = 1521\ mm^2$，混凝土保护层厚度为50 mm。计算示意图如图7-16(a)所示；(2)轴向力设计值：$N = 3.5 \times 10^6$ N，混凝土强度等级为C30，$e = 300$ mm，$e' = 210$ mm，$A_g = A_g' = 1964\ mm^2$，$a = a' = 45$ mm，计算示意图如图7-16(b)所示。(强度安全系数取 $K = 2.4$)

解：(1)大偏心受压情况

$$h_0 = h - a = 600 - 50 = 550\ mm$$

由式(7-35) $R_g(A_g e - A_g' e') = R_w bx(e - h_0 + x/2)$ 求解中性轴位置

查表得：$R_g = 360$ MPa，$R_w = 24.2$ MPa

解得中性轴位置：$x = 108.5$ mm

满足 $\begin{cases} x < 0.55h_0 = 0.55 \times 550 = 302.5\ mm \\ x > 2a' = 2 \times 50 = 100\ mm \end{cases}$

该衬砌截面属大偏心受压构件

按式(7-33)进行检算

$$R_w bx + R_g(A_g' - A_g) = 24.2 \times 1000 \times 108.5 + 0 = 2.626 \times 10^6\ N$$

则：$KN = 2.4 \times 3.96 \times 10^5 = 9.504 \times 10^5\ N < 2.626 \times 10^6\ N$

满足要求！

(2)小偏心受压情况

$$h_0 = h - a = 600 - 45 = 555\ mm$$

由式(7-35) $R_g(A_g e + A_g' e') = R_w bx(e - h_0 + x/2)$ 求解中性轴位置

查表得：$R_g = 360$ MPa，$R_W = 28.1$ MPa，$R_a = 22.5$ MPa

解得中性轴位置：$x = 556$ mm

满足：$x > 0.55h_0 = 0.55 \times 555 = 305.25$ mm

该衬砌截面属于小偏心受压构件

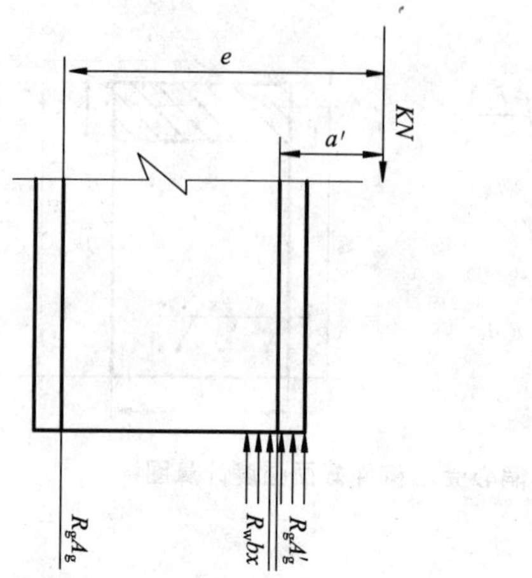

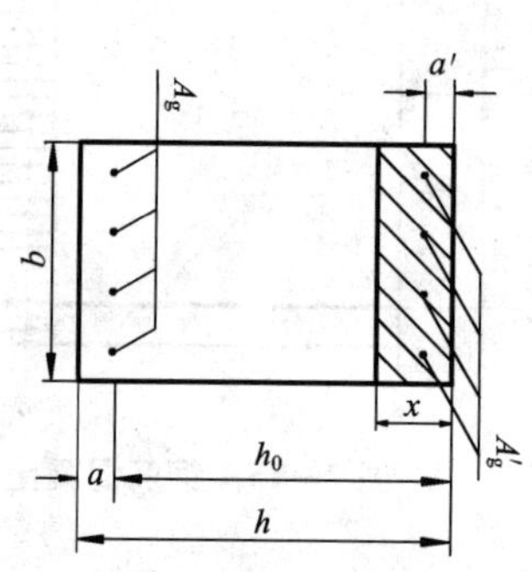

(a)大偏心受压情况

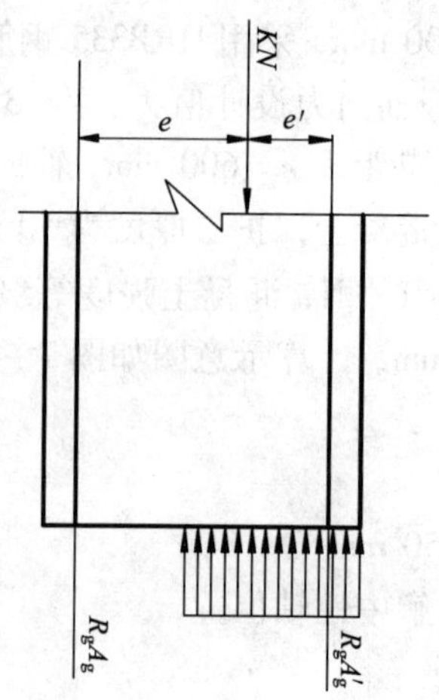

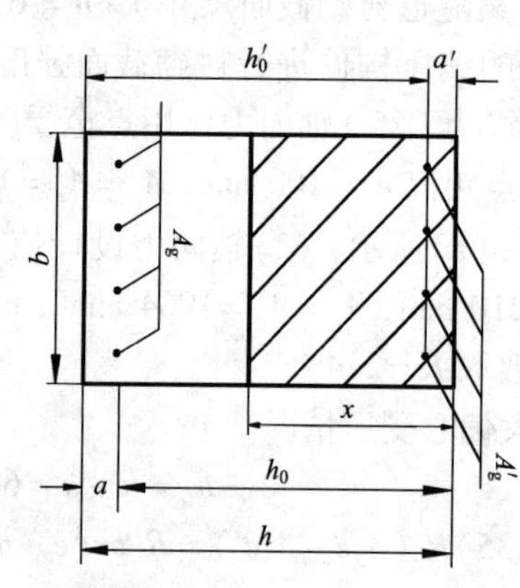

(b)小偏心受压情况

图7-16 钢筋混凝土构件截面强度计算示意图

按式(7-37)进行检算：

$$0.5R_a bh_0^2 + R_g A'_g(h_0 - a') = 0.5\times22.5\times1000\times555^2 + 360\times1964\times(555-45)$$
$$= 3.826\times10^9\ \text{N}\cdot\text{mm}$$

$$KNe = 2.4\times3.5\times10^6\times300 = 2.52\times10^9\ \text{N}\cdot\text{mm} < 3.826\times10^9\ \text{N}\cdot\text{mm}$$

满足式(7-37)。

由于轴向力 N 作用于钢筋 A_g 与 A'_g的重心之间，除了满足式(7-37)外，还应满足式(7-38)：

$$0.5R_a bh'^{2}_{0} + R_g A_g(h_0 - a') = 3.826\times10^9\ \text{N}\cdot\text{mm}$$

$$KNe' = 2.4\times3.5\times10^6\times210 = 1.764\times10^9\ \text{N}\cdot\text{mm} < 3.826\times10^9\ \text{N}\cdot\text{mm}$$

满足要求！

7.3　岩体力学法

7.3.1　岩体力学法基本原理

随着现代隧道施工技术的发展，已有可能在隧道开挖后立即给围岩施加必要的约束以抑制其变形，避免围岩产生过度变形而引起松动坍塌。隧道开挖引起的应力重分布将由围岩和支护结构体系共同承担，达到新的应力平衡。由于围岩具自承能力，围岩作用于支护的压力不是松散压力，而是限制支护结构变形的形变压力。岩体力学法基本原理是支护结构与围岩相互作用，组成一个共同承载体系。其中围岩为主要承载结构，支护结构只是相当于用来约束和限制围岩变形的镶嵌在围岩孔洞上的承载环，两者共同作用的结果是使支护结构体系达到平衡状态。

岩体力学方法采用地层－结构模式，即处于无限或半无限介质中的结构和镶嵌在围岩孔洞上的支护结构（相当于加劲环）所组成的复合模式。它的特点是能反映出隧道开挖后围岩应力状态。目前岩体力学模式的主要求解方法有：解析法、数值法、收敛－约束法（特征曲线法）和剪切滑移破坏法。

7.3.2　解析法

解析法是把围岩和支护结构看作一个支撑体系，并分析洞室开挖后、设置支护前后这个体系的应力变化情况，并根据相关知识判定结构的稳定性。

围岩性质十分复杂，且开挖洞室引起的应力调整也异常复杂，洞室尺寸和开挖方法影响较大，目前来说解析法还只能给出少数简单问题的解答，例如下面给出的初始应力为轴对称分布的圆形隧道问题。

（1）基本假设

①围岩为均质、各向同性的连续介质；

②只考虑围岩自重造成的初始应力场；

③隧道形状为规则的圆形；

④隧道位于一定深度，简化为无限体中的孔洞问题。

（2）围岩次生应力的解析解

在以上四点假设的基础上，建立如图 7－17 所示的计算模型。由弹性理论中的基尔西公式得：

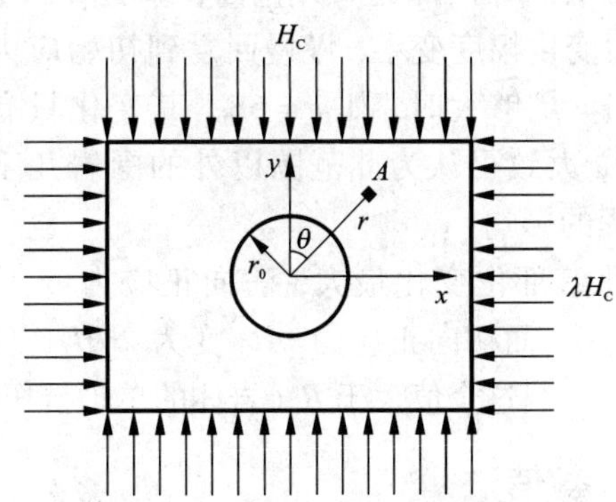

图 7－17　围岩力学方法的计算模型

$$
\left.\begin{aligned}
\sigma_r &= \frac{\gamma H_c}{2}\left[(1+\lambda)\left(1-\frac{r_0^2}{r^2}\right)+(1-\lambda)\left(1-\frac{4r_0^2}{r^2}+\frac{3r_0^4}{r^4}\right)\cos 2\theta\right] \\
\sigma_\theta &= \frac{\gamma H_c}{2}\left[(1+\lambda)\left(1+\frac{r_0^2}{r^2}\right)-(1-\lambda)\left(1+\frac{3r_0^4}{r^4}\right)\cos 2\theta\right] \\
\tau_{r\theta} &= \frac{\gamma H_c}{2}(1-\lambda)\left(1+\frac{2r_0^2}{r^2}-\frac{3r_0^4}{r^4}\right)\sin 2\theta \\
\mu &= \frac{\gamma H_c r_0^2}{4Gr}\left\{(1+\lambda)+(1-\lambda)\left[(K+1)-\frac{r_0^2}{r^2}\right]\cos 2\theta\right\} \\
\nu &= \frac{\gamma H_c r_0^2}{4Gr}(1-\lambda)\left[(K-1)+\frac{r_0^2}{r^2}\right]\sin 2\theta
\end{aligned}\right\} \tag{7-39}
$$

式中：$G=\dfrac{E}{2(1+\mu)}$，$K=3-4\mu$，μ 为岩体泊松比，E 为岩体弹性模量，λ 为侧压力系数。

当令侧压力系数 $\lambda=1$ 时，式(7-39)则成为拉梅解。

$$
\left.\begin{aligned}
\sigma_r &= \gamma H_c\left(1-\frac{r_0^2}{r^2}\right) \\
\sigma_\theta &= \frac{\gamma H_c}{2}\left(1+\frac{r_0^2}{r^2}\right) \\
\tau_{r\theta} &= 0 \\
\mu &= \frac{\gamma H_c r_0^2}{2Gr} \\
\nu &= 0
\end{aligned}\right\} \tag{7-40}
$$

(3)围岩次生内力的分布规律

从图 7-18 的二次应力状态曲线可看出：

①随着岩体内部远离开挖面，即随着 r 变大，应力变化幅度变小，慢慢回复到初始应力状态，当 r 足够大时，如 $r=6r_0$，其变化只有 3%左右，大致可认为此范围以外的围岩几乎不受工程的影响。

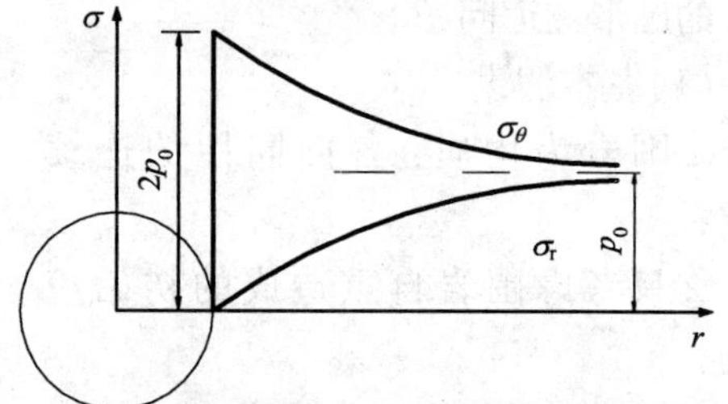

图 7-18 岩体开挖后二次应力状态

②孔壁部位变化最大，法向正应力 σ_r 从 γH_c 变到 0，而切向正应力 γH_c 变为 $2\gamma H_c$，且单向受压。当这个值大于 R_c（岩体的单轴抗压强度）时，出现屈服破坏。

7.3.3 数值法

随着地下结构计算理论研究工作的进展，人们开始采用以连续介质力学为基础的方法来设计和研究地下结构，但这些方法都有一定的局限性，因为隧道结构形状复杂，且围岩是非线性的，还受开挖方法、支护过程的影响。但随着大型电子计算机的发展和普及，使得数值计算法有了很大的进展，扩大了岩土工程问题的计算理论。所以对于这类较复杂的问题，通常用数值分析方法加以解决。其中，有限单元法是发展最快的数值方法之一。

有限单元法基本概念：将岩土介质和衬砌结构离散为仅在节点相连的单元，荷载移至节点，利用插值函数考虑连续条件，由矩阵力法或矩阵位移法方程组统一求解岩土介质和衬砌结构的应力场和位移场的方法。

有限单元法基本步骤：把围岩和支护结构都划分为若干单元，然后根据能量原理建立单元刚度矩阵，并形成整个系统的总刚度矩阵。从中求出系统中各节点的位移和单元的应力。有限单元法可用于处理很多复杂的岩土力学和工程问题。它是对地下工程进行优化设计和评价围岩与地层稳定性的强有力工具。下面以平面应变问题来说明有限元解法的一般过程。

(1)选择单元类型和网格划分

在平面问题中，离散岩土介质常用的单元有常应变三角形单元、六节点三角形单元、矩形单元和四边形等参数单元，这些单元各有优缺点。如常应变三角形单元公式简洁、程序简单，但是它的计算精度不高；高精度单元采用了高次多项式的位移函数，精度虽有显著提高，但却增加了贮存量和运算时间。目前使用最广泛的是四节点或八节点四边形等参数单元，因为它兼具较高精度和较灵活适应复杂边界形状的特点，且用四边形等参数单元便于进行网格自动划分。

支护结构如为喷射混凝土层或整体浇注的混凝土衬砌，可采用与围岩相同的单元类型，来简化处理。若采用承受轴力的直梁单元来模拟支护结构，其优点是可以直接计算出支护结构的轴力、弯矩和剪力，这对于按规范对支护结构的强度进行校核是很方便的。但梁单元的节点位移矢量中有一个是转角，故不能和平面单元的节点位移相协调，需做特殊处理，如在其间加一个杆单元(模拟回填层)，才能和平面单元相联。

对于锚杆的模拟问题，最常用的是采用轴力杆单元，将杆单元的节点与围岩单元的节点牢固相联，这种情况下杆单元节点与相应围岩单元节点变形协调。

计算结果的精度受单元划分的大小、形状和疏密程度影响，网格愈细，精度愈高，但分得越细，计算耗时也会更长。通常会在受开挖影响大、应力变化明显的隧道附近区域，布置较密的单元，远离隧道区域单元布置得稀疏些，但疏密程度也不宜过于悬殊。图7－19所呈现的即为单元的大致划分。

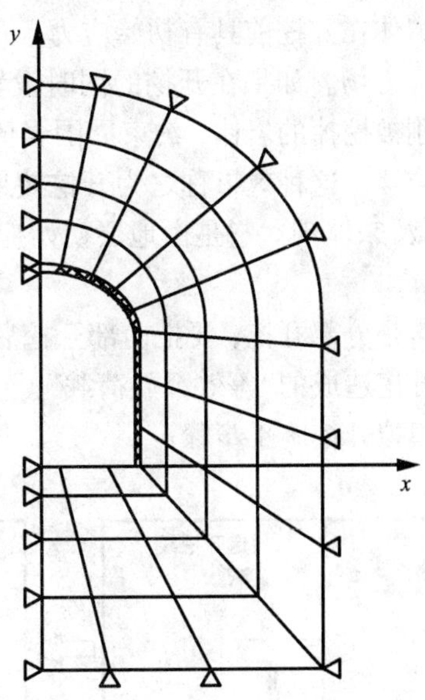

图7－19 模型网格划分示意图

(2)计算范围的确定

计算模型建立时，不可能把分析的范围取为无穷大，而是在有限的区域内进行，因为隧道开挖过程中，应力重分布的范围为其附近的一定范围。实践和理论分析表明，对于隧道开挖后的应力应变，仅在洞室周围距洞室中心点3～5倍隧道开挖跨度的范围内存在实际变化。在3倍跨度处的应力变化一般在10%以下，在5倍跨度处的应力变化一般在3%以下。当开挖隧道引起的应力变化很小时，在工程设计中并无实际意义。因此有限元分析的区域可确定在这个范围内(3～5倍洞跨)，在这个范围的边界以外可认为因开挖几乎不引起应力变化，可以按位移为零的边界条件处理。

当隧道具有对称特性时，可取一半结构进行分析，可大大减少计算工作量和计算时间，提高计算效率。

(3)边界条件和初始应力

通常模型两侧边界水平方向约束，竖直方向自由；而下边界竖向约束，上表面为自由面，如图 7－20 所示。若隧道埋深太大，无法取到地表，通常按照竖向应力边界考虑。

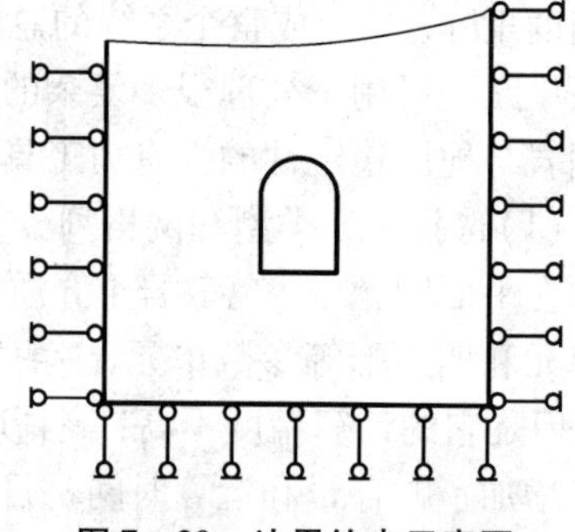

图 7－20 边界约束示意图

但无论采取何种边界条件，都很难同实际情况完全一致，总会产生一定的误差。区域越小这种误差越大，并且在靠近边界处比远离边界处的误差大。这一现象称为“边界效应”。

当上部覆盖层厚度不大时，上边界以地面线为自由边界，要考虑重力作用，两侧施加三角形分布荷载，侧压系数采用$\mu/(1-\mu)$(μ为岩体的泊松比)。当覆盖层很厚时，初始地应力以均布表示，侧压力系数以实测或经验确定。

(4)开挖释放荷载及卸荷过程模拟

岩体在开挖前具有初始应力，开挖以后，在洞壁处应力解除，应力场会发生调整，形成二次应力场。如果在开挖的同时设置能与围岩密贴、共同作用的支护结构，则这一结构可相当于刚被挖掉的岩体，约束周围岩体因应力场调整而产生的位移，支护结构也产生相应的应力和位移。这种效果称之为开挖效果，数值模拟中通过在支护结构周边各节点加上“等效释放荷载”来体现。它是由地层初始应力产生的，因此，可以根据沿预定周边上的初始应力来计算。

若是分部开挖，要把前部开挖后的应力重分布状态作为初始应力，再用同样的方法计算后部开挖造成的“等效释放荷载”。

模拟开挖施工步骤：

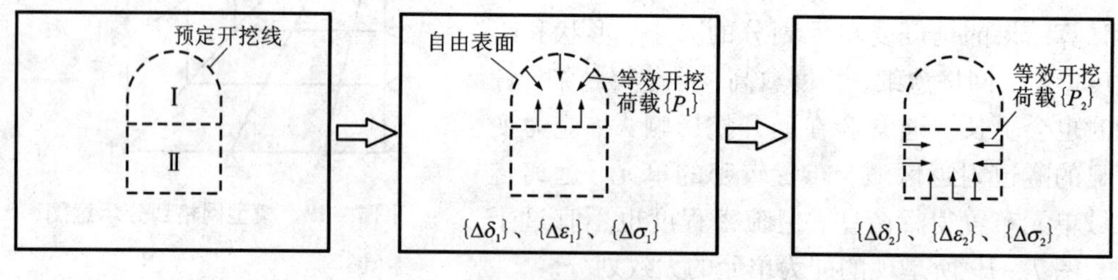

图 7－21 开挖模拟示意图

在力学上，可以将隧道施工开挖的每一步视为应力释放和回弹变形问题。为模拟开挖效应，从而计算洞室开挖后围岩中的应力状态，可以把每一步开挖释放掉的应力作为等效荷载加在隧道洞室的周边上，具体步骤：

①按照施工要求划分好开挖顺序，如图 7－21 所示。

②按照隧道埋深的地质构造特点，进行开挖前的应力分析，求出围岩中的初始地应力场$\{\sigma_0\}$和位移场$\{\delta_0\}$，开挖前的应力状态可作为原始数据直接输入。

③根据每次开挖的尺寸，去掉被开挖的单元，根据去掉单元现时的应力值，求出被开挖出的自由表面各节点处，由这些单元作用的节点力，将与这些节点力大小相等、方向相反的力$\{P\}$（$\{P\}$就是等效开挖释放荷载）作用于自由表面相同的节点上。

④在等效开挖释放荷载作用下进行分析，求出该开挖步骤后围岩中的位移$\{\Delta\delta_n\}$、应变$\{\Delta\varepsilon_n\}$、应力$\{\Delta\sigma_n\}$，并叠加于以前的状态上，重复以上步骤，直至最后一个开挖步骤结束。

(5)单元应力的求解

在单元刚度矩阵和“释放荷载”的等效节点力求出后，再由单元刚度矩阵求得系统的总刚度矩阵并进行约束位移的处理；解方程求出未知的节点位移，最后根据有限元知识可求得单元应力。

(6)有限元法计算的可信度

有限元法作为一种广泛应用的数值解法，计算的准确性和精度还是有很高的可信度的。一般来说，有限元法获得的围岩稳定计算结果的可靠性，受以下几个因素的影响：①岩体参数取值的可靠性和准确性，主要是初始地应力和岩体的物理力学参数。②围岩力学本构模型（即应力－应变关系）选用的正确性。③有限元网格的正确划分和非线性计算的收敛情况。④围岩与支护结构稳定性判定标准的准确性。

需要指出，“等效释放荷载”简化的前提是支护能够在开挖后立即支护，否则应力将在支护提供有效约束前释放一部分，释放多少则取决于围岩性质，即其应力释放的时空效应。

7.3.4　收敛－约束法

收敛－约束法又称特征曲线法，它是一种以理论为基础、实测为依据、经验为参考的较完善的隧道设计方法。

当隧道开挖后无支护时，围岩必然向洞室内挤入而产生向隧道内的变形，这种变形称为收敛。施加支护后，由于支护的支顶而约束了围岩的变形，称之为约束，如图7－22所示。

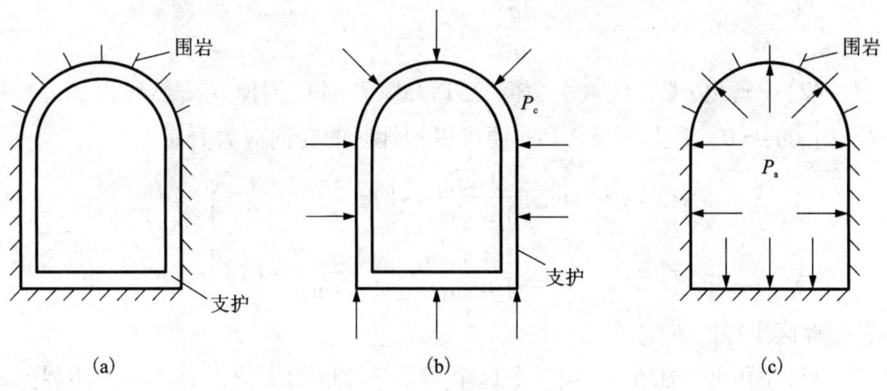

图7－22　隧道开挖收敛约束图

此时围岩与支护结构共同承受围岩挤向隧道的变形压力。对于围岩而言，它承受支护结构的约束力(P_a)；对支护结构而言，它承受围岩维持变形稳定而给以的压力(P_c)。当两者处于平衡状态时，隧道就处于稳定状态。

(1)圆形衬砌的弹塑性计算理论

①塑性屈服准则。

对于承受任意应力状态作用的连续、均质、各向同性的岩土类材料，常采用莫尔－库仑(Mohr－Coulomb)条件作为塑性判据，亦称为屈服准则或屈服条件，由莫尔－库仑准则的几何意义有(图7－23)：

$$\sigma_1-\frac{1+\sin\varphi}{1-\sin\varphi}\sigma_3-\frac{2\cos\varphi}{1-\sin\varphi}c=0 \qquad (7-41)$$

当侧压力系数 $\lambda=1$ 时，此时剪应力 $\tau_{r\theta}=0$，此时最大和最小主应力分布为切向正应力 σ_θ 和径向正应力 σ_r^p。则式(7－41)可写成：

$$\sigma_\theta^p=\frac{1+\sin\varphi}{1-\sin\varphi}\sigma_r^p+\frac{2\cos\varphi}{1-\sin\varphi}c \qquad (7-42)$$

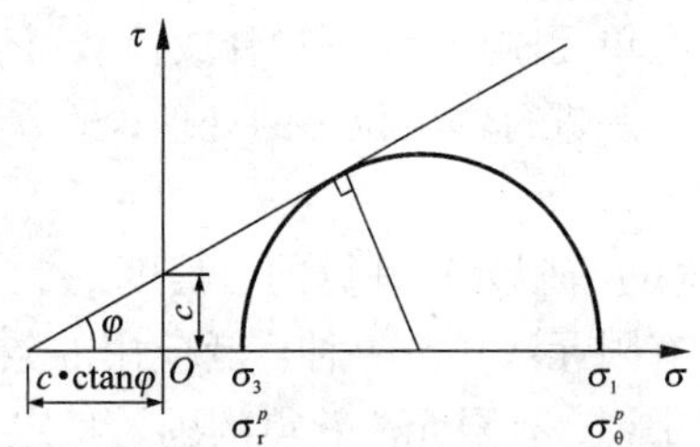

图7－23　莫尔－库仑准则几何意义

上标 p 表示满足上式的应力为塑性应力，由式(7－42)可推出判断隧道周边的围岩是否进入塑性状态的公式。开挖洞室后即 $r=r_0$ 时，$\sigma_r=0$，$\tau_{r\theta}=0$，故只需将 $\sigma_\theta(2p_0=2rH_c)$ 的值代入式(7－42)有：

$$2\gamma H_c\geqslant\frac{2\cos\varphi}{1-\sin\varphi}c=R_b \qquad (7-43)$$

从单轴抗压强度的几何关系可知：

$$R_b=\frac{2\cos\varphi}{1-\sin\varphi}\cdot c$$

②塑性区应力。

由单元体静力平衡条件 $\sum r=0$，即围岩中任一点应力分量仍满足平衡条件。极坐标系中的平衡方程如下：

$$r\frac{\mathrm{d}\sigma_r^p}{\mathrm{d}r}+\sigma_r^p-\sigma_\theta^p=0 \qquad (7-44)$$

将式(7－42)中解出 σ_θ^p 并代入平衡微分方程式(7－44)消掉 σ_θ^p，然后再积分，并利用边界条件 $r=r_0$ 时，$\sigma_r^p=0$，消去积分常数，便可得塑性区的径向应力分量：

$$\left.\begin{aligned}\sigma_r^p&=c\cdot\mathrm{ctan}\varphi\left(\frac{2\sin\varphi}{1-\sin\varphi}-1\right)\\ \sigma_\theta^p&=c\cdot\mathrm{ctan}\varphi\left[\frac{1+\sin\varphi}{1-\sin\varphi}\cdot\left(\frac{2\sin\varphi}{1-\sin\varphi}-1\right)\right]\end{aligned}\right\} \qquad (7-45)$$

③围岩塑性区半径的确定。

从式(7－45)中可知，在 $\lambda=1$ 时，令这个圆形塑性区的半径为 R_0，则由边界条件($r=R_0$ 处)，塑性区的应力 σ^p 与弹性区的应力 σ^e 一定保持平衡，也就是当 $r=R_0$ 时有：

$$\left.\begin{aligned}\sigma_\theta^e&=\sigma_\theta^p\\ \sigma_r^e&=\sigma_r^p\end{aligned}\right\} \qquad (7-46)$$

此外，塑性区与弹性区的交界面上的应力既要满足弹性条件，又要满足塑性条件，则可写成：

$$\sigma_r^e + \sigma_\theta^e = 2\gamma H_c \tag{7-47}$$

而塑性条件即为式(7－42)，将式(7－47)式与式(7－42)联立求解，并注意式(7－46)，即可得到在 $r = R_0$ 处应有如下条件：

$$\sigma_r^p = \gamma H_c(1 - \sin\varphi) - c \cdot \cos\varphi \tag{7-48}$$

$$\sigma_\theta^p = \gamma H_c(1 + \sin\varphi) + c \cdot \cos\varphi \tag{7-49}$$

将上式中的 σ_r^p 代入式(7－45)则可得到求解塑性区半径的方程式：

解得：

$$R_0 = [r_0(1 - \sin\varphi)\frac{\gamma H_c + c \cdot \mathrm{ctan}\varphi}{c \cdot \mathrm{ctan}\varphi}]^{\frac{2\sin\varphi}{1-\sin\varphi}} \tag{7-50}$$

④弹性区的应力场与位移场。

塑性区半径 R_0 以外的围岩仍处于弹性状态，弹性区的应力与位移仍可按无限弹性平面内孔洞问题求解，仅边界条件不同。

在外边界有：

$$r = \infty, \ \sigma_r^e = \gamma H_c$$

在 $r = R_0$ 处有：

$$\sigma_r^e = \sigma_r^p = \frac{R_b}{\xi - 1}[(\frac{r}{r_0})^{\xi - 1} - 1]$$

由此即得弹性区地层径向应力与切向应力的表达式为：

$$\left.\begin{aligned} \sigma_r^e &= \gamma H_c(1 - \frac{R_0^2}{r^2}) + \frac{R_b}{\xi - 1}[(\,')\xi - 1 - 1]\frac{R_0^2}{r^2} \\ \sigma_\theta^e &= \gamma H_c(1 + \frac{R_0^2}{r^2}) - \frac{R_b}{\xi - 1}[(\,')\xi - 1 - 1]\frac{R_0^2}{r^2} \end{aligned}\right\} \tag{7-51}$$

$$u^e = \frac{R_0^2}{2Gr}\gamma H_c - \frac{R_0^2}{2Gr} \cdot \frac{R_b}{\xi - 1}[(\frac{R_0}{r_0})^{\xi} - 1] + \frac{\gamma H_c(1 - 2\mu)}{2G} \tag{7-52}$$

⑤塑性区的位移。

为了求解塑性区的位移 u^p，可假定在小变形的情况下，塑性区体积不变，即：

$$\varepsilon_r^p + \varepsilon_\theta^p + \varepsilon_z^p = 0 \tag{7-53}$$

由轴对称平面应变状态的几何方程(在塑性区亦应满足)，可将(7－53)式改写为：

$$\frac{\mathrm{d}u^p}{\mathrm{d}r} + \frac{u^p}{r} = 0 \tag{7-54}$$

进行积分得：

$$u^p = \frac{A}{r}$$

式中：A 为积分常数，可根据弹、塑性区交界面($r = R_0$)上的变形协调条件 $u^e|_{r=R_0} = u^p|_{r=R_0}$ 确定，将弹性、塑性区的位移代入上式得：

$$A = \frac{R_0^2}{2G}\gamma H_c - \frac{R_0^2}{2G} \cdot \frac{R_b}{\xi - 1}[(\frac{R_0}{r_0})^{\xi} - 1]$$

所以塑性区位移由下式得到：

$$u^e = \frac{R_0^2}{2Gr}\gamma H_c - \frac{R_0^2}{2Gr} \cdot \frac{R_b}{\xi - 1}[(\frac{R_0}{r_0})^{\xi} - 1] \tag{7-55}$$

(2)确定支护线的方法

①围岩特性曲线的确定。

当围岩的二次应力状态已形成塑性区时，如隧道周边作用有均布的径向支护阻力 p_{a} 时(图 7－24)，得到此时的塑性区应力：

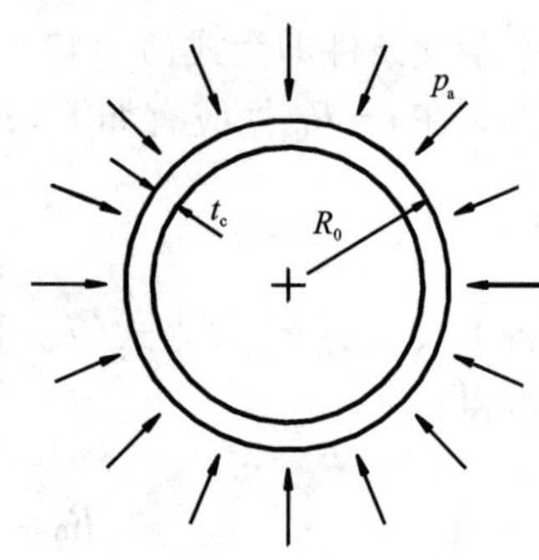

图 7－24 围岩塑性区图示

$$\left.\begin{aligned}\sigma_{\mathrm{r}}^{p}&=(p_{\mathrm{a}}+c\cdot\mathrm{ctan}\varphi)\left(\frac{2\sin\varphi}{1-\sin\varphi}-c\cdot\mathrm{ctan}\varphi\right)\\ \sigma_{\theta}^{p}&=(p_{a}+c\cdot\mathrm{ctan}\varphi)\left(\frac{1+\sin\varphi}{1-\sin\varphi}\right)\left(\frac{2\sin\varphi}{1-\sin\varphi}-c\cdot\mathrm{ctan}\varphi\right)\end{aligned}\right\}\tag{7－56}$$

按前面所述的过程，即能导出新的塑性区半径 R_0 的公式：

$$R_0=r_0\left[(1-\sin\varphi)\frac{\gamma H_{\mathrm{c}}+c\cdot\mathrm{ctan}\varphi}{p_{\mathrm{a}}+c\cdot\mathrm{ctan}\varphi}\right]^{\frac{1-\sin\varphi}{2\sin\varphi}}\tag{7－57}$$

或

$$R_0=r_0\left[\frac{2}{\xi+1}\cdot\frac{\gamma H_{\mathrm{c}}(\xi-1)+R_{\mathrm{b}}}{p_{\mathrm{a}}(\xi-1)+R_{\mathrm{b}}}\right]^{\frac{1}{\xi-1}}\tag{7－58}$$

围岩中不形成塑性区时候，即 $R_0=r_0$，把这个条件代入式(7－57)或式(7－58)可得到不形成塑性区所需要的支护阻力值：

$$p_{\mathrm{a}}=\gamma H_{\mathrm{c}}(1-\sin\varphi)-c\cdot\cos\varphi\tag{7－59}$$

或

$$p_{\mathrm{a}}=\frac{2\gamma H_{\mathrm{c}}-R_{\mathrm{b}}}{\xi+1}\tag{7－60}$$

下面对隧道内产生的径向位移进行说明。

隧道应力重分布的结果，也必然伴随着变形的发展，这种变形表现在隧道直径的减少，即隧道壁会产生向隧道内的径向位移 u^p。前已叙及，隧道壁的径向位移 u 是和塑性区范围直接有关的。由式(7－55)，并令 $r=r_0$，即可得出弹塑性状态下隧道壁径向位移的表达式：

$$u^p\big|_{r=r_0}=\frac{R_0^2}{2Gr_0}\left\{\gamma H_{\mathrm{c}}-\frac{R_b}{\xi-1}\left[\left(\frac{R_0}{r_0}\right)^{\xi}-1\right]\right\}$$

上式括弧中的第 2 项是弹塑性区交界面上的应力，可用式(7－56)代之，整理后得：

$$u^p\big|_{r=r_0}=\frac{R_0^2}{2Gr_0}(\gamma H_{\mathrm{c}}\sin\varphi+c\cdot\cos\varphi)$$

将式(7－57)或式(7－58)代入上式，即可得出隧道壁的径向位移与支护阻力之间的关系式：

$$u^p\big|_{r=r_0}=\frac{r_0}{2G}(\gamma H_{\mathrm{c}}\sin\varphi+c\cdot\cos\varphi)\left[(1-\sin\varphi)\frac{\gamma H_{\mathrm{c}}+c\cdot\mathrm{ctan}\varphi}{p_{\mathrm{a}}+c\cdot\mathrm{ctan}\varphi}\right]^{\frac{1-\sin\varphi}{2\sin\varphi}}\tag{7－61}$$

由式(7－61)可画出弹塑性状态下，支护阻力与洞壁的相对径向位移的关系(围岩特性曲线)，如图 7－25 虚线所示。可见：ⓐ在形成塑性区后，无论加多大的支护阻力都不能使围岩的径向位移为零；ⓑ不论支护阻力如何小(甚至不设支护)，围岩的变形如何增大，围岩总是可以通过增大塑性区范围来取得自身的稳定而不致坍塌（$p_a=0$，当 u_{max} 可稳定）。

上述两点与实际明显不符，因此需将弹塑性状态的洞壁径向位移与支护阻力的理论曲线作适当修正。原因如下：

首先由式(7－60)可知若隧道开挖后立即支护并起作用，只要支护阻力为 $p_a=\dfrac{2\gamma H_c-R_b}{\xi+1}$，围岩内就可以不出现塑性区；其次，实践证明，任何级别的围岩都有一个极限变形量 u_{limit}，超过这个极限值，就会造成岩体松弛和坍落。而在较软弱的围岩中，这个极限值一般都小于无支护阻力时洞壁的最大计算径向位移量 u_{max}。因此，在洞壁径向位移超过 u_{limit} 后，围岩就将失稳，如果此时进行支护以稳定围岩，无疑的，其所需的支护阻力必将增大。所以围岩特性曲线到达 u_{limit} 后应该上升而不是继续下降。

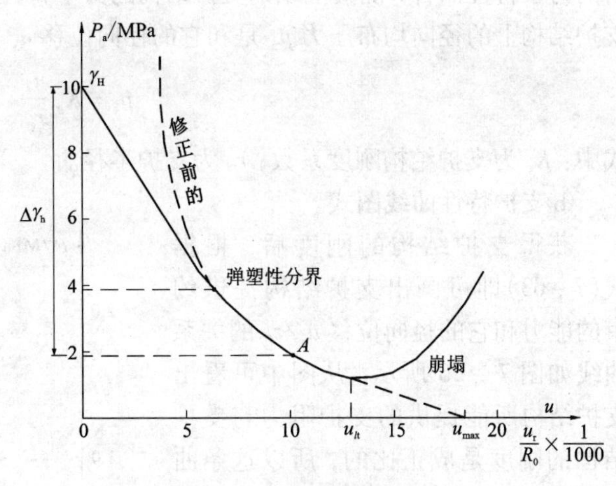

图 7－25　围岩特性曲线

修正如下：

ⓐ在 $p_a\geqslant\dfrac{2\gamma H_c-R_b}{\xi+1}$ 阶段相当于处于弹性状态，这个范围改用直线，支护阻力 p_a 与洞壁径向位移的关系：

$$u^e\big|_{r=r_0}=\frac{1}{2G}(\gamma H_c+p_a)r_0 \tag{7-62}$$

ⓑ洞壁径向位移超过 u_{limit} 后改用一个上升的凹曲线表示，即随着位移的发展所需的支护阻力将增大。但对于超过极限变形量后所需的支护阻力的真实情况仍然不清楚，所以这段曲线形态只能假定，且这并不影响位移与支护结构相互作用的分析。

修正后的 $p_a\sim u_r/r_0$ 关系曲线在图 7－24 中用实线表示。可以认为修正后的曲线很好地将支护结构与隧道围岩之间的相互作用的关系显现出来，这条曲线可以称为“支护需求曲线”或“围岩特性曲线”。

应该指出，上述的分析是在理想条件下进行的，比如说假定了洞壁各点的径向位移都相同，又如假定支护需求曲线与支护刚度无关等。虽然是假定的，与实际情况有出入，但总体来说上述隧道围岩与支护结构相互作用的机理是有效的。

②支护特性曲线的确定。

现在来说明支护结构可以提供的约束能力，任何一种支护结构，如钢拱支撑、锚杆、喷射混凝土、模板灌注混凝土衬砌等。只要有一定的刚度，并和围岩紧密接触，总能对围岩变形提供一定的约束力，即支护阻力。

ⓐ支护结构上压力 p_a 和位移 u_s 的关系。

现仍以圆形隧道为研究对象，并假定围岩给支护结构的反力也是径向分布的。相对于围岩的力学特性而言，混凝土或钢支护结构的力学特性可以认为是线弹性的，也就是说作用在支护结构上的径向均布压力 p_a 是和它的径向位移 u_s 呈线性关系，即：

$$p_a = K_s \frac{u_s}{r_0} \tag{7-63}$$

式中：K_s 为支护结构刚度系数；r_0 为支护半径。

ⓑ支护特性曲线图式。

获得支护结构的刚度后，根据式(7-63)即可画出支护结构提供约束的能力和它的径向位移 u_s/r_0 的关系曲线如图7-26所示，从图中可看出支护结构所能提供的支护阻力与支护结构的刚度是成正比的，所以这条曲线又称为“支护特性曲线”。

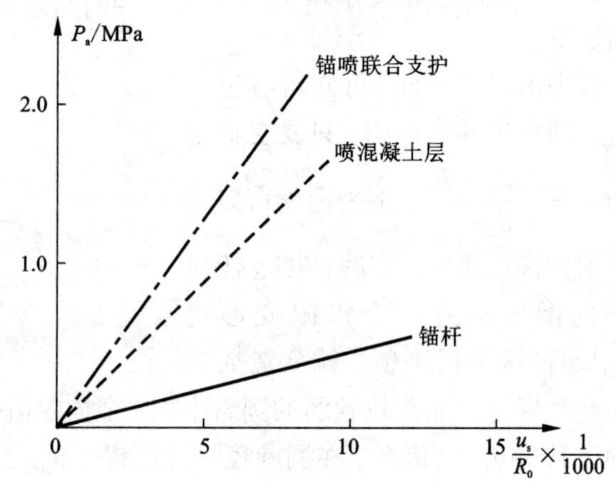

图7-26 约束力与径向位移关系图

(3)围岩与支护结构平衡状态的建立

收敛约束法就是利用岩体特性曲线和支护结构特性曲线交会的方法来决定支护体系的最佳平衡条件。在同一坐标平面上同时绘出围岩位移曲线与支护特性曲线，则两条曲线的交点可作为设计的依据，此外两条曲线的关系可从图7-27看出：

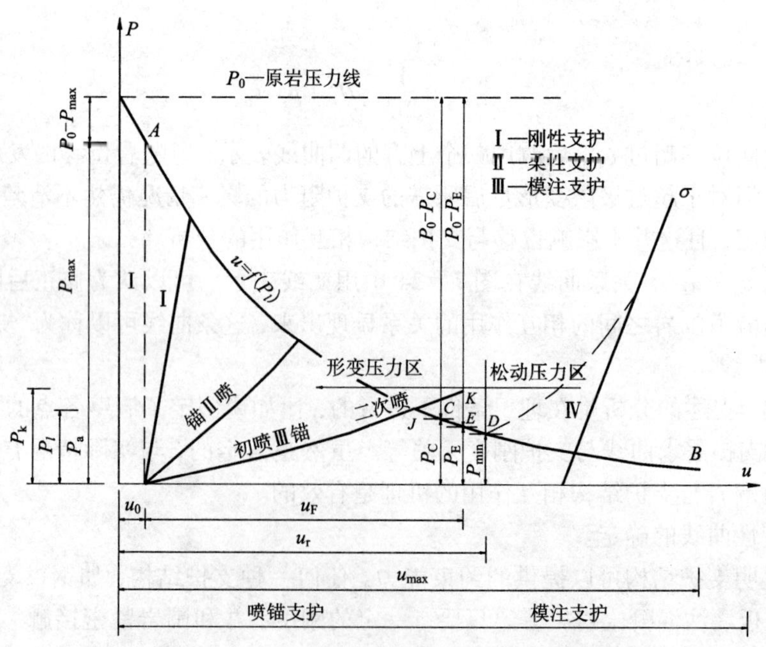

图7-27 围岩位移曲线与支护特性曲线关系图

①隧道开挖后，如支护特别快，且支护刚度又很大，围岩没有或很小变形，则在图中 A 点取得平衡，这种情况支护需提供很大支护力 p_{amax}，而围岩承担的压力不大，没有充分发挥围岩自身的承载能力，故刚度大的支护不经济。

②如隧道开挖后不加支护，或支护很不及时，即容许围岩自由变形。在图中为曲线 DB，这时洞室周边位移达到最大值 u_{max}，支护压力 p_a 很小或接近于零。这在实际中也是不容许的。因为洞周的位移超过某一位移值时就会出现散落、坍塌现象，此时已经不适合用锚喷支护了。

③合理的支护与施工，就应该掌握在 D 点以左，邻近 D 点处，如图中的 E 点。在该点附近即能让围岩产生较大的变形（u_0+u_E），较多的分担岩体压力（p_0-p_E），支护分担的形变压力较小（p_E），又保证围岩不产生松弛、失稳，局部岩石脱落、坍塌的现象。

需要指出，在围岩自稳性能极差或者周边存在对地层变形敏感的建构筑物时，收敛－约束法难以适用，即使采用也需要对地层变形严格控制。

7.3.5　剪切滑移破坏法

（1）剪切滑移体的形成

开挖的圆形隧道在荷载（垂直荷载大于侧向荷载）作用下，于水平直径的两侧形成压应力集中而产生剪切滑移面，随着压应力的不断增加，剪切滑移面不断向水平直径的上下方扩展，且与最大剪应力 σ_1 作用方向的夹角 α 大小为45°－$\varphi/2$（φ 为围岩内摩擦角）。围岩由于受剪发生松弛，并产生应力释放。当围岩的应力较小，剪切滑移面不再继续扩展时，会在隧道水平直径两端形成两个剪切楔形滑移块体。若无支护，两楔形滑移块体会因剪切而与围岩体分离，向隧道内移动。随后，上下部分围岩体由于楔形块体滑移而失去支撑力，产生挠曲破坏而坍塌，如图 7－28 所示。

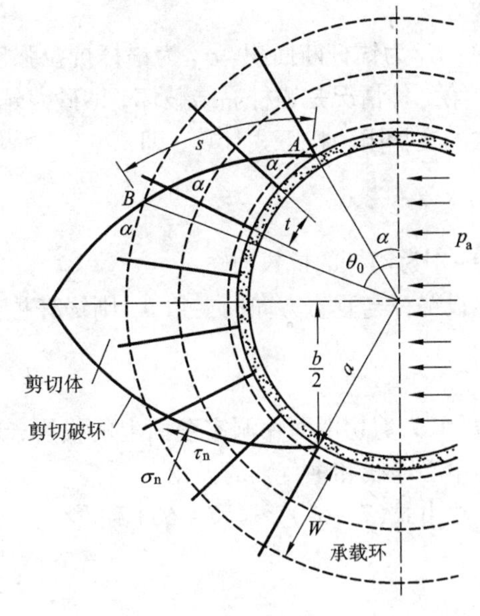

图 7－28　滑移体与支护体系受力关系

剪切滑移线是由一对对数螺旋组成的剪切滑移体，曲线方程为：

$$\left.\begin{aligned} r &= a\exp[(\theta-\alpha)\tan\alpha] \\ b &= 2a\cos\alpha \end{aligned}\right\} \tag{7－64}$$

式中：b 为剪切楔体高度；r 为剪切滑移体半径。

（2）剪切滑移破坏法的计算

为了阻止剪切滑移体向隧道内滑移，需修筑锚喷柔性支护以稳定隧道，而其提供的支护抗力必须与剪切滑移体的滑移力相平衡，下面假定锚杆、钢支撑、喷射混凝土组成的联合支护，求其总支护抗力。

①喷射混凝土提供的支护阻力：

$$p_{s}=\frac{2\tau_{s}d_{s}}{b\sin\alpha_{s}} \tag{7-65}$$

式中：α_s 为喷层的剪切角抗剪强度厚度；τ_s 为喷层的抗剪强度；d_s 为喷层的厚度。

通常令 $\tau_s=0.43\sigma_c$，$\alpha_s=30°$。

②钢支撑提供的支护阻力：

$$p_{st}=\frac{2F_{st}\tau_{st}}{b\sin\alpha_{st}} \tag{7-66}$$

式中：α_{st}为喷层内钢材的破坏剪切角；τ_{st}为喷层内钢材的抗剪强度；F_{st}为喷层内钢材的每米隧道的钢材当量面积；其中，α_{st}一般采用45°。

③锚杆提供的支护阻力：

锚杆受力破坏有以下两种情况：

第一种情况是锚杆本身的强度不够而被拉坏。这种情况下锚杆提供的平均径向支护抗力为：

$$q_{A}=\frac{F_{A}\sigma_{A}}{et} \tag{7-67}$$

式中：F_A 为锚杆断面积；σ_A 为锚杆抗拉强度；e 为锚杆纵向间距；t 为锚杆横向间距。

第二种情况是锚杆黏结破坏，即砂浆锚杆与锚杆孔壁之间黏结力不足而破坏。此时锚杆提供的支护阻力按下式计算，即：

$$q_{A}=\frac{A}{et} \tag{7-68}$$

式中：A 为锚杆的抗拔力。

设锚杆与垂直方向的夹角 θ，则锚杆提供的水平方向的支护力 p_A 为

$$p_{A}\frac{b}{2}=Vq_{A}$$

式中：V 为剪切滑面在洞室壁面上的投影，$V=a(\cos\alpha-\cos\theta_0)$；$\theta_0$ 为承载环与剪切滑面相交处与中心连线和垂直轴的夹角。

故由式(7-67)、式(7-68)两式有：

$$p_{A}=\frac{F_{A}\sigma_{A}}{et}\cdot\frac{1}{\cos\alpha}(\cos\alpha-\cos\theta_{0}) \tag{7-69}$$

或

$$p_{A}=\frac{A}{et}\cdot\frac{1}{\cos\alpha}(\cos\alpha-\cos\theta_{0})$$

④围岩本身提供的支护阻力：

$$p_{w}=\frac{2s\tau_{n}\cos\psi}{b}-\frac{2s\sigma_{n}\sin\psi}{b} \tag{7-70}$$

式中：s 为剪切滑面长度；τ_n 为滑面的剪切应力；σ_n 为滑面的正应力；ψ 为剪切滑面的平均倾角，$\psi=(\theta_0-\alpha)/2$。

其中，τ_n、σ_n 可按莫尔包络线为直线时的假定求出：

$$\left.\begin{aligned}\tau_n &= \frac{\sigma_1 - \sigma_3}{2}\cos\varphi \\ \sigma_n &= \frac{\sigma_1 + \sigma_3}{2} - \frac{\sigma_1 - \sigma_3}{2}\sin\varphi\end{aligned}\right\} \tag{7-71}$$

由莫尔包络线可知：

$$\sigma_1 = \sigma_3 + 2(c + \sigma_3\tan\varphi)\frac{1 + \sin\varphi}{\cos\varphi} \tag{7-72}$$

式中的径向主应力 σ_3 值是随剪切滑移面的位置而变化，难以确定，通常按下式计算：

$$\sigma_3 = p_s + p_{st} + p_A$$

所以，由岩体跟支护结构共同提供的总支护阻力为：

$$p_a = p_s + p_{st} + p_A + p_w \tag{7-73}$$

这个数值应满足下述不等式

$$p_a > \sigma_{rmin} \tag{7-74}$$

式中：σ_{rmin}为岩体中开挖隧道后防止产生剪切滑移破坏所需的最小支护阻力，它通常由量测信息或前面所述的特征曲线法确定的，在实际应用中，其值很难准确判断，这也限制了该方法的推广使用。

7.4　信息反馈法

在隧道工程中，由于围岩性质的复杂性及施工等人为因素的影响，支护的实际受力及变形状态通常难以与力学模型所分析的一致，即便事先的调查和试验很细致。为了确保隧道工程支护结构的安全可靠和经济合理，在施工阶段进行监控量测，及时收集由于隧道开挖面在围岩和支护结构中所产生的位移和应力变化等信息，并根据一定的标准来判断是否需要修改预先设计的支护结构和施工流程，这种方法就是信息反馈法，也叫监控法。这种方法能够反映隧道开挖后围岩的实际应力及变形状态，使得设计与施工与围岩的实际动态相匹配。

7.4.1　信息反馈法的设计流程

施工图设计是在仔细研究资料和勘察地质的基础上提出的，施工过程中可通过图7-29来确定和修正支护结构的设计参数和施工流程，以实现设计和施工的优化。

7.4.2　信息反馈方法分类

隧道工程中的反馈方法分为两类：理论反馈法和经验反馈法。

(1)理论反馈法

理论反馈法是基于初勘地质成果、初步设计及施工效果，对初步设计和施工效果进行理论分析，来判断隧道稳定性，修正设计参数和施工方法。理论分析主要包括：利用量测数据的回归或时间序列分析、宏观围岩参数的位移反分析、理论解析或数值方法进行隧道稳定性分析。下面介绍围岩物理力学参数的反分析。

围岩物理力学参数是隧道计算分析的基础性数据，勘探及洞内取样试验是隧道局部岩块的结果，与隧道围岩整体力学性质总是有差别的，在软弱、裂隙岩体中差距更大。利用施工

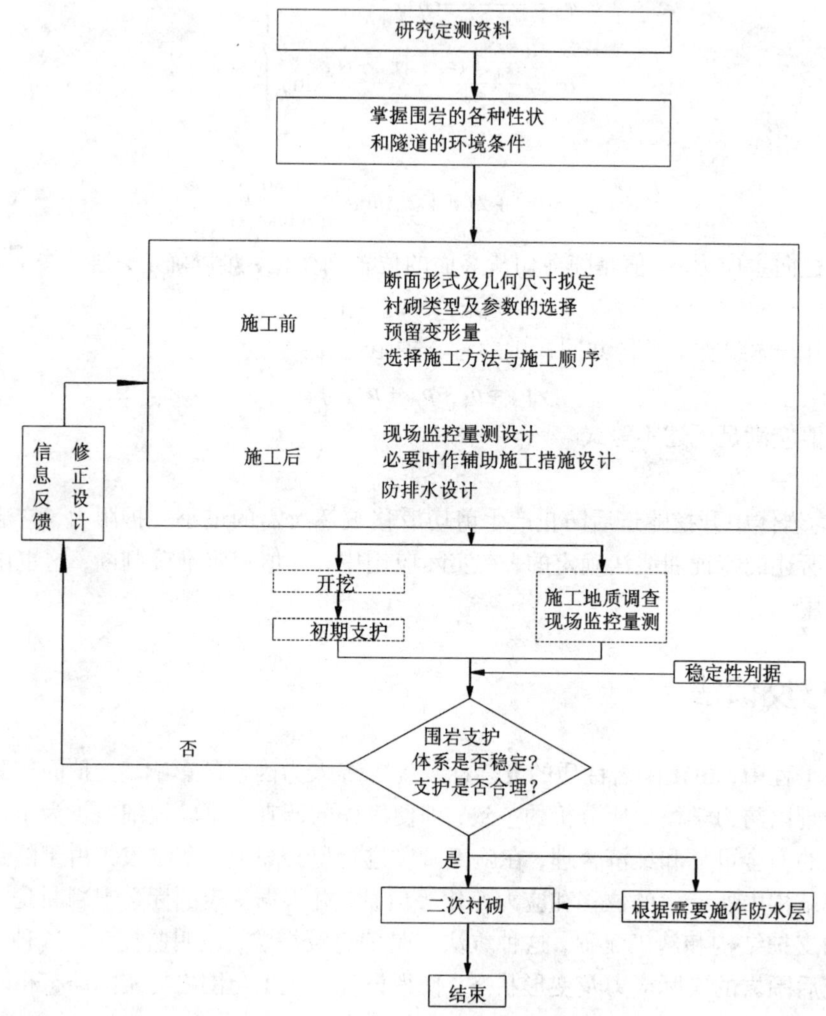

图 7-29　信息反馈法设计、施工流程

监测位移的反分析，可以获得反映等效围岩的、施工实际的宏观条件下的围岩物理力学参数。根据反分析方法的区别，又有逆反分析法、直接反分析法、图解法等。例如直接反分析法，它是先按工程类比法预确定围岩物理力学参数，用分析方法求解隧道周边的位移值，并与量测到的隧道周边位移值进行比较，若两种有差别时，修正原先假定的计算参数，重复计算直至两者之差符合计算精度要求为止。最后所得参数即为围岩的物理力学参数。

(2)经验反馈法

经验反馈法是直接利用量测数据域经验数据(位移值、位移速率、位移速率变化率等，来进行对比来判断隧道的稳定性。

①根据位移量测值或预计最终位移值判断。

位移极限值(或位移强度)的确定是洞室稳定性或可靠性分析的关键和难点。位移极限值是洞室所处围岩性质、支护结构形状和施工等条件的综合反映。它与所处的地形、地质条件、洞室形态、支护结构形态和施工等因素有关，任一点的极限位移都是在具体条件下的隧道稳定极限状态位移。

根据隧道洞室变形动态信息反推的围岩参数和支护结构实际所受的荷载，进行洞室极限位移的计算模拟，并结合室内模拟试验和现场资料进行综合确定。

《铁路隧道设计规范》规定初期支护结构极限相对位移如表7－8、表7－9所示。

表7－8　单线隧道初期支护极限相对位移(%)

围岩级别	埋深/m		
	≤50	50～300	300～500
拱脚水平相对净空变化			
Ⅱ	—	—	0.20～0.60
Ⅲ	0.10～0.50	0.40～0.70	0.60～1.50
Ⅳ	0.20～0.70	0.50～2.60	2.40～3.50
Ⅴ	0.30～1.00	0.80～3.50	3.00～5.00
拱顶相对下沉			
Ⅱ	—	0.01～0.05	0.04～0.08
Ⅲ	0.01～0.04	0.03～0.11	0.10～0.25
Ⅳ	0.03～0.07	0.06～0.15	0.10～0.60
Ⅴ	0.06～0.12	0.10～0.60	0.50～1.20

表7－9　双线隧道初期支护极限相对位移(%)

围岩级别	埋深/m		
	≤50	50～300	300～500
拱脚水平相对净空变化			
Ⅱ	—	0.01～0.03	0.01～0.08
Ⅲ	0.03～0.10	0.08～0.40	0.30～0.60
Ⅳ	0.10～0.30	0.20～0.80	0.70～1.20
Ⅴ	0.20～0.50	0.40～2.00	1.80～3.00
拱顶相对下沉			
Ⅱ	—	0.03～0.06	0.05～0.12
Ⅲ	0.03～0.06	0.04～0.15	0.12～0.30
Ⅳ	0.06～0.10	0.08～0.40	0.30～0.80
Ⅴ	0.08～0.16	0.14～1.10	0.80～1.40

由于各级围岩的各项性能参数都是范围值，所以极限位移为一分布区。用规范提供的设

计参数或反分析确定的物性参数计算极限位移，在施工阶段可利用位移反分析求得的围岩力学指标和荷载分布状况，经过计算模拟得出极限位移，其中用于反分析的监测断面应选择在具有代表性的地段设置，监测项目及要求应高于一般的监测断面，对测到的位移进行数据分析，求出较能反映实际的围岩特性指标和荷载分布状况，以此作为推算位移极限和判别稳定的基础。

当实测最大位移值或预测相对位移值不大于表 7－8、表 7－9 内的值时，初期支护可认为是稳定的，如果超过相应的控制值，则围岩不稳定或支护系统不够安全，需加强。

②根据位移速率判断。

位移速率表现为每天的位移量，对某一开挖面来讲，从开始产生位移到它稳定为止，位移的变化速率每天都不一样的，它是一个由大变小的递减过程。根据位移速率来判断围岩的稳定程度，是目前国内外广泛采用的方法。位移速率从变形曲线上来说分为三个阶段。

ⓐ变形急剧增长阶段——变形速率大于 1 mm/d；

ⓑ变形速率缓慢增长阶段——变形速率 1～0.2 mm/d；

ⓒ基本稳定阶段——变形速率小于 0.2 mm/d。

③根据位移－时间曲线形态判断。

由于岩体的流变特性，岩体破坏前变形曲线分为以下三个阶段：

ⓐ基本稳定区：主要标志为变形速率逐渐下降，表明围岩趋于稳定状态；

ⓑ过渡区：变形速率保持不变，表明围岩向不稳定状态发展，必须发出警告，加强支护系统；

ⓒ破坏区：变形速率逐渐增大，表明围岩已进入危险状态，必须停工，进行加固。

围岩稳定性判断很复杂，应结合具体工程，采取相关经验判断准则综合评估。

思考与练习

1. 简述隧道结构设计理论发展的具体阶段。
2. 简述荷载－结构法设计模式的计算方法及步骤。
3. 简述地层－结构法设计的计算方法与步骤。

第 8 章
高速铁路隧道

高速铁路隧道的勘测、设计、施工和维修养护管理与一般铁路隧道的情况有许多共同点。例如，均要求较高的工程质量，使隧道建筑物在高速行车条件下，能够满足养护维修工程量最小的要求，及时发现病害，分析造成病害的原因，及时采取有效的措施，延长隧道建筑物的使用寿命。然而由于设计时速高，高速铁路隧道空气动力学效应明显，在设计时需予以考虑。

8.1　高速铁路隧道空气动力学问题

8.1.1　主要空气动力学效应

当列车进入隧道时，原来占据着空间的空气被排开，空气的黏性以及隧道壁面和列车表面的摩阻作用使得被排开的空气不像隧道外那样及时、顺畅地沿列车两侧和上部形成绕流。列车前方的空气受压缩，列车后方则形成一定的负压，这就产生一个压力波动过程。这种压力波动又以声速传播至隧道口，形成反射波，回传、叠加，诱发对运营产生一系列负面影响的空气动力学效应，主要表现在三个方面瞬变压力、洞口微压波和行车阻力，对行车安全性、旅客舒适度及洞口环境等均产生不利影响，如表 8－1 所示。据研究，当列车以 160 km/h 以上的速度通过隧道时，空气动力学效应产生的不利影响已十分明显。

表 8－1　空气动力学效应对高速铁路隧道产生的不利影响

空气动力学效应		对隧道设计和运营的意义
瞬变压力	车内瞬变压力	旅客舒适度
	车上压力波动最大幅度	旅客和乘务员健康
	隧道内压力峰值	衬砌和设施的气动荷载
	车内外压差	车辆结构的气动荷载
微压波		引起爆破噪声，影响隧道口附近环境和建筑物的安全
列车空气阻力	平均阻力	牵引计算、运行能耗
	阻力过程	限坡
空气流动	列车风和空气动压	影响隧道中的设备安全、线路维护人员安全

8.1.2 瞬变压力

(1)瞬变压力的产生

高速列车通过隧道时就好比活塞在管道中向前推进，会产生一系列的压力波动，尤其是列车从开敞的线路刚进入隧道时，列车周围的空气压力由于突然受到隧道有限空间的约束而在短时间内产生巨大变化，这种空气压力变化现象称为瞬变压力。列车进入隧道后，车头、车尾压力变化如图 8－1、图 8－2 所示。

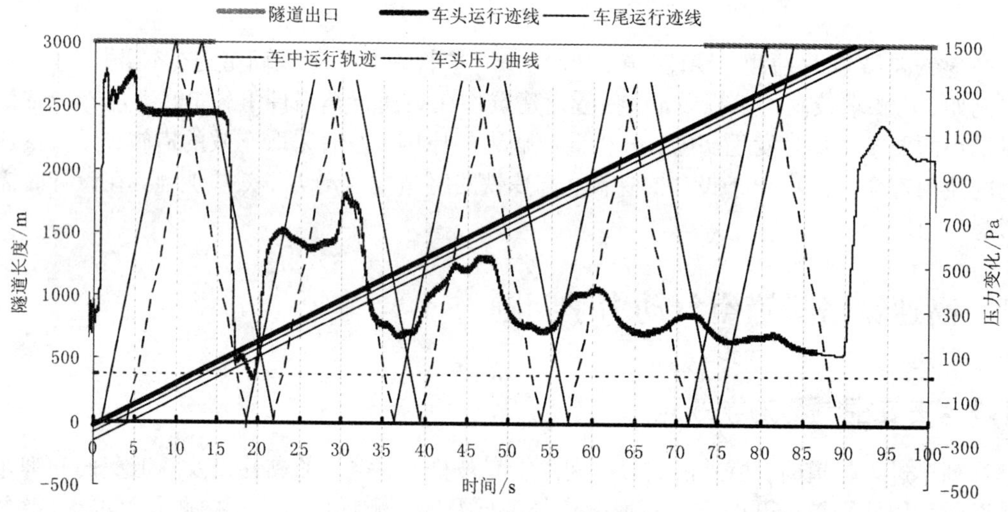

图 8－1 车头压力变化情况

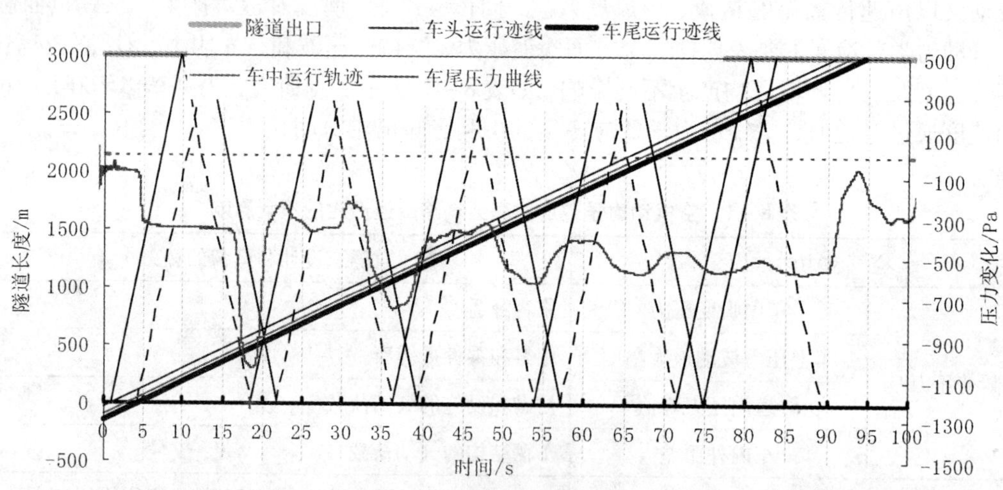

图 8－2 车头尾压力变化情况

(2)瞬变压力的评价指标

当瞬变压力由列车外部压力传播到列车内部，再传到人体内时，会使旅客产生生理上的不适——即耳膜压感不适，从而大大降低乘客的舒适度。然而人们对这种瞬变压力的舒适感是有值域区分的，在一定值范围内，人体不会有明显感觉，超过一定值时，会明显不适。因此，控制瞬变压力即压力波动(简称阈值)是以乘客乘车舒适度为基准的。

高速铁路隧道设计应通过正确选择隧道设计参数，将压力波动控制在“允许”范围内。

评定压力波动程度采用的参数有：

①“峰对峰”最大值，即最大压力变化的绝对值：$(\Delta P)_{max}$；

②压力变化率的最大值：$(dP/dt)_{max}$。

通常采用某一指定时间(3 s 或 4 s)内压力变化的“峰对峰”最大值来描述压力瞬变的程度。卫生专家指出，引起中耳气压伤的最低气压差为 8.0 kPa。从旅客乘车舒适度要求出发，参照国外经验，我国高速铁路提出瞬变压力的控制值如表 8 – 2 所示。

表 8 – 2　瞬变压力的控制值

铁路类型	隧道长度（占线路长度的比例）			隧道密集程度 /(座 · h^{-1})	瞬变压力 /(kPa · $3s^{-1}$)
A(平原)	单线	<10%	而且	<4	2.0
B(平原)	双线	<10%	而且	<4	3.0
A(山丘)	单线	>25%	或者	>4	0.8
B(山丘)	双线	>25%	或者	>4	1.25

(3)瞬变压力的影响因素

影响瞬变压力变化的因素有：列车速度、列车横断面积、列车长度、列车头部的形状、列车外表的形状和粗糙度、隧道的横断面积、隧道长度、隧道壁的粗糙度、隧道横断面的突变性、交会两列车进入隧道口的时间差等。

①列车速度和阻塞比的影响。

研究表明：列车速度 v 和阻塞比 β 对瞬变压力幅值的影响最大。

$$p_{max} = kv^2\beta^N \tag{8-1}$$

式中：p_{max} 为 3 s 内压力变化的最大值；β 为阻塞比，大小为列车截面积与隧道净空有效面积之比；N 为系数，单一列车在隧道中运行时，$N = 1.3 \pm 0.25$；考虑列车交会时，$N = 2.16 \pm 0.06$。

列车在明线上行驶，车头压力约为 300 Pa，车中压力基本为 0，车尾压力为负值；在进入隧道洞口过程中，车头压力急剧上升，车尾压力则出现下降；对于铁路隧道，当列车速度在 160 km/h 以下时，人体没有明显感觉，当行车速度在 200 km/h 以上时，会有明显不适感觉。

②隧道长度的影响。

压力波以声速传播。试验表明：对于超过列车长度的隧道，压力波动绝对值随隧道长度的增加先增大后减小，存在一临界长度。大于临界长度的隧道，来回反射的周期相应较长，在反射的过程中能量有所衰减。小于临界长度的隧道，压力波反射的周期大为缩短，在反射过程中能量损失也较少，致使压力波动程度加剧。对于小于列车长度的隧道，列车首尾不能同时在其中时，压力波的叠加不可能发生，波动程度随之缓解。

国内研究表明，设计时速 $v = 300$ km/h，列车长 $L_v = 360$ m，隧道净空有效面积 $A_t = 100$

m^2，阻塞比 $\beta=0.103$，并考虑在隧道中点会车情况，从 3 s 内列车上瞬变压力变化角度考虑的最不利长为 $L_t=1140\sim1260$ m。

法国研究表明，碎石道床隧道压力波动的最大值出现在 $ML_t/L_v=0.21$、0.34 及 0.88 时（M 为车速的马赫数）。当车速为 300 km/h 时，考虑会车，对于碎石道床 $A_t=100$ m^2 的情况，采用 TGV 动车组，不同隧道长时的压力波动幅度可用下式估算。

$$\Delta p=3600\left[1+\text{ABS}\left(\sin 6.409\times\frac{L_v}{L_t}\right)\right] \tag{8-2}$$

式中：ABS 表示为绝对值。

根据上式，隧道内 $0.8L_v$、$1.2L_v$、$3.5L_v$ 处，压力波动幅值将出现 3 个峰值。其中 $3.5L_v=1260$ m，与国内研究结论一致。

双线列车在隧道中交会引起压力波动的叠加，压力波动最大值是单一列车运行情况的 2.5~2.7 倍。

无砟道床隧道同样存在着隧道长度的临界值。武广高铁针对设计时速 $v=350$ km/h、列车长 $L_v=400$ m、隧道净空有效面积 $A_t=101$ m^2、阻塞比 $\beta=0.103$ 的情况提出：不考虑列车在隧道内交会，隧道临界长度为 1490 m；考虑列车在隧道内交会，隧道临界长度为 1380 m；

③辅助坑道的影响。

竖井位置对减压效果的影响很大，但并不是处于任何位置的竖井都能有较好的效果。合理设置的辅助坑道才能缓解压力波动的程度。

根据压力波叠加原理，理论上竖井的最佳位置：

$$\frac{X}{L}=\frac{2M}{(1+M)} \tag{8-3}$$

式中：X 为竖井距隧道进口距离；L 为隧道长度；M 为 Mach 数，即车速与声速的比值。

竖井断面积也存在最佳值，5~10 m^2 即可。加大竖井的横断面积并不能收到更好的效果，不同竖井面积对缓解压力的影响如表 8-3 所示。

表 8-3　中部竖井不同面积对缓解压力的影响

竖井净空面积/m^2	5	10	15	25
列车头部(Δp/3s)	1.5	1.38	1.44	1.68
列车尾部(Δp/3s)	1.31	1.21	1.06	1.11

(4)列车密封条件的影响

车辆内部的瞬变压力会直接影响旅客乘车舒适度。隧道内瞬变压力向车辆内传递的规律一般取决于车辆的密封性和车体的刚度。当车辆完全不密封时，车内外压力相等；当车辆完全密封且车体刚度较大时，车外的压力瞬变对车内无影响。

假定车内压力的变化率与内外压差成正比，即

$$\frac{dp_i}{dt}=-c_2(p_i-p_e) \tag{8-4}$$

假定 p_e 为常数，令 $p_d=p_i-p_e$，以 $t=0$ 时 $p_d=p_{d0}$ 作为边值条件，对式(8-4)积分得：

$$p_d = p_{d0} e^{-\frac{t}{\tau}} \tag{8-5}$$

式中：τ 为密封指数，车内压力从 3600 Pa 降低到 1350 Pa 所需的泄漏时间，单位 s，现代密封技术可以考虑 $\tau = 15$ s。

计算结果表明，车辆的密封对车内压力波动的影响可以归结为“缓解”和“滞后”两种效应。值得指出的是，在考虑到列车交会的情况下，就车外压力而言，洞口会车有时会成为最不利情况。而在列车密封的条件下，洞口会车并非为车内压力最不利情况，由于“滞后”效应，车内压力来不及“响应”列车就出洞了。

8.1.3　微压波

高速列车进入隧道，前方的空气受到挤压，压缩波以声速传播到出口，骤然膨胀，向外放射脉冲状的压力波，这就是微压波，如图 8－3 所示。

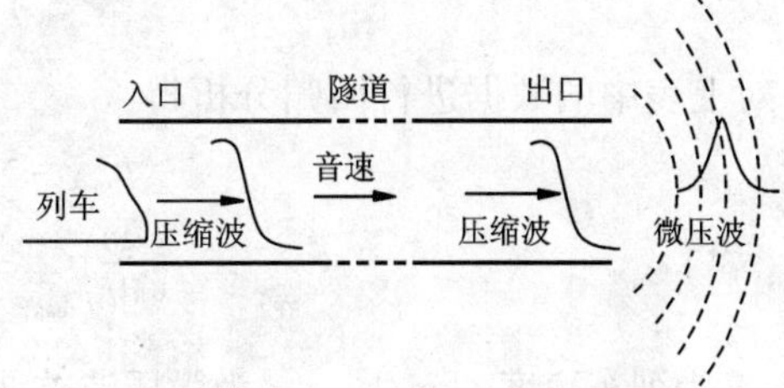

图 8－3　微压波形成示意图

1973 年，Hammitt 通过对有关列车隧道空气动力学问题的理论研究，预测存在微压波问题。1975 年，在日本新干线冈山以西段的试运营过程中首次观察到。微压波的产生伴有爆破噪声，并会对邻近建筑物产生危害。微压波的波形是一个中央具有峰值、呈山形的压力脉冲，其幅值大小与列车进洞速度、隧道长度、道床类型及隧道洞口形式等有关。

(1) 微压波与列车进洞速度的关系

山本(A. Yamamoto)基于线形声学理论，通过低频远场假设对微压波进行的研究表明：微压波主要取决于列车进入隧道诱发的第一个压缩波(首波)，其大小与到达出口的压缩波形态密切相关，在靠近低频段与压缩波波前的压力梯度成正比，即：

$$p_{rmax} = \frac{2A_t}{\Omega r C}\left(\frac{dp}{dt}\right)_{max} \tag{8-6}$$

式中：r 为距隧道口距离；C 为标准声速；Ω 为从洞口向外看时的空间立体角；A_t 为隧道净空有效面积。

日本对新干线上列车进入隧道诱发的首波压力的变化进行研究，列车进洞时产生的压缩波幅值和最大波前梯度分别为：

$$P = \frac{1}{2}\rho_0 v^2 \frac{1-(1-\beta)^2}{(1-M)[M+(1-\beta)^2]}\left(\frac{1}{2}+\frac{1}{\pi}\arctan^{-1}\frac{vt}{l}\right) \tag{8-7}$$

$$\left(\frac{dP}{dt}\right)_{max} = \frac{1}{2}\rho_0 \frac{1-(1-\beta)^2}{(1-M)[M+(1-\beta)^2]}\frac{v^3}{\pi l} \tag{8-8}$$

式中：ρ_0 为空气标准密度；v 为列车进洞速度；β 为阻塞比；l 为对于新干线机车，$l = (0.3 \sim 1/3)d$，d 为隧道的水力直径；M 为马赫数；t 为时间。

随着我国高铁的发展，对隧道微压波也进行了大量的研究。遂渝铁路松林堡隧道全长 1320 m，断面积 48.6 m^2，隧道进出口均设置棚式缓冲结构。长白山号动车组截面面积为 12.49 m^2，车长为 256.5 m，隧道内 643 m 测点的微压波测试结果如表 8－4 所示。

表 8 -4　隧道内首波峰值及波前梯度数据

车次	实测速度/(km·h^{-1})	首波峰值/kPa	波前梯度峰值/(kPa·s^{-1})
S1604	159.5	1.27	2.24
S1804	179.2	1.71	3.11
S1904	190.7	1.89	3.48
S2004	200.0	2.11	4.05
S2104	210.2	2.39	4.74
S2204	221.5	2.61	5.40

对上表中的数据进行回归分析得：

$$p_{max} = 5 \times 10^{-5} \cdot v^2 \tag{8-9}$$

$$\left(\frac{dp}{dt}\right)_{max} = 5 \times 10^{-7} \cdot v^3 \tag{8-10}$$

式中：v 为列车速度，km/h；p_{max}为微压波首波峰值，kPa；$\frac{dp}{dt}$为微压波首波波前梯度，单位 kPa/s。

(2)微压波与道床类型、隧道长度的关系

压缩波在板式道床隧道传播规律与在碎石道床隧道中的情况有所差别。在碎石道床隧道中，当隧道长度增加时，首波峰值有较明显的衰减，而且压力变化梯度在传播过程逐渐变得平缓。在板式道床隧道，当隧道长度增加时，首波峰值反而有一定程度的增加，但当隧道长度超过一定限值(6～8 km)时，首压波峰值继而出现明显的衰减。

日本新干线对多个隧道进行了测试，结果如图 8 -4 所示。

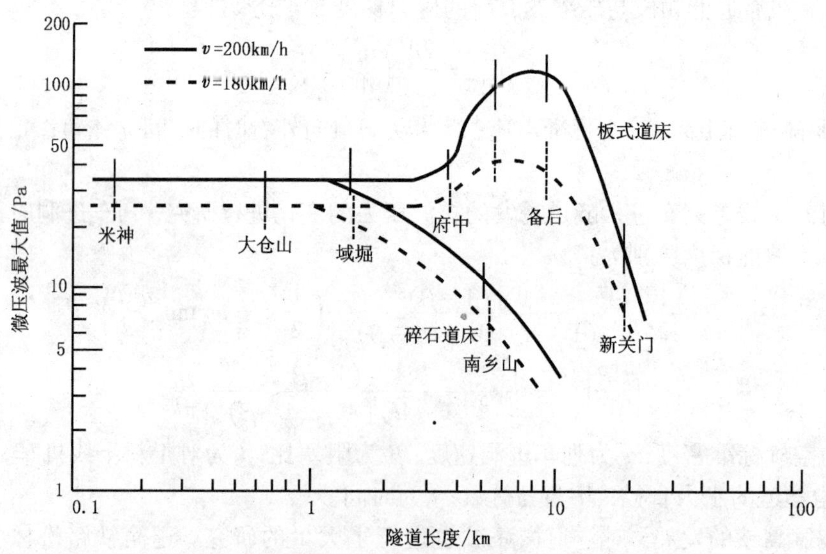

图 8 -4　微压波最大值与隧道长度的关系

在较长的隧道中，微压波最大值与壁面状态有很大关系。由于隧道的壁面摩擦，隧道壁的热交换而使其衰减并使波面前面的压力坡度变陡。壁面摩擦的衰减效果取决于隧道的壁面状态(包括隧道底部)。例如，板式道床的大野(11.4 km)、备后(8.9 km)两隧道的微压波最大值，在列车速度为 200 km/h，测点距离为 20 m 时，是 100～150 Pa。而同样条件的南乡山隧道(11.2 km)，因是碎石道床，微压波最大值仅是 10 Pa，比短隧道的 35 Pa 还小。

压缩波向前传播的过程中，空气的密度和温度随之增加，引起声速的提高。压缩波的后部比前端传播的更快。板式道床不能像碎石道床那样能有效地消除这种影响，因此，在压缩波传播的过程中，波前梯度会逐渐增加，波形变陡。当入口波梯度较大以及隧道较长时，这种效应会十分显著。

8.2　高速铁路隧道断面设计

8.2.1　高速铁路隧道建筑限界

我国高速铁路隧道建筑限界基本尺寸及轮廓图示如图 8 - 5 所示。

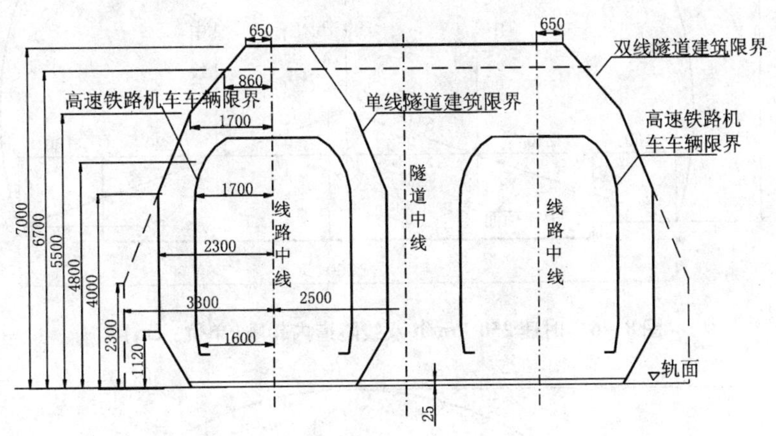

图 8 - 5　高铁隧道建筑限界(单位：mm)

8.2.2　高速铁路隧道衬砌内轮廓

高速列车通过隧道时，产生的空气动力学效应对行车安全、旅客舒适度、列车相关性能和洞口环境的不利影响十分明显。高铁隧道断面设计主要应考虑下列因素：

①隧道建筑限界；

②股道数及线间距；

③隧道设备空间；

④空气动力学效应；

⑤轨道结构形式及其运营维护方式。

研究表明：增大隧道断面、减小阻塞比是降低空气动力学不利影响的有效途径。我国高速铁路隧道净空有效面积应符合下列规定：

①设计行车速度目标值为 300、350 km/h 时，双线隧道不应小于 100 m^2，单线隧道不应小于 70 m^2。

②设计行车速度目标值为 250 km/h 时，双线隧道不应小于 90 m^2，单线隧道不应小于 58 m^2。

列车在单孔双线隧道中运行时，由于列车断面积对隧道断面积的阻塞比(β)比单线隧道的小，双线隧道中发生的瞬变压力和列车上的空气动力阻力较单线隧道中的小，所以高速铁路隧道多采用单孔双线隧道断面。

由于高铁隧道净空有效面积较大，曲线上的隧道衬砌内轮廓可不加宽。

根据高速铁路隧道建筑限界和隧道内必须配置的各功能空间的要求，结合空气动力学要求，我国统一制定了高速铁隧道衬砌内轮廓，如图 8-6～图 8-9 所示。

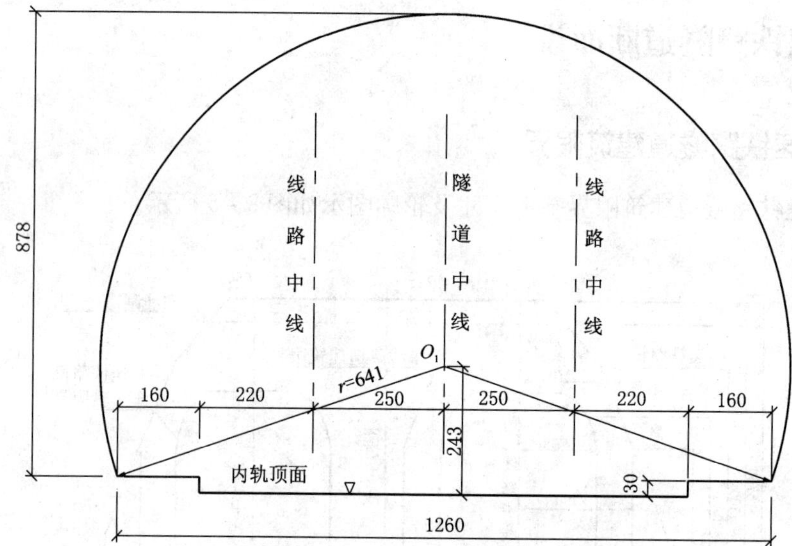

图 8-6　时速 250 km/h 双线隧道内轮廓(单位：cm)

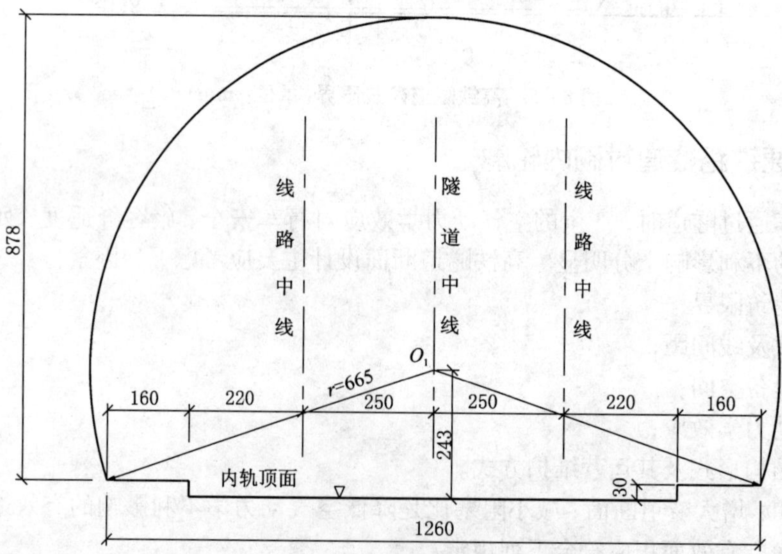

图 8-7　时速 300 km/h、350 km/h 双线隧道内轮廓(单位：cm)

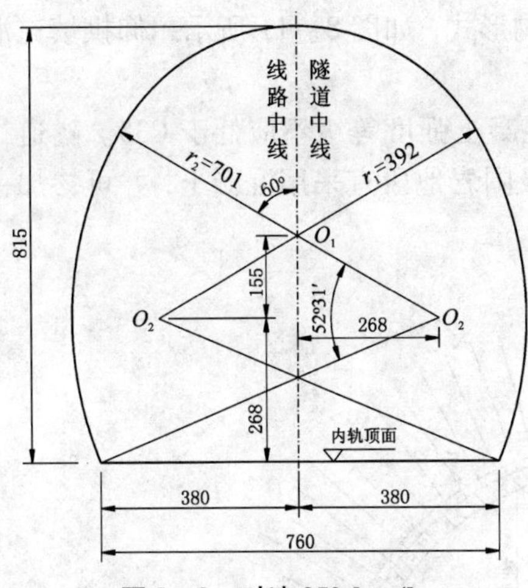

图 8-8　时速 250 km/h 单线隧道内轮廓(单位：cm)

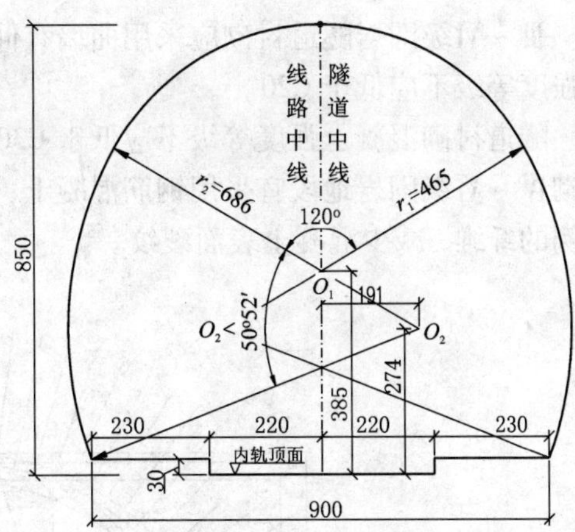

图 8-9　时速 300 km/h、350 km/h 单线隧道内轮廓(单位：cm)

8.2.3　隧道衬砌

(1)衬砌结构

高速铁路隧道的横断面较大，受力比较复杂，且列车运行速度较高，隧道维修有一定的时间限制，复合衬砌比喷锚衬砌安全，且耐久性较好，所以隧道采用复合式衬砌。

考虑大断面隧道的受力情况不利，尤以隧道底部较为复杂，而两侧边墙底直角变化容易引起应力集中，因此隧道衬砌内轮廓宜采用圆形断面。单线隧道可采用三心圆断面，边墙与仰拱应圆顺连接。

Ⅰ、Ⅱ级围岩隧道衬砌宜采用曲墙带底板的结构形式，如图 8-10 所示。底板厚度不应小于 30 cm，混凝土强度等级不应低于 C35，并应配置双层钢筋。

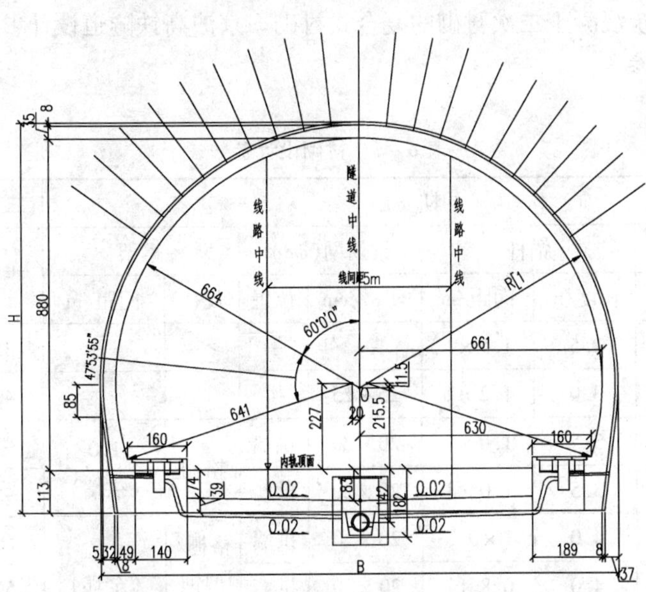

图 8-10　无仰拱衬砌结构(单位：cm)

Ⅲ ~ Ⅵ级围岩隧道衬砌应采用曲墙有仰拱的结构形式，如图 8 – 11 所示。仰拱填充混凝土强度等级不应低于 C20。

隧道衬砌混凝土强度等级不应低于 C30，钢筋混凝土强度等级不应低于 C35。隧道二次衬砌Ⅳ ~ Ⅵ级围岩地段宜采用钢筋混凝土；Ⅰ ~ Ⅲ级围岩地段宜采用混凝土，并可掺加一定比例的纤维，减少混凝土表面裂纹。

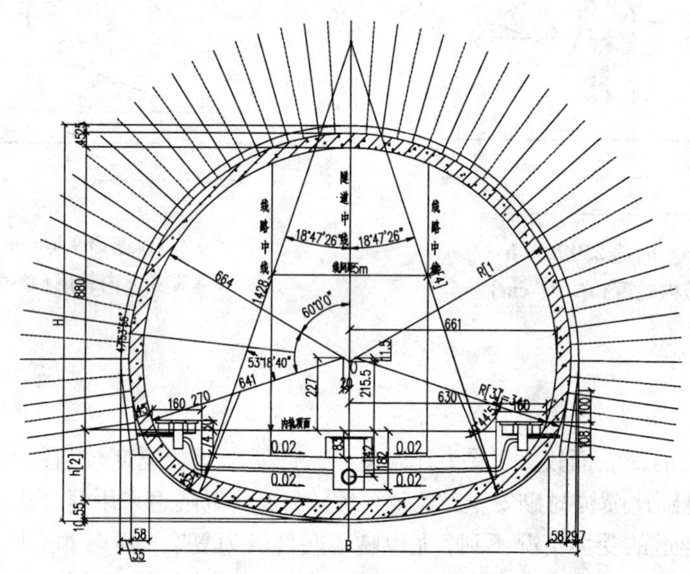

图 8 – 11 有仰拱衬砌结构(单位：cm)

(2)复合式衬砌支护参数

在Ⅱ、Ⅲ、Ⅳ、Ⅴ级围岩中修建高速铁路隧道，全部按新奥法原理设计与施工，采用喷混凝土初期支护与模筑混凝土二次衬砌的复合式衬砌。京沪高铁隧道设计参数如表 8 – 5 所示，类似隧道设计时可参考。

表 8 – 5 衬砌设计参数

围岩级别	初期支护								二衬厚度/cm		预留变形量/cm
	喷混凝土/cm		锚杆		钢筋网(ϕ8)		钢架		拱墙	仰拱	
	拱墙	仰拱	长度/m	间距/m	网格/cm	位置	规格	间距/m			
Ⅱ	10	—	2.5	1.5×1	—	—	—	—	35	30	3 ~ 5
Ⅲ	15	—	3.0	1.2×1	25×25	拱			40	55	5 ~ 8
Ⅳ	25	15	3.5	1.0×1	20×20	拱墙	格栅	1.0（拱墙）	45	55	8 ~ 10
$Ⅳ_{加}$	25	25	3.5	1.0×1	20×20	拱墙			45	55	8 ~ 10
Ⅴ	28	28	4.0	1×0.8	20×20	拱墙	格栅/型钢	0.7（全环）	50	60	10 ~ 15
$Ⅴ_{加}$	28	28	4.0	0.8×1	20×20	拱墙			50	60	10 ~ 15

（3）洞内附属构筑物

隧道内可不设置供维修人员使用的避车洞，但应考虑设置存放维修工具和其他业务部门需要的专用洞室。洞室宜参照大避车洞尺寸设计，沿隧道两侧交错布置，每侧布置间距应为 500 m 左右。

隧道内应设置双侧电缆槽，电缆槽的结构外缘至同侧轨道中线的距离不应小于 2.30 m。电缆槽可设在安全通道下，但盖板必须坚固、平整，与安全通道地面齐平。

隧道长度大于 500 m 时，应在洞内设置余长电缆腔。余长电缆腔应沿隧道两侧交错布置，每侧布置间距应为 500 m。500 ~ 1000 m 的隧道，可只在中间设置一处。

当隧道长度大于 2000 m 时，应根据接触网专业要求在洞内设置下锚区段。其长度及位置应按接触网专业要求办理。锚固设备不应侵入隧道预留空间。下锚区段宜布置在直线及地质较好、地下水较少地段。

8.3　高速铁路洞口缓冲结构物设计

在隧道洞口设置净空面积大于隧道净空有效面积的缓冲结构物，是削减微压波的主要措施。高速铁路隧道洞口附近有建筑物或特殊环境要求时，宜设置洞口缓冲结构。

8.3.1　缓冲结构设置基准

隧道洞口缓冲结构设置应考虑列车类型及长度、隧道长度、净空有效面积、轨道类型、洞口附近地形和居民情况等因素。是否需设置缓冲结构物，可根据洞口微压波峰值的大小来确定。缓冲结构物设置基准如表 8 – 6 所示。

表 8 – 6　洞口缓冲结构设置要求

建筑物至洞口距离	建筑物有无特殊环境要求	基准点	微压波峰值
< 50 m	有	建筑物	按要求
	无		≤20Pa
≥50 m	有	距洞口 20 m 处	< 50 Pa

8.3.2　缓冲结构的形式

缓冲结构的形式按断面变化的规律可分为两类：断面突变的阶梯形和断面渐变的喇叭形。

（1）阶梯形缓冲结构

没有开口的全封闭缓冲结构，微压波首波及第二波峰值随缓冲结构长度和断面积的变化分别如图 8 – 12 和图 8 – 13 所示。

由图可知，没有开口的全封闭缓冲结构，截面积为隧道截面积的 1.55 倍，长度大于隧道直径，对微压波的削峰效果最好。

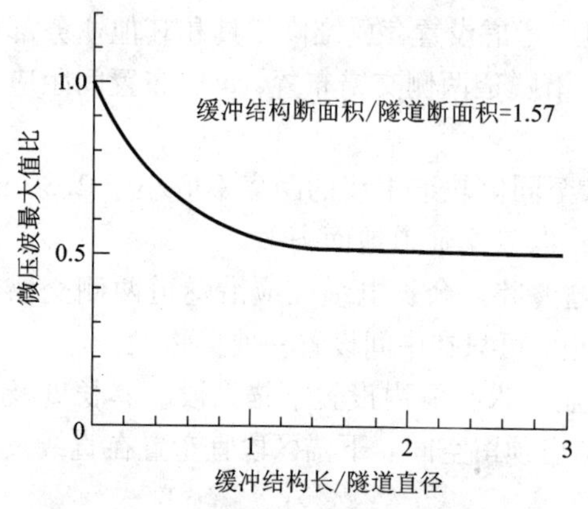

图 8-12 微压波与缓冲结构长度的关系

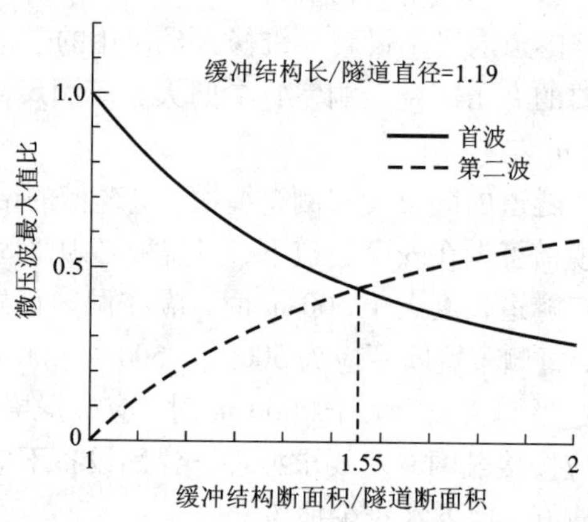

图 8-13 微压波与缓冲结构断面积的关系

(2)喇叭形缓冲结构

从理论上讲，断面渐变的喇叭形缓冲结构效果更好。M. S. Howe 研究认为，缓冲结构断面净空面积随长度按下规律变化时对微压波的削减最优。

$$A(x)=\frac{A_t}{\left[\dfrac{A_t}{A_h}-\dfrac{x}{l}\left(1-\dfrac{A_t}{A_h}\right)\right]},\quad -l\leqslant x\leqslant 0 \tag{8-11}$$

式中：A_h、A_t 分别为缓冲结构和隧道的净空有效面积。

在实际工程中，考虑到施工难度，常用的断面变化形式有直线形和曲线形两种，如图 8-14 所示。

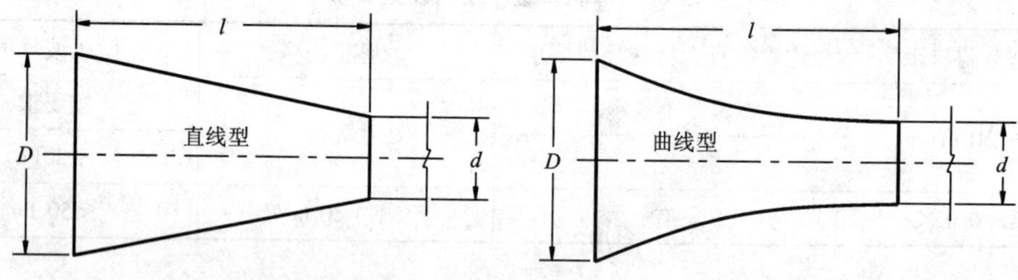

图 8-14 喇叭口型洞门开口形式

试验研究表明，虽然两种形式的缓冲结构对削减微压波峰值有些差别，但具有共同的趋势。圆形断面条件下，$l/d=3.33$、$D/d=2.5$ 时的微压波最大值为无缓冲结构时的 0.2 ~ 0.3 倍。

8.3.3 缓冲结构开口的影响

当缓冲结构采用与隧道衬砌内轮廓形状相似的结构时，可在侧面或顶面开减压孔。不同开口率对削减微压波峰值的效果不同。以缓冲结构长度取 1 倍隧道直径为例，不同开口率 A_s/A_t 的数值模拟结果如表 8-7 所示。

表 8－7　缓冲结构开口影响

<table>
<tr><td colspan="3">A_s/A_t</td><td>0.2</td><td>0.25</td><td>0.3</td><td>0.33</td><td>0.41</td><td>0.5</td><td>0.6</td></tr>
<tr><td rowspan="3">两侧开口</td><td rowspan="2">最大压力梯度</td><td>kPa/s</td><td>6.78</td><td>6.70</td><td>6.34</td><td>6.37</td><td>6.45</td><td>6.49</td><td>6.99</td></tr>
<tr><td>相对值</td><td>0.625</td><td>0.618</td><td>0.584</td><td>0.587</td><td>0.595</td><td>0.598</td><td>0.644</td></tr>
<tr><td colspan="2">微压波峰值/Pa</td><td>38.1</td><td>37.6</td><td>35.6</td><td>35.8</td><td>36.3</td><td>36.5</td><td>39.3</td></tr>
<tr><td rowspan="3">顶部开口</td><td rowspan="2">最大压力梯度</td><td>kPa/s</td><td>6.40</td><td>6.26</td><td>5.99</td><td>5.90</td><td></td><td></td><td></td></tr>
<tr><td>相对值</td><td>0.59</td><td>0.577</td><td>0.552</td><td>0.544</td><td></td><td></td><td></td></tr>
<tr><td colspan="2">微压波峰值/Pa</td><td>36.0</td><td>34.8</td><td>33.7</td><td>33.27</td><td></td><td></td><td></td></tr>
</table>

由表 8－7 可知，最佳开口率为 0.3 左右。设计时，减压孔面积可根据实际情况确定，宜为隧道净空有效面积的 1/5～1/3。

8.4　高速铁路隧道洞门形式和设计方法

8.4.1　洞门形式

高速铁路隧道洞门结构的设计应本着“简洁大方，美观实用，保护环境”的原则，以不刷坡或少刷坡施作的切削式洞门为主。根据切削方式的不同及一些功能上的要求，切削式洞门的基本类型包括直切、正切、倒切和弧形挡墙加切削四种，如图 8－15～图 8－18 所示。

图 8－15　直切式洞门

图 8－16　正切式洞门

图 8－17　倒切式洞门

图 8－18　弧形挡墙式洞门

针对具体隧道，洞门形式应根据洞口段的地形、地质、水文条件及洞外有关工程，同时考虑人文、历史因素进行选择。不同形式洞门的适用条件如下：

直切式适用于洞口山体坡度较陡或距离城市较近或有风景要求的隧道。

倒切式适用于洞口岩层较稳定、整体性好、洞口山体坡度很陡或峭壁岩体中的隧道。

正切式适用于洞口山体坡度较缓或距离城市较近或有风景要求或桥隧相连地段的隧道。

弧形挡墙式适用于洞口山体坡度很缓，且洞口外有路堑边坡时，可使弧形挡墙与路堑边坡有机连接。

不同的洞口形式可以采用不同的排水形式。直切、正切式隧道洞口采用加檐形或喇叭口形排水形式。倒切式隧道洞口最好采用喇叭口形排水形式。弧形挡墙式隧道门采用宜加檐形排水形式。

8.4.2 洞门结构受力分析

切削式洞门不存在明显的墙式结构，洞口段衬砌结构处于复杂的三维受力状态，不仅存在横向轴力和弯矩，也存在纵向轴力和弯矩。在进行洞口段衬砌结构设计时，洞口段一定范围必须作为整体进行。

切削式洞门结构受力分析建议采用三维数值模拟，明洞衬砌结构按壳体单元设计，配置结构的横向和纵向受力钢筋。如果没有条件采用三维数值分析，也可采用简化算法。

切削式洞门结构简化设计方法包括横向和纵向两部分。

(1)横向

不考虑悬臂段，洞口仅按洞口段控制截面配筋。计算时以拱顶压力为基准，将其余部位的压力与拱顶压力的比值作为该部位的压力，正切式明洞的基本压力图式如图 8－19、图 8－20 所示。

拱顶压力：

$$q = K_q \gamma h,\ K_q = \begin{cases} 1.3258 e^{2.3936/h} & \text{单线隧道} \\ 0.6841 e^{3.7081/h} & \text{双线隧道} \end{cases} \qquad (8-12)$$

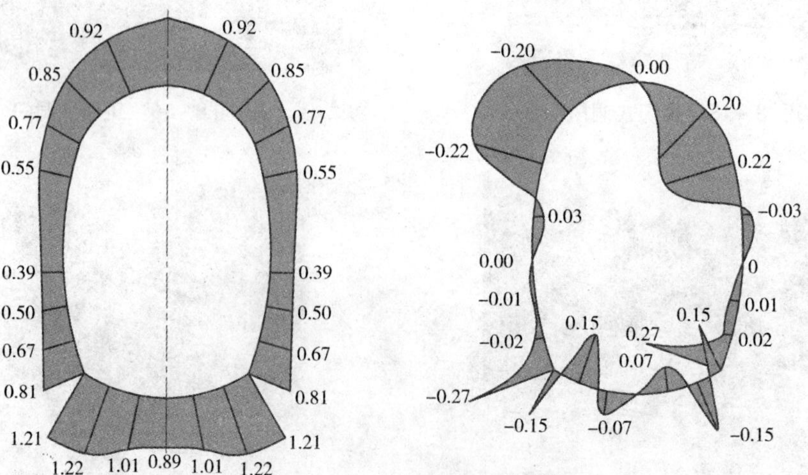

图 8－19 单线正切式洞门基本压力图式

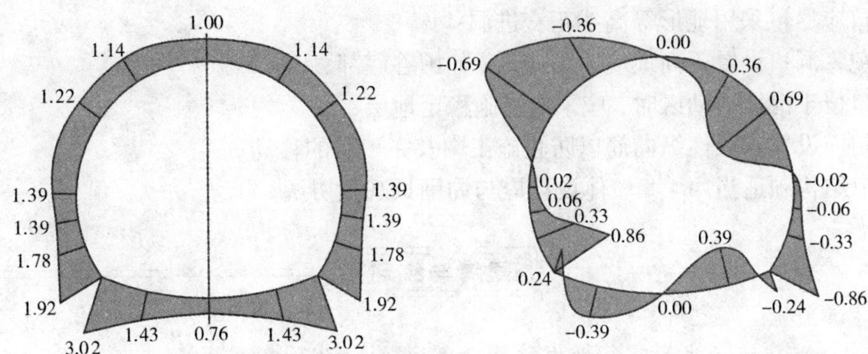

图 8－20　双线正切式洞门基本压力图式

(2)纵向

洞口段结构前部为压弯、后部为拉弯受力，控制点在仰拱及衬砌下半部，控制断面在洞口段后段。在横向受压、纵向受拉双向受力状态下，将出现较大剪应力，易出现斜裂缝。计算时将洞口段简化成纵向箱梁，荷载有自重、竖向压力 P_h、切向压力 X_h，受水平弹簧和竖向弹簧约束，尾部作用弹性铰和弹性水平约束，如图 8－21 所示。

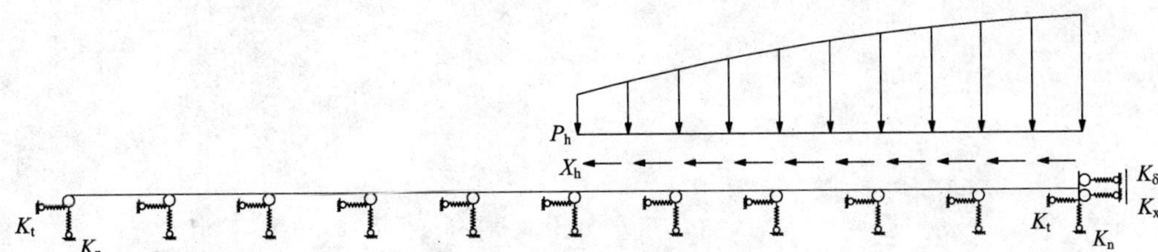

图 8－21　纵向弹性地基梁简化计算图式

$$\begin{cases} P_h = Bq = BK_q\gamma h \\ X_h = \alpha L_p K_t \gamma h \end{cases} \tag{8-13}$$

$$\begin{cases} K_{n(i)} = K(l_{e(i)} + l_{e(i+1)})B \\ K_{t(i)} = \dfrac{K_{n(i)}}{2(1+\mu)} \leqslant fN \end{cases} \tag{8-14}$$

$$K_t = \begin{cases} 0.4794\mathrm{e}^{4.5006/h} & \text{单线隧道} \\ 0.3377\mathrm{e}^{5.9959/h} & \text{双线隧道} \end{cases} \tag{8-15}$$

$$\begin{cases} K_\theta = FI_t \\ K_x = EA_t \end{cases} \tag{8-16}$$

式中：B 为隧道明洞宽度；α 为比例常数，一般可取 0.3；L_p 为结构环向周长；K 为弹性地基系数，可由试验或按规范确定；$l_{e(i)}$、$l_{e(i+1)}$ 为相邻单元的长度；μ 为泊松比，可由试验或按规范确定；F 为围岩和结构摩擦系数；E 为混凝土弹性模量；I_t、A_t 为隧道断面的惯性矩和面积。

高速铁路隧道洞门设计除考虑地形、地质、空气动力学效应、环境及排水等五项因素外，还应考虑以下准则，以降低施工和运营期间的风险：

①洞口应尽量采用地形等高线正交进洞；

②避免将洞口设置于高地应力集中区，如山谷底部；

③洞口位于滑坡活动区时，应采取措施稳定地层；

④洞门应设置永久性纵向筋以防止施工中及完工后的移动；

⑤洞口结构须适当回填，整体设计应与周围景观相协调。

思考与练习

1. 高速铁路隧道产生的空气动力学效应负面影响有哪些？
2. 影响高速铁路隧道瞬变压力变化的因素有哪些？
3. 高速铁路隧道断面设计的基本因素是什么？
4. 高速铁路隧道洞口缓冲结构有哪些类型？各自有什么特点？
5. 简述高速铁路隧道洞门类型及受力特点。

第 9 章
隧道防排水设计

隧道内常有地下水的渗漏，且维修工作也会带来一些废水，致使隧道潮湿。由于洞内湿度大，使得钢轨及扣件易于锈蚀，木枕容易腐烂，从而降低设备的使用寿命；隧道漏水还会引起漏电事故和造成金属的电蚀现象；在严寒地区，冬季渗入洞内的水结成冰凌，倒挂在衬砌拱圈上，侵入净空限界，危及行车安全；有时道床冒水，结成冰膜，遮盖轨面，需要人工破冰，这些都增加了隧道维修养护的费用。因此，隧道需采取切实可靠的设计、施工措施，对地表水和地下水均作妥善处理，洞内形成一个完整的防排水系统，保障结构物和设备的正常使用和行车安全。

9.1　隧道治水原则

隧道治水原则："防、排、截、堵结合，因地制宜，综合治理。"

①"防"：通过设置防水层、采用防水混凝土、采用止水带封闭衬砌变形缝等措施使隧道衬砌结构本身具有一定的防水能力；

②"排"：将地下水通过暗管、盲沟引入隧道内，再经由洞内水沟排走，通过排水可以减小渗水压力和渗水量；

③"截"：通过设置截水天沟等措施截断地表水和地下水流入隧道的通路；

④"堵"：通过向衬砌背后压注止水材料(水泥浆液、化学浆液等)填充衬砌与围岩之间的空隙，堵住地下水的通路，不使其渗入隧道；或采用压浆分段堵水，使地下水集中在一处或几处后再引入隧道内排出。

在对工程进行防排水设计时，应考虑以下因素：

①水文和气候因素；

②地下水类型、水位，以及补给径流和排泄特征；

③地下水化学成分，是否具有侵蚀性或腐蚀性；

④地下水排放对周围生态环境的影响；

⑤隧道开挖方法和衬砌设计等。

隧道可分为防水型隧道和排水型隧道两类。

防水型隧道是指采取各种措施，如防水层、止水带等，将水封堵在隧道衬砌之外，在静水头不超过 30 m 的地区广泛应用。当静水头超过 60 m 时，对隧道防水材料和结构的要求都将大大提高。防水型隧道亦需设置排水系统，为隧道渗漏水预留排水通道。

当地面生态和社会环境敏感，例如在居民区或存在地下水供水水源地区修建隧道时，大量排水会造成地表下沉，危及建构筑物的正常使用及周边环境；或当地下水具有腐蚀性，需要将地下水与混凝土隔离的情况，应优先设计防水型隧道。

排水型隧道又可以分为控制排水型和不控制排水型。在高水位以及不允许过量排放地下水处修建隧道时，应采取“以堵为主，限量排放”，即“控制排放”的原则。对于排水对地面生态环境影响不大的地区，可不必控制排水，而是利用衬砌背后的盲沟等排水设施，让水流入隧道内排水沟排出洞外。

隧道穿过断裂破碎带，预计地下水较大，当采用以排为主可能影响生态环境时，根据实际情况采用“以堵为主，限量排放”的原则，达到“堵水有效、防水可靠、排水畅通、经济合理”的目的。在岩溶发育地段，则采用“以疏为主、以堵为辅”的原则，强调尽量维系岩溶暗河的既有通路，严禁随意封堵溶洞、暗河。

在一座隧道的不同区段，也可能存在以排为主的排水型，同时又有所示防水的防水形式，过渡段需采取合理的过渡措施。不同防排水类型隧道的特点对比如表 9－1。

表 9－1 不同防排水类型隧道特点对比

措施／项目	防水型隧道	排水型隧道	
		控制排水	不控制排水
地下水流失	基本无流失	部分流失	流失
衬砌压力	全水压	部分水压	无水压
建造费用	随水头增加而明显增加	随水头增加而增加	低
维护成本	少	随时间延续而增加	随时间延续而增加

9.2 隧道防水工程措施

不同等级线路隧道对防水等级的要求不同，设计时应满足相应规范要求。以高速铁路隧道为例，需达到一级防水等级，要求做到不漏、不渗、无湿渍，检测手段以目测方式为主，要求衬砌密实且表面观察不到湿渍为准。

隧道防水工程措施包括围岩注浆堵水、初期支护喷射混凝土防渗、防水层、施工缝、变形缝防水、衬砌混凝土自防水、衬砌背后回填注浆等。

9.2.1 围岩注浆堵水

对地下水发育、地下水无控制排放影响生态环境等情况，采用开挖前预注浆或开挖后围岩注浆等措施对地下水进行截堵，如图 9－1 所示，是防排水系统设计的重要措施。在隧道开挖线外围一定范围内注浆截断或阻塞地下水与隧道之间的水流通路，达到限制地下水排放量及排放方向的目的，同时起到加固围岩的作用，改善隧道受力条件，从而保证隧道运营安全。注浆材料可选择普通水泥、超细水泥、TGRM 水泥基注浆材料、无收缩多液固堵剂、发泡注浆抢堵剂或化学浆液。

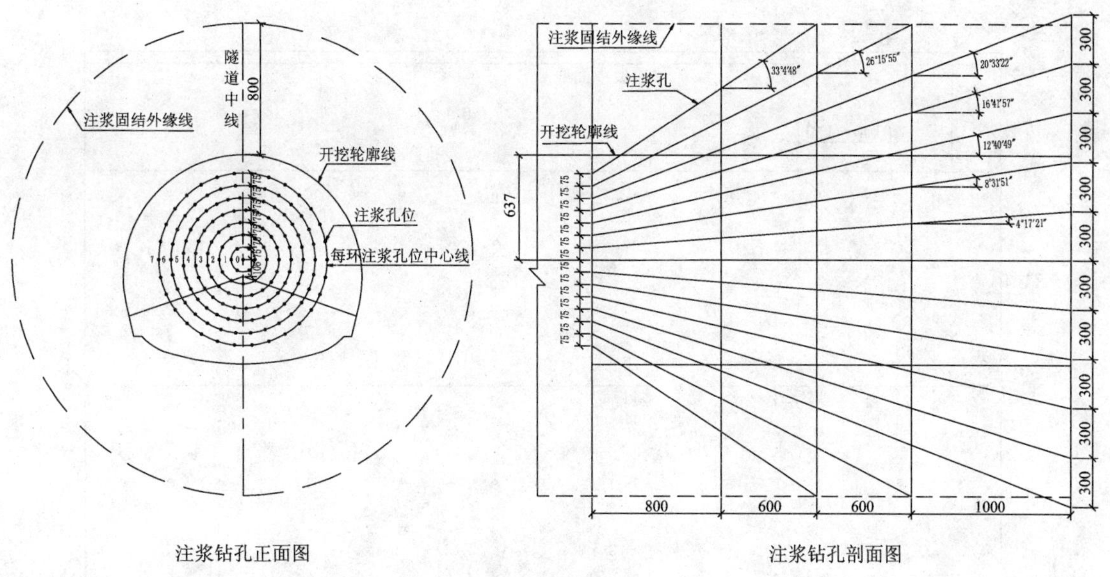

图9－1　预注浆剖面示意图(单位: cm)

9.2.2　喷射混凝土防渗

喷射混凝土是复合式衬砌的外层支护及第一道防水屏障，质量好坏对隧道防水效果影响明显。为提高喷层的防水质量，应做到以下几点：

①喷射前认真处理围岩基面，清除松散危石，大股涌水宜采用注浆堵水，小股涌水或渗水，可采用注浆或导管引排；

②加强对钢架等支护体背面喷射检查，避免造成喷射混凝土内部及其与围岩接触面之间不密实，形成空隙；

③喷射混凝土应将围岩表面露出的锚杆头覆盖，对喷头突出的钢筋头应切割后补喷或用砂浆覆盖；

④调整混凝土配合比或掺加合适的外加剂，提高混凝土的抗渗能力。特别是当地下水具有腐蚀性时，可通过添加硅粉或钢纤维、采用低化热水泥等措施，提高混凝土防渗性能。加强喷射混凝土的养护，减少裂纹。

9.2.3　防水层

防水层是提高复合式衬砌防水抗渗能力的重要举措，通常由缓冲垫层与防水板两部分组成。铺设示意如图9－2所示。

缓冲垫层直接安设在基层上作为防止静力穿刺的保护层，也起到一定的排水反滤作用。一般采用不小于4 mm的聚乙烯(PE)和质量介于300～400 g/m^2 的无纺布。

防水板应在初期支护变形基本稳定并经验收合格后进行铺设，铺设时基层宜平整、无尖锐物，基层平整度应符合 $D/L \leqslant 1/6$ 的要求(D 为初期支护基层相邻两凸面凹进去的深度；L 为基层相邻两凸面间的距离)。防水板宜选用高分子防水材料，常用的用PVC(聚氯乙烯)、ECB(乙烯、醋酸乙烯与沥青共聚物)、EVA(乙烯－醋酸乙烯共聚物)、LDPE(低密度聚乙烯)及HDPE(高密度聚乙烯)类或其他性能相近的材料，性能要求如表9－2所示。防水板的使

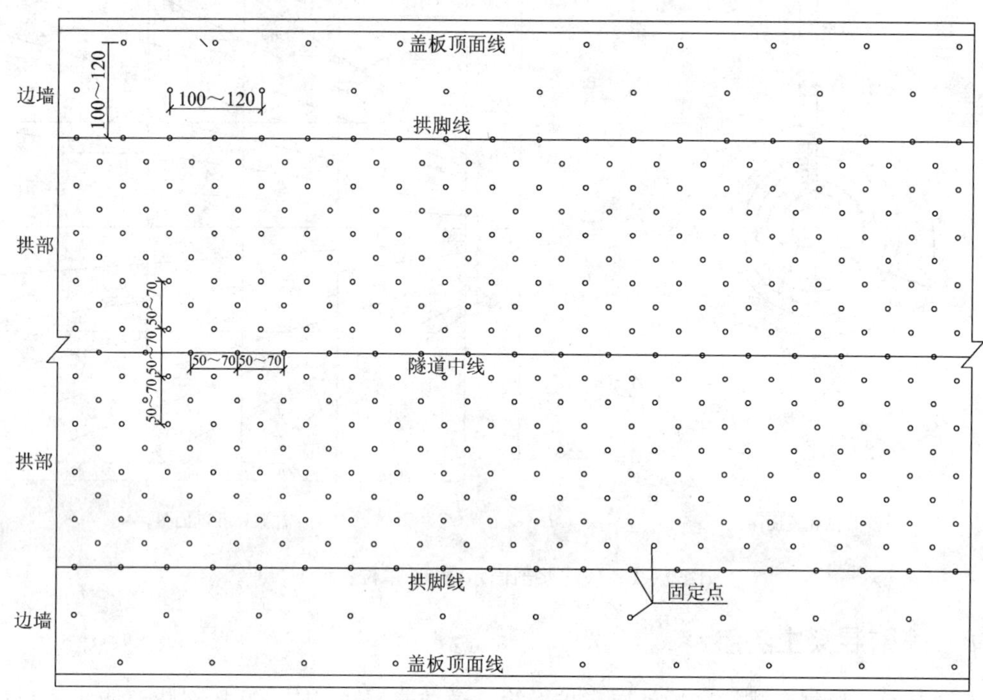

防水板加土工布铺设平面展示图

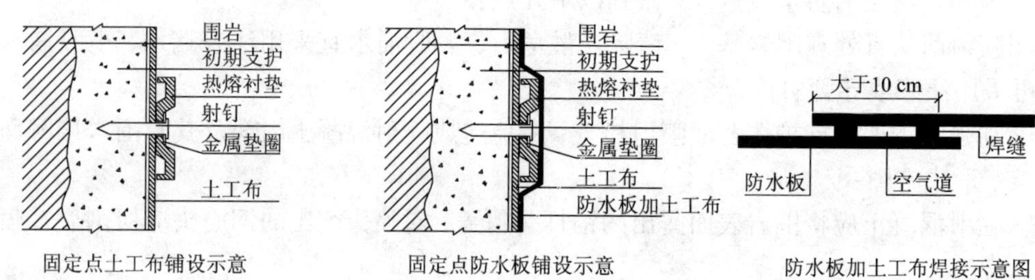

固定点土工布铺设示意　　固定点防水板铺设示意　　防水板加土工布焊接示意图

图9－2　防水板铺设示意图(单位：cm)

用正逐渐向较大厚度(＞1.5 mm)、较大幅宽(＞2 m)、较高拉伸强度和抗穿刺性能方向发展。

表9－2　塑料防水板物理力学性能

项目	拉伸强度/MPa	断裂延伸率/%	热处理时变化率/%	低温弯折性
指标	≥12	≥200	≤2.5	－20℃无裂纹

地下水丰富的隧道宜采用分区防水技术，区段的长度应根据隧道内渗漏水量的大小确定。富水地段可按二次衬砌的分段长度确定，通常为10 m。在施工缝或变形缝处设置带注浆管的背贴式止水带，如图9－3所示。

为提高隧道防水效果，防水板宜采用无钉铺设，两幅防水板的搭接宽度不应小于150

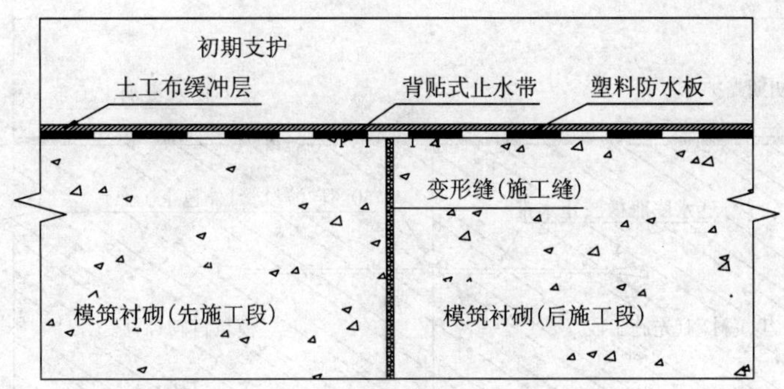

图 9－3　分区部位背贴式止水带示意

mm，搭接缝应为双焊缝，单条焊缝的有效宽度不应小于 15 mm。焊缝应连续、不间断，不得漏焊、假焊、焊焦、焊穿，焊接完工后，应做充气检验。防水板搭接缝与施工缝错开距离不应小于 50 cm。

9.2.4　施工缝、变形缝防水

隧道接缝主要有施工缝及变形缝两大类。

(1)施工缝

施工缝是施工中由于混凝土不连续灌注工艺而出现的缝隙，分为环向及纵向两种。纵向施工缝主要采用刷涂混凝土界面剂的处理措施；素混凝土拱墙段环向施工缝可采用设置中埋波纹排水管及钢板腻子止水带等防水措施；仰拱环向施工缝可采用设置中埋式钢板腻子止水带防水；钢筋混凝土拱墙段环向施工缝设置中波纹排水管及橡胶止水带等防水措施。常见的隧道施工缝构造形式如图 9－4、图 9－5 所示。

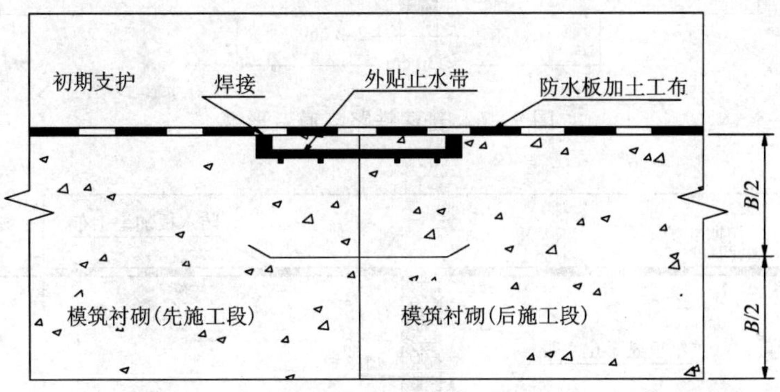

图 9－4　普速铁路施工缝

隧道衬砌混凝土应连续灌筑，拱圈、仰拱、底板不得留纵向施工缝。墙体纵向施工缝不应留设在剪力与弯短最大处或底板与边墙的交接处，应留在高出底板顶面不小于 30 cm 的墙体上。拱墙结合的水平施工缝，宜留在拱墙接缝以下 15 ~ 30 cm 处；墙体有预留孔洞时，施工缝距孔洞边缘不应小于 300 mm。环向施工缝应避开地下水和裂隙水较多的地段，宜与变形缝相结合。

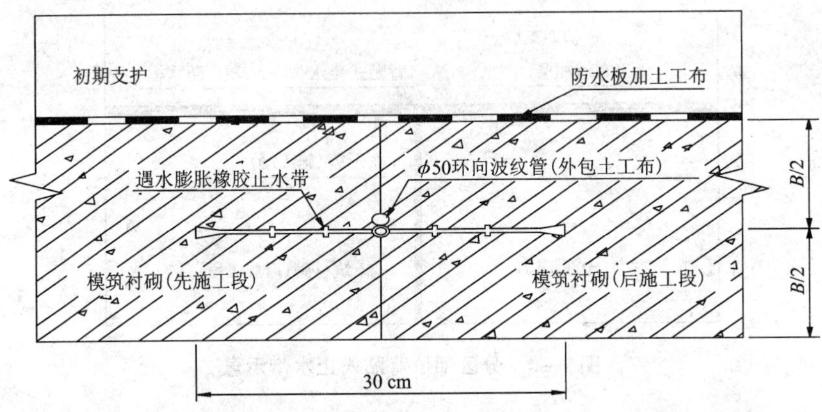

图 9-5 高速铁路施工缝

(2)变形缝

变形缝分为沉降缝和伸缩缝两种。为防止由于衬砌产生不均匀下沉而引起裂损，在地质条件变化显著、衬砌受力不匀地段，应设置沉降缝。为防止由于温度变化剧烈或混凝土凝结时收缩影响而引起衬砌开裂，应设置伸缩缝。常见的变形缝如图 9-6、图 9-7 所示。

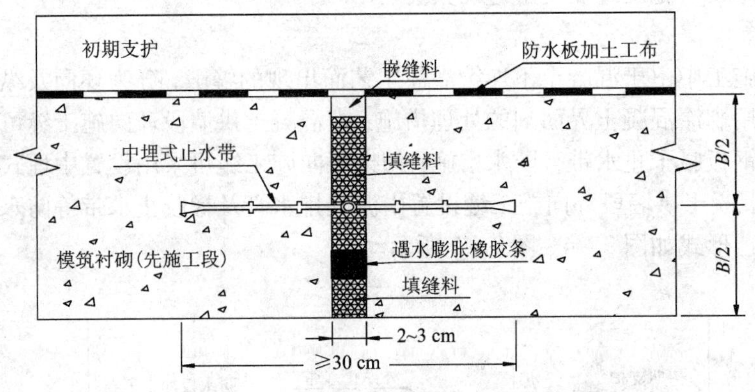

图 9-6 普速铁路隧道变形缝

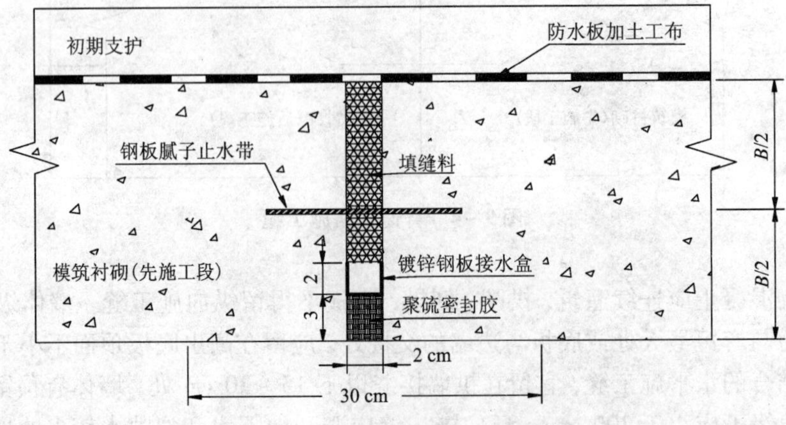

图 9-7 高速铁路隧道变形缝

接缝是防水的薄弱环节，也是隧道中最易发生渗漏的地方。接缝处理不好，不仅会造成衬砌混凝土裂缝及洞内漏水，严重影响隧道的正常使用和行车安全，而且还会降低结构的强度和耐久性。接缝防水设计应满足以下要求：

①伸缩缝宽度不宜大于 20 mm，应满足密封防水、适应变形、施工方便、检修容易等要求，一般采用柔性材料做防水处理。严寒地区洞口段应设计多条伸缩缝。伸缩缝处混凝土结构的厚度不宜小于 30 cm。

②沉降缝宽宜为 20 ~ 30 mm，最大允许沉降量差值不应大于 30 mm。当计算沉降量大于 30 mm 时，设计时应单独考虑。

③接缝处止水材料包括橡胶止水带、钢边止水带、遇水膨胀橡胶条和嵌缝填料。橡胶止水带、钢边止水带、遇水膨胀橡胶条，物理力学性能应符合表 9 - 3 ~ 表 9 - 5 的规定。当选用其他新型、成熟、可靠的材料时，其物理性能应符合国家相关标准的要求。嵌缝填料的最大拉伸强度不应小于 0.2 MPa，最大伸长率应大于 300%，且拉、压循环性能为 80℃时拉伸 - 压缩率不小于 ±20%。

表 9 - 3　橡胶止水带物理性能

<table>
<tr><th colspan="4" rowspan="2">项目</th><th colspan="3">性能要求</th></tr>
<tr><th>B 型</th><th>S 型</th><th>J 型</th></tr>
<tr><td>1</td><td colspan="3">硬度(邵尔 A)(度)</td><td>60 ± 5</td><td>60 ± 5</td><td>60 ± 5</td></tr>
<tr><td>2</td><td colspan="3">拉伸强度/MPa</td><td>≥15</td><td>≥12</td><td>≥10</td></tr>
<tr><td>3</td><td colspan="3">扯断伸长率/%</td><td>≥380</td><td>≥380</td><td>≥300</td></tr>
<tr><td rowspan="2">4</td><td colspan="2" rowspan="2">压缩永久变形/%</td><td>70℃ × 24h</td><td>≤35</td><td>≤35</td><td>≤35</td></tr>
<tr><td>23℃ × 168h</td><td>≤20</td><td>≤20</td><td>≤20</td></tr>
<tr><td>5</td><td colspan="3">撕裂强度/(kN · m⁻¹)</td><td>≥30</td><td>≥25</td><td>≥25</td></tr>
<tr><td>6</td><td colspan="3">脆性温度/℃</td><td>≤ -45</td><td>≤ -40</td><td>≤ -40</td></tr>
<tr><td rowspan="6">7</td><td rowspan="6">热空气老化</td><td rowspan="3">70℃ × 168h</td><td>硬度(邵尔 A)(度)</td><td>≤ +8</td><td>≤ +8</td><td>—</td></tr>
<tr><td>拉伸强度/MPa</td><td>≥300</td><td>≥300</td><td>—</td></tr>
<tr><td>扯断伸长率/%</td><td>—</td><td>—</td><td>—</td></tr>
<tr><td rowspan="3">100℃ × 168h</td><td>硬度(邵尔 A)/(°)</td><td>—</td><td>—</td><td>≤ +8</td></tr>
<tr><td>拉伸强度/MPa</td><td>—</td><td>—</td><td>≥9</td></tr>
<tr><td>扯断伸长率/%</td><td>—</td><td>—</td><td>≥250</td></tr>
<tr><td>8</td><td colspan="3">臭氧老化 50pphm：20%，48h</td><td>2 级</td><td>2 级</td><td>0 级</td></tr>
</table>

注：B 型适用于变形缝用止水带；S 型适用于施工缝止水带；J 型适用于有特殊耐老化要求的接缝用止水。

表 9-4 钢边橡胶止水带的物理力学性能

项目	硬度（邵尔 A）	拉伸强度/MPa	扯断伸长率/%	压缩永久变形（70℃×24h）/%	扯断强度/(N·mm^{-1})	热老化(70℃×168h)			拉伸永久变形(70℃×24h，拉伸100%)	橡胶与金属带黏合试验	
						硬度变化（邵尔 A）	拉伸强度/MPa	扯断伸长率/%		破坏类型	黏合强度/MPa
性能指标	60±5	≥18	≥400	≤35	≥35	≤+8	≥16.2	≥320	≤20	橡胶破坏（R）	≥6

表 9-5 制品型遇水膨胀橡胶止水条物理力学性能

序号	项目		指标
1	硬度(邵尔 A)/(°)		42±7
2	拉伸强度/MPa		≥3.5
3	拉伸伸长率/%		≥450
4	体积膨胀倍率/%		≥200
5	反复浸水试验	拉伸强度/MPa	≥3
		扯断伸长率/%	≥350
		体积膨胀倍率/%	≥200
6	低温弯折(-20℃×2)		无裂纹
7	防霉等级		优于 2 级

注：硬度为推荐项目，其余均为强制项目；成品切片测试应达到标准的 80%；接头部位的拉伸强度不得低于上表标准性能的 50%；体积膨胀倍率是浸泡后的试样质量与浸泡前的试样质量的比率。

9.2.5 防水混凝土

隧道二次衬砌应采用具有自防水能力的混凝土，厚度不应小于 30 cm，裂缝宽度不得大于 0.2 mm，并不得贯通；当为钢筋混凝土时，迎水面主筋保护层厚度不应小于 5 cm。

铁路隧道衬砌混凝土抗渗等级不得低于 P6，并可根据需要和埋置深度采用抗渗等级不得低于 P8 的防水混凝土。在有冻害地段或最冷月平均气温低于 -15℃的地区，防水混凝土的抗渗等级还应适当提高。处于侵蚀性介质中的防水混凝土，其耐侵蚀系数不应小于 0.8。

9.2.6 衬砌背后回填注浆

回填注浆是二次衬砌完成后，为了填充二次衬砌与防水板之间的空隙而进行的注浆。注浆材料宜选用水泥浆液、水泥砂浆或掺有石灰、黏土、膨润土、粉煤灰的水泥浆液。回填注浆应在衬砌混凝土强度达到 70% 后进行，注浆压力应小于 0.5 MPa。

9.3　隧道洞内排水设计

无论排水型隧道，还是防水型隧道，都应做好排水系统。隧道排水系统主要包括环向排水盲管、纵向排水盲管、侧沟、横向排水盲管和中央排水管(沟)。高速铁路隧道横向排水系统断面示意图如图 9－8 所示。

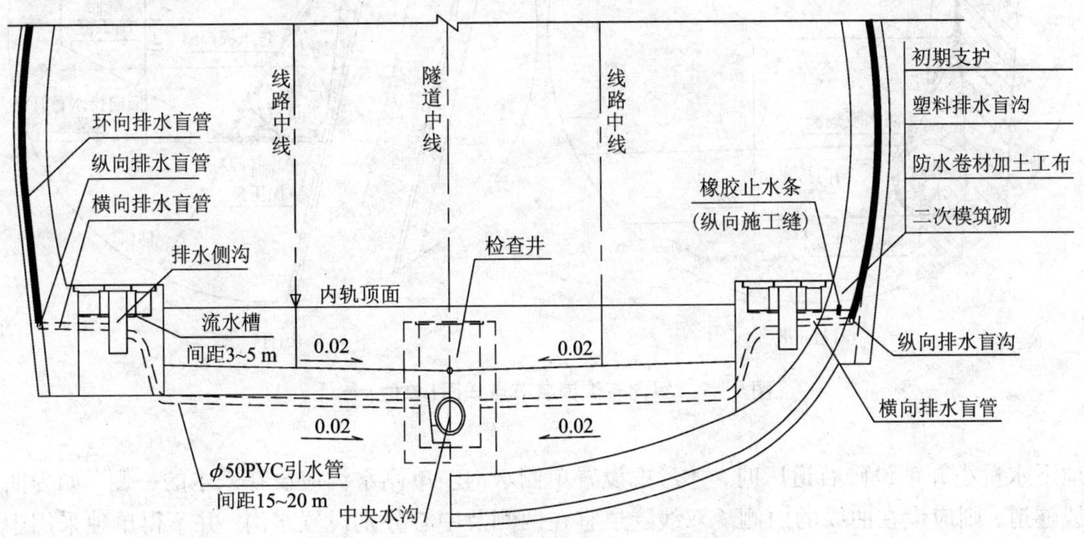

图 9－8　高速铁路隧道横向排水系统断面示意图

9.3.1　排水盲沟

环向排水盲管一般选用 ϕ50 mm 的软式透水管，纵向间距不大于 10 m，布置在岩面和初衬之间、初衬与防水板之间，将渗水引流至纵向排水管。

纵向排水盲管一般选用 ϕ80 ~ 150 mm 弹簧排水盲管或带孔透水管，如图 9－9 所示，设置在衬砌底部防水板与初衬之间，将环向排水管的水汇集并排至侧沟或中央排水沟。

横向排水盲管一般选用高强度硬质塑料管，沿隧道横向设于衬砌基础的下部，连接纵向排水管与侧沟或中央排水沟。施工时需保证与纵向盲管的接头牢固，以免漏水，造成翻浆冒泥。

9.3.2　侧沟与中央排水沟

隧道内侧沟主要用于汇集地下水，并将水引入中央排水沟。不设中央排水沟时，可直接将水引至隧道外。中央排水沟采用带孔预制混凝土管段拼接而成，纵向间隔一定距离设置检查井。侧沟与中央排水沟设计时需要满足以下要求：

①水沟坡度应与线路坡度一致。在隧道中分坡平段范围内和车站内的隧道，排水沟底部应有不小于 1‰的坡度。排水沟在一定长度上应设检查井、以便清理淤碴。

②隧道应设置双侧水沟，对于排水量小且预计今后水量不会有大的增加时，可考虑设置单侧排水沟。双线隧道可设置双侧或中心水沟，宜优先设置双侧水沟，只有在短隧道中，且

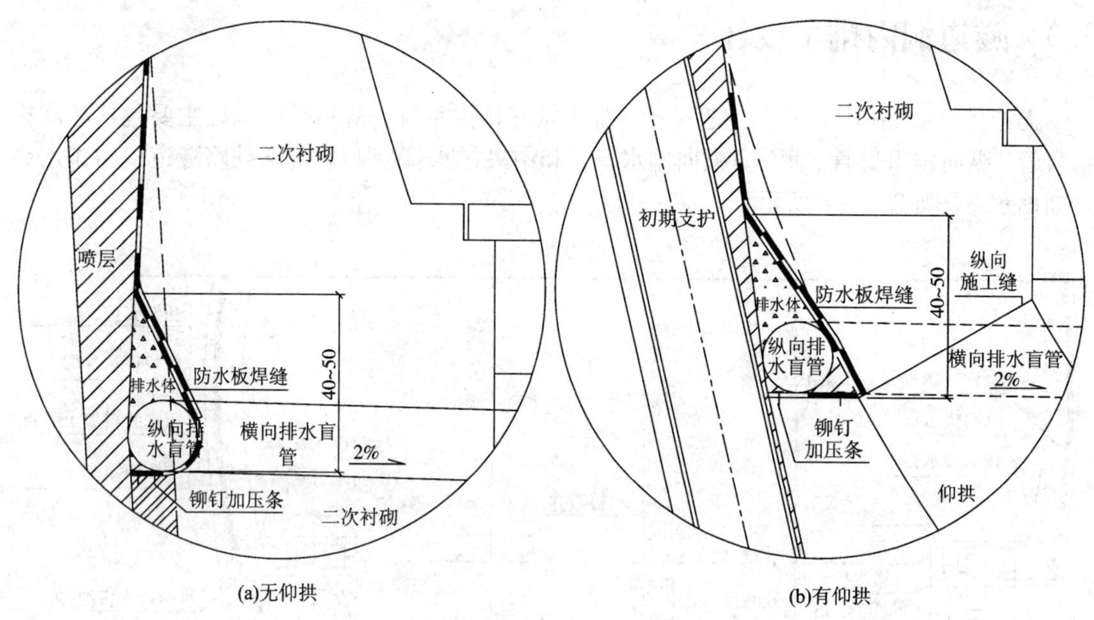

图 9-9 纵向盲沟铺装节点详图(单位: cm)

地下水量小并铺设碎石道床时，才考虑设置单侧水沟。单侧水沟应设在来水的一侧，如为曲线隧道，则应设在曲线的内侧。双线隧道宜在两侧及中心分别设置水沟，并不得单独采用中心水沟。如果是双线特长、长隧道则必须同时设置双侧水沟和中心水沟。双侧水沟隔一定距离应设一横向联络沟，以平衡不均匀的水流量。

③水沟靠道床侧墙体应留泄水孔。泄水孔孔径为 4 ~ 10 cm，间距为 100 ~ 300 cm。在电缆槽底面紧靠水沟侧，应在水沟边墙上预留泄水槽，槽宽不小于 4 cm，间距不大于 500 cm。

④水沟断面应视水量大小选定，应有足够的过水能力。单线隧道水沟断面不得小于 25 cm×40 cm(高×宽)，双线隧道断面不应小于 30 cm×40 cm(高×宽)。水沟的设置应便于清理和检查，并应铺设盖板。

⑤最冷月平均气温低于 -5℃地区冬季有水隧道的冻害地段，宜设置保温水沟、中心深埋水沟或防寒泄水洞等措施，配套排水设施应能防寒，使水流畅通。

9.3.3 初衬局部涌水处置

遇围岩地下水出露处，应在衬砌背后加设竖向盲管或排水管(槽)、集水钻孔等予以引排，对于颗粒易流失的围岩，采用集中疏导排水时，应采取防颗粒流失的特殊反滤措施。

9.4 明洞的防排水

明洞顶部应设置必要的截、排水系统。对称路堑式明洞洞顶水沟，一般应往洞门方向排水，如线路出洞为上坡时，反坡排水坡度不得小于1%，并应保证洞顶回填土最薄厚度不小于1.5 m。当明洞较长且有条件时，可横向拉槽向山坡较低一侧排水。靠山侧边墙顶或边墙后，应设置纵向和竖向盲沟，将水引至边墙进水孔排入洞内排水沟。衬砌拱脚背后或边墙脚背后纵向盲管设置纵坡不小于 2‰；衬砌边墙背后竖向盲管设置间距宜为 5 ~ 10 m。独立明洞洞身宜设双侧排水沟，横向应设排水坡。隧道洞口接长的明洞，应与隧道洞身一并考虑设置排水设施。

明洞衬砌外缘应敷设外贴式防水层，防水层铺设基面应作 1 ~ 2 m 水泥砂浆找平层，防水层表面应设 3 ~ 5 cm 厚水泥砂浆保护层；防水层应与混凝土密贴。防水层视具体情况可采用涂料或片材，材料应具良好的耐久性、耐水性、抗渗性，其物理性能应符合国家相关标准、规范要求。卷材防水层宜从下向上环向铺设，上下层接缝宜错开，避免通缝，接头搭接长度不宜小于 10 cm。卷材铺设方法因卷材类型而异，复合合成材料卷材采用无钉铺设或吊挂法，单层合成材料卷材也可采用热熔沥青黏贴法，新型自黏性卷材可直接黏铺到明洞结构外。

明洞与暗挖段二次衬砌结构结合面一般都设计成沉降缝，缝宽一般取 20 mm，如图 9 – 10 所示。沉降缝处，结构钢筋必须断开，在衬砌结构一半厚度处环向卡设止水带，如塑料止水带、PVC 止水带、橡胶止水带、钢边止水带等。对于防水等级要求较高的明洞结构沉降缝，除设止水带外，还应在缝内、外侧采用密封膏进行嵌缝密封止水，密封膏要求沿变形缝环向封闭，任何部位均不得出现断点，以免出现窜水现象。另外在顶拱和侧墙缝两侧的混凝土表面预留凹槽，凹槽内设置镀锌钢板接水盒，便于渗漏水时将水直接排到排水沟。

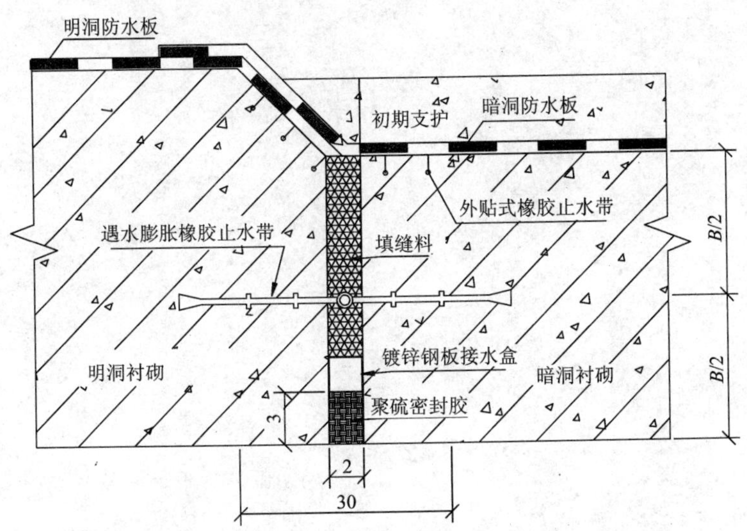

图 9 – 10　明暗连接处施工缝、变形缝防水处理示意（单位：cm）

明洞结构施工缝（包括纵向施工缝和环向施工缝）采用缓膨胀腻子止水条（单根或双根）或中埋式止水带防水。穿墙管（包括对拉螺杆管）采用一道或两道止水环防水。

明洞结构回填土表面均应铺设隔水层，隔水层应优先选用黏土层，在黏土取材困难时，可选用复合隔水层。黏土隔水层回填施工应均匀对称进行，分层夯实。两侧回填的土面高差不得大于 50 cm。人工夯实每层厚度不得大于 25 cm，机械夯实每层厚度不得大于 30 cm，并应防止损伤防水层。明挖施工段顶部回填土厚度超过 50 cm 方可采用机械回填碾压。黏土隔水层应与边、仰坡搭接良好，封闭紧密，防止地表水下渗。

思考与练习

1. 隧道防排水设计时应考虑哪些因素?
2. 隧道防水措施有哪些? 各自有何优点?
3. 简述隧道排水设计的基本内容。
4. 简述明洞明暗连接段的防水措施。
5. 调查宜万线铁路隧道的防排水设计。

第 10 章

隧道施工方法

10.1　概述

隧道施工方法是隧道开挖、支护与量测方法、施工技术和施工管理的总称。在隧道修建方法中，根据不同的结构用途、水文地质条件、周边环境要求、安全风险分析、成本投入、工程规模、我国国情等条件，先后形成了多种隧道工程施工方法，根据隧道穿越地层的不同情况和目前隧道施工方法的发展，隧道施工方法可按以下方式分类(表 10 - 1)。

表 10 - 1　不同隧道施工方法

隧道类别	山岭隧道	浅埋及软土隧道	水底(江河、海峡)隧道
施工方法	①钻爆法(矿山法) 传统矿山法 新奥法 ②明挖法(明洞部分) ③掘进机法	①明挖法与浅埋暗挖法 ②盖挖法 ③盾构法或半盾构法	①预制管段沉埋法(沉管法) ②盾构法

①钻爆法(矿山法)。因最早应用于矿山开采而得名，由于在这种方法中，大多数情况下都需要采用钻眼爆破进行开挖，故又称为钻爆法。习惯上将凡是采用钻爆法施工的方法都称为矿山法。自 20 世纪 60 年代，新奥法(新奥地利隧道施工方法——New Austria Tunneling Method 的简称)正式问世以后，矿山法有了长足的发展。由于新奥法从理论到施工上都与旧的矿山法有很大的不同，为了明确概念，将矿山法又分为传统矿山法和新奥法。从隧道工程的发展趋势来看，矿山法中的新奥法仍将是今后山岭隧道最常用的开挖方法，该法是以钻孔、装药、爆破为开挖手段，以围岩 - 结构共同作用为支护设计理论，采用复合式衬砌结构，以钻爆开挖作业线、装碴运输作业线、初期支护与防排水作业线、二次模筑衬砌作业线、辅助施工作业线为特点的山岭隧道最重要的首选开挖方法。

②浅埋暗挖法。该法是针对隧道埋深浅，多在软弱地层中穿过，环境保护要求高，施工难度大，强调保护与提高围岩的自承能力，按照“管超前、严注浆、短开挖、强支护、快封闭、勤量测”的“18 字方针”，采用复合式衬砌和中小型机械开挖，通常同时采用多种辅助工法以控制地层的变形。

③明挖法。该法是采用先将隧道部位的岩(土)体全部挖除，然后修建洞身、洞门，再进行回填的施工方法。通常用于隧道洞口段、浅埋段或者地下铁道车站施工。当运用于地铁车站施工时，该法以基坑开挖为特点，以支挡隧道侧向压力与基坑底部围岩抗滑涌为支护设计理论，进行围护结构作业、支撑体系作业、分层分段土方开挖作业，同时进行主体结构施作与回填覆盖作业的一种常用且影响环境的施工方法。

④掘进机法。该法以开敞式掘进机破岩，开挖、支护过程为一体的自动化为特征，以采用围岩自承为主的支护设计理论和复合式衬砌结构为理论与技术支撑，适用于硬岩特长隧道的施工方法。

⑤盾构法。盾构法是暗挖法施工中的一种全机械化施工方法。它是将盾构机械在地中推进，通过盾构外壳和管片支承四周围岩防止发生往隧道内的坍塌。同时在开挖面前方用切削装置进行土体开挖，通过出土机械运出洞外，靠千斤顶在后部加压顶进，并拼装预制混凝土管片，形成隧道结构的一种机械化施工方法。该法以高度自动化为特征，采用围岩-支护共同作用为支护设计理论。

⑥沉管法。沉管法是预制管段沉放法的简称，是在水底建筑隧道的一种施工方法。其施工顺序是先在船台上或干坞中制作隧道管段(用钢板和混凝土或钢筋混凝土)，管段两端用临时封墙密封后滑移下水(或在坞内放水)，使其浮在水中，再拖运到隧道设计位置。定位后，向管段内加载，使其下沉至预先挖好的水底沟槽内。管段逐节沉放，并用水力压接法将相邻管段连接。最后拆除封墙，使各节管段连通成为整体的隧道。在其顶部和外侧用块石覆盖，以保安全。水底隧道的水下段，采用沉管法施工具有较多的优点。自 20 世纪 50 年代起，由于水下连接等关键性技术的突破而被普遍采用，现已成为水底隧道的主要施工方法。用这种方法建成的隧道称为沉管隧道。

10.2 隧道基本开挖方法

10.2.1 新奥法名称由来与产生的历史背景

新奥法的全称是新奥地利隧道施工方法，即 New Austrian Tunnelling Method，缩写为 NATM。新奥法是由奥地利学者 L. V. Rabcewiez，L. Muller 等教授创建于 20 世纪 50 年代，在 1963 年正式命名为新奥地利隧道施工方法。新奥法的出现是在 20 世纪初锚杆支护手段的出现、40 年代末喷射混凝土机研制成功以及岩石力学理论发展的基础上产生的。它们为新奥法隧道施工提供了技术支撑和理论科学依据。因此可以说，新奥法是在实践基础上开展起来的一种修建隧道工程的新理论与新概念。

10.2.2 新奥法与传统矿山法的区别

矿山法主要是用钻眼爆破手段来开凿断面而修建隧道及地下工程的施工方法。传统矿山法施工是采用一般开挖矿山巷道的方法来修筑隧道的一种施工方法。为了避免因开挖跨度过大而引起围岩的不稳，将整个断面分成几个部分按一定顺序施工。分块的跨度小，既有利于减小扰动围岩的可能性，又便于很快安设支撑，保证施工安全。

传统的矿山法施工程序可用框图表示，如图 10-1 所示。

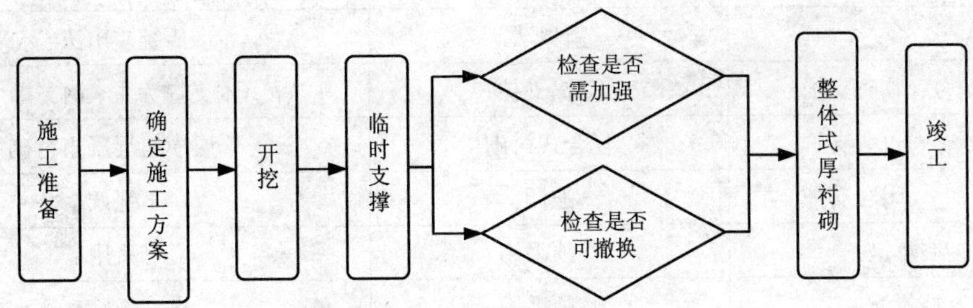

图 10－1　传统的矿山法施工程序

新奥法是充分利用围岩的自承能力和开挖面的空间约束作用，采用锚杆和喷射混凝土为主要支护手段，对围岩进行加固，约束围岩的松弛和变形，并通过对围岩和支护的量测、监控，指导地下工程的设计施工。新奥法不是一个单纯开挖与衬砌修筑的施工方法，当然新奥法往往也要用钻眼爆破手段来开挖断面，而且在隧道横断面开挖作业顺序与传统矿山法有相同之处，如新奥法多采用全断面一次开挖，或采用台阶法开挖隧道断面，但新奥法对钻爆技术要求高，要保证光面爆破质量，以保护围岩强度和混凝土施喷效果。同时新奥法有了锚喷支护的条件，全断面开挖就可在软岩地层使用，有利于大型机具作业。

新奥法施工程序可用框图表示，如图 10－2 所示。

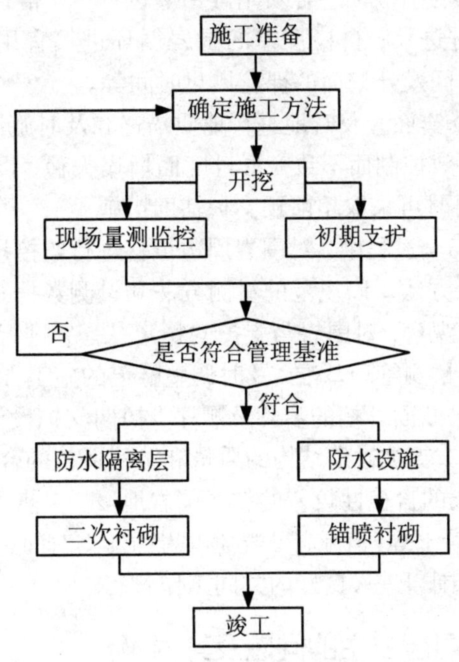

图 10－2　新奥法施工程序

新奥法与传统矿山法的具体差异如表 10－2 所示。

表 10－2　传统矿山法与新奥法施工的区别

		新奥法	传统矿山法
支护	临时支护	喷锚支护	木支撑为主、钢支撑
	永久支护	复合式衬砌	单层模筑混凝土衬砌
	闭合支护	强调	不强调
控制爆破		必须采用	可采用
监控量测		必须采用	无
施工方法		分块较少	分块较多

10.2.3　新奥法施工基本原则

新奥法的基本概念是用薄层支护手段来保持围岩强度，控制围岩变形，以发挥围岩的自承能力，并通过施工监控量测来指导隧道工程的设计与施工。根据我国铁(公)路隧道采用新奥法施工的经验，隧道施工采取的基本原则，以可概括为“少扰动、早喷锚、勤量测、紧封闭”四句话十二个字。

“少扰动”是指在隧道开挖时，必须严格控制，尽量减少对围岩的扰动次数、扰动强度、扰动持续时间和扰动范围，以使开挖出的坑道符合成型的要求，因此，能采用机械开挖的就不用钻爆法开挖。采用钻爆法开挖时，必须先做钻爆设计，严格控制爆破，尽量采用大断面开挖。选择合理的循环掘进进尺，自稳性差的围岩循环进尺宜用短进尺，支护应紧跟开挖面，以缩短围岩应力释放时间及开挖面的裸露风化时间等。

“早喷锚”是指对开挖暴露面应及时地进行地质描述和及时施作初期锚喷支护，经初期支护加固，使围岩变形得到有效控制而不致变形过度而坍塌失稳，以达到围岩变形适度而充分发挥围岩的自承能力。必要时可采取超前预支护辅助措施。

“勤量测”即在隧道施工全过程中，对围岩周边位移进行监控量测，并及时反馈修正设计参数，指导施工或改变施工方法。以规范的量测方法和量测数据及信息反馈，通过对施工中测得数据，对开挖面的地质观察，对围岩与支护的稳定状态，进行预测和评价或判断其动态发展趋势，以便根据建立的量测管理基准，及时调整隧道的施工方法(包括开挖方法、支护形式，特殊的辅助施工方法)、断面开挖的步骤及顺序、初期支护设计参数等进行合理的调整，以确保施工安全、坑道稳定、支护衬砌结构的质量和工程造价的合理性。

“紧封闭”是指对易风化的自稳性较差的软弱围岩地段，应使开挖断面及早施作封闭式支护(如喷射混凝土、锚喷混凝土等)措施，可避免围岩因暴露时间过长而产生风化导致强度及稳定性降低，并可使支护与围岩进入良好的共同工作状态。

10.2.4　新奥法施工中可能发生的问题及其对策

新奥法施工的基本原则，是根据围岩性质允许产生适量的变形，但又不使围岩松动塌落。在设计、施工过程中，若对围岩性质判断不准或情况不明，或喷射混凝土、打锚杆、立钢支撑时间和方法有误，围岩松动就会超过预计。此时，应根据观察和量测结果找出原因，进行改正。但是，很多场合不能明确原因，因此只能针对所发生的现象采取措施。根据实践经验，将新奥法中经常出现的一些异常现象及应采取的措施列于表 10 - 3 中，其中措施 A 指进行简单的改变就可解决问题的措施，措施 B 指包括需要改变支护方法等比较大的变动才能解决问题的措施。当然，表中只列出大致的对策标准，优先用哪种措施，要视具体隧道的围岩条件、施工方法、变形状态综合判断。

表 10 - 3　施工中的现象及其处理措施

<table>
<tr><th colspan="2">施工中的现象</th><th>措施 A</th><th>措施 B</th></tr>
<tr><td rowspan="5">开挖面及其附近</td><td>正面变得不稳定</td><td>①缩短一次掘进长度；②开挖时保留核心土；③向正面喷射混凝土；④用插板或并排钢管打入地层进行预支护</td><td>①缩小开挖断面；②在正面打锚杆；③采取辅助施工措施对地层进行预加固</td></tr>
<tr><td>开挖面顶部掉块增大</td><td>①缩短开挖时间及提前喷射混凝土；②采用插板或并排钢管；③缩短一次开挖长度；④开挖面暂时分部施工</td><td>①加钢支撑；②预加固地层</td></tr>
<tr><td>开挖面出现涌水或者涌水量增大</td><td>①加速混凝土硬化（增加速凝剂等）；②喷射混凝土前作好排水；③加挂网格密的钢筋网；④设排水片</td><td>①采取排水方法（如排水钻孔、井点降水……等）；②预加固地层</td></tr>
<tr><td>地基承载力不足，下沉增大</td><td>①注意开挖；②不要损坏地基围岩；③加厚底脚处喷混凝土；④增加支撑面积</td><td>①增加锚杆；②缩短台阶长度，③及早闭合支护环；④用喷混凝土做临时底拱；⑤预加固地层</td></tr>
<tr><td>产生底鼓</td><td>及早喷射底拱混凝土</td><td>①在底拱处打锚杆；②缩短台阶长度；③及早闭合支护环</td></tr>
<tr><td rowspan="2">喷混凝土</td><td>喷混凝土层脱离甚至塌落</td><td>①开挖后尽快喷射混凝土；②加钢筋网；③解除涌水压力；④加厚喷层</td><td>打锚杆或增加锚杆</td></tr>
<tr><td>喷混凝土层中应力增大，产生裂缝和剪切破坏</td><td>①加钢筋网；②在喷混凝土层中增设纵向伸缩缝</td><td>①增加锚杆（用比原来长的锚杆）；②加入钢支撑</td></tr>
<tr><td>锚杆</td><td>锚杆轴力增大，垫板松弛或锚杆断裂</td><td></td><td>①增强锚杆（加长）；②采用承载力大的锚杆；③为增大锚杆的变形能力；④在垫锚板间加入弹簧等</td></tr>
<tr><td rowspan="2">钢支撑</td><td>钢支撑中应力增大，产生屈服</td><td>松开接头处螺栓，凿开喷混凝土层，使之可自由伸缩</td><td>①增强锚杆；②采用可伸缩的钢支撑；③在喷混凝土层中设纵向伸缩缝</td></tr>
<tr><td>净空位移增大，位移速度变快</td><td>①缩短从开挖到支护的时间；②提前打锚杆；③缩短台阶、底拱一次开挖的长度；④当喷混凝土开裂时，⑤设纵向伸缩缝</td><td>①增强锚杆；②缩短台阶长度；③提前闭合支护环；④在锚杆垫板间夹入弹簧垫圈等；⑤采用超短台阶法；⑥或在上半端面建造临时底拱</td></tr>
</table>

10.2.5 新奥法隧道主要开挖方法

近年来，随着隧道施工技术的不断进步，支护技术的大力发展，目前单线隧道普遍采用的开挖方式为：Ⅰ~Ⅲ级围岩，采用全断面开挖，Ⅲ~Ⅴ级采用台阶(包括微台阶法以及在Ⅴ级时，先进行超前小导管注浆后的短台阶或长台阶)开挖，仅在Ⅵ级围岩时，采用环形开挖预留核心土的方法进行开挖。另外其他一些开挖方法，如三步台阶法，反台阶法，半断面法，中槽挖马口、单侧壁导坑法、侧洞法等方法，一般仅在特殊隧道中使用，且使用得很少。总体上按隧道开挖断面的大小及位置，基本上又可分为：全断面法、台阶法、分部开挖法三大类及若干变化方案。

(1)全断面法

全断面法全称为"全断面一次开挖法"，其横断面工序图和纵断面工序展开图如图10-3所示。

这是一种将隧道整个设计断面一次爆破成型的方法，施工顺序如下：

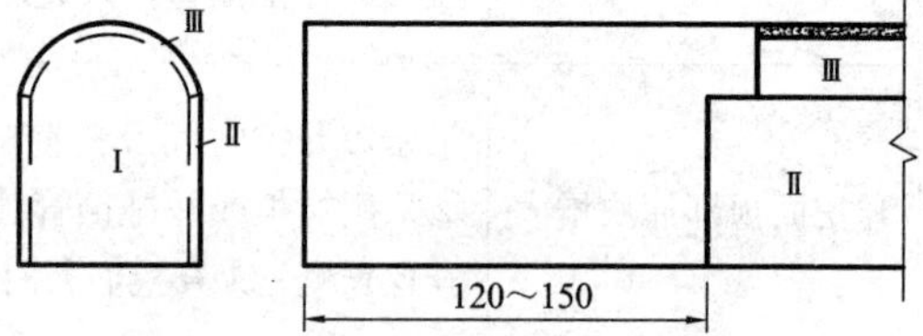

图10-3 全断面施工方法(单位：m)

①用钻孔台车钻眼，然后装药、连接导火线；

②退出钻孔台车，引爆炸药，开挖出整个隧道断面；

③排除危石(俗称"找顶")；

④喷射拱圈混凝土，必要时安设拱部锚杆；

⑤用装碴机将石碴装入运输车辆，运出洞外；

⑥喷射边墙混凝土，必要时安设边墙锚杆；

⑦根据需要可喷第二层混凝土和隧道底部混凝土；

⑧开始下一轮循环；

⑨通过量测判断围岩和初期支护的变形，待基本稳定后，施作二次模注混凝土衬砌。

全断面法适用于：Ⅰ~Ⅲ级岩质较完整的硬岩中。必须具备大型施工机械。隧道长度或施工区段长度不宜太短，否则采用大型机械化施工的经济性差。根据经验，这个长度不应小于1 km。根据围岩稳定程度亦可以不设锚杆或设短锚杆。也可先出碴，然后再施作初期支护，但一般仍先施作拱部初期支护，以防止应力集中而造成的围岩松动剥落。

全断面法的优点：工序少，相互干扰少，便于组织施工和管理；工作空间大，便于开展大型机械化施工；开挖一次成型，对围岩的扰动次数少，有利于围岩的稳定；施工进度快，这是矿山法中施工进度最快的方法。我国铁路双线隧道一般都能保特月成洞平均150 m左右，如大瑶山双线铁路隧道，最深钻孔达5.15 m，单口月成洞达150~240 m。而且月成洞超过300 m的高纪录已屡见不鲜。

采用全断面法应注意问题：摸清开挖面前方的地质情况，随时准备好应急措施(包括改变施工方法等)，以确保施工安全；各种施工机械设备务求配套，以充分发挥机械设备的效率；加强各项辅助作业，尤其加强施工通风，保证工作面有足够新鲜空气；加强对施工人员的技术培训，实践证明，施工人员对新奥法基本原理的了解程度和技术熟练状况，直接关系到施工的效果。

隧道机械化施工有三条主要作业线：开挖作业线、锚喷作业线和模筑混凝土衬砌作业线。它们所采用的大型机械设备主要有：

①开挖作业线：钻孔台车、装药台车、装载机配合自卸汽车（无轨运输时）、装碴机配合矿车及电瓶车或内燃机车（有轨运输时）；

②锚喷作业线：混凝土喷射机、混凝土喷射机械手、锚喷作业平台、进料运输设备及锚杆注浆设备；

③模筑混凝土衬砌作业线：混凝土拌和工厂、混凝土输送车及输送泵、施作防水层作业平台、衬砌模板台车。

(2)台阶法

台阶法是新奥法中适用性最广的施工方法，它将断面分成上半断面和下半断面两部分分别进行开挖，甚至更多台阶。随着台阶长度的调整，它几乎可以用于所有的地层，因而是在现场使用的主导方法。根据台阶的长度的不同，它有长台阶法、短台阶法和超短台阶法三种方式。施工中究竟应采用哪种台阶法，应根据两个条件来决定：

①初期支护形成闭合环的时间要求，围岩越差，闭合时间要求越短，则台阶必须缩短；

②施工机械的效率，效率高，则可以缩短支护闭合时间，故台阶可以适当加长。

这两个条件都反映了一个原则，即希望初期支护尽快闭合。在软弱围岩中应以前一条件为主，兼顾后者，确保施工安全。在围岩条件较好时，主要考虑是如何更好地发挥机械效率，保证施工的经济性。故应充分考虑后一条件。

台阶愈长则施工进度愈快，因上下台阶的干扰会随着台阶长度的增加而减少，但支护闭合的时间会延长，而这又不利于围岩稳定。因此施工进度与围岩稳定是矛盾的两个方面，在确定采用何种台阶法时必须根据实际情况合理选择。

1)长台阶法

如图10-4(a)所示。上、下开挖断面相距较远，因台阶较长，可在上台阶采用中型机械施工（如一臂或二臂钻孔台车），但应注意台阶长度应满足机械退避的安全距离，一般上台阶超前50 m以上，或大于5倍洞宽。施工时，上、下部可配备同类机械进行平行作业。当机械不足时也可用一套机械设备交替作业，即在上半断面开挖一个进尺，然后再在下断面开挖一个进尺。当隧道长度较短时，亦可先将上半断面全部挖通后，再进行下半断面施工，习惯上又称为“半断面法”。

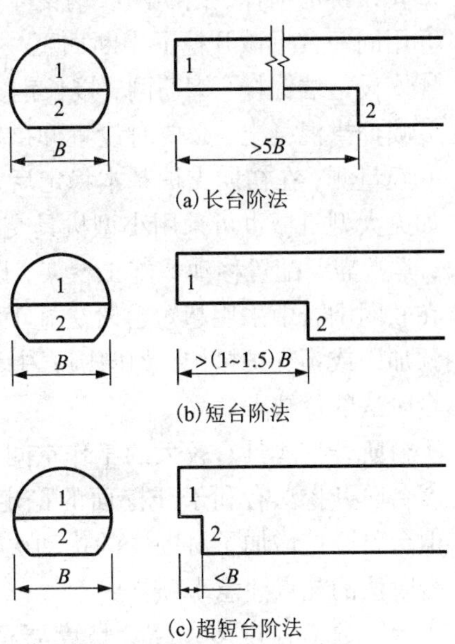

图10-4　台阶法施工方法(单位：m)

相对于全断面法来说，长台阶法一次开挖的断面较小，有利于开挖面的稳定。它的适用范围较全断面法广泛，当全断面法缺乏大型机械，或者短隧道施工调用大型机械不划算时，都可考虑改用长台阶法，建议配备中型钻孔台车施工以充分发挥施工效率。长台阶法一般用于Ⅰ~Ⅱ级围岩的双线铁路隧道，或Ⅳ级围岩的单线铁路隧道，以及公路隧道中开挖宽度相当的隧道。

2)短台阶法

如图10－4(b)所示。这种方法也是分成上下两个断面开挖，只是两个断面相距较近，一般上台阶长度小于5倍但大于1～1.5倍洞宽，上下断面基本上可以采用平行作业，其作业顺序和长台阶法相同。

短台阶法能缩短支护结构闭合的时间，改善初期支护的受力条件，有利于控制隧道变形收敛速度和变形值，所以可以用于稳定性较差的围岩，主要用于Ⅳ、Ⅴ类围岩。

短台阶法的缺点是因为上台阶的长度有限，故出碴时对下半断面施工干扰较大，不能全部平行作业。为解决这种干扰，可采用长皮带机运输上台阶的石碴；在断面较大的隧道中，还可设置由上半断面过渡到下半断面的坡道，将上台阶的石碴直接装车运出。过渡坡道的位置可设在中间，亦可交替地设在两侧。

采用短台阶法时应注意：初期支护全断面闭合一般应在距开挖面30 m以内完成，或在上半断面开挖后的30天内完成，拖延过久会影响围岩的稳定。当初期支护变形、下沉显著时，要提前闭合。台阶的长度应在满足围岩稳定性要求的前提下，能尽量保证施工机械开展正常的工作，如果二者有矛盾，则应以确保围岩稳定为重，而适当考虑降低机械化的程度。

3)超短台阶法

如图10－4(c)所示。这是一种适于在软弱地层中开挖的施工方法，一般在膨胀性围岩及土质地层中采用。为了尽快形成初期闭合支护以稳定围岩，上下台阶之间的距离进一步缩短，上台阶仅超前3～5 m，由于上台阶的工作场地小，只能将石碴堆到下台阶再运出，对下台阶会形成严重的干扰，故不能平行作业，只能采用交替作业，因而施工进度会受到很大的影响。由于围岩条件差，初期支护的及时施作很重要，其作业顺序如下：

①用一台停在台阶下的长臂挖掘机或单臂掘进机开挖上半断面至一个进尺；

②安设拱部锚杆、钢筋网或钢支撑，喷拱部混凝土；

③用同一台机械开挖下半断面至一个进尺；

④安设边墙锚杆、钢筋网，接长钢支撑，喷边墙混凝土(必要时加喷拱部混凝土)；

⑤喷仰拱混凝土，必要时设置仰拱钢支撑；

⑥经量测，在初期支护基本稳定后，灌注二次模筑混凝土衬砌。

如无大型机械也可采用小型机具交替地在上下部进行开挖，由于上半断面施工作业场地狭小，常常需要配置移动式施工台架，以解决上半断面施工机具的布置问题。

在软弱围岩中采用超短台阶法施工时应特别注意开挖工作面的稳定性，必要时可对围岩采用预加固或预支护措施，如向围岩中注浆或打入超前水平小导管等。

台阶法的优缺点：

①台阶开挖法具有较大的工作空间和较快的施工速度，但上下部作业相互干扰；

②台阶开挖法有利于开挖面的稳定，尤其是上部开挖支护后，下部断面作业就较为安全。但台阶开挖增加了对围岩的扰动次数，应注意下部作业对上部稳定性产生的不良影响。

台阶法的几点注意事项：

①台阶数不宜过多，台阶长度要适当，并以一个台阶垂直开挖到底，保持平台长度2.5～3 m为宜，易于掌握炮眼深度和减少翻碴工作量，装碴机应紧跟开挖面，减少扒碴距离以提高装碴运输效益；

②注意妥善解决上、下半部断面作业的相互干扰问题，即应进行周密的施工组织安排劳

动力的合理组合等。对于短隧道，可将上半部断面先贯通，再进行下半部断面的开挖；

③下半断面的开挖(又称落底)和封闭应在上半断面初期支护基本稳定后进行，或采取其他有效措施确保初期支护体系的稳定，例如扩大拱脚、打拱脚锚杆、加强纵向连接等，使上部初期支护与围岩形成完整体系；又如，采用单侧落底或双侧交错落底，避免上部初期支护两侧拱脚同时悬空；又如，视围岩状况严格控制落底长度，一般采用 1 ~ 3 m，并不得大于 6 m。但如采取了必要的加强措施后，初期支护仍稳定不下来(这主要可能出现在稳定性很差的围岩中)，可以考虑提前施作二次模注混凝土衬砌，但必须修改参数以加强其支护能力；

④下部边墙开挖后必须立即喷射混凝土，严格按规定施作初期支护；

⑤量测工作必须及时，以观察拱顶、拱脚和边墙中部位移值，当发现变形速率增大，应立即进行底(仰)拱封闭。

(3)分部开挖法

分部开挖法可分为多种变化方案：环形开挖留核心土法、单侧壁导坑法、双侧壁导坑法、中隔壁法和交叉隔壁法。

1)环形开挖留核心土法

又称为“台阶分部开挖法”。将断面分成为环形拱部(图 10 - 5 中的 1、2、3，上部核心土 4、下部台阶 5 等三部分开挖。根据断面的大小，环形拱部又可分成几块交替开挖。环形开挖进尺不宜过长，一般为 0.5 ~ 1.0 m。上部核心土和下台阶的距离，公路隧道或双线铁路隧道为 1 倍洞宽，单铁路线隧道可为 2 倍洞宽，如图 10 - 5 所示。作业顺序如下：

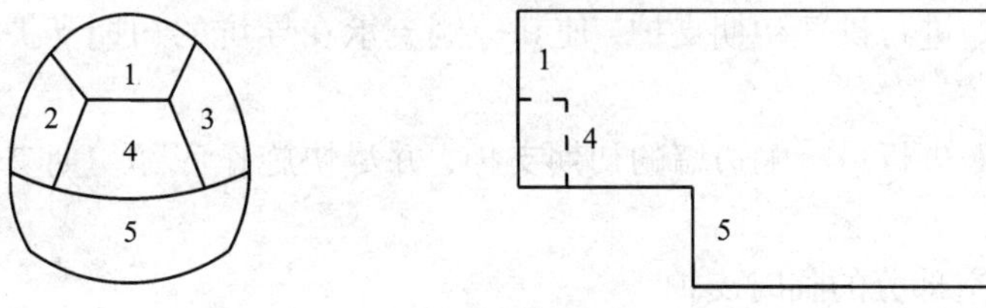

图 10 - 5　环形开挖留核心土法

①用人工或单臂掘进机开挖环形拱部(在能不爆破时尽量不爆破，以免扰动围岩)；

②施作拱部初期支护，如架立钢支撑、打锚杆、喷混凝土；

③在拱部初期支护的保护下，挖掘核心土；

④挖掘下台阶，随时接长钢支撑，施作边墙初期支护并封底；

⑤根据初期支护的变形情况适时施作二次模筑混凝土衬砌。

由于拱形环形开挖高度较小，工作空间有限，一般只能采用短锚杆。而当地层较松软，锚杆不易形成有效支护时，亦可不设锚杆。

这种方法适用于一般土质或易坍塌的软弱围岩。

环形开挖留核心土法的主要优点是，由于上部留有核心土支挡着开挖面，而且能迅速及时地施作拱部初期支护，所以开挖工作面稳定性好，核心土和下部开挖都是在拱部初期支护保护下进行的，施工安全性好。因为有核心土支护工作面，故台阶的长度可以加长(比超短台阶法的台阶要长，相当于短台阶法的台阶长度)，因而减少了上下台阶的施工干扰，施工速度可加快。

施工应注意的问题有：虽然核心土增强了开挖面的稳定，但开挖中围岩要经受多次扰动，而且断面分块多，支护结构形成全断面封闭的时间长，这些都有可能使围岩变形增大。因此，它常需结合辅助施工措施对开挖工作面及其前方岩体进行预支护或预加固。

2）单侧壁导坑法

如图10－6所示。开挖时，将断面分成侧壁导坑1、上台阶2及下台阶3，逐一进行。该法确定侧壁导坑的尺寸很重要，侧壁导坑尺寸如过小，则其分割洞室跨度增加开挖稳定性的作用不明显，且施工机具不方便开展工作；如过大，则导坑本身的稳定性降低而需要增强临时支护，而由于大部分临时支护都要拆掉的，故导致工程成本增加。一般侧壁导坑的宽度不宜超过0.5倍洞宽，高度以到起拱线为宜，这样，导坑可分二次开挖和支护，不需要架设工作平台，人工架立钢支撑也较方便。导坑与台阶的距离没有硬性规定，但一般应以导坑施工和台阶施工不发生干扰为原则。在短隧道中往往先挖通导坑，而后再开挖台阶。上、下台阶的距离则视围岩情况参照短台阶法或超短台阶法拟定。

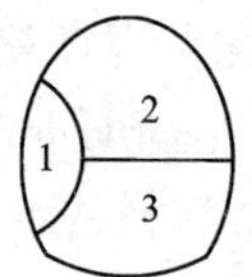

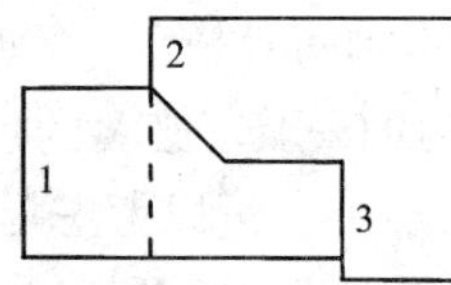

图10－6 单侧壁导坑法

单侧壁导坑法的施工作业顺序为：

①开挖侧壁导坑，并施作闭合临时支护，可将喷射混凝土、钢筋网、钢支撑及锚杆根据具体需要予以组合，并适当考虑导坑靠2、3部的锚杆对它们开挖的不利影响，可酌情不打，仅以钢支撑和喷混凝土或再加钢筋网支护；

②开挖上台阶，进行拱部初期支护，使其一侧支承在导坑的初期支护上，另一侧支承在下台阶上；

③开挖下台阶，进行另一侧边墙的初期支护，并尽快施作底部初期支护，使全断面形成闭合支护；

④拆除导坑临空部分的临时支护；

⑤施作二次模筑混凝土衬砌。

单侧壁导坑法通过形成闭合支护的侧导坑将隧道断面的跨度一分为二，有效地避免了大跨度开挖造成的不利影响，明显地提高了围岩的稳定性，这是它的主要优点。但因为要施作侧壁导坑的内侧支护，随后又要拆除，因而会使工程造价增加。单侧壁导坑法适用于断面跨度大，地表沉陷难于控制的软弱松散围岩。

3）双侧壁导坑法

又称眼镜工法，如图10－7所示。在软弱围岩中，当隧道跨度更大（如三线铁路隧道、三车道公路隧道等），或因环境要求，对地表沉陷需严格控制时，可考虑采用双侧壁导坑法。现场实测表明，双侧壁导坑法所引起的地表沉陷仅为短台阶法的1/2。

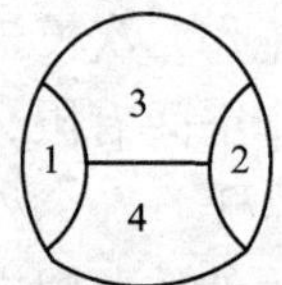

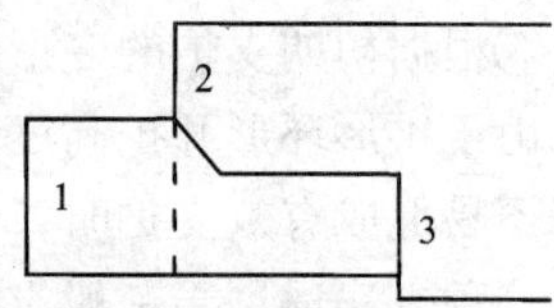

图10－7 双侧壁导坑法

这种方法一般是将断面分成四块，即左、右侧壁导坑1、2、上部核心土3、下台阶4。导坑尺寸拟定的原则同前，但宽度不宜超过断面最大跨度的1/3。左、右侧导坑应错开开挖，以避免在同一断面上同时开挖而不利于围岩稳定，错开的距离应根据开挖一侧导坑所引起的围岩应力重分布的影响不致波及另一侧已成导坑的原则确定，亦可工程类比之，一般取为7~10 m。

双侧壁导坑法施工作业顺序为：

①开挖一侧导坑，及时将其初期支护闭合；

②相隔适当距离后开挖另一侧导坑，将初期支护闭合；

③开挖上部核心土，施作拱部初期支护，拱脚支承在两侧壁导坑的初期支护上；

④开挖下台阶，施作底部的初期支护，使初期支护全断面闭合；

⑤拆除导坑临空部分的初期支护；

⑥待隧道周边变形基本稳定后，施作二次模筑混凝土衬砌。

双侧壁导坑法虽然开挖断面分块多一点，对围岩的扰动次数增加，且初期支护全断面闭合的时间延长，但每个分块都是在开挖后立即各自闭合的，所以在施工期间变形几乎不发展。

该法施工安全，但进度慢，成本高。

4）中隔壁法

中隔壁法（简称CD法）可适用于Ⅳ~Ⅴ级围岩的浅埋双线隧道（图10-8）。施工时应注意：

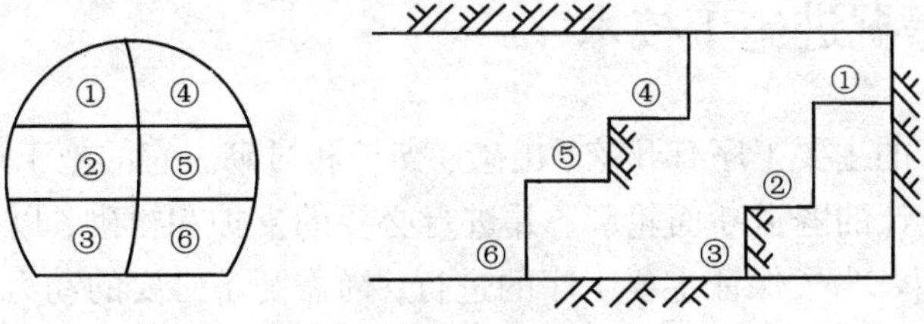

图10-8　中隔壁法

①中隔墙开挖时，应沿一侧自上而下分为二或三部进行，每开挖一步均应及时施作锚喷支护、安设钢架、施作中隔壁，底部应设临时仰拱，中隔壁墙依次分步联结而成，之后再开挖中隔墙的另一侧，其分步次数及支护形式与先开挖的一侧相同；

②各部开挖时，周边轮廓应尽量圆顺，减小应力集中；

③各部的底部高程应与钢架接头处一致；

④每一部的开挖高度，宜为3.5 m；

⑤后一侧开挖应及时形成全断面封闭；

⑥左、右两侧纵向间距，应拉开一定距离，一般情况为30~50 m；

⑦中隔壁应设置为弧形或圆弧形；

⑧中隔壁在灌注二次衬砌时，应逐段拆除。

中隔壁法（CD法）是近年从国外引进的先进施工方法，通过在国内的铁路隧道以及城市地下工程的实践，证明这种方法是通过软弱、浅埋、大跨度隧道的有效的施工方法。

采用该法施工，在Ⅴ~Ⅵ级围岩的地段，平均月成洞可达20~30 m，施工安全大大提高。由于施作的中隔壁在施作二次衬砌时需要全部拆除，因此，使用该法时其施工成本费用相对较高。

5)交叉中隔壁法

交叉中隔壁法(CRD法)可适用于Ⅴ～Ⅵ级围岩浅埋的双线或多线隧道。采用自上而下分二至三步开挖中隔墙的一侧，并及时支护，具体施工顺序如图10－9所示，形成左、右两侧开挖及支护相互交叉的情形。采用交叉中隔壁法施工，除应满足中隔壁法施工的要求外，尚应满足下列要求：

①设置临时仰拱，步步成环；

②自上而下，交叉进行；

③中隔壁及交叉临时支护，在灌筑二次衬砌时，应逐段拆除。

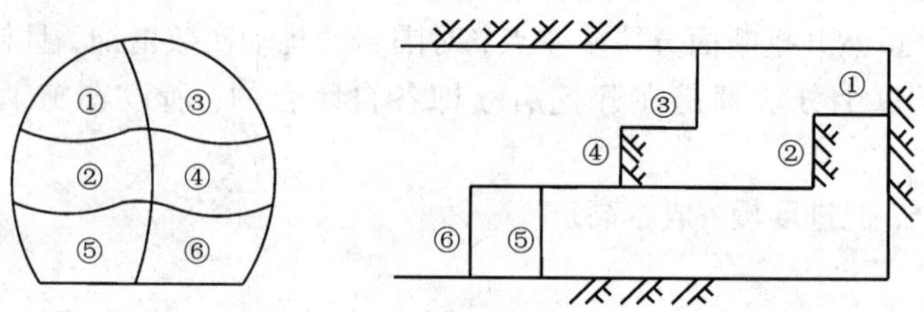

图10－9　交叉中隔壁法施工工序示意图

10.3　隧道钻爆掘进施工技术

隧道钻爆法施工的主要工序有开挖、出碴、支护和衬砌。它的施工过程是在地层中挖出土石，以形成符合设计的隧道断面轮廓，并进行必要的支护和衬砌，以控制围岩的变形，确保隧道长期安全使用。为了保证主要工序的进行，尚需配备必要的动力和机械设备，以及其他必要的通风、照明、防排水、防尘等设施。

10.3.1　钻爆开挖

钻爆开挖作业是隧道钻爆法施工中重要的一项，它是在岩体上钻凿出一定孔径和深度的炮眼，并装上炸药进行爆破，从而达到开挖的目的。开挖作业占整个隧道施工工程量的比重较大，造价占20%～40%，是隧道施工中较关键的基本作业。

对于开挖作业应做到以下要求：

①按设计要求开挖出断面(包括形状、尺寸、表面平整、超欠挖等要求)；

②石碴块度(石碴大小)适中，抛掷范围相对集中，便于装碴运输；

③钻眼工作量少，掘进速度快，少占作业循环时间，并尽量节省爆破器材；

④爆破在充分发挥其能力的前提下，减小对围岩的震动破坏，以保证围岩的稳定；

⑤减少对施工机具设备及支护结构的破坏，减少对周围环境的破坏(特别是隧道洞口地段爆破时)。

(1)爆破的作用机理及基本概念

炸药的爆破反应是有机物的氧化还原反应，具有高温、高压和高速度的特点。炸药的爆炸过程是爆轰波的传播过程，也是爆炸生成气体和做功的过程，当炸药在岩(土)体中爆炸时，爆轰波轰击岩面，以冲击波形式向岩体内部传播，形成动态应力场。冲击波作用时间极短，能量密度极高，使炮孔周围岩石产生粉碎性破坏。爆炸气体静压和膨胀做功，有使岩石质点作远离药包中心运动的倾向，岩体受切向拉力，其强度达到岩石抗拉强度时，则岩石破坏，产生径向裂隙。在爆炸结束的瞬间，随着温度的下降，气体逸散，介质又为释放压缩能而回弹，从而又可能产生环向裂缝。在爆破力作用下，在偏离径向45°的方向上还可能产生剪切裂缝。在这些裂缝的交错切割和剩余爆破力的作用下，岩石即被破碎和移位。

1）无限介质中的爆破作用

假定将药包埋置在无限介质中进行爆破，则在远离药包中心不同的位置上，其爆破作用是不相同的。大致可以划分为四个区域，如图10－10所示。

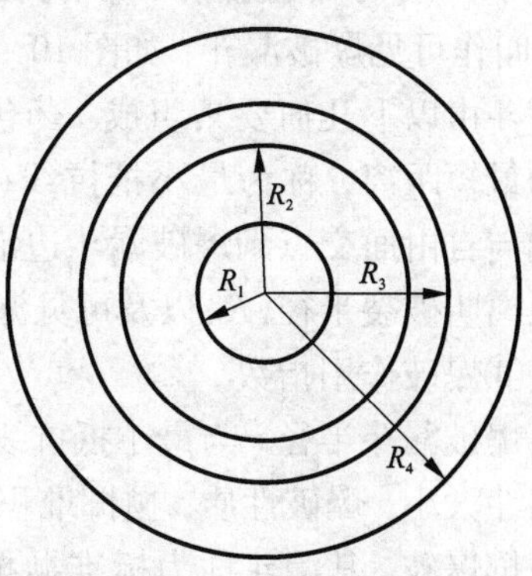

①压缩粉碎区。

它是指半径为R_1范围的区域。该区域内介质距离药包最近，受到的压力最大，故破坏最大。当介质为土壤或软岩时，压缩形成一个环形体孔腔；介质为硬岩时，则产生粉碎性破坏，故称为压缩粉碎区。

②抛掷区。

图10－10　无限介质中的爆破作用

R_1与R_2之间的范围叫抛掷区。在这个区域内介质受到的爆破力虽然比压缩粉碎区小，但介质的结构仍然被破坏成碎块。炸药爆炸能量除对介质产生破坏作用外，尚有多余能量使被破坏的碎块获得运动速度，在介质处于有临空面的空间时，则在临空面方向上被抛掷出去，产生抛掷运动。

③破坏区。

该区又叫松动区，是指R_2与R_3之间的区域。爆炸能量在此区域内只能使介质破裂松动，已没有能力使碎块产生抛掷运动。

④震动区。

R_3与R_4之间的范围叫爆破震动区。在此范围内，爆破能量只能使介质发生弹性变形，不能产生破坏作用。

2）爆破基本概念

①临空面。

又叫自由面，是指暴露在大气中的开挖面。在假定的无限介质中爆破，抛掷和松动是无法实现的，而在有临空面存在的情况下，足够的炸药爆破能量就会在靠近临空面一侧实现爆破抛掷。

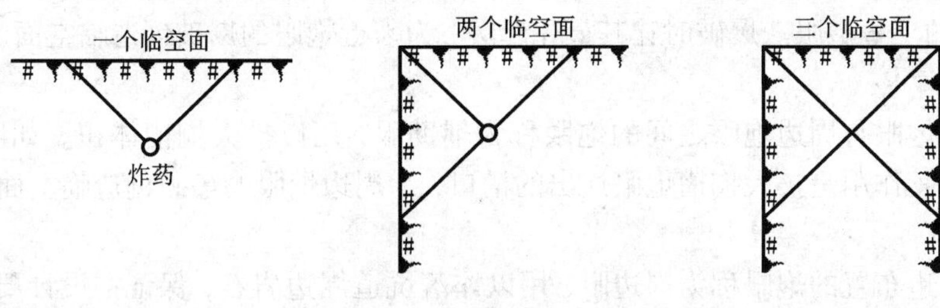

图10－11　爆破临空面

②爆破漏斗。

在有临空面的情况下，炸药爆破形成的一个圆锥形的爆破凹坑就叫爆破漏斗。爆破抛起的岩块，一部分落在漏斗坑之外形成一个爆破堆积体或飞石，另一部分回落到漏斗坑之内，掩盖了真正的爆破漏斗，形成看得见的爆破坑，叫作可见爆破漏斗，如图 10－12 所示。爆破漏斗由以下几何要素组成：药包中心到自由面的最短距离，称为最小抵抗线(W)；最小抵抗线与自由面交点到爆破漏斗边沿的距离，叫爆破漏斗半径(r)：药包中心到爆破漏斗边沿的距离叫破裂半径(R)以及可见漏斗深度(p)和压缩圈半径(R_1)等。

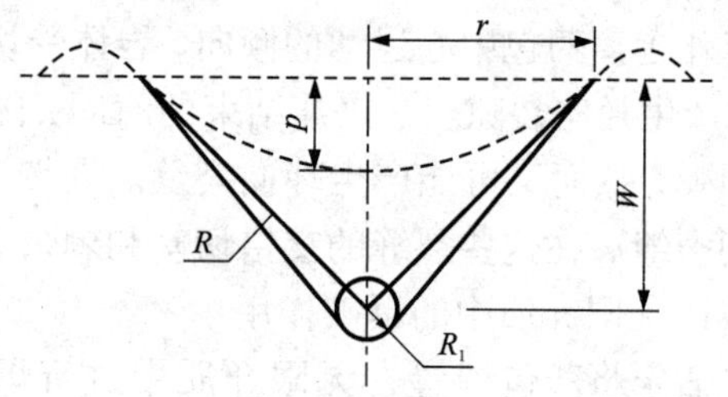

图 10－12 爆破漏斗示意图

③爆破作用指数。

爆破漏斗半径 r 与最小抵抗线 W 的比值 $n(n=r/W)$ 称为爆破作用指数，这是一个描述爆破漏斗大小，爆破性质，抛掷堆积情况等因素的重要相关系数。通常把 $n=1$ 的爆破称为标准抛掷爆破，其漏斗称为标准抛掷爆破漏斗；$n>1$ 的爆破称为加强抛掷爆破或扬弃爆破；$0.75<n<1$ 的爆破称为加强松动或减弱抛掷爆破；$n\leq 0.75$ 的爆破称为松动爆破。平坦地形的松动爆破结果，只能看到岩土破碎和隆起，并没有爆破漏斗可见。

临空面数目的多少对爆破效果有很大影响，增加临空面是改善爆破状况，提高爆破效果的重要途径。

(2)隧道爆破设计

隧道内常用的爆破方法是传统的炮眼爆破。其主要内容包括掏槽爆破技术、炮眼参数确定及炮眼布置、装药起爆等。同样的炮眼和装药、开挖临空面数量不同时，爆破的效果大不相同，临空面越多，爆破效果越好。导坑开挖只有一个临空面，所以爆破时要人为地创造新临空面即所谓“掏槽”，炸出漏斗，于是，之后爆炸的炮眼，处于多临空面的有利条件，先爆的炮眼称为“掏槽眼”。

1)炮眼种类和作用

炮眼类型根据炮眼所在的位置、爆破作用、布置方式和有关参数的不同大体上可分为掏槽眼、辅助眼、周边眼三种。

①掏槽眼。

导坑开挖只有一个临空面，所以爆破时要人为地创造新临空面即所谓“掏槽”，炸出漏斗，于是，之后爆炸的炮眼，处于多临空面的有利条件，先爆的炮眼称为“掏槽眼”。如图 10－13 中的 1 号炮眼。爆破时让其最先起爆，为邻近炮眼的爆破创造临空面。

②辅助眼。

位于掏槽炮眼与周边炮眼之间的炮眼称为辅助眼，用以扩大掏槽体积。如图 10－13 中的 2 号炮眼。其作用是扩大掏槽炮眼炸出的槽口，为周边炮眼的爆破创造临空面。

③周边眼。

沿隧道周边布置的炮眼称为周边眼，用以炸落坑道周边岩石，保证按设计要求炸出开挖断面轮廓。如图 10－13 中的 3、4、5 号炮眼。按其所在位置不同，又可分为帮眼(3 号眼)、顶眼(4 号眼)和底眼(5 号眼)。

通常的隧道开挖爆破，就是将开挖断面上的不同种类炮眼分区布置和分区顺序起爆，逐步开挖扩大槽口，共同完成一个循环进尺的爆破掘进。

2）掏槽眼的形式

掏槽爆破质量的好坏，直接影响整个隧道爆破的成败。根据施工方法、开挖断面大小、围岩状况和凿岩机具的不同，可将掏槽方式分为斜眼掏槽和直眼掏槽。

①斜眼掏槽。

它的种类很多，如锥形掏槽、爬眼掏槽、各种楔形掏槽、单斜式掏槽等等。隧道爆破中比较常用的是垂直楔形掏槽和锥形掏槽。

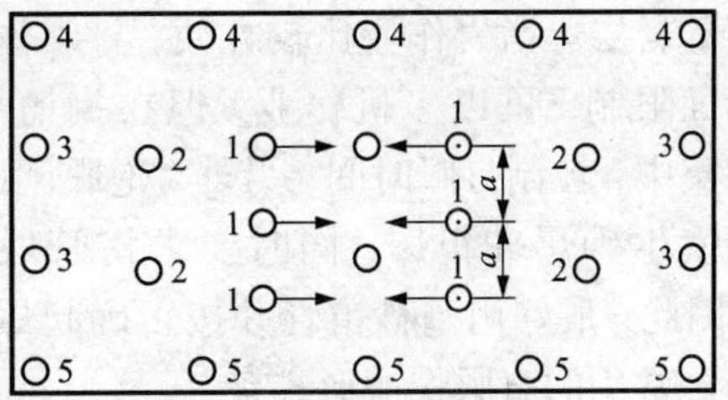

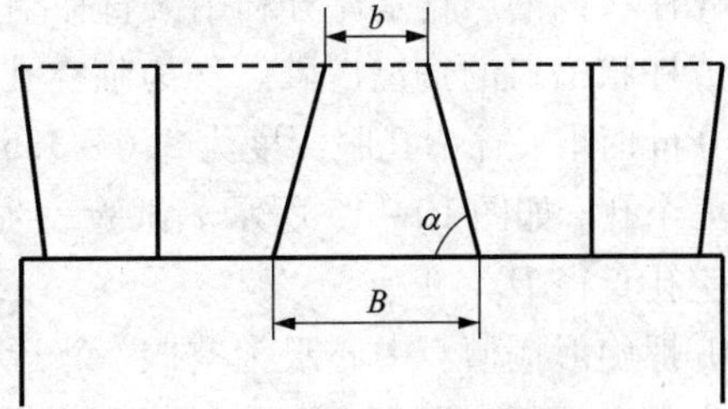

图10－13　炮眼种类及布置

ⓐ垂直楔形掏槽。掏槽炮眼呈水平对称布置（图10－13），爆破后将炸出楔形槽口。炮眼轴线与开挖面之间的夹角为α，上下两炮眼的间距a和同一平面上一对掏槽眼眼底的距离b是影响此种掏槽爆破效果的重要因素，这些参数随围岩类别的不同而不同，表10－4列出了一些经验值供参考。

表10－4　垂直楔形掏槽炮眼布置参数

围岩级别	α/（°）	斜度比	a/cm	b/cm	炮眼个数/个
Ⅰ级	55～70	1∶0.47～1∶0.37	30～50	20	6
Ⅱ级	70～75	1∶0.37～1∶0.27	50～60	25	6
Ⅲ级	75～80	1∶0.27～1∶0.18	60～70	30	4～6
Ⅳ级以上	70～80	1∶0.27～1∶0.18	70～80	30	4

ⓑ锥形掏槽。这种炮眼呈角锥形布置。根据掏槽炮眼数目的不同分为三角锥、四角锥及五角锥等。图10－14所示为四角锥掏槽，它常用于受岩层层理、节理、裂隙等影响较大的围岩及竖井的开挖爆破。

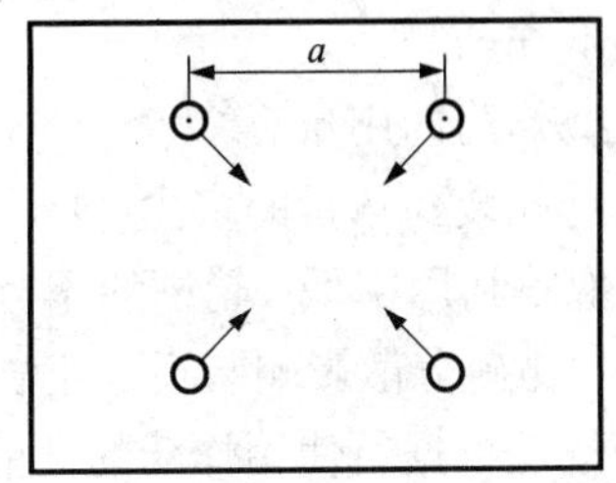

图10－14　锥形掏槽

斜眼掏槽具有操作简单，精度要求较直眼掏槽低，能根据岩层实际情况改变掏槽角度和掏槽方式、掏槽眼数量少、炸出槽口大等优点。但是因斜度影响，炮眼最大深度受到开挖面宽度和高度限制，不便钻成深眼，也不便于多台钻机同时钻眼，钻眼方向不易准确。

②直眼掏槽。

所有掏槽炮眼均垂直于开挖面且相互平行的掏槽形式，称为直眼掏槽。其中可有一个或几个不装药的空眼，空眼用大直径钻头（大于100 mm），空眼的作用是为装药眼创造临空面，以保证掏槽范围内的岩石破碎，它适用于各种硬度的岩层。凿岩作业比较方便，打眼深度不受断面限制，可以多机作业，但在掏槽部位，炮眼集中，控制打眼时间，另外，炮眼间距近，容易发生殉爆和拒爆，同时要求雷管段数较多，因此，最好用毫秒雷管并按正确起爆顺序起爆。常用的直眼掏槽形式有：

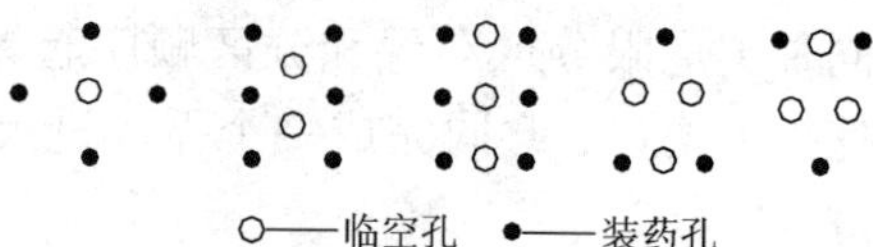

图 10－15 柱状掏槽

ⓐ柱状掏槽。它是充分利用大直径空眼作为临空孔和岩石破碎后的膨胀空间，使爆破后能形成柱状槽口的掏槽爆破。作为临空孔的空眼数目，视炮眼深度而定，一般当孔眼深度小于3.0 m时取一个；孔眼深度为3.0～3.5 m时，采用双临空孔；孔眼深度为3.5～5.15 m时采用三个孔，如图10－15所示。试验表明，第一个起爆装药孔离开临空孔距离应不大于1.5倍临空孔直径D。

ⓑ螺旋形掏槽。中心眼为空眼，邻近空眼的装药眼与空眼之间距离逐渐加大，其连线呈螺旋形状，如图10－16所示。装药眼与空眼之间距离分别为$a=(1.0\sim1.5)D$；$b=(1.2\sim2.5)D$；$c=(3.0\sim4.0)D$；$d=(4.0\sim5.0)D$。D为空眼直径，一般不宜小于100 mm，亦可用$\phi60\sim\phi70$ mm的钻头钻成8字形双孔。爆破按1、2、3、4由近及远顺序起爆。

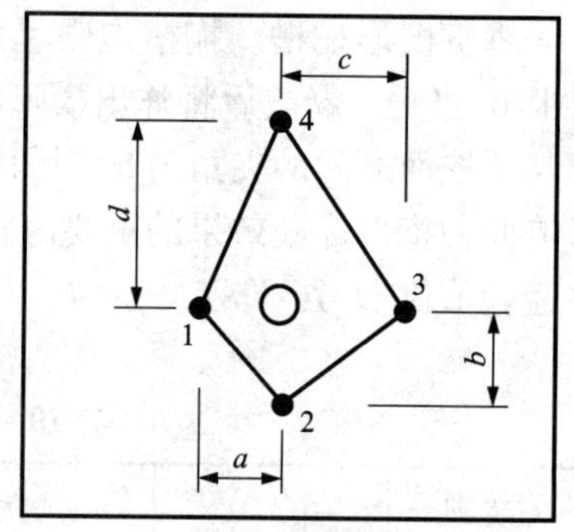

图 10－16 螺旋形掏槽

3)炸药品种的选择、用量及其分配

炸药品种选择及用量计算应充分考虑岩石的抗爆破性、炸药的敏感度、爆速、爆力、猛度、爆炸稳定性、安定性、殉爆距离等性能和价格，以获得较好的爆破效果和较低的费用。

①炸药品种的选择。

炸药的品种很多，工程用炸药一般以某种或几种单质炸药为主要成分，另加一些外加剂混合而成，目前在隧道爆破施工中使用最广泛的是硝铵类炸药。应根据现场实际的岩石情况及各种炸药的性能进行选用。但应注意的是越脆和韧性越强的岩体，应选用猛度较高、爆速较高的炸药。

②炸药的用量。

炮孔装药数量的多少，是影响爆破效果的重要因素。药量不足，会出现炸不开、块度偏大、炮眼利用率低、轮廓线不整齐等现象；药量过多则会破坏围岩的稳定，崩坏支撑和机械设备，抛碴分散影响装运，且增加了洞内有害气体，相应增加了排烟时间和供风量。合理的炸药量应根据所使用炸药的性能、地质条件、开挖面情况及爆破的质量要求来确定，理论上按达到预定爆破效果的条件下爆炸功与岩石阻抗相匹配的原则来计算确定。目前多采取先用体积法计算出一个循环的用药总量，然后按各种类型炮眼的爆破特性进行分配，再在爆破实践中加以检验和修正，直到取得良好的爆破效果为止。用体积法计算用药总量Q的公式为(10－1)：

$$Q=kLS \tag{10-1}$$

式中：Q 为一个爆破循环的总药量，kg；k 为爆破单位体积岩石的炸药平均消耗量，简称炸药的单耗量，kg/m^3；L 为一个爆破循环的掘进进尺，m；S 为开挖断面的面积，m^2。

③炸药单耗量 k 值的确定。

k 值主要受岩石的抗爆破性、断面进尺比 S/L、临空面的数目、炮眼布置形式，掏槽效果等因素的影响。

一般而言，岩石的完整性系数 f 值越大，k 值越大，断面进尺比 S/L 越大，则 k 值越小；临空面越多，k 值越小，炮眼布置不当或掏槽效果不佳，k 值会增大。

隧道爆破中实际采用的 k 值通常在 0.7 ~ 2.5 kg/m^3 之间，表 10 - 5 是断面积为 4 ~ 20 m^2 的隧道爆破开挖的 k 值表。20 m^2 以上的大断面隧道，其 k 值参照有关工程实例选取。

表 10 - 5　隧道爆破炸药单耗量 k 值(单位：kg/m^3)

开挖部位和开挖面积/m^2		围岩级别			
		Ⅳ ~ Ⅴ	Ⅲ ~ Ⅳ	Ⅱ ~ Ⅲ	Ⅰ
一个自由面	4 ~ 6	1.5	1.8	2.3	2.9
	7 ~ 9	1.3	1.6	2.2	2.5
	10 ~ 12	1.2	1.5	1.8	2.25
	13 ~ 15	1.2	1.4	1.7	2.1
	16 ~ 20	1.1	1.3	1.6	2
	>40	1	1.2	1.3	1.4
多个自由面	扩大挖底	0.6	0.74	0.95	1.2
		0.52	0.62	0.79	1

④炸药量的分配。总的炸药量应分配到各个炮孔中去。由于各种炮眼的作用及受到的岩石夹制情况不同，装药数量亦不相同。通常按装药系数 α 进行分配，α 参考表 10 - 6 取值。

表 10 - 6　装药系数 α 值

围岩级别 / 炮眼名称	Ⅳ、Ⅴ	Ⅲ	Ⅱ	Ⅰ
掏槽眼、底眼	0.5	0.55	0.6	0.65 ~ 0.80
辅助眼	0.4	0.45	0.5	0.55 ~ 0.70
周边眼	0.4	0.45	0.55	0.60 ~ 0.75

4)炮眼深度 L

炮眼深度是指炮眼底到开挖作业面的垂直距离。合理的炮眼深度，对提高掘进速度和炮眼利用率都有较大影响。随着凿岩、装碴运输设备的改进，目前普遍存在加长炮眼深度以减少作业循环次数的趋势。

确定炮眼深度的方法有两种。一种是采用斜眼掏槽时，炮眼长度受开挖面大小的影响，炮眼深度不易过大。故最大炮眼深度 L 一般取断面宽度(或高度) B 的 0.5 ~ 0.7 倍。

另一种方法是利用每一掘进循环所要求的进尺数及实际的炮眼利用率来确定，即：

$$L = l/\eta \tag{10-2}$$

式中：l 为每掘进循环的计划进尺数，m；η 为炮眼利用率。一般要求不低于 85%。

所确定的炮眼深度应与装碴运输能力相适应，使每个作业班能完成整数个循环，而且使掘进每米隧道消耗的时间最少，炮眼利用率最高。目前较多采用的炮眼深度为 1.2 ~ 3.5 m。

5)炮眼直径 D

炮眼直径大小对凿岩速度、炮眼数目、炸药单耗量、隧道壁的平整程度和石碴块度等均有影响。炮眼及药卷直径较大时，可以减少炮眼数目，使炸药相对集中。但炮眼直径过大，则凿岩速度显著下降；炸药相对集中，则石碴块度较大，洞壁平整度不好，且对围岩爆破扰动较严重。因此必须根据石质、凿岩能力、炸药性能等条件综合考虑，合理选择炮眼直径。

药卷直径 φ 的大小应与炮眼直径相匹配，以免发生管道效应，导致药卷拒爆。

工程爆破中，常用不偶合系数 λ 来控制药卷直径，不偶合系数 $\lambda = D/\varphi$。它反映了炮眼孔壁与药卷之间的空隙程度，一般应将 λ 值控制在 1.1 ~ 1.4 之间，且要求药卷直径不小于该炸药的临界直径。实际爆破设计时，对掏槽眼及辅助眼应采用较小的 λ 值，以提高炸药的爆破效率；对周边眼则可采用较大的 λ 值，以减小对围岩的破坏。

6)炮眼数量 N 及比钻眼数 n

①炮眼数量。

炮眼数量受地质条件、断面大小、炸药性能等因素影响。合适的炮眼数量，其有效容积应能容纳下每爆破循环所需要的炸药量。其计算公式为：

$$N = \frac{Q}{q} = \frac{kS}{\alpha\gamma} \tag{10-3}$$

式中：q 为单孔平均装药量，$q = \alpha\gamma L$；α 为装药系数，即装药长度与炮眼全长的比值，随围岩、炮眼类别不同而不同，一般取 $\alpha = 0.5 \sim 0.8$，具体取值如表 10-6 所示；γ 为每延米药卷的炸药重量，kg/m，2 号岩石硝铵炸药每米重量如表 10-7 所示；Q、k、S 的意义同前。

表 10-7　2 号岩石硝铵炸药每米重量

药卷直径/mm	32	35	38	40	45	50
$\gamma/(\mathrm{kg \cdot m^{-1}})$	0.78	0.96	1.10	1.25	1.59	1.90

②比钻眼数。

是指单位开挖断面的平均钻眼数，可按下式计算：

$$n = N/S \tag{10-4}$$

它是评价在同等条件下钻眼工作量的一个指标。通常单位开挖断面的平均钻眼数为 2 ~ 6 个。其中掏槽眼的 n 值较大，周边眼次之，辅助眼较小，即不同部位的炮眼布置密度不同。

7)炮眼布置

在一般情况下，应按下述原则布置炮眼；

①将计算出的炮眼数目均匀或大致均匀地分布于开挖面上。

②掏槽眼一般应布置在开挖面中央偏下部位，其深度应比掘进眼深15~20 cm。为求炸出平整的开挖面，除掏槽和底部炮眼外的所有掘进眼眼底应落在同一个平面上。底部炮眼深度一般与掏槽眼相同或略小。

③掏槽眼槽口尺寸一般在1.0~2.5 m^2 之间，要与循环进尺、断面大小和掏槽方式相协调。

④辅助眼应由内向外，逐层布置，逐层起爆，逐步接近开挖断面轮廓形状。

⑤周边炮眼应严格按照设计位置布置，断面拐角处应布置炮眼。为满足钻机钻眼需要和减少超欠挖，周边眼设计位置应考虑3%~5%的外插斜率。并应使前后两排炮的衔接台阶高度(即锯齿形的齿高)最小为佳。此高度一般要求为10 cm左右，最大也不应大于15 cm。一般的，对于松软岩层，眼底应落在设计轮廓线上；对于中硬岩及硬岩，眼底应落在设计轮廓线以外10~15 cm。底板眼的眼底一般都落在设计轮廓线以外。

⑥当炮眼深度超过2.5 m时，靠近周边炮眼的内圈炮眼应与周边眼有相同的斜率倾角。

⑦当岩层层理明显时，炮眼方向应尽量垂直于层理面，如节理发育，则炮眼位置应避开节理，以防卡钻和影响爆破效果。

隧道开挖面的炮眼，遵守上述原则可以有以下几种布置方法。

①直线形布眼。将炮眼按垂直方向或水平方向，围绕掏槽开口成直线形逐层排列，简称直线图式布孔，如图10-17所示。这种布孔图式，形式简单并且容易掌握，同排炮眼的最小抵抗线一致，间距一致，前排眼为后排眼创造临空面，爆破效果较好。

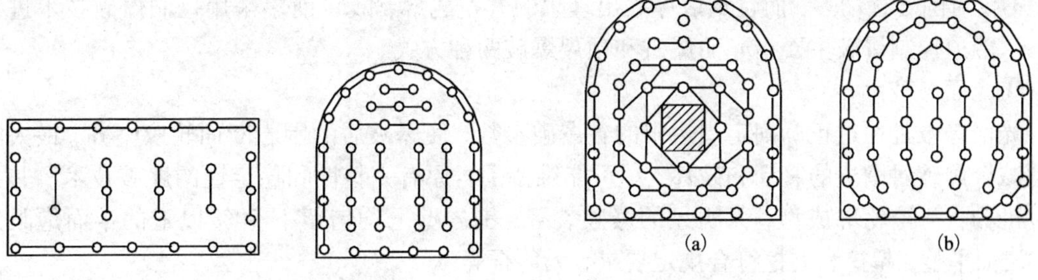

图10-17　直线形布眼

图10-18　多边形及弧形布眼

②多边形布孔。如图10-18(a)所示，这种布孔形式是围绕着掏槽开口，由里向外将炮孔逐层布置成正方形、长方形或多边形等基本规则的图式。

③弧形布孔。如图10-18(b)所示，顺着拱部弧形轮廓线，把炮孔布置成逐层的弧形图式。此外，还可将开挖面上部炮孔布置成弧形，下部炮孔布置成直线形，以构成混合形布孔图式。

④圆形布孔。当开挖断面为圆形时，可将炮孔围绕断面中心逐层布置成圆形图式。这种布孔图式，多用在圆形隧道、泄水洞以及圆形竖井的开挖中。

8)装药结构和堵塞

装药结构是指继爆药卷和起爆药卷在炮眼中的布置形式。按起爆药卷在炮眼中的位置和其中雷管的聚能穴的方向可以分为正向装药和反向装药，按其连续性则可分为连续装药和间隔装药。

①正向装药。

是将起爆药卷放在眼口第二个药卷位置上，雷管聚能穴朝向眼底，并用炮泥堵塞眼口。这种装药结构过去使用得较多。

②反向装药。

是将起爆药卷放在眼底第二个药卷位置上，雷管聚能穴朝向眼口。国内外实践证明，反向装药结构能提高炮眼利用率；减少瞎炮率；减小石碴块度；增大抛掷能力和降低炸药消耗量。炮眼越深，反向装药的效果越好。

掏槽眼和辅助眼多采用大直径药卷孔底连续装药，周边眼可采用小直径药卷连续装药或大直径药卷间隔装药。

炮孔装药后需要堵塞，堵塞材料应有较好可塑性、能提供较大摩擦力以及不透气等，常用黏土和砂的混合物制作(1∶3 的砂和黏土混合物，再加 2% ~3% 的食盐)成炮泥进行堵塞。有的用塑料水袋等作堵塞材料。堵塞长度约为 1/3 的炮眼长度，当眼长小于 1.5 m 时，堵塞长度需有眼长的 1/2 左右。

堵塞能保证爆破时产生的高压气不致由眼口冲出而降低爆破效果，这在眼深较小时是很有作用的。但当眼深加大，达到一定程度后就可不用堵塞，甚至在反向装药时也可以不用堵塞。通过实践可知，不堵塞不但可以节省大量工作时间、人力、物力，而且还可以减少残眼，甚至不留残眼，提高爆破效果。

9)周边眼的控制爆破

周边眼的爆破结果，反映了整个洞室爆破的成洞效果。实践表明，采用一般方法进行爆破，不仅对围岩扰动大，而且难以爆破出理想的开挖轮廓，故目前多采用控制爆破技术进行爆破。隧道控制爆破主要指光面爆破和预裂爆破两种方式。

①光面爆破。

光面爆破是通过正确确定周边眼的各爆破参数，使爆破后的围岩断面轮廓整齐，最大限度地减轻爆破对围岩的震动和破坏，尽可能维持围岩原有完整性和稳定性的爆破技术。其主要标准为：开挖轮廓成型，无明显的爆破裂缝；围岩壁上均匀留下 50% 以上的半面炮眼痕迹；岩面平整，超挖和欠挖符合规定要求，无危石等。

光面爆破对围岩扰动小，又尽可能保存了围岩自身原有的承载能力，从而改善了衬砌结构的受力状况；又由于围岩壁面平整，减小了应力集中和局部落石现象，增加了施工安全度；减小了超挖和回填量，若与锚喷支护相结合，能节省大量混凝土数量，降低工程造价，加快施工进度；因光面爆破可减轻震动和保护岩体，所以它是在松软及不均质的地质岩体中较为有效的开挖爆破方法。

光面爆破的成功与否主要取决于爆破参数的确定。其主要参数包括：周边炮眼的间距，光面爆破层的厚度，周边炮眼密集系数和装药集中度等。影响光面爆破参数选择的因素很多，通常是采取简单的计算并结合工程类比加以确定，在初步确定后一般都要在现场爆破实践中加以修正改善。

ⓐ周边炮眼间距 E。在不偶合装药的前提下，光面爆破应满足炮孔内静压力合力 F 必须小于爆破岩体的极限抗压强度，而大于岩体的极限抗拉强度的条件，如图 10 - 19 所示。

$$[\sigma_l]\cdot E\cdot L\leqslant F\leqslant[\sigma_c]\cdot d\cdot L \quad 即 \quad E\leqslant\frac{[\sigma_c]}{[\sigma_l]}\cdot d=K_i\cdot d \tag{10-5}$$

式中：$[\sigma_l]$为岩体的极限抗拉强度，MPa；$[\sigma_c]$为岩体的极限抗拉强度，MPa；F为炮孔内炸药爆炸静压力合力，N；d为炮孔直径，cm；L为炮孔深度，cm；K_i为孔距系数，$K_i=[\sigma_c]/[\sigma_l]$。

从式(10－5)中可以看出，周边炮眼间距与岩体的抗拉、抗压强度以及炮眼直径有关。一般取$K_i=10\sim16$，当炮眼直径为34～45 mm时，$E=350\sim700$ mm。对于隧道跨度小、围岩坚硬以及节理裂隙发育岩石，E值宜取偏小些，对于软质或完整性好的岩石宜取较大的E值。此外，还应注意不同品种的炸药对E值也有影响。

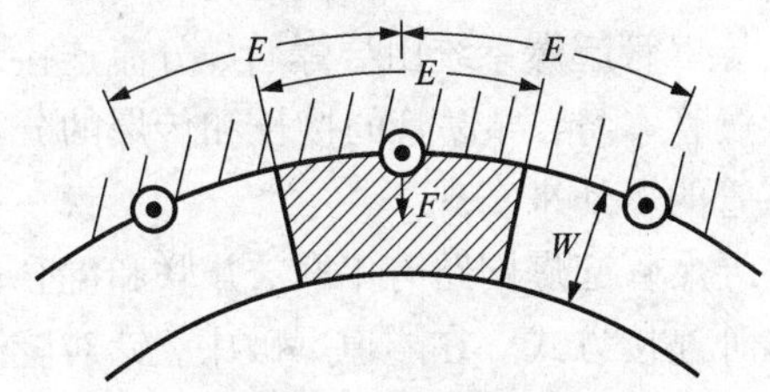

图10－19　周边炮眼布置

ⓑ光面层厚度及炮眼密集系数。光面层就是周边炮眼爆破的那一部分岩层。其厚度就是周边炮眼的最小抵抗线W。周边炮眼间距E与最小抵抗线W的比值k称为周边炮眼的密集系数，又称炮眼邻近系数。其大小对光面爆破效果有较大的影响。实践表明，光面爆破以$k=0.8$左右为宜，光面层厚度一般应取50～90 cm。

ⓒ装药量。周边炮眼的装药量，通常用线装药密度，即每米长炮眼的装药数量来表示。该数量既能提供足够的破岩能量，又不会造成围岩过度的破坏。通常应根据围岩条件、炸药品种、孔距和光面层厚度等因素综合考虑确定，一般控制在0.04～0.4 kg/m。

正确的技术措施，是获得良好光面爆破效果的重要保证。在光面爆破中，常采用的技术措施有：

ⓐ使用低爆速、低猛度、低密度、传爆性能好、爆炸威力大的炸药。

ⓑ采用不偶合装药结构。由于空气是可以压缩的，所以采用不偶合装药爆破时，通过空气间隙再作用到炮孔壁上的冲击波强度将大为减弱，空气间隙起到了缓冲的作用，故不偶合装药爆破又叫缓冲爆破。

ⓒ严格掌握与周边炮眼相邻的内圈炮眼的爆破效果，周边炮眼应同步起爆。据测定，各炮眼的起爆时差超过0.1 s时，就等于各个炮眼单独爆破，不能形成贯通裂缝。因此要求周边眼必须采用同段雷管同时起爆，并尽可能减少同段雷管的延期时间差(雷管的制造误差)。

ⓓ严格控制装药集中度，必要时采用间隔装药结构。但为了克服眼底岩石的夹制作用，通常在炮眼底部需要加强装药。

光面爆破的分区起爆顺序为：掏槽眼—辅助眼—周边眼—底板眼。

②预裂爆破。预裂爆破实质上是光面爆破的一种，其爆破原理与光面爆破相同，只是分区起爆顺序不同。它是由于首先起爆周边眼，在其他炮眼未爆破之前先沿着开挖轮廓线预爆破出一条用以反射地震应力波的裂缝而得名。

预裂爆破的分区起爆顺序为：周边眼—掏槽眼—辅助眼—底板眼。

预裂爆破的周边眼间距E、预留内圈岩层厚度、装药量及装药集中度均较光面爆破要小；但相应地增加了周边眼数量和钻眼工作量。

预裂爆破只要求先在周边眼之间炸出贯通裂缝，即预留光面层，因而单孔装药量可较少，炸药分布比较均匀，对围岩的破坏扰动更小。由于贯通裂缝的存在，使得主体爆破产生的应力波在向围岩传播时受到大量衰减，从而更有效地减少了对围岩的扰动，所以预裂爆破更适用于稳定性较差的软弱破碎岩层中。

10）起爆方法

在工程爆破中，比较常用的起爆方法有火花起爆法、导爆索起爆法、电力起爆法和导爆管系统起爆法。在目前的隧道开挖爆破中多采用导爆管系统起爆法。

导爆管起爆系统由导爆管、分流连接装置和终端雷管组成。导爆管起爆系统的传爆元件是导爆管本身，导爆管的接长和传爆的分流则可以使用专门的分流连接元件，也可以利用非电雷管的爆炸来实现。

导爆管起爆网路有串联、并联和混合联等多种连接方式。在隧道爆破中，针对隧道开挖断面较小，炮眼数量多而密集的特点，多采用以集束连接为主的混合连接方式，如图10－20所示。

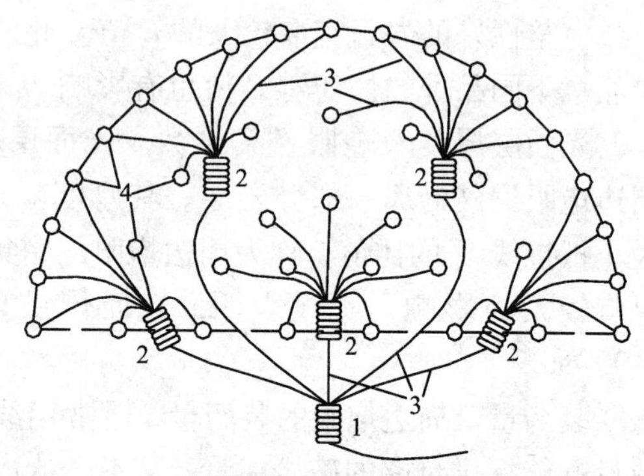

1—引爆雷管；3—导爆管；4—炮孔；
2—导爆雷管与导爆管束联接结

图10－20 导爆管起爆系统

集束连接方法，是把若干根导爆管捆绑在一个非电雷管上，利用雷管爆炸的冲击波来实现分流传爆。根据导爆管传爆和导爆管雷管分流传爆的特性，在非电导爆管起爆系统中，可以实现孔外延期方式起爆。当雷管段数不足，即只有少数几段延期雷管可供使用时，为获得较长的延期时间，可以把段数相同或不相同的若干个雷管串联使用。必须注意的问题是，当先后起爆时差较大时，有时会破坏后续起爆网路而造成拒爆，需要有相应的防范措施。

导爆管起爆系统具有诸多优点，是目前工程爆破各种起爆方法中较好的一种起爆系统。其不足之处在于，当无仪器准确检查网路敷设质量时，无法预先发现网路连接中可能存在的弊病；在较大规模网路爆破中，存在着由于导爆管传爆速度误差的叠加而可能产生相互影响的问题，需要有防范措施。

11）起爆顺序及时差

①除预裂爆破的周边眼是最先起爆外，在一个开挖断面上，起爆顺序是由内向外逐层起爆。这个起爆顺序可以用迟发雷管的不同延期时间（段别）来实现。内圈炮眼先起爆，外圈炮眼后起爆，这个顺序不能颠倒，否则爆破效果大受影响，甚至完全失败。为了保证内外圈炮眼的先后起爆顺序，实际使用中，常跳段选用毫秒雷管。

②试验和研究表明，各层炮之间的起爆时差越小，则爆破效果越好。常采用的时差为40～200 ms，称为微差爆破。应当注意，在深孔爆破时，要将掏槽炮眼与辅助炮眼之间的时差加大，以保证掏槽炮在此时差内将石碴抛出槽口，防止槽口淤塞，为后续辅助炮眼的爆破提供有效的临空面。

③同圈眼必须同时起爆，尤其是掏槽眼和周边眼，以保证同圈眼的共同作用效果。

④延期时间可以由孔内控制和孔外控制。孔内控制是将迟发雷管装入孔内的药卷中来实

现微差爆破，这是常用的方法，但装药要求严格，一旦出现差错就影响爆破效果。孔外控制是将迟发雷管装在孔外，在孔内药卷装入即发雷管实现微差爆破，这便于装药后进行系统检查，但先爆雷管可能会炸断其他管线，造成瞎炮。由于毫秒雷管段数较多和延期时间精度的提高，现多采用孔内控制微差爆破，而较少采用孔外控制。此外，若一次爆破孔眼数量较多，雷管段数不够用时，可采用孔内、孔外混合及串联、并联混合网路。

12）瞎炮处理

由于操作不良、爆破器材质量差等原因，引起药包没有爆炸，这些没有引爆的药包称为瞎炮。瞎炮危及安全，在发生瞎炮后，必须严格按照安全技术规程处理。一般处理方法是：

①引爆。即在瞎炮旁不大于 30 cm 处打一平行炮眼，装药引爆，使瞎炮殉爆。若无打平行炮眼的条件，或炮眼已裂碎、断裂，则可用裸露药包处理。

②用雷管引爆的药包，产生瞎炮后，允许小心地用竹木器具掏出原填炮泥，直至发现药包，然后再装一个起爆药包重新诱爆。

③如因炸药失效，可往炮眼灌入盐水，使炸药和火具等完全失效，然后再用竹木器具掏出炸药。

④无堵塞的反向装药结构的炮眼，产生瞎炮后可再装一个起爆药包诱爆。

13）超挖问题

在隧道开挖中，超出设计轮廓线以外，多挖掉的那部分岩体称为超挖部分，简称超挖。超挖使隧道的建筑造价提高，造成不必要的经济损失；过大的超挖，将加大对围岩的扰动深度和范围，影响深度围岩的稳定；由于超挖，使开挖成的隧道内壁面不平整，给后续的网喷、防水、模筑混凝土衬砌工作增加了难度等。总之，超挖既造成经济损失，又影响工程质量，对隧道的危害很大。

①产生超挖的原因。

造成超挖的原因是多方面的，各种因素的影响程度也不尽相同，施工中的超挖，往往是多种因素综合作用的结果。隧道超挖的主要因素有如下几种：

ⓐ围岩层理与节理。当围岩出现与炮孔方向夹角较小的竖向或水平成层的层理或节理时，因夹制作用不同，会引起钻杆外插角变化。水平成层围岩易形成门框形断面，而在框角处超挖最多，竖向倾斜岩层则易在两拱脚形成超挖或欠挖。节理发育的围岩，更容易形成局部超挖。

ⓑ测量放样误差。目前多数隧道控制开挖断面的测量方法是用支距法和极坐标法，由人工在岩面上画线，这样存在误差是难免的，更有甚者，是放样时人为不适当地放大轮廓尺寸。

ⓒ炮眼开挖位置的准确性。钻孔时的开挖位置，应根据地质条件和机具设备由钻爆设计确定。但实际掌握时只能凭施钻人员的经验和操作技术，易出现超挖欠挖。

ⓓ凿岩机体构造的影响。用凿岩机钻眼时，由于构造原因，凿岩机机体与周边岩壁之间，必须有一定的作业空间。为了避免欠挖，则钻杆必然有一个外插角，实际开挖成的轮廓线呈锯齿形，锯齿凹入岩壁部分即构成超挖。

ⓔ爆破方法与参数。实践证明爆破方法不同超挖量亦不相同。普通爆破法比光面、预裂爆破法超挖量大很多，这是因为前者对周边炮眼的间距、装药量等未予控制。即使是采用光面爆破，如果参数不合理，或缺乏小直径药卷，或起爆雷管段数过少等，都会使超挖量加大。

从上述情况看，超挖包括两部分，一部分是为了修正设计的开挖净空尺寸而设置的必要的外插角和考虑到测量、立模等误差而设置的必要加宽值，即所谓的允许超挖值；另一部分是由地质因素、钻爆或其他施工原因所引起的超挖。前一部分应尽量减小，后一部分则应设法避免。

②控制超挖的主要措施有：

ⓐ根据地质条件选择合适的爆破方法和钻爆参数。一般讲，硬岩隧道宜采用光面爆破，软岩隧道宜采用预裂爆破，分部开挖时则宜采用预留光面层爆破较好。

ⓑ光面爆破应使用低密度、低爆速、低猛度、高爆力的炸药。要合理选用起爆雷管段数，掌握好内圈炮眼的爆破效果。

ⓒ测量放样要正确。必须画出隧道开挖轮廓线和炮孔位置。用激光导向时，拱顶、拱腰、起拱线及轨面水平位置均应设置激光点。

ⓓ加强钻孔技术管理，提高钻孔精度。严格控制开孔位置、外插角和孔底位置。加强钻孔管理，提高钻孔人员素质。

ⓔ建立健全开挖、测量、爆破质量管理检查制度。严格按照设计标准施工和验收。

10.3.2 隧道爆破设计实例

某隧道的导坑处于花岗岩地层，地下水不发育，属Ⅱ级围岩，断面为马蹄形，断面面积 30 m^2，月掘进计划为 180 m，每月施工 28 天，采用三班三循环作业，炮眼利用率为 0.9，采用 2 号岩石铵梯炸药，药卷直径 ϕ32 mm，钻爆设计如下：

①根据隧道的地质情况选用三级复式掏槽。

②计算导坑炮眼数量 N：

$$N=\frac{Q}{q}=\frac{kS}{\alpha\gamma}$$

式中，开挖面积 $S=30\ m^2$，单位耗药量 $k=1.4\ kg/m^3$（根据开挖面面积及围岩级别查表 10 - 5，并根据工程经验确定），$\alpha=0.55$（查表 10 - 6，并根据工程实践经验确定），$\gamma=0.78$ kg/m），则

$$N=\frac{1.4\times30}{0.55\times0.78}\approx98\ 个$$

实际取 98 个炮眼。

③掏槽爆破参数的确定：

查表 10 - 4 知Ⅱ级围岩三级复式掏槽爆破参数：最外层掏槽眼与开挖面间夹角 $\alpha=70°$，向内依次为 65°、58°（图 10 - 21），上、下排掏槽眼间的距离 $a=50$ cm，同一平面上两炮眼眼底的距离 $b=25$ cm；同时，确定炮眼直径为 36 mm。

④计算每一循环炮眼深度：

每一循环炮眼深度：（三班三循环，28 d）$L=\frac{l}{\eta}=\frac{180}{0.9\times28\times3}=2.38$ m，实际施工取 2.5 m。

每一循环进尺为 $2.5\times0.9=2.25$ m；

故掏槽眼及底眼深度 $l_1=2.5+0.10=2.60$ m；

辅助眼、帮眼、顶眼深度 $l_2=2.50$ m。

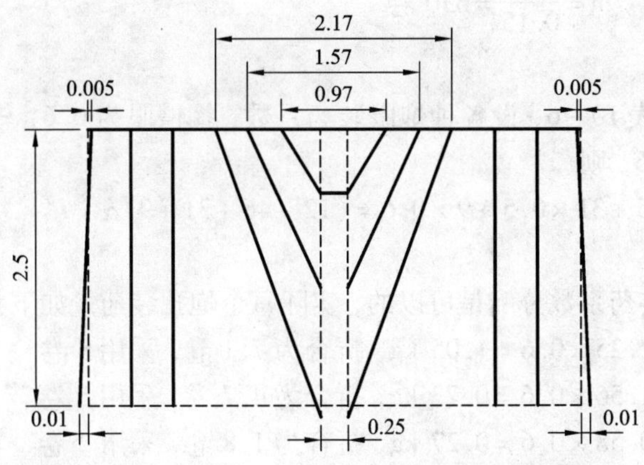

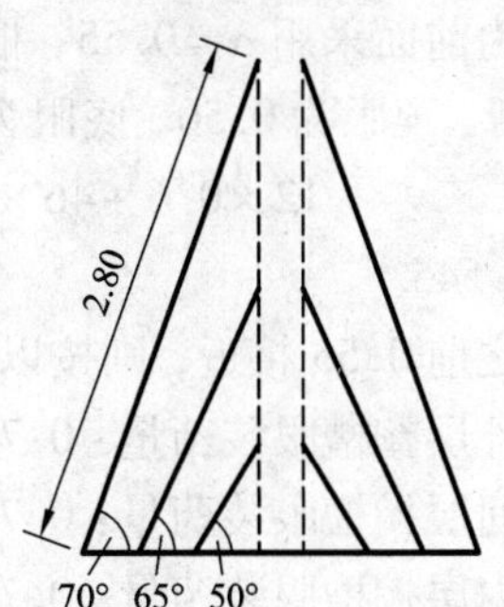

图 10－21　炮眼示意图(单位：m)

⑤计算各种炮眼长度 L 及同一平面上两掏槽炮眼眼口间的距离 B：

最长掏槽眼长度：$l_{掏}=\frac{l_1}{\sin\alpha}=\frac{2.60}{\sin 70°}\approx$ 2.80 m，向内依次为 1.56 m、0.58 m，最外层掏槽眼眼口的距离 B 为：$B=2c+b=2\times2.80\times\cos 70°+0.25=2.17$ m，向内依次为 1.57 m、0.97 m。

辅助炮眼长度：因辅助炮眼垂直于开挖面，所以 $l_{辅}=2.50$ m。

为了钻眼方便，各周边眼眼口均距开挖轮廓线 5 cm，其眼底超出开挖轮廓线 10 cm。

帮眼和顶眼长度：

$L_3=\sqrt{2.5^2+(0.05+0.1)^2}=2.50$ m

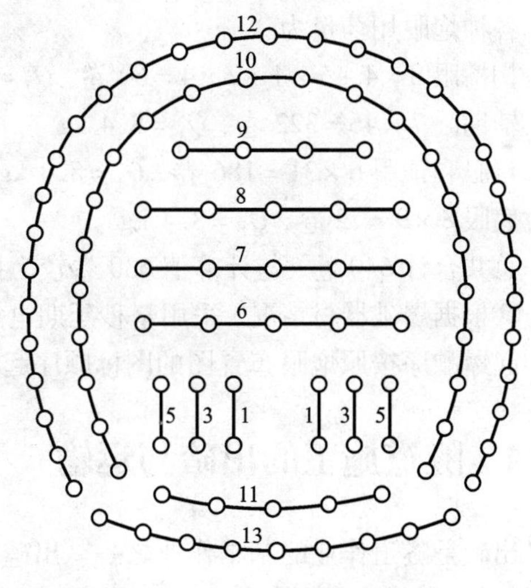

图 10－22　炮孔布置图

底眼长度：

$$L_4=\sqrt{2.6^2+(0.05+0.1)^2}=2.60\text{ m}$$

⑥炮眼布置图，如图 10－22 所示。

⑦每一循环装药量 Q 的计算及炮眼装药量的分配。

根据炸药供应及围岩情况，使用 2 号岩石铵梯炸药，药卷直径 32 mm，长度 200 mm，每卷药卷 0.15 kg。

ⓐ计算公式：

$$Q=kV=klS$$

ⓑ总装药量：

$$Q=1.4\times2.25\times30=94.5\text{ kg}$$

故炮眼折合卷数：

$$n=\frac{94.5}{0.15}=630\text{ 卷}$$

ⓒ炮眼装药量分配：

因为前面采用 $\alpha=0.55$，根据表 10－6，设各种炮眼装药系数：掏槽眼为 0.6，辅助眼为 0.55，帮、顶眼为 0.50，底眼为 0.6，则

$$12\times0.6+46\times0.55+31\times0.5+9\times0.6=(12+46+31+9)\alpha$$

得 $\alpha=0.545$

与之前 0.55 接近，则按以上装药系数分配是可以的，实际每个炮孔装药量如下：

最外层掏槽眼装药量：$0.78\times2.25\times0.6=1.05$ kg，折合为 7.1 卷，采用 8 卷

中间层掏槽眼装药量：$0.78\times1.56\times0.6=0.73$ kg，折合为 4.7 卷，采用 5 卷

最内层掏槽眼装药量：$0.78\times0.58\times0.6=0.27$ kg，折合为 1.8 卷，采用 2 卷

每个辅助眼装药药量：$0.78\times2.25\times0.55=0.97$ kg，折合为 6.4 卷，采用 7 卷

每个帮、顶眼装药药量：$0.78\times2.25\times0.50=0.89$ kg，折合为 5.9 卷，采用 6 卷

每个底眼装药药量：$0.78\times2.25\times0.60=1.05$ kg，折合为 7.1 卷，采用 8 卷

各种炮眼用药量为：

掏槽眼 $8\times4+5\times4+2\times4=60$ 卷，$Q_1=8.4$ kg

辅助眼 $7\times46=322$ 卷，$Q_1=8.4$ kg

帮眼和顶眼 $6\times31=186$ 卷，$Q_1=8.4$ kg

底眼 $8\times9=72$ 卷，$Q_1=8.4$ kg

总共合计 640 卷，与计算值 630 卷较为接近，故认为比较合理。

⑧根据爆破器材情况，采用毫秒延期电雷管起爆网络。

起爆顺序按照炮眼布置图的图标顺序起爆，共分 11 段，采用毫秒延期电雷管起爆。

10.4 隧道施工的出碴与运输

出碴是隧道作业的基本作业之一。出碴作业能力的强弱，决定了它在整个作业循环中所占时间的长短(一般在 40%～60%)，因此，出碴运输作业能力的强弱在很大程度上影响施工速度。

在选择出碴方式时，应对隧道或开挖坑道断面的大小、围岩的地质条件、一次开挖量、机械配套能力、经济性及工期要求等相关因素综合考虑。

出碴作业可以分解为：装碴、运碴、卸碴三个环节，分述如下。

10.4.1 装碴

装碴就是把开挖下来的石碴装入运输车辆。

(1)碴量计算

出碴量应为开挖后的虚碴体积，可按下式计算：

$$Z=R\cdot\Delta\cdot L\cdot S \tag{10-6}$$

式中：Z 为单循环爆破后石碴量，m^3；R 为岩体松胀系数，如表 10－8 所示；Δ 为超挖系数，视爆破质量而定，一般可取 1.15～1.25；L 为设计循环进尺，m；S 为开挖断面面积，m^2。

表10－8　岩体松胀系数 R 值

岩石类别	Ⅵ		Ⅴ		Ⅳ	Ⅲ	Ⅱ	Ⅰ
土石名称	砂砾	黏性土	砂夹卵石	硬黏土	石质	石质	石质	石质
松胀系数 R	1.15	1.25	1.30	1.35	1.6	1.7	1.8	1.85

(2)装碴方式

装碴的方式可采用人力装碴或机械装碴。人力装碴，劳动强度大、速度慢，仅在短隧道缺乏机械或断面小而无法使用机械装碴时，才考虑采用。机械装碴速度快，可缩短作业时间，目前隧道施工中常用，但仍需配少数人工辅助。

(3)装碴机械

装碴机械的类型很多，按其扒碴机构形式可分为：铲斗式、蟹爪式、立爪式、挖斗式。铲斗式装碴机为间歇性非连续装碴机，有翻斗后卸、前卸和侧卸式三个卸碴方式。蟹爪式、立爪式和挖斗式装碴机是连续装碴机，均配备刮板(或链板)转载后卸机构。

装碴机的走行方式有轨道走行和轮胎走行两种。也有配备履带走行和轨道走行两套走行机构的。轨道走行式装碴机须铺设走行轨道，因此其工作范围受到限制。但有些轨道走行式装碴机的装碴机构能转动一定角度，以增加其工作宽度。必要时，可采用增铺轨道来满足更大的工作宽度要求。轮胎走行式装碴机移动灵活，工作范围不受限制。但在有水土质围岩的隧道中，有可能出现打滑和下陷。

装碴机扒碴的方式不同，走行方式不同，装备功率不同，则其工作能力各不相同。装碴机的选择应充分考虑围岩及坑道条件、工作宽度及其与运输车辆的匹配和组织，以充分发挥各自的工作效能，缩短装碴的时间。

隧道施工中几种常用的装碴机有：

①翻斗式装碴机。这种装碴机多采用轨道走行机构。它是利用前方的铲斗铲起石碴，然后后退并将铲斗后翻，把石碴倒入停在机后的运输车内(图10－23)。

翻斗式装碴机构造简单，操作方便，采用风动或电动，对洞内无废气污染。但其工作宽度一般只有1.7～3.5 m，工作长度较短，须将轨道延伸至碴堆，且一进一退间歇装碴，工作效率较低，其斗容量小，工作能力较低，一般只有30～120 m^3/h(技术生产率)，主要适用于小断面或规模较小的隧道中。

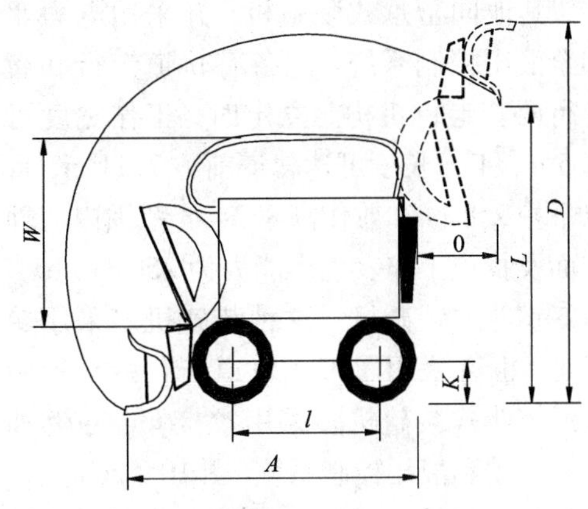

图10－23　翻斗式装碴机

②蟹爪式装碴机。这种装碴机多采用履带走行，电力驱动。它是一种连续装碴机，其前方倾斜的受料盘上装有一对由曲轴带动的扒碴蟹爪。装碴时，受料盘插入岩堆，同时两个蟹爪交替将岩碴扒入受料盘，并由刮板输送机将岩碴装入机后的运输车内(图10－24)。

因受蟹爪拨碴限制，岩碴块度较大时，其工作效率显著降低，故主要用于块度较小的岩碴及土的装碴作业。工作能力一般在 60 ~ 80 m^3/h 之间。

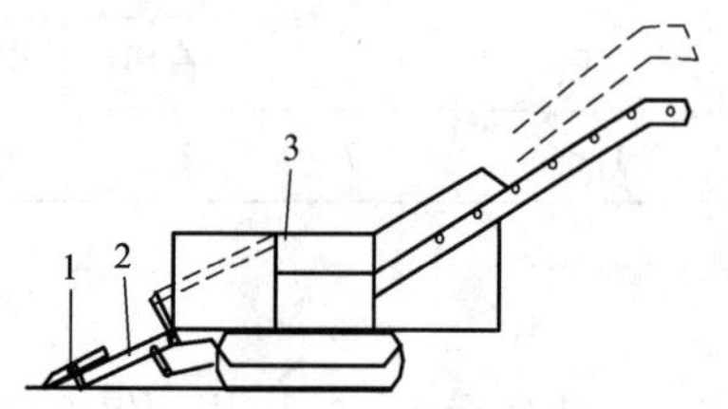

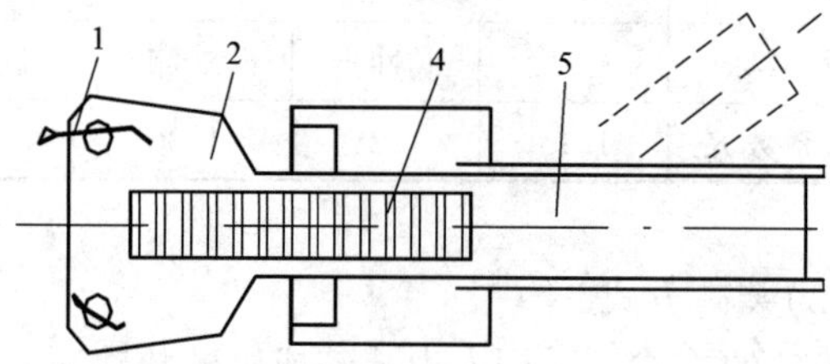

图 10 - 24 蟹爪式装碴机

1—蟹爪；2—受料盘；3—机身；4—链板输送机；5—带式输送机

③立爪式装碴机。这种装碴机多采用轨道走行，也有采用轮胎走行或履带走行的。以采用电力驱动、液压控制的较好。装碴机前方装有一对扒碴立爪，可以将前方或左右两侧的石碴扒入受料盘，其他同蟹爪式装碴机(图 10 - 25)。立爪扒碴的性能较蟹爪式的好，对岩碴的块度大小适应性强，轨道走行时，其工作宽度可达到 3.8 m，工作长度可达到轨端前方 3.0 m，工作能力一般在 120 ~ 180 m^3/h 之间。

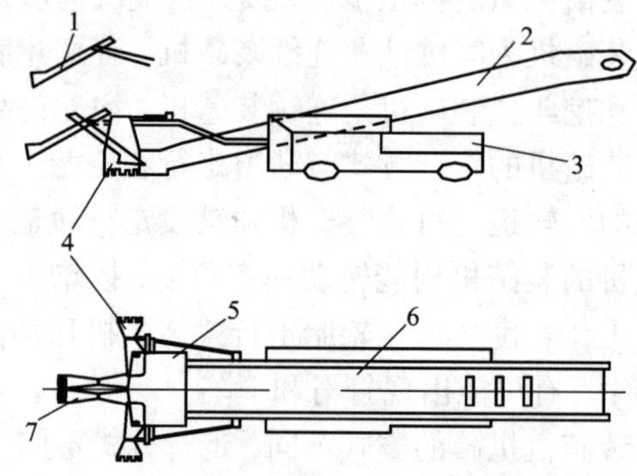

图 10 - 25 立爪式装碴机

1—立爪；2、6—链板输送机；3—机体；4—立爪(左右位置)；5—机架；7 —立爪(前方位置)

④挖斗式装碴机。这种装碴机(如 ITC312 H4 型)是近几年发展起来的较为先进的隧道装碴机。其扒碴机构为自由臂式挖掘反铲，其他同蟹爪式装碴机，并采用电力驱动和全液压控制系统，配备有轨道走行和履带走行两套走行机构。立定时，工作宽度可达 3.5 m，工作长度可达轨道前方 7.11 m，且可以下挖 2.8 m 和兼作高 8.34 m 范围内清理工作面及找顶工作。生产能力为 250 m^3/h。

⑤铲斗式装碴机。这种装碴机多采用轮胎行走，也有采用履带或轨道走行的。轮胎走行的铲斗式装碴机多采用铰接车身、燃油发动机驱动和液压控制系统(图 10 - 26)。

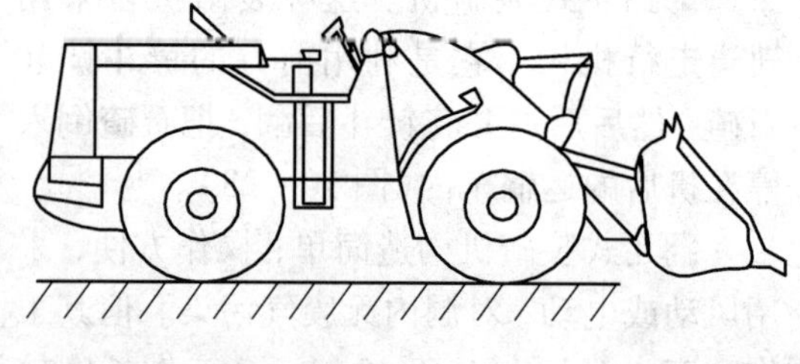

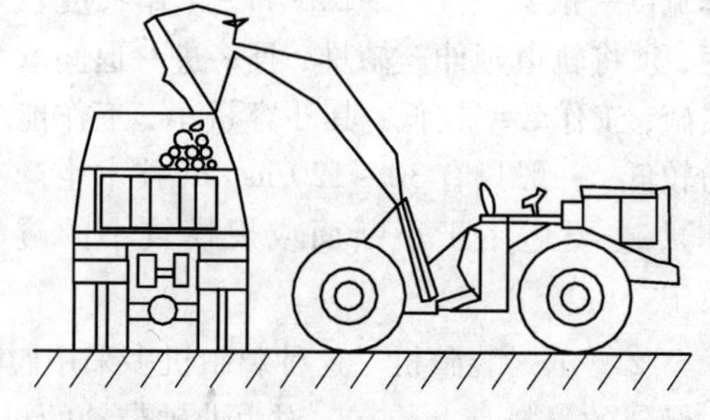

图 10 - 26 轮胎走行铲斗式装碴机

轮胎走行铲斗式装碴机转弯半径小，移动灵活；铲取力强，铲斗容量大，达 0.76 ~ 3.8 m^3，工作能力强；可侧卸也可前卸，卸碴准确，但燃油废气污染洞内空气，须配备净化器或加强隧道通风，常用于较大断面的隧道装碴作业。

轨道走行及履带走行的铲斗式装碴机，多采用电力驱动。轨道走行装碴机一般只适用于断面较小的隧道中，履带走行的大型电铲则适用于特大断面的隧道中。

10.4.2　运输

隧道施工的洞内运输(出碴和进料)可以分为有轨运输和无轨运输两种方式。

有轨运输是铺设小型轨道，用轨道式运输车出碴和进料。有轨运输多采用电瓶车及内燃机车牵引，斗车或梭式矿车运碴，它既适应于大断面开挖的隧道，也适用于小断面开挖的隧道，尤其适应于较长的隧道运输(3 km以上)，是一种适应性较强的和较为经济的运输方式。

无轨运输是采用各种无轨运输车出碴和进料。其特点是机动灵活，不需要铺设轨道，能适用于弃碴场离洞口较远和道路坡度较大的场合。缺点是由于多采用内燃驱动，作业时，在整个洞中排出废气，污染洞内空气，故一般适用于大断面开挖和中等长度的隧道中，并应注意加强通风。

运输方式的选择应充分考虑与装碴机的匹配和运输组织，还应考虑与开挖速度及运量的匹配，以尽量缩短运输和卸碴时间。必要时应做技术经济合理性分析，以求方案最佳。

(1)有轨运输

①运输车辆。

常用的轨道式运输车辆有斗车、梭式矿车。

ⓐ斗车。斗车结构简单，使用方便，适应性强。斗车运输是较经济的运输方式。按其容量大小可分为小型斗车(容量小于3 m^3)和大型斗车。

小型斗车轻便灵活，满载率高，调车便利，一般均可人力翻斗卸碴。在无牵引机械时还可以人力推送，它是最常用的运输车辆。大型斗车单车容量较大，可达20 m^3，须用动力机车牵引；并配用大型装碴机械装碴才能保证快速装运。根据斗车类型采用驼峰机构侧卸或翻车机构卸碴；对轨道要求严格；但可以减少装碴中调车作业次数，而缩短装碴时间。

ⓑ梭式矿车。梭式矿车采用整体式车体，下设两个转向架，车厢底部设有刮板式或链式转载机构，便于将整体车厢装满和转载或向后卸碴，如图10－27所示。它对装碴机械要求条件不高，能保证快速运输，但机构复杂，使用费较高。

梭式矿车单车容量为6～18 m^3，可以单车使用，也可以2～4节搭接使用，以减少调车作业次数。其刮板式自动卸碴机构，可以向后(即码头前方)卸碴，也可以使前后转向架分别置于相邻的两股道上，实现向轨道侧面卸碴，扩大弃碴的范围。轨道间距应为2.0～2.5 m，车体与轨道的交角可达35°～40°。

②有轨运输牵引类型。

常用的轨道式牵引机车有电瓶车、内燃机车，主要用于坡度不大的隧道运输牵引。当采用小型斗车和坡度较缓的短隧道施工时，还可以采用人力推送。

电瓶车牵引无废气污染，但电瓶须充电，能量有限。必要时可增加电瓶车台数，以保证行车速度和运输能力。

内燃机车牵引能力较大，但增加洞内噪声污染和废气污染。必要时，须配备废气净化装置和加强通风。

③单线运输。

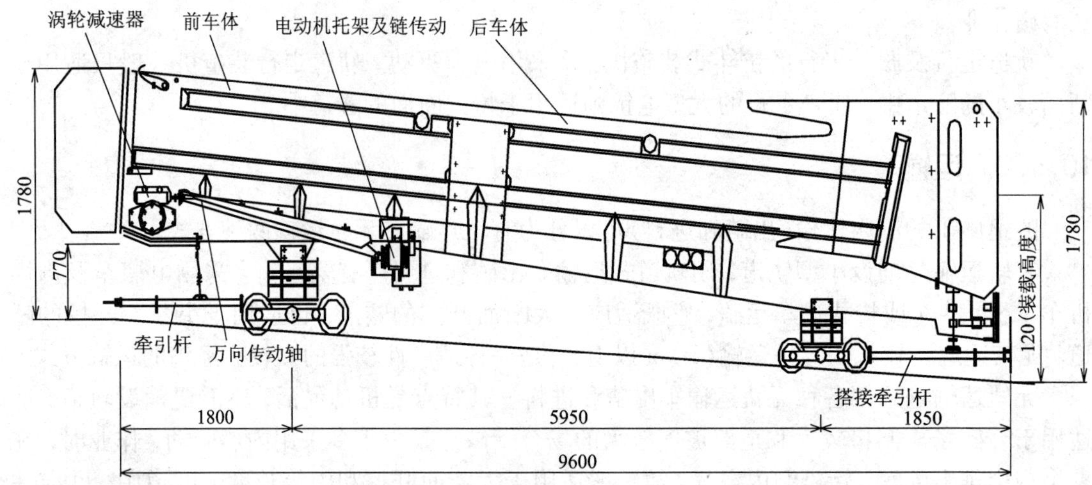

图 10－27 梭式矿车(尺寸单位: mm)

1—涡轮减速器; 2—前车体; 3—电动机托架及链传动; 4—后车体; 5—万向传动轴; 6—牵引杆; 7—搭接牵引杆

单线运输能力较低，常用于地质条件较差或小断面开挖的隧道中。

单线运输时，为调车方便和提高运输能力，在整个路线上应合理布设会让站(错车道)。会让站间距应根据装碴作业时间和行车速度计算确定，并编制和优化列车运行图，以减少避让等时间。会让站的站线长度应能够容纳整列车，并保证会车安全(图 10－28)。

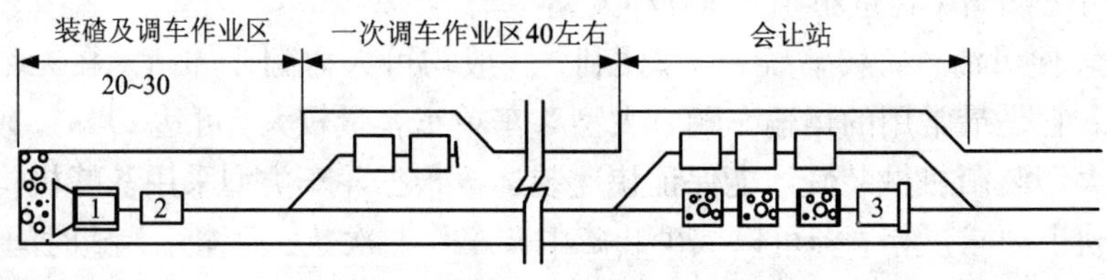

图 10－28 单线运输轨道布置

1—翻斗式装碴机; 2—斗车; 3—牵引电瓶车

④双线运输。

双线运输时，进出车分道行驶，无须避让等待，故通过能力较单线有显著提高。为了调车方便，应在两线间合理布设渡线。

渡线间距应根据工序安排及运输调车需要来确定，一般间距为 100～200 m，或更长，并每隔 2～3 组渡线设置一组反向渡线(图 10－29)。

⑤工作面轨道延伸及调车措施。

ⓐ工作面的轨道延伸，应及时满足钻眼、装碴、运输机械的走行和作业要求，并避免轨道延伸与其他工作的干扰。有时需延至开挖面。延伸的方法可以采用浮放“卧轨”、“爬道”及接短轨。待开挖面向前推进后，将连接的几根短轨换成长轨。

ⓑ工作面附近的调车措施，应根据机械走行要求和转道类型来合理选择确定，并尽量离开挖面近一些，以缩短调车的时间。

单线运输时，首先应利用就近的会让站线调车；当开挖面距离会让站较远时，则可以设

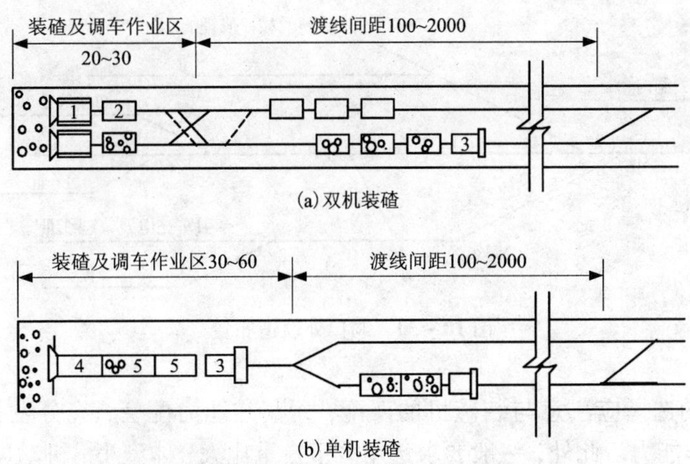

(a)双机装碴

(b)单机装碴

图10－29　双线运输轨道布置(尺寸单位：m)

1—翻斗式装碴机；2—斗车；3—牵引电瓶车；4—立爪装碴机；5—梭式矿车

置临时岔线、浮放调车盘或平移调车器来调车，并逐步前移。

双线运输时，应尽量利用就近的渡线来调车，当开挖面距渡线较远时，则可以设置浮放调车盘，并逐步前移。

⑥洞口轨道布置。

洞口外轨道布置包括卸碴线、上料线、修理线、机车整备线以及调车场等。

卸碴线应搭设卸碴码头，其重车方向应设置一段0.5%～1.0%的上坡，并在轨端加设车挡，以保证卸碴车列安全。

其他各线均应满足使用要求(图10－30)。

⑦轨道铺设要求。

ⓐ轨距常用的有600 mm、762 mm、900 mm三种。双线线间净距不小于20 cm；单线会让站线间净间距不小于40 cm。车辆距坑道壁式支撑净间距不小于20 cm；双线不另设人行道；单线须设人行道，其净宽不小于70 cm。

ⓑ轨道平面最小曲线半径，在洞内应不小于机车车辆轴距的7倍；洞外不小于10倍；使用有转向架的梭式矿车时，最小曲线半径不小于12 m，并应尽量使用较大的曲线半径。

ⓒ洞内轨道纵坡按隧道坡度设置。洞外轨道除卸碴线设置上坡外，其余尽量设置为平坡或0.5%以下的纵坡。

ⓓ钢轨重量有15 kg/m、24 kg/m、30 kg/m、38 kg/m、43 kg/m几种，轨枕截面有10 cm×12 cm、10 cm ×15 cm、12 cm×15 cm、14 cm×17 cm(厚×宽)几种。钢轨和枕木的选择，应根据各种机械的最大轴重来确定，轴重较大时应选用较重的钢轨和较粗的枕木；枕木间距一般不大于70 cm。

ⓔ轨道铺设可利用开挖下来的碎石碴作为道砟，并铺设平整、顺直、稳固。若有变形和位移，应及时养护和维修，保证线路处于良好的工作状态。

(2)无轨运输

隧道用无轨运输车的品种很多，多为燃油式动力、轮胎走行的自卸卡车。载重量2～25 t不等。为适应在隧道内运输，有的还采用了铰接车身或双向驾驶的坑道专用车辆。

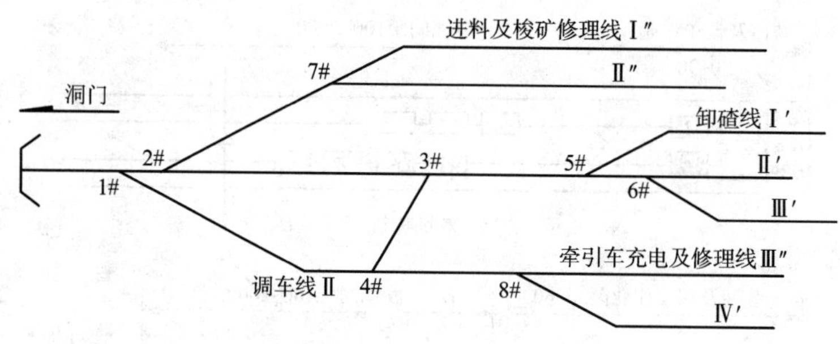

图 10－30　洞口外轨道布置

无轨运输车的选择应注意与装碴机的匹配，尤其是能力配套，充分发挥各自的工作效率，提高整体工作能力。此外，一般要求选用载重自重比大，体型小、机动灵活、能自卸、配有废气净化器的运输车。

洞内转向，还可以局部扩大洞径，设置车辆转向站，或设置机械转向盘。

10.5　隧道支护施工技术

10.5.1　预支护(预加固)技术

隧道施工过程中，当遇到软弱破碎围岩时，其自支护能力是比较弱的，需对围岩进行预支护或预加固，经常采用的预支护措施有超前锚杆、插板或小钢管；超前小导管注浆；管棚；开挖工作面及围岩预注浆；水平旋喷桩等。

上述措施的选用应视围岩条件、涌水状况、施工方法、环境要求等情况而定，经过充分的技术经济比较，选用其中一种或几种措施进行治理。

(1)超前锚杆、小钢管

此法的要点是开挖掘进前，在开挖面顶部一定范围内，沿坑道设计轮廓线，向岩体内打入一排纵向锚杆(或型钢，或小钢管)，以形成一道顶部加固的岩石棚，在此棚保护下进行开挖等作业(图 10－31)，至一定距离后(在尚未开挖的岩体中必须保留一定的超前长度)，重复上述步骤，如此循环前进。

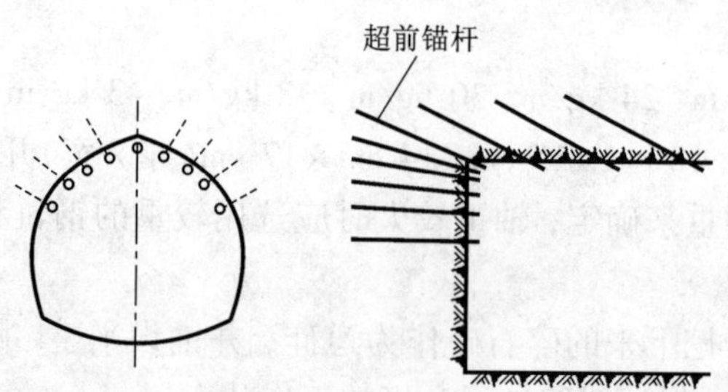

图 10－31　超前支护

超前锚杆宜采用早强砂浆锚杆，锚杆可用不小于 $\phi22$ 的螺纹钢筋。其超前量、环向间距、外插角等参数应视具体的施工条件而定。

超前锚杆主要适用于地下水较少的软弱破碎围岩的隧道工程中，如土砂质地层、弱膨胀性地层、流变性较小的地层、裂隙发育的岩体、断层破碎带等、浅埋无显著偏压的隧道。也适宜于采用中小型机械施工。

(2)管棚

管棚是沿隧道开挖断面外轮廓，以较小的外插角向开挖面前方打入钢管构成的棚架体系。为增加钢管外围岩的抗剪切强度，从插入的钢管内压注充填水泥浆或砂浆，使钢管与围岩一体化(图 10－32)。

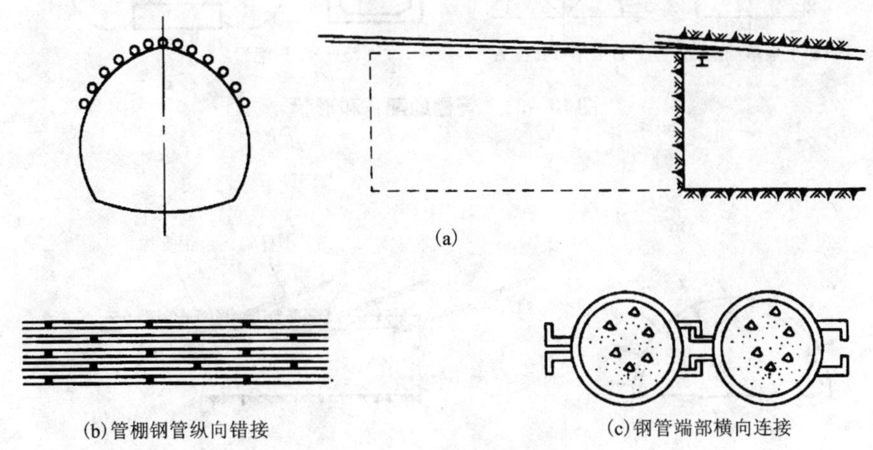

(a)

(b)管棚钢管纵向错接　　(c)钢管端部横向连接

图 10－32　管棚预支护围岩

管棚对围岩变形的限制能力较强，且能提前承受早期围岩压力。因此管棚主要适用于围岩压力来得快来得大，用于对围岩变形及地表下沉有较严格限制要求的软弱破碎围岩隧道工程中。如土砂质地层、强膨胀性地层、强流变性地层、裂隙发育的岩体、断层破碎带、浅埋有显著偏压等围岩的隧道中。此外，在一般无胶结的土及砂质围岩中，可采用插板封闭较为有效；在地下水较多时，则可利用钢管注浆堵水和加固围岩。

管棚的配置、形状、施工范围、管棚间隔及断面等应根据地质条件、周边环境、隧道开挖断面、埋深以及开挖方法等因素来决定。一般多采用图 10－33 所示的形状。

短管棚是长度小于 10 m 的小钢管，一次超前量小，基本上与开挖作业交替进行，占用循环时间较大，但钻孔安装或顶入安装较容易。

长管棚是长度为 10～45 m，直径较粗的钢管，一次超前量大，单次钻孔或打入长钢管的作业时间较长，但减少了安装钢管的次数，减少了与开挖作业之间的干扰。

钻孔时如出现卡钻或坍孔，应注浆后再钻，有些土质地层则可直接将钢管顶入。

在浅埋隧道的情况下，地表有结构物存在时，或隧道接近地中结构物、地下埋设物开挖时，为把隧道开挖的影响限制在最小范围内，要尽量防止围岩的松弛，采用管棚是有利的。

(3)超前小导管注浆

超前小导管注浆是在开挖掘进前，先通过喷混凝土将开挖面和 5 m 范围内的坑道封闭，然后沿坑道周边打入带孔的纵向小导管并通过小导管向围岩注浆，待浆液硬化后，在坑道周围形成了一个加固圈，在此加固圈的防护下即可安全地进行开挖(图 10－34)。

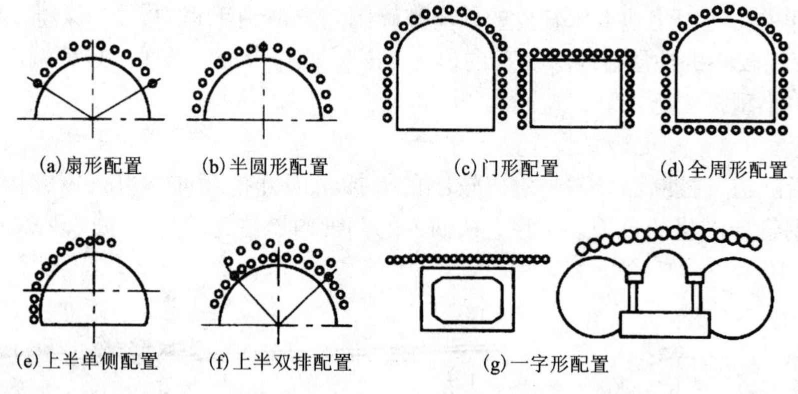

图 10-33 管棚的配置和形状

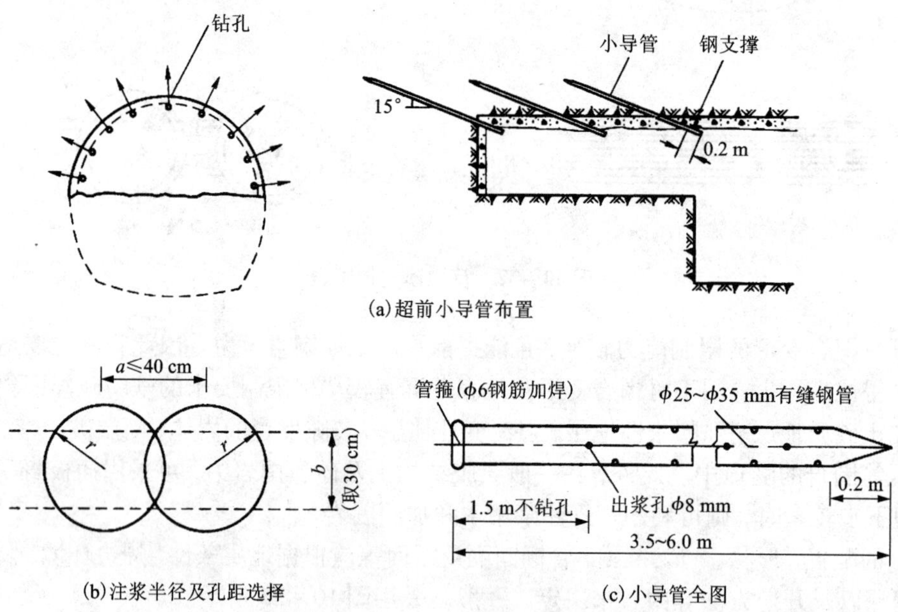

图 10-34 超前小导管注浆

超前小导管注浆不仅适用于一般软弱破碎围岩，也适用于地下水丰富的松软围岩。但超前小导管注浆对围岩加固的范围和强度是有限的，在围岩条件特别差而变形又严格控制的隧道施工中，超前小导管注浆常常作为一项主要的辅助措施，与管棚结合起来加固围岩。

自进式注浆锚杆(又称迈式锚杆)是将超前锚杆与超前小导管注浆相结合的一种超前措施。它是在小导管的前端安装了一次性钻头，从而将钻孔和顶管同时完成，缩短了导管的安装时间，尤其适用于钻孔易坍塌的地层。

(4)预注浆加固围岩

预注浆方法是在掌子面前方的围岩中将浆液注入，从而提高了地层的强度、稳定性和抗渗性，形成了较大范围的筒状封闭加固区，然后在其范围内进行开挖作业。

注浆机理分为二种：第一种是“浸透注浆”，就是对于破碎岩体，砂卵石层，中、细、粉砂层等有一定渗透性的地层，采用中低压力将浆液压注到地层中的空穴、裂缝、孔隙里，凝固后将岩土或土颗粒胶结为整体。第二种是“劈裂”注浆，它是在黏性土中用高压浆液在钻孔周围土层中先劈裂出缝隙，然后再充填之，从而对黏土层起到了挤压加固和增加强度的作用。

预注浆一般可超前开挖面 30 ~ 50 m，可以形成有相当厚度的和较长区段的筒状加固区，从而使得堵水的效果更好，也使得注浆作业的次数减少，它更适用于有压地下水及地下水丰富的地层中，也更适用于采用大中型机械化施工。

预注浆加固围岩有洞内超前注浆、地表超前注浆和平导超前注浆三种方式。图 10 - 35(a)是在开挖工作面上打超前长导管注浆的加固方式；对于浅埋隧道，可以从地表向隧道所在区域打辐射状或平行状钻孔注浆[图 10 - 35(b)]；对于深埋长大隧道，可设置平行导坑，由平行导坑向正洞所在区域钻孔注浆[图 10 - 35(c)]。

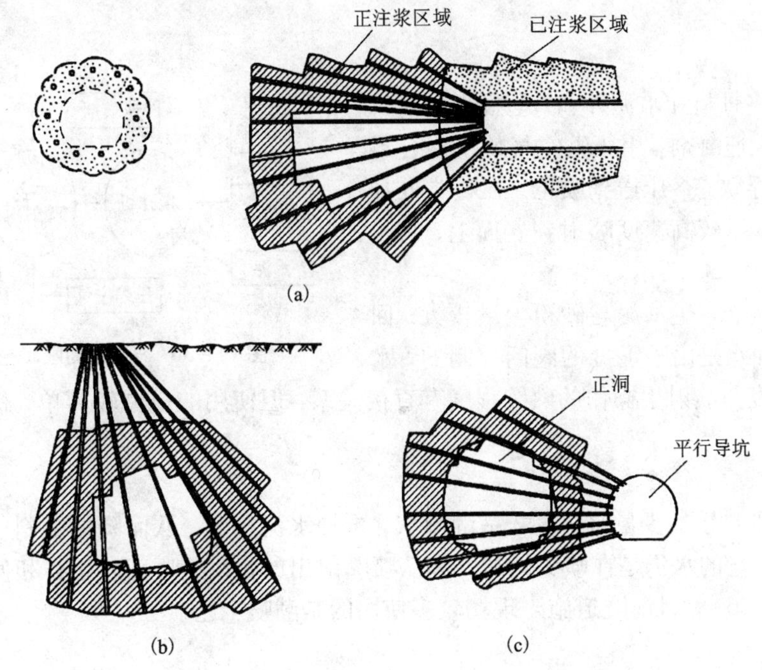

图 10 - 35　地层超前注浆

10.5.2　初期支护

(1)喷射混凝土

喷射混凝土是用压力喷枪喷射混凝土的施工法。常用于灌筑隧道内衬、墙壁、天棚等薄壁结构或其他结构的衬里以及钢结构的保护层。

喷射混凝土的工艺流程有：干喷、潮喷、湿喷和混合喷四种。它们之间的主要区别是：各工艺流程的投料程序不同，尤其是加水和速凝剂的时机不同，其中湿喷混凝土按其输送方式的不同，可分为风送式、泵送式、抛甩式和混合式，应根据实际情况选用，干喷、湿喷的比较如表 10 - 9 所示。

表 10－9　干喷、湿喷的比较

项　目	干　喷	湿　喷
混凝土的质量	因在喷嘴处水和材料混合，质量受作业人员的熟练程度、技术水平的支配	因水与其他材料是事先经过正确的计量，而且充分拌和后喷射的，质量容易受到控制
作业的限制	如果供给材料充分，作业的限制较少	材料的供给受到限制，要注意骨料的分布、形状
压送距离	可压送比较长的距离	压送距离长时困难
粉尘浓度	大	小
回弹量	30% ~40%	15% ~20%
清扫、维护	维护容易	管路堵塞时清扫困难

①干喷。

用搅拌机将骨料和水泥拌和好，投入喷射机料头，同时加入速凝剂，用压缩空气使干混合料在软管内呈悬浮状态，压送到喷枪，在喷头处加入高压水混合，以较高速度喷射到岩面上，其工艺流程，如图 10－36 所示。

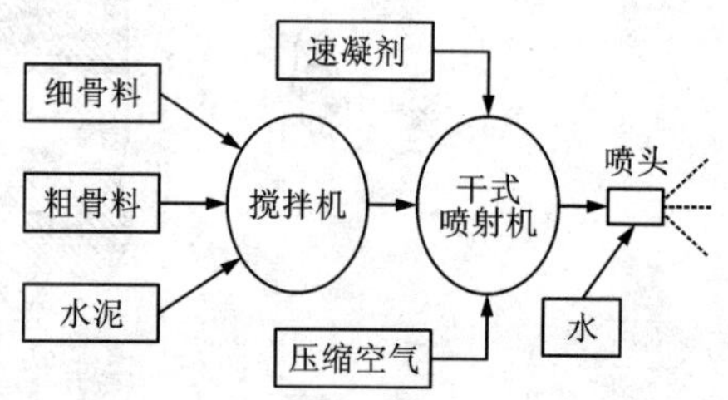

图 10－36　干喷、潮喷工艺流程

干喷缺点是：产生水泥与砂粉尘量较大，回弹量亦较大，加水是由喷嘴处的阀门控制的，水灰比的控制程度与喷射手操作的熟练程度有直接关系，但使用的机械较简单，机械清洗和故障处理较容易。

②潮喷。

潮喷是将骨料预加少量水，便之呈潮湿状，再加水泥拌和，从而降低上料、拌和和喷射时的粉尘，但大量的水仍是在喷头处加入和从喷嘴射出的，其潮喷工艺流程和使用机械同干喷工艺(图 10－36)。目前隧道施工现场较多使用的是潮喷工艺。

③湿喷。

湿喷是将骨料、水泥和水按设计比例拌和均匀，用湿式喷射机压送拌和好的混凝土混合料压送到喷头处，再在喷头上添加速凝剂后喷出，其工艺流程如图 10－37 所示。湿喷混凝土的质量较容易控制，喷射过程中的粉尘和回弹量较少，是应当发展、推广应用的喷射工艺。但对湿喷机械要求较高，机械清洗和故障处理较困难。对于喷层较厚的软岩和渗水隧道，不宜采用湿喷混凝土工艺施工。

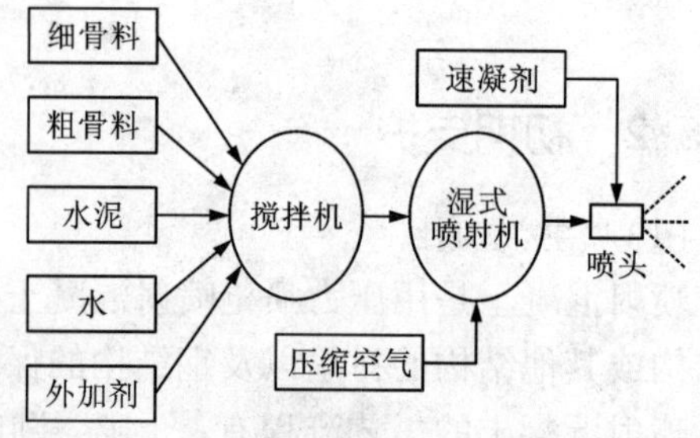

图 10－37　湿喷工艺流程

④混合喷射(SEC 式喷射)。

此法又称水泥裹砂造壳喷射法。分别由泵送砂浆系统和风送混合料系统两套机具组成。

先是将一部分砂加第一次水拌湿，再投入全部用量水泥，强制拌和成以砂为核心外裹水泥壳的球体；然后加第二次水和减水剂拌和成SEC砂浆；再将另一部分砂与石、速凝剂按配合比配料，强制搅拌成均匀的干混合料。然后再分别通过砂浆泵和干式喷射机，将拌和成的砂浆及干混合料由高压胶管输送到混合管混合，最后由喷头喷出。其工艺流程如图10－38所示。

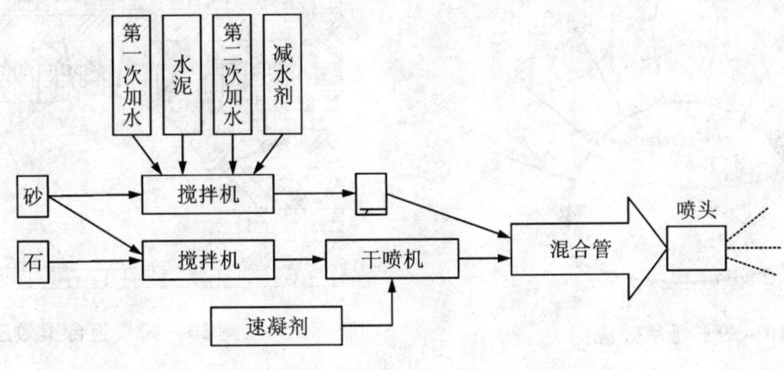

图10－38　混合式喷射工艺流程

混合式喷射是分次投料搅拌工艺与喷射工艺相结合，其关键是水泥裹砂(或砂、碎石)造壳技术。混合式喷射工艺使用的主要机械设备与干喷工艺基本相同，但混凝土的质量较干喷混凝土的质量好，且粉尘和回弹量大幅度降低。混合式喷射使用机械数量较多，工艺技术较复杂，机械清洗和故障处理较麻烦。因此一般只在喷射混凝土量大和大断面隧道工程中使用。

混合喷射混凝土强度可达到C30～C35号，而干喷和潮喷混凝土强度较低，一般只能达到C20号。

(2)锚杆

锚杆是用钢筋或其他高抗拉性能的材料制作的一种杆状构件。通过采用某些机械装置和黏结介质，进行一定的施工操作，将锚杆安放在地下工程的围岩或其他工程结构体中。

①锚杆的分类及布置。

按照锚固形式可划分为全长黏结型、端头锚固型、摩擦型、预应力型等四种。

全长黏结型包括普通水泥砂浆锚杆、早强水泥砂浆锚杆、树脂锚杆、水泥卷锚杆、中空注浆锚杆和自钻式注浆锚杆等。

端头锚固型包括机械锚固锚杆、树脂锚固锚杆、快硬水泥端头锚杆等。

摩擦型包括缝管锚杆、楔管锚杆、水胀锚杆等。

锚杆的布置分为局部布置和系统布置。局部布置主要用在坚硬而裂隙发育或有潜在龟裂及节理的围岩，重点加固不稳定块体。锚杆局部布置时，拱腰以上部位锚杆方向应有利于锚杆的受拉，拱腰以下及边墙部位锚杆宜逆向不稳定岩块滑动方向。锚杆对地下工程的稳定性起着重要的作用，尤其是在节理裂隙岩体中，锚杆对岩体的加固作用十分明显。锚杆支护以其结构简单、施工方便、成本低和对工程适应性强等特点，在土木工程领域尤其是在地下工程中得到了广泛应用。系统布置主要用在破碎和软弱围岩中，能够对围岩起到加固的作用。对于局部破碎、软弱围岩部位或可能出现过大变形的部位，应当加设长锚杆。

②锚杆的支护效应。

ⓐ悬吊效应。

把隧道洞壁附近具有裂隙、节理的不稳定岩体，用锚杆固定在深层的坚固稳定的岩体上，将不稳定岩体的重量传递给深层坚固岩体承担，起到悬吊效应，如图 10－39 所示。

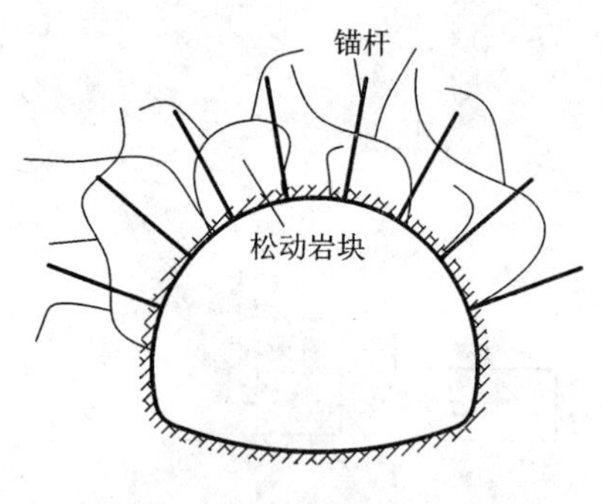

图 10－39　悬吊效应图

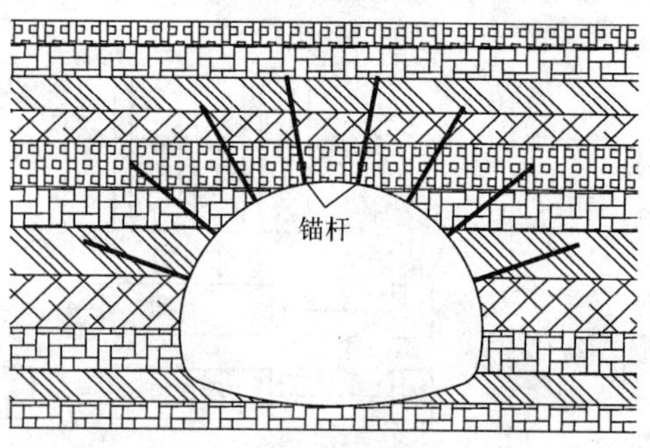

图 10－40　组合梁效应图

ⓑ组合梁效应。

锚杆可将若干层层状岩体串联在一起，增大层间的摩阻力形成组合梁效应，如图 10－40 所示。

ⓒ加固梁效应。

按一定间距在隧道周边呈放射状布置的成组锚杆（或称系统锚杆），可使一定厚度范围内有节理、裂隙的破裂岩体或软弱岩体紧压在一起形成连续压缩带。这种加固效应在使用预应力锚杆时显得十分明显，如图 10－41 所示。在锚杆预张应力 P 的作用下，每根锚杆周围都形成一个两头呈圆锥形的筒状压缩区，各锚杆所形成的压缩区彼此搭接，形成一条厚度为 W 的均匀压缩带。在均匀压缩带中产生了径向压应力 sr，给压缩外的围岩提供了径向支护抗力，使围岩接近于三向受力状态，增加了围岩的稳定性。

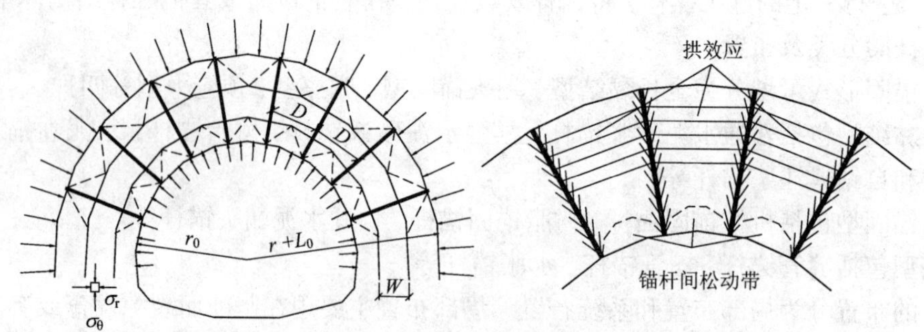

图 10－41　加固效应

(3) 钢支撑

钢支撑具有承载能力大的特点，常常用于软弱破碎或土质隧道中，并与锚杆、喷混凝土等共同使用。钢支撑按其材料的组成可分为钢拱架和格栅钢架。

①钢拱架。

钢拱架是工字钢或钢轨制造而成的刚性拱架。这种钢架的刚度和强度大，可作临时支撑并单独承受较大的围岩压力，也可设于混凝土内作为永久衬砌的一部分。钢拱架的最大特点是架设后能够立即承载。因此多设在需要立即控制围岩变形的场合，在Ⅴ、Ⅵ级软弱破碎围岩中或处理塌方时使用较多。钢拱架与围岩间的空隙难以用喷射混凝土紧密充填，与喷射混凝土黏结也不好，导致钢拱架附近喷射混凝土出现裂缝。

②格栅。

格栅是由钢筋经冷弯成形后焊接而成，其断面形状有圆形、门形、三边形、四边形等。格栅断面有3根和4根主筋组成的两种形式。4主筋式的每根钢筋相同，在等高情况下，其抗弯和抗扭惯性矩大于3主筋式。主筋直径不宜小于22 mm，并宜采用20MnSi或A3钢制成钢筋；断面高度应与喷射混凝土厚度相适应，一般为120～180 mm；主筋和联系钢筋的连接方式较多，主要采用图10－42形式，联系钢筋直径不宜小于10 mm；接头形式一般有连接板焊于主筋端部，通过螺栓将两段钢架连接板紧密地连在一起的螺栓连接板接头，以及套管螺栓直接套在主筋上，将两段钢架连接在一起的套管螺栓接头。

格栅能够很好地与喷射混凝土一起与围岩密贴，喷射混凝土能够充满格栅及其与围岩的空隙，且能和锚杆、超前支护结构连成一体，支护效果好。

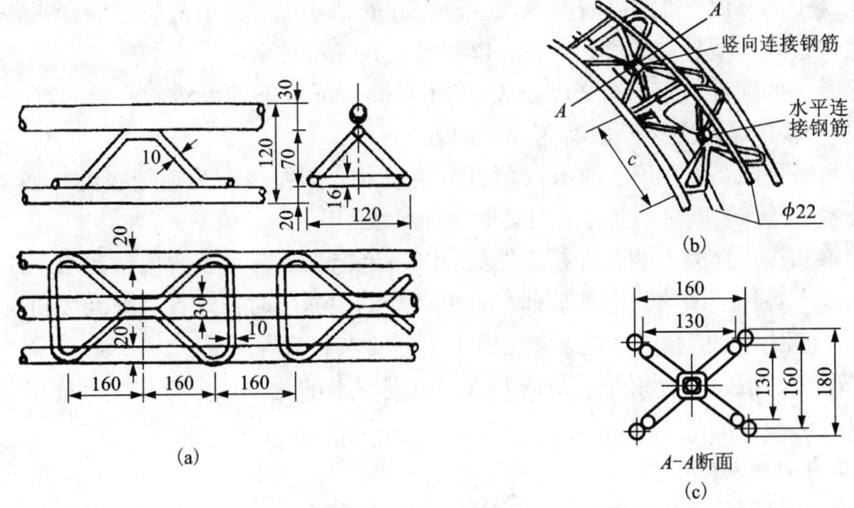

图10－42　格栅钢拱架构造(单位：cm)

(4)锚喷支护

锚喷支护是目前通常采用的一种围岩支护手段。包括锚杆支护、喷射混凝土支护、喷射混凝土锚杆联合支护、喷射混凝土钢筋网联合支护、喷射混凝土与锚杆及钢筋网联合支护、喷钢纤维混凝土支护、喷钢纤维混凝土锚杆联合支护，以及上述几种类型加设型钢(或钢拱架)而成的联合支护。作为初期支护，目前在隧道工程中使用最多的组合形式是锚杆(主要指系统锚杆)加喷射混凝土(素喷或网喷)。

锚喷联合支护的施工中各分次施作的支护彼此要牢固相连，如超前锚杆与系统锚杆及钢拱架的连接、钢筋网及钢拱架要尽可能多地与锚杆头焊连，以充分发挥联合支护效应；锚杆要有适量的露头。钢筋网及钢拱架要被喷射混凝土所包裹、覆盖，即喷射混凝土要将钢筋网和钢拱架包裹密实。

10.5.3 二次衬砌

在隧道及地下工程中常用的支护衬砌形式主要有：整体式衬砌、复合式衬砌及锚喷衬砌。整体式衬砌即为永久性的隧道模筑混凝土衬砌(常用于传统的矿山法施工)；复合式衬砌是由初期支护和二次支护所组成，初期支护是帮助围岩达成施工期间的初步稳定，二次支护则是提供安全储备或承受后期围岩压力。初期支护按主要承载结构设计与施工；二次支护在Ⅲ级及以上围岩时按安全储备设计；在Ⅳ级及以下围岩时，则按承受后期围岩压力结构设计与施工，并均应满足构造要求；锚喷衬砌的设计基本上同复合式衬砌中的初期支护的设计，只是应增加一定的安全储备量。铁路隧道作为地下结构物，除了要满足强度和防水要求外，还要具有耐久性要求。因此，复合式衬砌中的二次衬砌，除了起饰面和增加安全度的作用外，实际上也承受了在其施工后发生的外部水压，软弱围岩的蠕变压力，膨胀性地压，或者浅埋隧道受到的附加荷载等。

(1)模筑混凝土的材料与级配

模筑混凝土的材料与级配，应符合隧道衬砌的强度和耐久性要求，同时必须重视其抗冻、抗渗和抗侵蚀性。

拌制混凝土的水泥，可用硅酸盐水泥、普通硅酸盐水泥、火山灰质硅酸盐水泥、粉煤灰硅酸盐水泥和快硬硅酸盐水泥等，必要时也可采用其他特种水泥。

拌制混凝土的细骨料应采用坚硬耐久、粒径在5 mm以下的天然砂或机制砂。砂中不应有黏土团块、炭煤、石灰、杂草等有害物质混入。

石子应为坚硬耐久的碎石、卵石或两者的混合物，颗粒级配为连续级配。当通过试验，具有充分技术、经济依据时，也可采用其他的颗粒级配。

为了改善和提高混凝土的各种技术性能，以满足施工工艺和工程质量要求，可在拌制混凝土时适当掺入各种类型的化学外加剂。也可在拌制混凝土时掺入具有胶凝性和填充性的混合材料，以改善混凝土的技术性能，满足施工工艺要求和节省水泥。

拌和混凝土的水要符合相关规范的要求，应进行水的化学成分分析。凡能供饮用的水，均可拌制混凝土。

(2)模筑混凝土衬砌的施工

模筑混凝土衬砌是隧道施工的一个重要部分，衬砌施工质量直接影响隧道的使用寿命。因此，施工中必须满足设计要求，严格遵照相关隧道施工技术规范的规定，以确保工程质量。

衬砌施工顺序，目前多采用由下到上、先墙后拱的顺序连续浇筑。在隧道纵向，则需分段进行，分段长度一般为8～12 m。在全断面开挖成形或大断面开挖成形的隧道衬砌施工中，则应尽量使用金属模板台车灌注混凝土整体衬砌。

①衬砌施工的准备工作。

ⓐ组装式模板。

在衬砌工作开始前，要进行中线和水平测量，检查开挖断面是否符合设计要求，欠挖部分应予修凿，然后放线定位，架设衬砌模板支架或拱架。

先墙后拱法施工，应按线路中线确定边墙模板的设计位置。然后搭设工作平台灌注边墙混凝土(图10-43)。整个支架模板系统必须牢靠，以免灌注混凝土时发生变形、移动和倾倒；特别应防止支架模板系统向隧道内凸出而使衬砌侵入限界。灌注前应清除边墙基底的虚碴和污物，排净积水。

表10－10　先拱后墙法施工拱架预留沉降量

围岩级别	Ⅲ以下	Ⅳ	Ⅴ	Ⅵ
预留沉降量/cm	≤5	5～10	10～15	15～20

对于先墙后拱法施工，拱架是架设在墙架的立柱上。先拱后墙法施工时，拱架的架设是在复核检查中线及拱部净空无误后，在拱脚放线定位，直接支承在地层上，现场广泛采用38 kg/m的旧钢轨弯制成的钢拱架。为了运输和拆装方便，每根钢拱架分成左右两片。架立时在拱顶处用钢夹板和螺栓连接起来，采用不同长度的夹板，就能得出不同加宽值 W 的衬砌断面。

拱架的标高要预留沉落量，先墙后拱法不大于5 cm，先拱后墙法可参看表10－10，并应在施工过程中按实际情况加以校正。另外，考虑到测量和施工误差，以及灌注混凝土时拱脚内挤，为了保证设计净空，拱架的拱脚每侧应加宽5～10 cm，拱矢加高5 cm。

拱架和边墙模板支架的间距，应根据衬砌地段的围岩情况、拱圈跨度和衬砌厚度，并结合模板长度来确定；一般采用1 m，最大不超过1.5 m。各拱架和边墙模板支架之间应设置纵向拉杆，最后一排应加设斜撑，并联结牢靠。

目前，现场亦多采用钢模板，但应注意在使用中尺寸型号要配套，并要经常将已有变形的钢模板予以修整，以保证衬砌尺寸准确、表面平顺光滑。

拼装式拱架模板常将整榀拱架分解为2～4节，进行现场组装。为减少安装和拆卸工作量，可以做成简易移动式拱架，即将几榀拱架连成整体，并安设简易滑移轨道。

拼装式拱架模板的灵活性大，适应性强，尤其适用于曲线地段。因其安装架设较费时费力，故生产能力较模板台车低。在中小型隧道及分部开挖时，使用较多。传统的施工方法中，因受开挖方法及支护条件的限制，其衬砌施工多采用拼装式拱架模板。

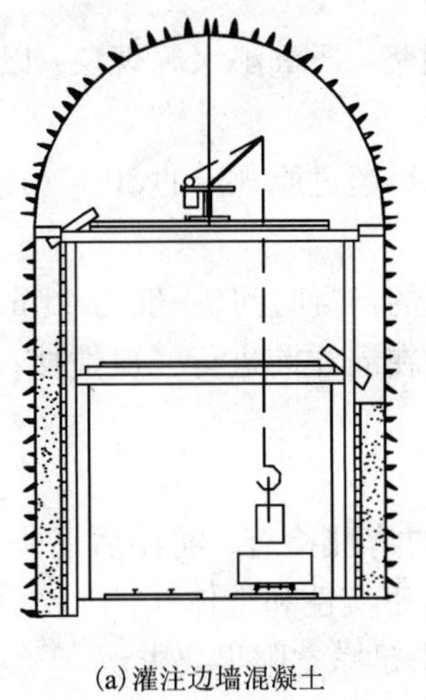

(a)灌注边墙混凝土

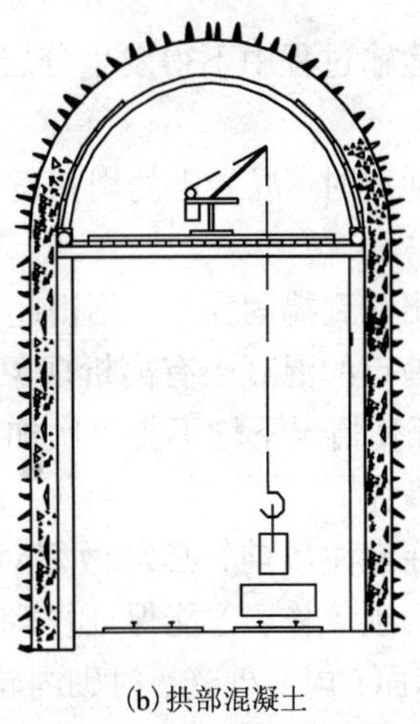

(b)拱部混凝土

图10－43　搭设工作平台灌注边墙混凝土和拱部混凝土

ⓑ整体移动式模板台车。

整体移动式模板台车采用大块曲模板、机械或液压脱模、背附式振捣设备集装成整体，并在轨道上走行，有的还设有自行设备，从而缩短立模时间，墙拱连续浇筑，加快衬砌施工速度。

模板台车的长度即一次模筑段长度应根据施工进度要求、混凝土生产能力和浇筑技术要求以及曲线隧道的曲线半径等条件来确定。

整体移动式模板台车的生产能力大，可配合混凝土输送泵联合作业，是较先进的模板设备。我国较多的施工单位在现场自制简单的模板台车，效果也很好。

②混凝土的制备与运输。

ⓐ配料。

在混凝土制备中应严格按照选定的原材料重量配合比配料，特别要严格控制加水量，保证水灰比的正确性。使混凝土硬化后能获得设计所要求的强度和耐久性，又使拌和物具有施工要求的和易性。新拌和好的混凝土的坍落度，在边墙处为 1 ~4 cm，拱圈及其他施工不便之处为 2 ~5 cm。

ⓑ搅拌。

混凝土的拌和，一般应采用机械搅拌。搅拌机有自落式和强制式两类，前者适于拌和低流动性和塑性混凝土，后者适用于拌和干硬性混凝土。隧道工程中大多采用自落式鼓筒搅拌机，其容量有 400 L、800 L、1200 L、2400 L 等规格。

混凝土拌和要保证足够的搅拌时间，应搅拌至各种组成材料混合均匀，颜色一致，石子表面应被砂浆包裹。如出料情况不符合上述要求，可适当延长搅拌时间。

ⓒ混凝土的运输。

混凝土可在设于隧道洞口外的中心搅拌站制备；当隧道较长时，也可在洞内设临时搅拌站进行拌和工作。把混凝土输送到灌注地点的运输工具，可结合工地情况选用；常用的有斗车、手推车、自卸汽车、搅拌车、吊筒、吊斗、带式输送机、输送泵等。

为了确保混凝土质量，在选用运输工具时，都应考虑其是否能满足混凝土运输过程中的如下几点要求：

ⓐ混凝土在运输过程中不得发生分层离析、漏浆、严重泌水等现象，以免破坏混凝土的均匀性。

ⓑ运至浇筑地点时，混凝土的坍落度损失值不得超过原规定的 30%，使其仍有较好的流动性。

ⓒ从搅拌机出料到捣固完毕，不得超过混凝土的初凝时间(一般为 45 min)。

如运至浇筑地点的混凝土有离析现象时，必须在灌注前进行二次搅拌；但混凝土从搅拌机中卸出后，在任何情况下均不得再次加水。

③混凝土的灌注。

混凝土衬砌在灌注以前，必须做好对灌注段的清理检查，灌注后还须切实做好捣固工作。认真做好这两项工作，才能保证衬砌混凝土的密实性和整体性，拆模后混凝土表面平整光滑，无蜂窝、麻面，内实外光，衬砌内轮廓线能满足净空限界要求。

ⓐ灌注混凝土前的清理工作。

混凝土灌注前应按规范规定和设计要求对灌注混凝土地段的地基、基岩、旧混凝土面进行清理和准备工作。必须清除基底虚碴和污物，排除基坑积水。对于先拱后墙法施工的拱圈，灌注前应将拱脚支承面找平。

模板和钢筋上的杂物应清除干净。模板接合如有缝隙应嵌塞严密，防止模板走动和漏浆。

ⓑ灌注混凝土的技术要求与顺序。

混凝土灌注时的自由倾落高度不宜超过 2 m。

混凝土应分层灌注，每层厚度根据拌和能力、运输条件、灌注速度、捣固能力等决定，一般不超过表 10－11 的规定。

混凝土灌注必须保证其连续性。灌注层之间的时间间隔，应能使混凝土在前一层初凝前灌注完毕。否则，如必须中断灌注时，应按照施工接缝进行处理，才能继续灌注。务使衬砌具有较好的整体性。

表 10－11　捣固方法与灌注层厚度

捣固方法	灌注层厚度/cm
用插入式振动器	振动器作用部分长度的 1.25 倍
①在无筋或配筋稀疏的结构中	25
②在配筋密列的结构中	15
用附着式振动器	30
人工捣固	20

灌注边墙混凝土时，要求两侧混凝土保持分层对称地均匀上升，以免两侧边墙模板受力不均匀而倾斜或移位。

灌注拱圈混凝土时，应从两侧拱脚开始，同时向拱顶分层对称地进行，层面应保持辐射状。当灌注到拱顶时，需要改为沿隧道纵向进行灌注，边灌注边铺封口模板，这种封顶叫作“活封口”。当衬砌灌注到最后一个节段时，只能在拱顶中央留出一个 50 cm×50 cm 的缺口，进行“死封口”封顶(图 10－44)。

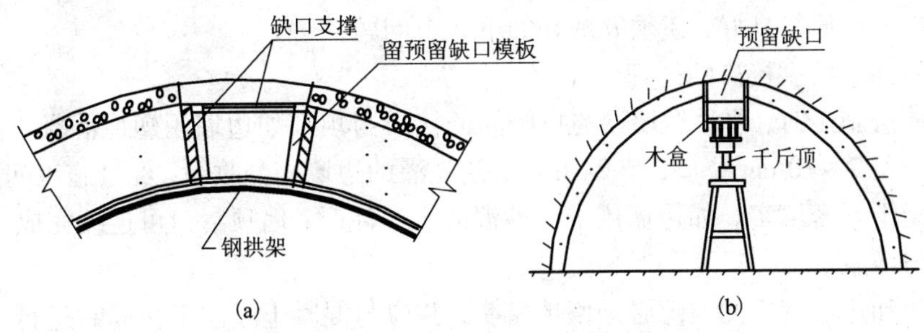

图 10－44　拱顶中央留出封口

在整体移动式模板台车的适当位置上设置的检查窗是为了确认混凝土的捣固状态，窗的大小为 45 cm×45 cm 以上，图 10－45 是检查窗的设置图。

可从模板台车上的检查窗灌注边墙和拱下部(除拱顶部)混凝土，并从邻接的检查窗和上面的检查窗进行捣固。

在模板台车拱顶部设有仰角45°~60°的向上灌注口，拱顶部的混凝土可从向上灌注口进行灌注。为了确实地充填拱顶部，可采用具有自充填性的材料难以离析的高流动性混凝土。

ⓒ混凝土捣固。

混凝土的捣固工作，应使用振动器进行；在无条件使用振动器时，允许人工捣固。振动器捣固可产生强烈的机械振动，克服混凝土拌和物颗粒间的摩擦力和黏聚力，增强了砂浆的流动性，使骨料滑动下沉，使砂浆填满骨料间的空隙，气泡上浮；同时也使拌和物填满模板的各个角落。

振动器按工作方式分有插入式内部振动器、表面(平板)振动器、附着式振动器等。隧道衬砌混凝土施工中应用最多的是插入式振动器。

振动延续时间，应保证混凝土获得足够的密实度，但也要防止振动过量。若用人工捣固时，应保证捣固密实。

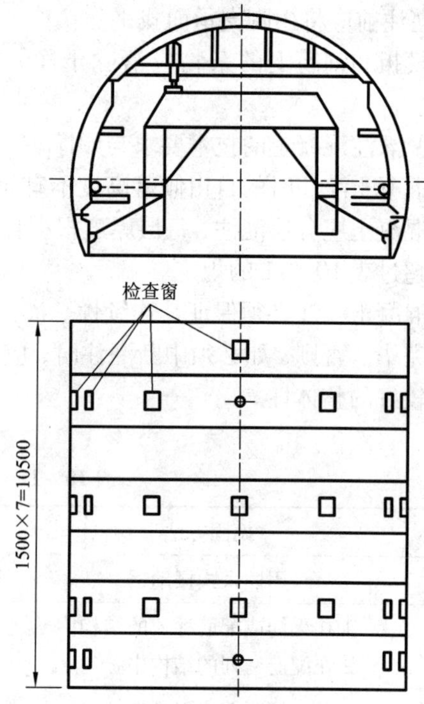

图10－45　整体移动式模板台车检查窗的设置图(单位：cm)

④混凝土养护与拆模工作。

为保证混凝土有良好的硬化条件，防止早期干缩产生裂纹，应在灌注后12 h内，根据气候条件，使用适当的材料覆盖混凝土的外露面，洒水养护，并做好受冻害范围的防寒保温工作。

洒水养护时间，应根据养护地段的气温、空气相对湿度和使用的水泥品种来确定。

拱架、墙架和模板的拆除时间，应根据围岩压力、衬砌部位、环境温度、所用水泥品种和标号等因素确定，并应在满足有关的施工规则要求时方可拆模。

⑤衬砌灌注中若干问题的处理。

要使衬砌灌注质量良好，还须处理好如下几个问题：

ⓐ衬砌灌注中墙拱接口的处理。

先拱后墙法施工时，要注意墙顶与拱脚间的接口封填。如边墙用塑性混凝土灌注时，应在接近拱脚处留7~10 cm缺口，待24 h后，使先灌的边墙充分收缩，经过施工间歇处理，再以较干的混凝土紧密填实。如边墙用干硬性混凝土灌注时，墙顶封口可连续完成。

ⓑ回填与压浆。

隧道拱圈和边墙背后的空隙必须回填密实，并应与混凝土灌注工作同时进行。用先拱后墙法施工时，拱脚以上1 m范围内，应用与拱圈同级的混凝土一起灌注。边墙基底以上1 m范围内，宜用与边墙同级的混凝土一起灌注。其余部位的回填，应根据围岩稳定情况、空隙大小确定。

在浇筑衬砌混凝土时，虽然要求将超挖部分回填，但由于操作方法方面的原因，其中有些部位并不可能回填得很密实。这种情况在拱顶背后一定范围内较为明显。因此，这些部位应进行压浆处理，以使衬砌与围岩密贴，防止围岩进一步变形。压浆工作应在衬砌达到设计强度后或拱架拆除前及时进行，每段长度为20~30 m，在衬砌两侧同时自下而上压注。

ⓒ仰拱的灌注。

若设计无仰拱，则铺底通常是在拱墙修筑好且开挖完毕后进行，以避免与拱墙衬砌和开挖作业的相互干扰。若设计有仰拱，说明侧压和低压较大，则应及时修筑仰拱使衬砌环向封闭，避免边墙挤入造成开裂甚至失稳。但仰拱和底板施工占用洞内运输道路，因此，应对仰拱和底板的施作时间、分块施工顺序和与运输的干扰问题进行合理安排。

灌注仰拱时必须把隧道底部的虚碴、杂物及淤泥清除干净。仰拱超挖部分，若在允许范围内，应用与仰拱同级的混凝土回填。超出允许范围的部分，应用浆砌片石或片石混凝土回填密实。

为施工方便，仰拱和底板可以合并浇筑，但应保证仰拱混凝土强度符合设计要求。

待仰拱和底板纵向贯通，且混凝土达到一定强度后，方能允许车辆通行。

(3)模筑混凝土衬砌的综合机械化施工及其机具

在全断面开挖时，灌注整体式混凝土衬砌有着良好的条件来实行综合机械化。综合机械化是把配料、混凝土搅拌、运输、立模、灌注、捣固等主要施工过程的机械化配套进行，其中以机械化搅拌站、混凝土输送泵和活动式模板的配套使用为主。目前，隧道工地采用的混凝土搅拌站分为集中搅拌式和分散搅拌式两种。对于长隧道或隧道群施工，现在都趋向于集中搅拌式为主。

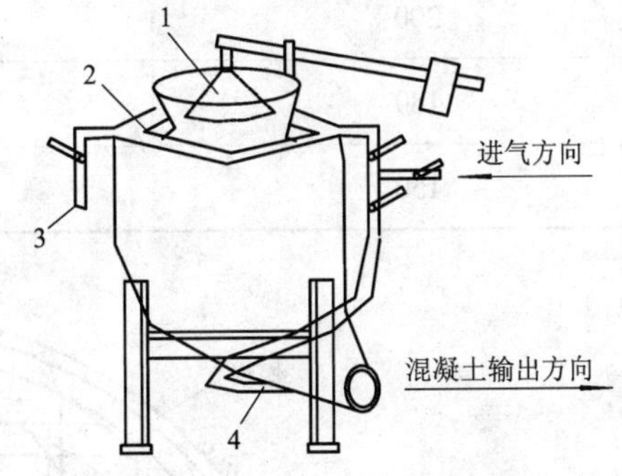

图10-46　风动混凝土输送泵

1—锥形阀；2—环形进气管；
3—排气管；4—底部进气管

混凝土输送泵有风动输送泵和活塞输送泵两类。风动混凝土输送泵(图10-46)是利用压缩空气将混凝土从钢罐内压入输送管中，并沿管道吹送到终端，经减压器降低速度和冲力而后卸出。风动输送泵装置的结构比较简单，操作方便，能间歇输送，每次压送后管道内没有剩余的混凝土拌和物，消耗动力少，清洗容易，故在灌注混凝土衬砌中得到广泛采用。

活塞式混凝土输送泵是利用活塞作用压送混凝土的机械，又可分为连杆式和液压式两种。图10-47为连杆活塞式混凝土输送泵的工作原理图。活塞泵的优点是能保证混凝土输送的连续性，生产效率较高。

使用混凝土输送泵时，为了不使混凝土在输送过程中发生离析和堵管现象，对混凝土的坍落度、水灰比、水泥用量、最大骨料粒径都有较严格的要求。坍落度以5~10 cm为佳，如要增加混凝土的流动性，可掺加塑化剂。水灰比在0.5~0.6之间为好，水灰比过大易引起混凝土离析。水泥用量不宜少于300 kg/m³。粗骨料最大粒径，除符合一般混凝土施工要求外，尚须符合表10-12的要求。

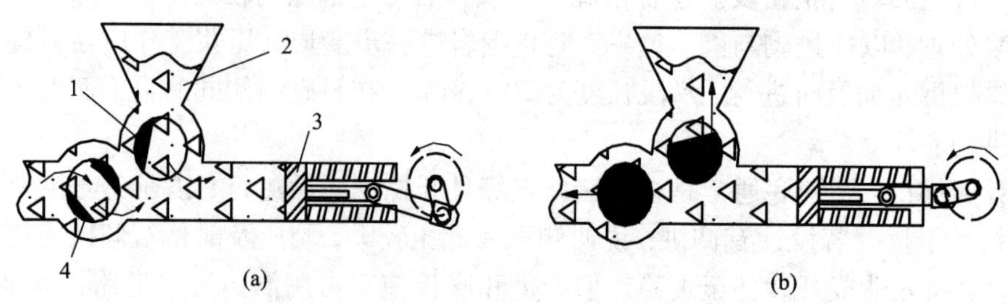

图 10－47　连杆活塞式混凝土输送泵的工作原理图

1—吸入阀；2—盛料漏斗；3—活塞；4—压出阀

表 10－12　粗骨料最大粒径要求

输送管道的内径/mm	粗骨料最大粒径/mm	
	碎石	卵石
200	70	80
180	60	70
150	40	50

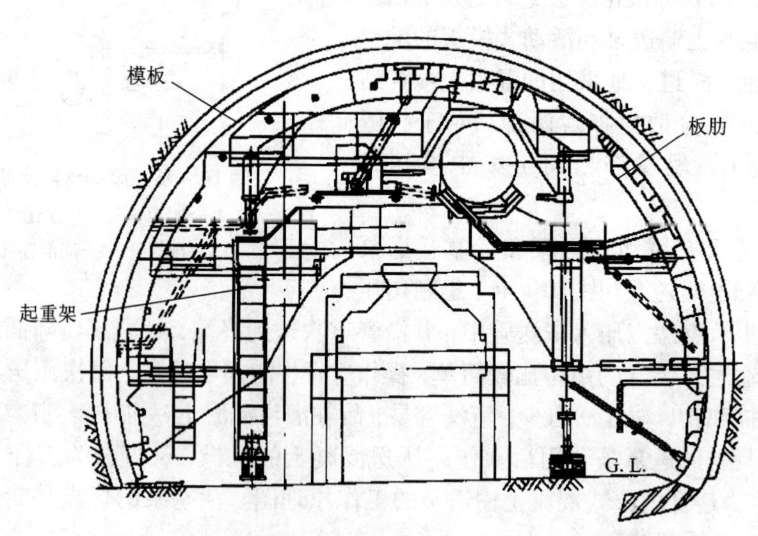

图 10－48　整体移动式模板台车

金属模板台车是衬砌灌注综合机械化的重要设备。它是用厚 4 ~ 6 mm 的钢板和型钢肋条组成模板壳，其长度视一次灌注的环节长度而定，约为 8 ~ 12 m。如适用于双线隧道施工的 GKK 型钢模板台车，总长度为 12 m，由 36 块模板拼装而成，分为拱模、侧模和底模，整个模板可上下左右移动，最大行程为 300 mm；侧模、底模可伸缩。该台车以电动机为自行动力，利用液压和螺旋千斤顶调节模板位置。图 10－48 为整体移动式模板台车。

由于喷锚支护及预支护(预加固)施工技术的推广，隧道施工技术不断提高，使得越来越多的软弱围岩中的隧道也可进行全断面开挖。从而，也为混凝土衬砌作业综合机械化的实现提供了更广阔的前景，对于减轻劳动强度、加快施工进度和改善隧道内各施工工序的作业条件都有很大意义。

10.6　隧道施工监控量测技术

10.6.1　监控量测目的、内容与方法

(1)量测目的

①提供监控设计的依据和信息：掌握围岩力学形态的变化和规律；掌握支护结构的工作状态。

②指导施工，预报险情：作出工程预报，确定施工对策；监视险情，确保施工安全。

③校核理论，完善工程类比方法：为理论解析，数据分析提供计算数据与对比指标；为工程类比提供参数指标。

④为隧道工程设计与施工积累资料。

(2)监测项目与内容

①地质和支护状态现场观察：开挖面附近的围岩稳定性；围岩构造情况；支护变形与稳定情况；校核围岩分级。

②岩体(岩石)力学参数测试：抗压强度；变形模量 E；黏聚力 c；内摩擦角；泊松比。

③应力应变测试：岩体原岩应力；围岩应力、应变；支护结构的应力、应变；围岩与支护和各种支护间的接触应力。

④压力测试：支护上的围岩压力；渗水压力。

⑤位移测试：围岩位移(含地表沉降)；支护结构位移；围岩与支护倾斜度。

⑥温度测试：岩体(围岩)温度；洞内温度；气温。

⑦物理探测：弹性波(声波)测试：ⓐ纵波速度 v_p；ⓑ横波速度 v_s；ⓒ动弹性模量 E_d；ⓓ动泊松比 μ_d；视电阻率测试：视电阻率 ρ_s。

以上监测项目，一般分应测项目和选测项目。应测项目是现场量测的核心，它是设计、施工所必要进行的经常性量测。选测项目是由于不同地质、工程性质等具体条件和对现场量测要取得的数据类型而选择的测试项目。由于条件的不同和要取得的信息不同，在不同的隧道工程中往往采用不同的测试项目。但对于一个具体隧道工程来说，对上述列举的项目不会全部应用，只是有目的地选用其中的几项。隧道工程的量测项目如表 10 - 13 所示。表中 1 ~ 4 项为应测项目，5 ~ 11 项为选测项目。

(3)量测方法

1)地质素描

与隧道施工进展同步进行的洞内围岩地质(和支护状况)的观察及描述，通常称为地质素描。它是隧道设计和施工过程中不可缺少的一项重要地质详勘工作，是围岩工程地质特性和支护措施的合理性的最直观、最简单、最经济的描述和评价。

表 10－13 隧道现场监控量测项目及量测方法

序号	项目名称	方法及工具	布置	测量间隔时间			
				1～15d	16d～1 个月	1～3 个月	3 个月以上
1	地质和支护状态观察	岩性、结构面产状及支护裂缝观察和描述，地质罗盘等	开挖后及初期支护后进行	每次爆破后进行			
2	周边位移	各种类型收敛	每 5～100 m 一个断面，每个断面 2～3 对测点	1～2 次/d	1 次/2d	1～2 次/周	1～3 次/月
3	拱顶下沉	水准仪、水准尺、钢尺或测杆	每 5～100 m 一个断面	1～2 次/d	1 次/2d	1～2 次/周	1～3 次/月
4	地表下沉	水平仪、水准尺	每 5～100 m 一个断面，每断面至少 11 个测点，每隧道至少 2 个断面。中线每 5～20 m 一个测点	挖面距量测断面前后 $<2B$ 时，1～2 次/d 挖面距量测断面前后 $<5B$ 时，1 次/d 挖面距量测断面前后 $>5B$ 时，1 次/周			
5	围岩内部位移（地表设点）	地面钻孔中安设各类位移计	每代表性地段一个断面，每断面 3～5 个钻孔	同上			
6	围岩内部位移（洞内设点）	洞内钻孔中安设单点、多点杆式或钢丝式位移计	每 5～100 m 一个断面，每断面 2～11 个测点	1～2 次/d	1 次/2d	1～2 次/周	1～3 次/月
7	围岩压力及两层支护间压力	各种类型压力盒	代表性地段一个断面，每断面 15～20 个钻孔	1 次/d	1 次/2d	1～2 次/周	1～3 次/月
8	钢支撑内力及外力	支柱压力计或其他测力计	每 10 榀钢拱支撑一对测力计	1 次/d	1 次/2d	1～2 次/周	1～3 次/月
9	支护、衬砌内应力、表面应力及裂缝测量	各类混凝土内应变计、应力计、测缝计及表面应力解除法	每 5～100 m 一个断面，每断面 11 个测点	1 次/d	1 次/2d	1～2 次/周	1～3 次/月
10	锚杆或锚索内力及抗拔力	各类电测锚杆、锚杆测力计及拉拔计	必要时进行	—	—	—	—
11	围岩弹性波测试	各种声波仪及配套探头	在代表性地段设置	—	—	—	—

配合量测工作对代表性断面的地质描述，应详细准确，如实反映情况。一般应包括对以下内容的描述：

ⓐ代表性测试断面的位置、形状、尺寸及编号；

ⓑ岩石名称、结构、颜色；

ⓒ层理、片理、节理裂隙、断层等各种软弱面的产状、宽度、延伸情况、连续性、间距等；各结构面的成因类型、力学属性、粗糙程度、充填的物质成分和泥化、软化情况；

ⓓ岩脉穿插情况及其与围岩接触关系，软硬程度及破碎程度；

ⓔ岩体风化程度、特点、抗风化能力；

ⓕ地下水的类型、出露位置、水量大小及喷锚支护施工的影响等；

ⓖ施工开挖方式方法、锚喷支护参数及循环时间；

ⓗ围岩内鼓、弯折、变形、岩爆、掉块、坍塌的位置、规模、数量和分布情况、围岩的自稳时间等；

ⓘ溶洞等特殊地质条件描述；

ⓙ喷层开裂起鼓、剥落情况描述；

ⓚ地质断面展示图(1∶20～1∶100)，或纵横剖面图(1∶50～1∶100)，必要时应附彩色照片。

2)水准仪测拱顶下沉或地表下沉

由已知高程的临时或永久水准点(通常借用隧道高程控制点)，使用较高精度的水准仪，就可观测出隧道拱顶或隧道上方地表各点的下沉量及其随时间的变化情况。隧道底鼓也可用此法观测。通常这个值是绝对位移值。另外也可以用收敛计测拱顶相对于隧道底的相对位移。值得注意的是，拱顶点是坑道周边上的一个特殊点，其位移情况具有较强的代表性。

3)收敛计测坑道周边相对位移

①量测原理。

隧道开挖后，围岩向坑道方向的位移是围岩动态的最显著表现，最能反映出围岩(或围岩加支护)的稳定性。因此对坑道周边位移的量测是最直接、最直观、最有意义、最经济和最常用的量测项目。为量测方便起见，除对拱顶、地表下沉及底鼓可以量测绝对位移值外，坑道周边其他各点，一般均用收敛计量测其中两点之间的相对位移值，来反映围岩位移动态。

②收敛计。

ⓐ收敛计一般由带孔钢尺，测微百分表，张力调节器，测点连接器组成。

ⓑ测点连接器有单向连接销式及球形铰接式两种，其中销式连接的测头预埋安装有方向要求。

ⓒ测点是将带销孔或圆球测头的长度为 20～30 cm 的钢筋锚固于岩壁内，锚固方式同早强水泥砂浆锚杆。测头的位移即可代表岩壁表面该测点的位移。

ⓓ张力调节器有重锤式(如 SWJ－8 型、美国 SINCO－518115 型)、弹簧式(如 SLJ－80 型、QJ－S1 型)，应力环式(如 GSL 型、WRM－4 型)。其中应力环式张力调节器须经标准实验室标定，其测试精度较高。

图 10－49 是 QJ－81 型球铰连接弹簧式收敛计。

③测试方法及注意事项。

ⓐ开挖后尽快埋设测点，并测取初读数，要求 12 h 内完成；

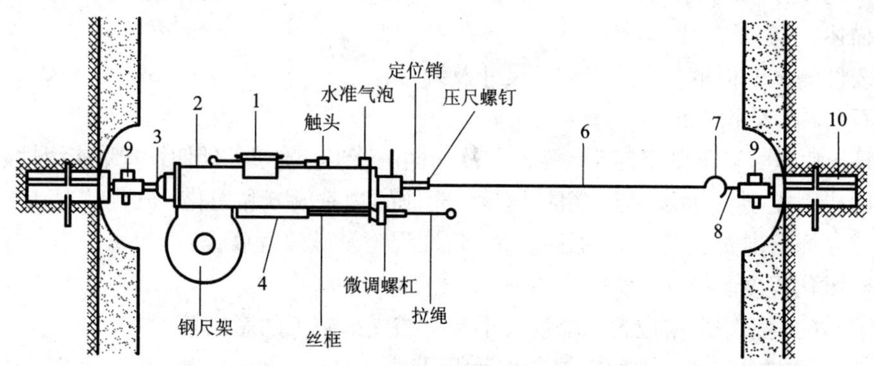

图 10 - 49　QJ - 81 型球铰连接弹簧式收敛计

1—百分表；2—收敛计架；3—钢球；4—斗弹簧秤；5—内滑管；
6—带孔钢尺；7—连接挂钩；8—羊眼螺栓；9—连接销；10—预埋件

ⓑ测点(测试断面)应尽可能靠近开挖面，要求在 2 m 以内；

ⓒ读数应在重锤稳定或张力调节器指针稳定指示规定的张力值时读取；

ⓓ当相对位移值较大时，要注意消除换孔误差；

ⓔ测试频率应视围岩条件、工程结构条件及施工情况而定，一般应按表 10 - 13 的要求而定；

ⓕ整个量测过程中，应作好详细记录，并随时检查有无错误。记录内容应包括断面位置、测点(测线)编号、初始读数、各次测试读数、当时温度以及开挖面距量测断面的距离等。两测点的连线称为测线。

④数据整理。

量测数据整理包括数据计算、列表或绘图表示各种关系。

ⓐ坑道周边相对位移计算式为：

$$u_i = R_i - R_0 \qquad (10-7)$$

式中：R_0 为初始观测值；R_i 为第 i 次观测值；u_i 为第 i 次量测时，该两测点之间的相对位移值。

ⓑ测尺为普通钢尺时，要消除温度影响，尤其当洞径大(测线长)、温度变化大时，应进行温度修正。其计算式为：

$$\Delta u_i^t = \alpha L(t_i - t_0) \qquad (10-8)$$

$$\mu_i = R_i - R_0 - \Delta\mu_i^t \qquad (10-9)$$

式中：α 为钢尺的线膨胀系数(一般取 $\alpha = 12 \times 10^{-6}/℃$)；$L$ 为量测基线长；t_0、t_i 分别为初始量测时温度和第 i 次量测时温度。

ⓒ量测过程应及时计算出各测线的相对位移值，相对位移速率，及其与时间和开挖断面距离之间的关系，并列表或绘图，直观表示。常用的几种关系曲线图形式如图 10 - 50、

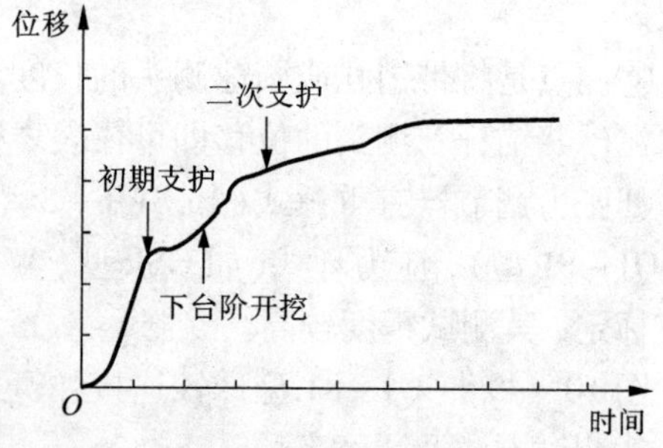

图 10 - 50　位移 - 时间关系曲线

图 10－51、图 10－52 所示。

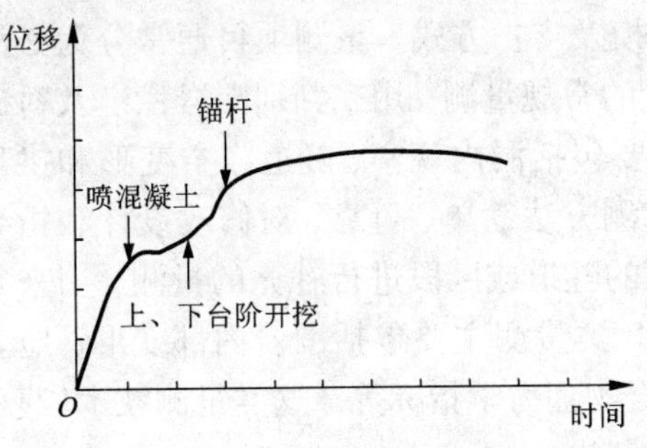

图 10－51　位移－开挖面距离关系曲线

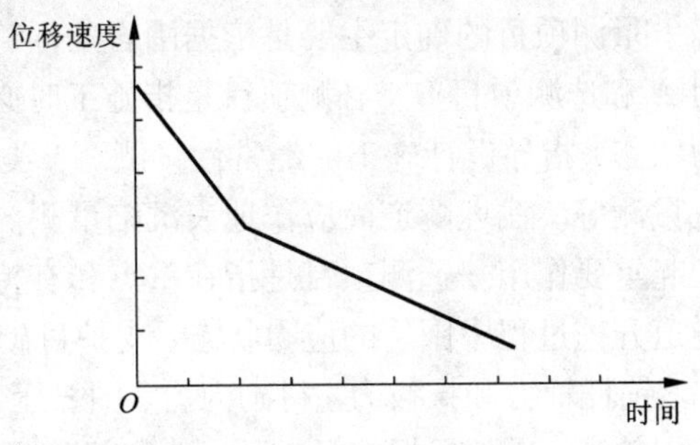

图 10－52　位移速度－时间关系曲线

(4)隧道三维非接触监控量测技术简介

在隧道工程中，工程测试技术越来越受到重视，但围岩净空位移量测基本上还是沿用 20 世纪六七十年代的量测方法，一般采用钢尺式收敛计，挂钢尺抄平等接触方式进行。这种方法具有成本低、简便可靠、能适应恶劣环境等优点，但采用此种方法有以下几点不利因素：①该法对施工干扰大；②由于人为因素对测量精度影响较大，测量质量不稳定，容易产生人为错误，难以保证施工安全；③测速慢，从而更加大了对施工的干扰；④当跨度大于 15 m 时，由于钢尺的抖动、拉伸、温差等因素及工作条件恶化使测量无法进行。以上这些都使钢尺式收敛计越来越难以满足现代隧道快速、大跨、安全施工的技术要求，因此，在施工中我们从高精度、简单实用、快速准确的原则出发采用非接触观测。

非接触观测是以光学/电磁方式远距离测定结构上点位的三维坐标。由于无须接近测点，该法避免了传统接触式观测必须触及测点才能观测的缺点，是隧道变形观测技术的发展方向(图 10－53)。

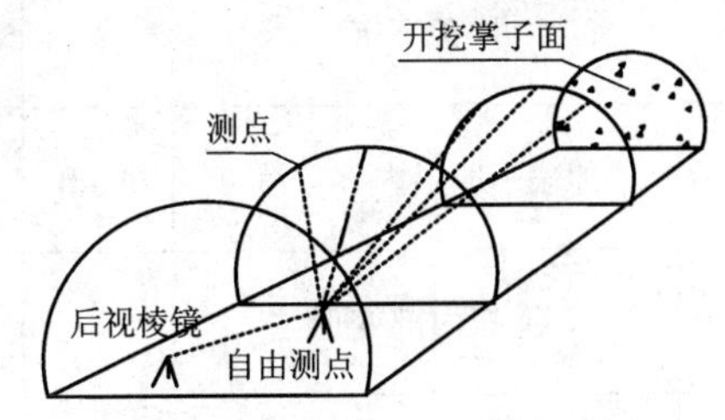

图 10－53　非接触式量测示意图

目前实现基于光学方式的非接触观测一般有三种途径：第一种是以精密测角的空间前方交会原理为基础，由数台电子经纬仪联合进行的三维解析测量；第二种是以角度、距离同时测量的流动极坐标法为基础，采用一台全站仪的自由三维工作站；第三种则是三维近景摄影测量。

在施工中我们采用全站仪自由设站，全站仪自由设站是仪器从任一未知点上设站观测若干已知点的方向和距离，通过坐标变换求得该测站上仪器中心的坐标，然后以此测出其余新点的坐标。由于仅使用一台测量仪器且仪器测站可以自由设置不需要造点对中，同时观测数据可通过现场计算机快速处理，因此全站仪自由设站法对于在隧道狭窄空间内进行精度要求较高的实时变形观测作业是很适合的。

10.6.2　现场量测计划

现场量测计划是现场量测的蓝图和依据。它必须在初步调查的基础上，依据隧道所处的地质条件、工程概况、量测目的、施工方法、工期和经济效果而编制。

(1)量测项目的确定及量测手段的选择

量测项目的确定主要是依据围岩条件、工程规模及支护方式。量测项目通常分为必测项目 A 和选测项目 B。必测项目是指施工时必须进行的常规量测，用来判别围岩稳定及衬砌受力状态，指导设计施工的经常性量测。A 类量测主要包括洞内观察、隧道净空变形和拱顶下沉量测等。浅埋隧道尚应作地表沉陷量测。这类量测方法简单、可靠，对修改设计和指导施工起重要作用。选测项目是指在重点和有特殊意义的隧道或区段进行补充的量测，用来判断隧道开挖过程中围岩的应力状态、支护衬砌效果。B 类量测主要包括围岩内部变形、地表沉陷、锚杆轴力和拉拔力、衬砌内力、围岩压力和围岩物理力学指标等。这类量测技术较复杂，费用较高，通常根据实际需要，选取部分项目进行量测。

量测项目及其要求如表 10－14 所示。

表 10－14　量测项目及要求

序号	量测项目	类别	要求掌握的主要内容
1	观察	A	①开挖面围岩的自立性(无支护时围岩的稳定性)；②岩质、断层破碎带、褶皱等情况；③支护衬砌变形、开裂情况；④核对围岩类别；⑤洞口浅埋段地表建筑物变形、下沉、开裂情况
2	净空变形	A	根据变形值、变形速度、变形收敛情况等判断：①围岩稳定性；②初期支护设计和施工方法的合理性；③模筑二次衬砌时间
3	拱顶下沉	A	监视拱顶的绝对下沉值，了解断面变化情况，判断拱顶的稳定性，防止塌方
4	地表、地层内部下沉	A、B	判断隧道开挖对地表产生的影响及防止沉陷措施的效果，推测作用在隧道上的荷载范围
5	围岩内部变形	B	了解隧道周边围岩松弛区范围，判断锚杆设计参数的合理性
6	锚杆轴力	B	根据锚杆应变分布状态，确定锚杆轴力大小，用以判断锚杆长度和直径是否合适
7	围岩压力和两层衬砌间压力	B	了解围岩形变压力和两层衬砌间接触压力的大小和分布规律，检验支护衬砌受力情况
8	衬砌、钢架应力	B	根据衬砌和钢架应力情况，判断衬砌和钢架设计参数是否正确，进一步推求围岩压力大小和分布规律
9	锚杆拉拔试验	B	根据拉拔力确认锚杆锚固方法及其长度的合理性
10	底部鼓起量测	B	判断是否需要仰拱和仰拱的效能
11	围岩弹性波测试	B	①校核围岩级别；②了解松弛区范围；③探明岩体强度、节理裂隙和断层情况，岩石变质程度

量测手段的选用，应根据量测项目和国内仪器的现状来选用。一般应选择简单、可靠、耐久、成本低的量测手段。并要求被测的物理量概念明确，量值显著，量测范围大，测试数据便于分析，易于实现对设计、施工的反馈。在通常的情况下，选择机械式手段与电测式手段相结合使用。

(2)测试断面的确定(量测间隔)

进行测试的断面有两种：一是单一的测试断面，二是综合的测试断面。在隧道工程测试中各项量测内容与手段，不是随意布设的。把单项或常用的几项量测内容组成一个测试断面，了解围岩和支护在这个断面上各部位的变化情况，这种测试断面即为单一的测试断面。另一种，把几项量测内容有机地组合在一个测试断面里，使各项量测内容、各种量测手段互相校验，综合分析测试断面的变化，这种测试断面称为综合测试断面。

应测项目按一定间隔设置量测断面，常称为一般量测断面。由于各量测项目要求不同，其量测断面间隔亦不同，在应测项目中，原则上净空位移与拱顶下沉量测应布置在同一断面上。量测断面间距视隧道长度、地质条件和施工方法等确定，具体可参考表10-15。

表10-15　净空位移、拱顶下沉的测试断面间距

条件	量测断面间距(单位：m)
洞口附近	10
埋深小于2B	10
施工进展200 m前	20(土砂围岩减小到10 m)
施工进展200 m后	30(土砂围岩减小到10 m)

注：B为隧道开挖宽度。

对于土砂、软岩地段的浅埋隧道要进行地表下沉量测，沿隧道纵向布置测点的间距可视地质、覆盖层厚度、施工方法和周围建筑物的情况确定。其量测断面间距可按表10-16选用。

表10-16　地表下沉测试断面间距

覆盖层厚度H	测点间距/m
$H>2B$	20~50
$2B>H>B$	10~20
$H<B$	5~10

注：①当施工初期、地质变化大、下沉量大、周围有建筑物时取最低值；②B为隧道开挖宽度。

(3)测点的布置

在测试断面上测点的布置，主要是依据断面形状、围岩条件、开挖方式、支护类型等因素进行布置。在量测中，可根据具体情况决定布设数量，进行适当的调整。

①净空位移量测的测线布置。

由于观测断面形状、围岩条件、开挖方式的不同，测线位置、数量亦有所不同，没有统一的规定，具体实施中可参考表 10－17 和图 10－54。

拱顶下沉量测的测点，一般可与净空位移测点共用，这样既节省了安设工作量，更重要的是使测点统一，测结结果能够相互校验。

表 10－17　净空位移量测的测线数

开挖方法	地段				
	一般地段	特殊地段			
		洞口附近	埋深小于 $2B$	有膨胀压力地段	实施 B 项量测位置
全断面开挖	一条水平测线		三条或五条		三条或五条七条
短台阶法	两条水平测线	三条或六条	三条或六条	三条或六条	三条或五条六条
多台阶法	每台阶一条水平测线	每台阶三条	每台阶三条	每台阶三条	每台阶三条

注：B 为隧道开挖宽度。

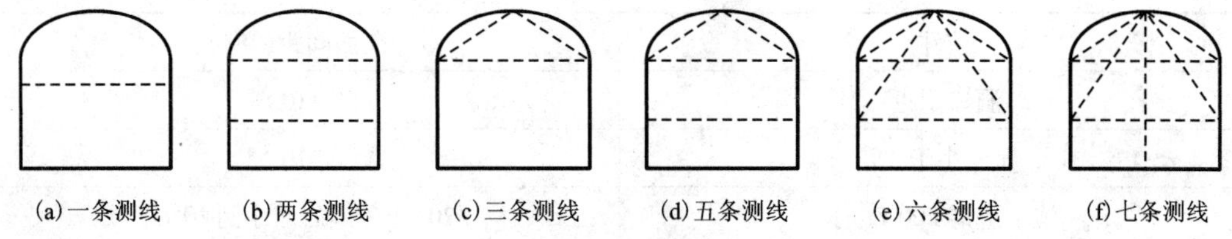

(a)一条测线　(b)两条测线　(c)三条测线　(d)五条测线　(e)六条测线　(f)七条测线

图 10－54　净空位移测线布置

②围岩内部位移测孔的布置。

围岩内部位移测孔布置，除应考虑地质、隧道断面形状、开挖等因素外，一般应与净空位移测线相应布设，以便使两项测试结果能够相互印证，协同分析与应用。一般每 100～500 m 设一个量测断面，测孔布置如图 10－55 所示。

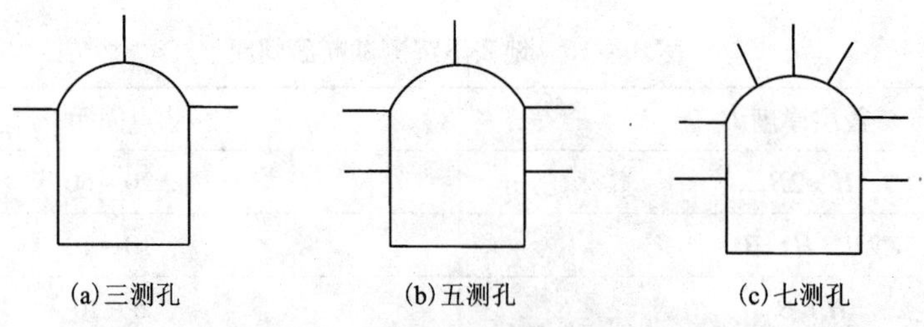

(a)三测孔　(b)五测孔　(c)七测孔

图 10－55　围岩内部位移测孔布置

③锚杆轴力量测的布置。

量测锚杆要依据具体工程中支护锚杆的安设位置、方式而定，如局部加强锚杆，要在加强区域内有代表性的位置设量测锚杆。若为全断面设系统锚杆(不包括仰拱)，则两侧锚杆在断面上布置可参如图 10－55 所示方式进行。

④喷层(衬砌)应力量测布置。

喷层应力量测，除应与锚杆受力量测孔相对应布设外，还要在有代表性部位设测点，如拱顶、拱腰、拱脚、墙腰、墙脚等部位，并应考虑与锚杆应力量测作对应布置。另外，在有偏压、底鼓等特殊情况下，则应视具体情形，调整测点位置和数量。以便了解喷层(衬砌)在整个断面上的受力状态和支护作用，如图10－56所示。

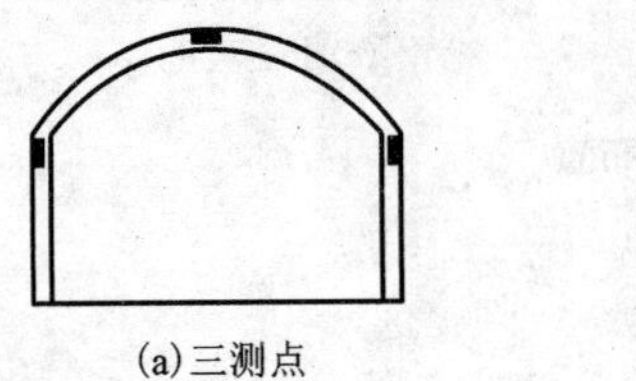

(a)三测点

(b)六测点

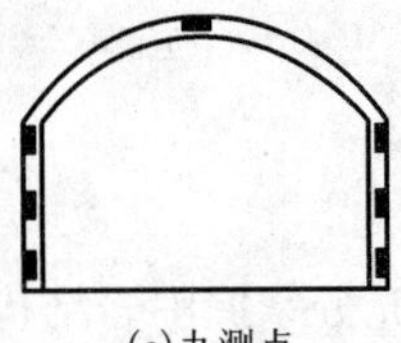

(c)九测点

图10－56 喷层应力测点布置

⑤格栅(钢架)应力量测布置。

格栅(钢架)应力量测应取具有代表性的断面进行，其测点应设置在具有代表性的受力部位，可以和喷层应力量测的测点相对应布置，以便掌握格栅(钢架)和喷层在整个断面上的受力状态和支护作用。图10－57为一般情况下的测点布置。具体施工时，根据该工程的具体情况，对测点的数量和位置作相应调整。

⑥地表、地中沉降测点布置。

地表、地中沉降测点，原则上主要测点应布置在隧道中心线上，并在与隧道轴线正交平面的一定范围内布设必要数量的测点，如图10－58所示。并在有可能下沉的范围外设置不会下沉的固定测点。

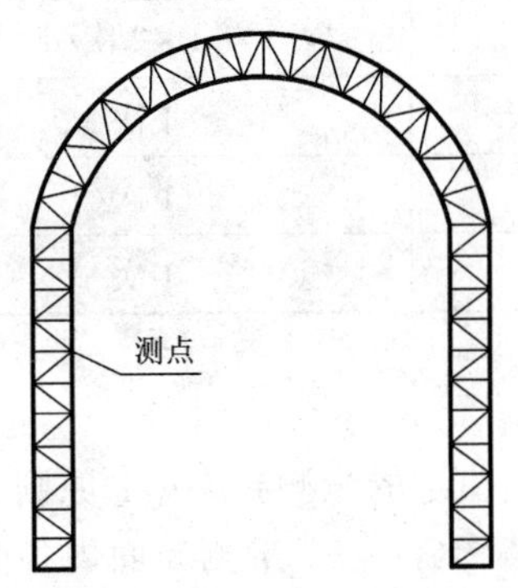

图10－57 格栅钢架应力量测点布置

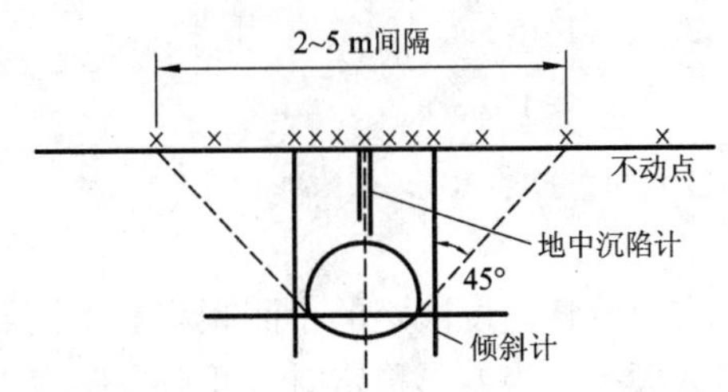

图10－58 地表下沉量测范围及地中沉降布置

⑦围岩压力量测测点布置。

围岩压力量测的测点一般埋设在拱顶、拱脚和仰拱的中间，其量测断面一般和支护衬砌间压力以及支护、衬砌应力的测点布置在一个断面上，以便将量测结果相互印证。

⑧声波测孔布置。

声波测孔宜布置在有代表性的部位(图10－59)。另外，还要考虑围岩层理、节理的方向与测孔方向的关系。可采用单孔、双孔两种测试方法，或在同一部位，呈直角相交布置三个

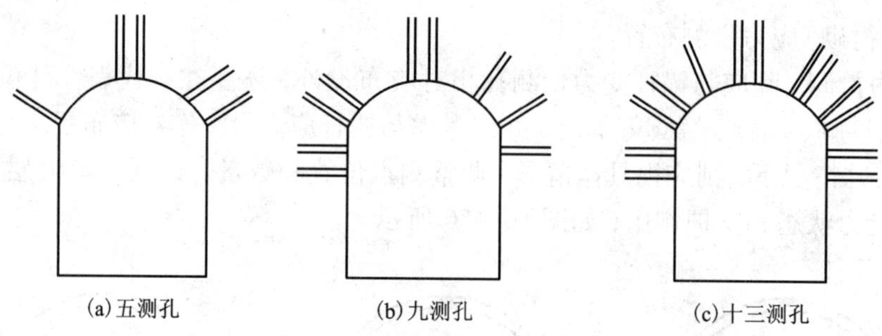

图 10－59　声波测试孔布置

测孔，以便充分掌握围岩结构对声波测试结果的影响。

(4)量测仪器(测点)的安设与量测频率

各项量测内容的仪器(测点)安设，一要快，二要近。快——要求在开挖爆破后 24 h(最好 12 h)内，在综合测试断面时，互相干扰大，时间要拖长，对施工与量测结果都有不利影响；这时可把综合量测断面分为几个亚断面分开设置，只要围岩沿隧道轴线方向变化不大，基本不会影响测试结果的综合分析与应用。近——仪器(测点)埋设，要尽量靠近开挖掌子面，要求不超过 2 m。如果能安设在距开挖掌子面 0.5 m 左右的断面上，观测效果更好，不过需要加强仪器(测点)的保护。

仪器(测点)安设后量测频率，是由变化速度(时间效应)与距工作面距离(空间效应)确定的。表 10－18 给出了净空变形与拱顶下沉的量测频率与位移速度、距工作面距离的关系。

表 10－18　收敛与拱顶下沉量测频率

变形速度	距开挖面距离	量测频率
>10 mm/d	$(0\sim1)B$	1～2 次/d
5～10 mm/d	$(1\sim2)B$	1 次/d
1～5 mm/d	$(2\sim5)B$	1 次/d
<1 mm/d	$>5B$	1 次/d

注：B 为隧道开挖宽度。

在由位移速度决定的量测频率和由距开挖掌子面距离决定的量测频率中，原则上应采取较高的频率。当变形稳定时，可不按照表 10－18 的要求。当同一个量测断面内各测线变形速度不同时，要以产生最大变形速度的测线确定全断面的量测频率。

量测期限的确定：在变形量小的隧道中(开挖后一个月内收敛)，因变形收敛快，在变形收敛至一定值后，再以每天测一次的频率测一周时间，观察其稳定状态。在变形量大的隧道中(开挖后经两个月以上，变形仍不收敛)，直至变形量收敛至一定数值后，再以每天测一次的频率测两周时间，以确认变形是否稳定。如图 10－60 所示，在塑性流变岩体中，如变形长期(两个月以上)不收敛，量测要进行到变形速率达 1 mm/30d 为止。

在选测项目中，地表沉降量测频率，在量测区间内原则上 1～2 d 一次，如图 10－61 所示。

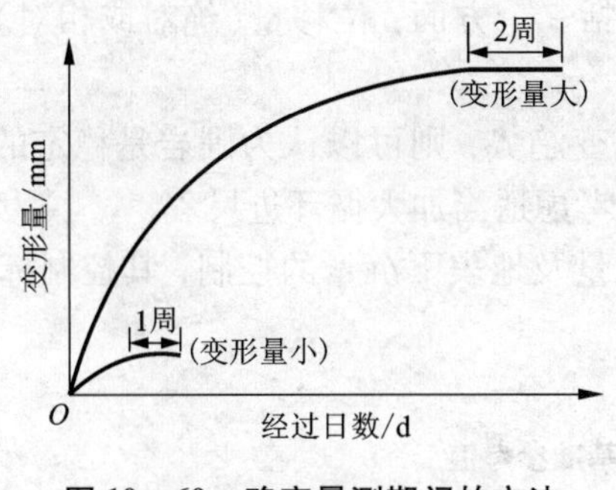

图 10－60　确定量测期间的方法

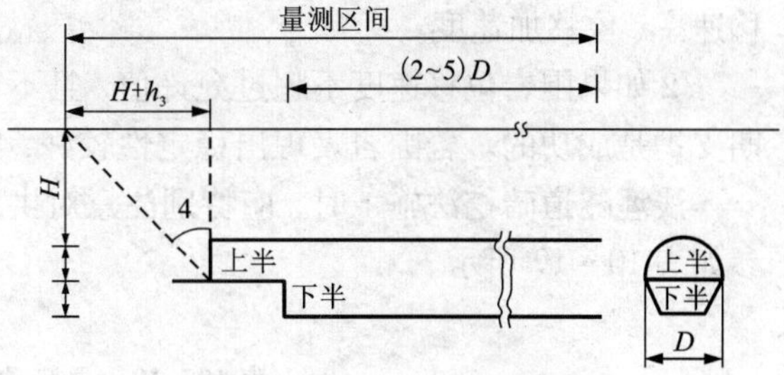

图 10－61　地表沉降量测区间

围岩位移量测、锚杆轴力量测、喷层(衬砌)应力量测、围岩压力量测、格栅应力量测等的量测频率，原则上与同一断面内的应测项目量测频率相同。

10.6.3　量测数据分析与反馈

量测数据反馈于设计、施工是监控设计的重要一环，但目前尚未形成完整的设计体系。当前采用的量测数据反馈设计的方法主要是定性的，即依据经验和理论上的推理来建立一些准则。根据量测的数据和这些准则即可修正设计支护参数和调整施工措施。量测数据反馈设计、施工的理论法，目前正在蓬勃兴起，那就是将监控量测与理论计算相结合的反分析计算法，这里，简要介绍根据对量测数据的分析来修正设计参数和调整施工措施的一些准则。

(1)地质预报

地质预报就是根据地质素描来预测预报开挖面前方围岩的地质状况，以便考虑选择适当的施工方案调整各项施工措施。包括：

①在洞内直观评价当前已暴露围岩的稳定状态，检验和修正初步的围岩分级；

②根据修正的围岩分级，检验初步设计的支护参数是否合理，如不恰当，则应予修正；

③直观检验初期支护的实际工作状态；

④根据当前围岩的地质特征，推断前方一定范围内围岩的地质特征，进行地质预报，防范不良地质突然出现；

⑤根据地质预报，并结合对已作初期支护实际工作状态的评价，预先确定下一循环的支护参数和施工措施；

⑥配合量测工作进行测试位置选取和量测成果的分析。

(2)净空位移分析与反馈

如前所述，净空位移是围岩动态的最显著表现，所以隧道工程现场量测主要以净空位移作为围岩稳定性评价及围岩稳定状态判断的指标。

一般而言，坑道开挖后，若围岩位移量小，持续时间短，其稳定性就好；若位移量大，持续时间长，其稳定性就差。

以围岩位移作为指标来判断其稳定状态，则有赖于对实际工程经验的总结和对位移量测数据的分析，这里我们只介绍一些分析结论，至于分析的方法，则可应用一元线性和非线性回归分析法。

①判断标准。用围岩的位移来判断其稳定状态，关键是要确定一个“判断标准”(或称为

“收敛标推”)，即是判断围岩稳定与否的界限。它包括三个方面：位移量(绝对或相对)、位移速率、位移加速度。

②如果围岩位移速度不超过允许值，且不出现蠕变趋势，则可以认为围岩是稳定的，初期支护是成功的。若围岩表现出稳定性较好，则可以考虑适当加大循环进尺。

浅埋隧道暗挖法施工时，应特别注意对拱顶下沉量及地表下沉量的控制，其控制标准可参如表10－19所示。

表10－19 量测数据管理基准参考值

指标内容	日本、法国、德国规范综合值	推荐基准值	
		城市地铁	山岭隧道
地面最大沉陷	50 mm	30 mm	60 mm
地面沉陷槽拐点曲率	1/300	1/500	1/300
地层损失系数	5%	5%	5%
洞内边墙水平收敛	20～40 mm	20 mm	(0.1～0.2)*B*%
洞内拱顶下沉	75～229 mm	50 mm	(0.3～0.4)*B*%

注：*B*为开挖洞室最大跨度(m)

如果位移值超过允许值不多，且初期支护中的喷射混凝土未出现明显开裂，一般可不予补强。

如果位移与上述情况相反，则应采取处理措施，如在支护参数方面，可以增强锚杆，加钢筋网，喷混凝土、加钢支撑、增设临时仰拱等；施工措施方面，可以缩短从开挖到支护的时间，提前打锚杆，提前设仰拱，缩短开挖台阶长度和台阶数，增设超前支护等。

③二次衬砌(内层衬砌)的施作时间。按新奥法施工原则，当围岩或围岩加初期支护后基本达成稳定后，就可以施作二次衬砌。

应当特别指出的是，在流变性和膨胀性强烈的地层中，单靠初期支护不能使围岩位移收敛时，就宜于在位移收敛以前，施作模筑混凝土二次衬砌，做到有效地约束围岩位移。

(3)围岩内位移及松动区分析与反馈

与净空位移同理，如果实测围岩的松动区超过了允许的最大松动区(该允许松动区半径与允许位移量相对应)，则表明围岩已出现松动破坏，此时必须加强支护或调整施工措施以控制松动范围。如加强锚杆(加长、加密或加粗)等，一般要求锚杆长度大于松动区范围。如果与以上情形相反，甚至锚杆后段的拉应力很小或出现压应力时，则可适当缩短锚杆长度或缩小锚杆直径或减小锚杆数量等。

(4)锚杆轴力分析与反馈

根据量测锚杆测得的应变，即能算出锚杆的轴力：

$$N=\frac{\pi}{8}\varphi^2E(\varepsilon_1+\varepsilon_2) \tag{10-10}$$

式中：N为锚杆轴力；φ为锚杆直径；E为杆的弹性模量；ε_1、ε_2为测试部位对称的一组应变片量得的两个应变值。

锚杆轴力是检验锚杆效果与锚杆强度的依据，根据锚杆极限强度与锚杆应力的比值 K（安全系数）即能作出判断。锚杆轴应力越大，则 K 值越小。一般认为锚杆局部段的 K 值稍小于1是允许的，因为钢材有一定的延性。根据实际调查发现锚杆轴应力在洞室断面各部位是不同的，表现为：

①锚杆轴应力超过屈服强度时，净空变位值一般超过50 mm；

②同一断面内，锚杆轴应力最大值多出现在在拱部45°附近到起拱线之间；

③拱顶锚杆，不管净空位移值大小如何，出现压应力的情况是不少的。

锚杆的局部段 K 值稍小于1的允许程度应该是不超过锚杆的屈服强度。若锚杆轴应力超过屈服强度时，则应优先考虑改变锚杆材料，采用高强钢材。当然，增加锚杆数量或锚杆直径也可获得降低锚杆轴应力的效果。

(5)围岩压力分析与反馈

由围岩压力分布曲线可知围岩压力的大小及分布状况。围岩压力的大小与围岩位移量及支护刚度密切相关。围岩压力大，即作用于初期支护的压力大。这可能有两种情况：一是围岩压力大但变形量不大，这表明支护时机，尤其是支护的封底时间可能过早或支护刚度太大，可作适当调整，让围岩释放较多的应力；另一种情况是围岩压力大且变形量也很大，此时应加强支护，限制围岩变形，控制围岩压力的增长。当测得的围岩压力很小但变形量很大时，则应考虑可能会出现围岩失稳。

(6)喷层应力分析与反馈

喷层应力常指切向应力，因为喷层的径向应力一般不大。喷层应力与围岩压力及位移有密切关系。喷层应力大的原因有两个方面：一是围岩压力和位移大，二是由于支护不足。

在实际工程中，一般允许喷层有少量局部裂纹，但不能有明显的裂损，或剥落、起鼓等。如果喷层应力过大，或出现明显裂损，则应适当增加初始喷层厚度。如果喷层厚度已较厚时，则不应再增加喷层厚度，而应增强锚杆、调整施工措施、改变封底时间等。

(7)地表下沉分析与反馈

对于浅埋隧道，由于隧道的开挖而引起上覆岩体的下沉，可能致使地面建筑的破坏和地面环境的改变。因此，地表下沉的量测监控对于地面有建筑物的浅埋隧道和城市地下通道尤为重要。

如果量测结果表明地表下沉量不大，能满足限制性要求，则说明支护参数和施工措施是适当的；如果地表下沉量大或出现增加的趋势，则应加强支护和调整施工措施，如适当加喷混凝土、增设锚杆、加钢筋网、加钢支撑、超前支护等，或缩短开挖循环进尺、提前封闭仰拱、甚至预注浆加固围岩等。另外，还应注意对浅埋隧道的横向地表位移观测，横向地表位移带发生在浅埋偏压隧道工程中，其处理较为复杂，应加强治理偏压的对策研究。

(8)声波速度分析与反馈

围岩的声波速度综合地反映了岩体的物理力学特征和动态变化，根据VP－L曲线可以确定围岩松动区的范围，工程中应注意将此结果与围岩内位移量测资料相对照，综合分析和判断围岩的松弛情况，以便给修正支护参数和调整施工措施提供依据和指导。

10.7 隧道辅助坑道施工

辅助坑道分横洞、平行导坑、斜井、竖井四种。它是为增加隧道工作面、缩短工期、改善施工通风、排水和运输条件等所加设的临时性隧道附属工程，有的为运营通风，排水和防灾害使用，则为永久性的隧道附属建筑。辅助坑道应提前开工，为隧道施工创造有利条件。

辅助坑道的选择，应根据地形条件、地质及水文情况、工期要求、劳动力及机械设备、施工场地条件、技术经济比较，以及各工作面在工期上的衔接及配合等，进行综合考虑后决定。各种坑道的适用条件及其特点如表 10－20 所示。

辅助坑道施工时宜采用喷锚支护，斜井、竖井段中地质不良地段、井底调车场、作业洞室等处应加强支护；在特殊情况下，应在开挖前采取超前支护措施。

表 10－20 辅助坑道的适用条件及特点

类型	适用条件	特点
横洞	①隧道沿河傍山，侧面覆盖不厚； ②隧道洞口桥隧相连施工互相干扰，或影响弃碴及场地布置； ③洞口地质不良或路堑土石方数量大，工期紧迫，难以及时从正洞进洞； ④横洞长度一般小于 1/7～1/10 隧道长度	能增加正洞工作面，设备简单，施工及管理方便，出碴、进料运输距离较短，但通风排烟较差，故事先应做好通风机具准备，施工中做好通风管理
平行导坑	①长度较大的深埋隧道，难以采用其他类型的辅助坑道； ②有大量地下水或瓦斯	能增加正洞工作面，提高施工速度，解决施工通风、排水和运输干扰等，可起到提前预报地质的作用
斜井	①隧道傍侧有较低地形，覆盖不厚； ②井身地质较好，地下水不大	能增加正洞工作面，出碴、进料运输距离较短，但要有提升设备
竖井	①隧道洞身局部地段覆盖层较薄； ②井身地质较好，地下水不大	能增加正洞工作面，出碴、进料运输距离较短，但提升设备较复杂，深度大于 150 m 者造价增加很大

(1)横洞和平行导坑

①横断面：常用的有拱形和梯形，按轨道布置分为单道断面和双道断面，如图 10－62、图 10－63 所示。

②与隧道的连接。

横洞的线路方向根据进正洞的主次方向确定。其与隧道中线的平面交角(θ)一般不小于 40°，与隧道相交处的底部标高应等于隧道底部开挖标高，为便于排水和运输应以 3‰～10‰ 的纵坡向洞外下坡修筑。

平行导坑与隧道的净距一般为 15～25 m。两端洞口为争取好的地形，地质条件，可加大洞口的线间距，以斜交的形式进洞。用正向横通道和反向横通道与隧道连接，横通道与隧道的交角一般采用 40°，平面布置如图 10－64 所示。

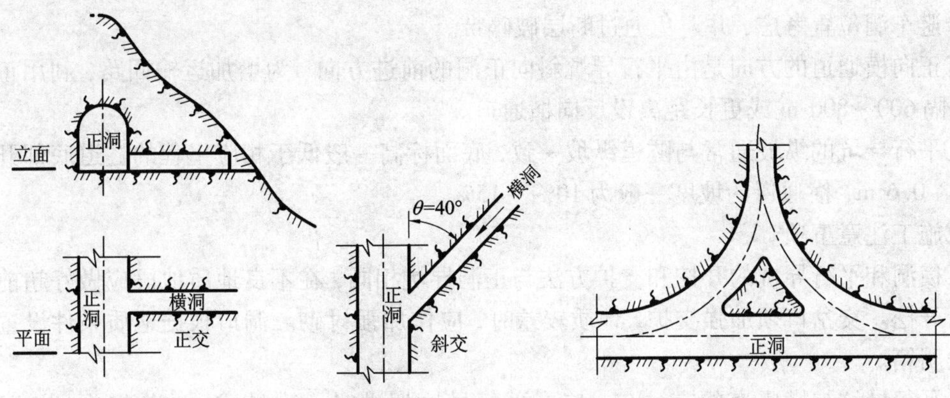

图 10－62　横洞设置示意图

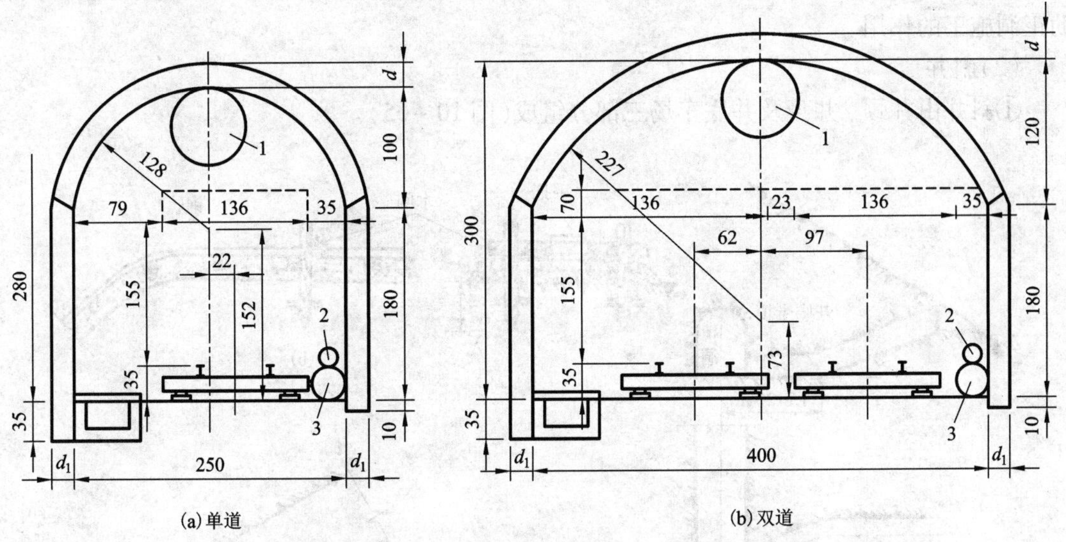

图 10－63　横洞、平行导坑拱形断面图(单位：cm)

1—通风管；2—高压水管；3—高压风管；d—拱圈厚度；d_1—边墙厚度

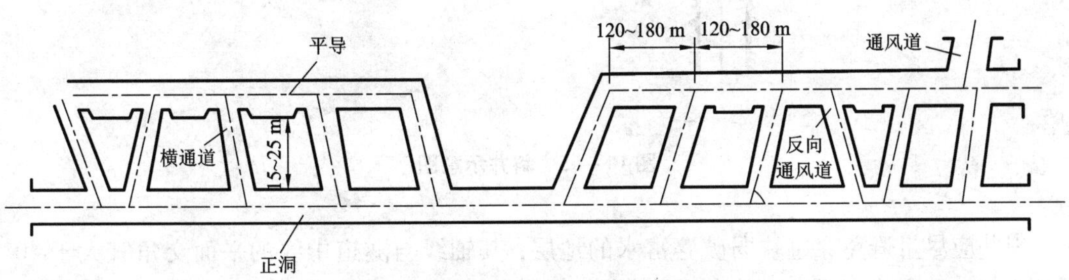

图 10－64　平行导坑与平面布置图

ⓐ横通道间距一般不小于120 m，在洞口500～700 m地段间距可适当加大。横通道位置可结合避车洞位置考虑，并避免通过断层破碎带。

ⓑ正向横通道的方向是由平行导坑斜向正洞的前进方向，为增加运输回路，利用正洞出碴，每隔600～800 m或更长距离设反向横通道。

ⓒ平行导坑的纵坡通常与隧道纵坡一致，底面标高一般低于相应里程的隧道底部开挖标高0.2～0.6 m，横通道的坡度一般为10‰～15‰。

③施工注意事项。

ⓐ横洞和平行导坑的开挖和支护方法与正洞导坑相同，在不良地质地段应做好超前支护后再行开挖。交岔口须加强支护，地质较差时，应作加强衬砌。洞口根据地质条件设置洞门或架设明箱。

ⓑ平行导坑与横通道的交岔口，应在平行导坑掘进时一次挖成，并作好支护，以减少干扰。

ⓒ平行导坑应比正洞导坑超前，一方面可起提前预报地质的作用，一方面可以发挥其辅助正洞施工的作用。

(2)斜井

①斜井由井颈、井身及井底车场三部分组成(图10－65)。

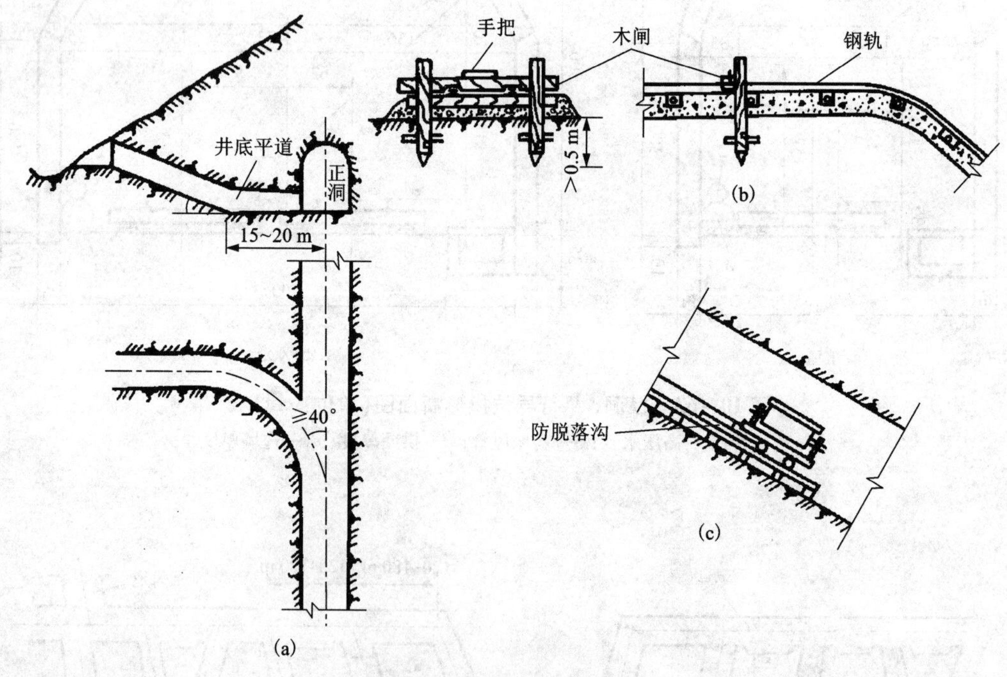

图10－65 斜井示意图

斜井应尽量避免穿过软弱破碎富水的地层，其轴线与隧道中线的平面交角宜大于40°，倾角应与提升方式相适应。井身不宜变坡，而在井底变坡处须用竖曲线过渡。斜井若分主副井时，其轴线宜平行设置，间距视地质条件确定，一般为20 m。井口应设在地质条件较好和不受水淹的地方，并应便于布置井口车场和弃碴场地。

斜井坡度根据斜井的类型决定，一般 α 不应超过 25°，井身不设变坡段，便于提升运输配备动力。斜井井底车场长度一般为 8 ~ 12 m。

②斜井与正线隧道的平面联结有单联式、斜交双联式及正交双联式。

ⓐ单联式即斜井与正线隧道直接相交联结交角 α_1 一般不小于 35°，施工比较简单，但一旦斜井运输发生溜车事故时，会直接影响正洞安全，并且在井底车站这段调车较为拥挤，容易造成运输阻塞。

ⓑ斜交双联式为正对斜井井底井场前方，有一安全岔线，可避免斜井运输发生溜车事故时，影响正洞安全，并且调车作业方便，能充分发挥运输能力。斜井井底与正线隧道间距 L 为 25 ~ 35 m；井底车场长度 L_1 为 8 ~ 12 m，安全线长度 L 为 8 ~ 10 m；轨道曲线半径 R 为车辆轴距的 7 ~ 10 倍；双通道与正线隧道的平面交角 α_2 为 30° ~ 35°。

ⓒ正交双联式与斜交双联式相同，其缺点是安全岔线设于通道中间，所留核心部分，当岔道坑道开挖爆破时，极易坍塌，为此开挖时必须加强支撑，并作好衬砌。

③斜井坑道断面根据运输量大小及施工需要，可设置单道、双道断面或三轨双道断面(仅在斜井中部加设长 20 ~ 30 m 四轨道双道断面)。断面尺寸可参看表 10 - 21。

表 10 - 21　斜井断面尺寸

断面	拱形断面(d 为衬砌厚度)				梯形断面(用于木支撑)		
	宽/m	高/m	拱高/m	半径/m	底宽/m	顶宽/m	高/m
单道	230 + 2d	190	90 + d	118 + d	310	250	2. 7
三轨双道	305 + 2d	190	100 + d	166 + d	380	320	2. 7
四轨双道	365 + 2d	190	120 + d	199 + d	440	380	2. 7

④斜井开挖。

斜井的开挖与一般隧道导坑开挖相同，其特点是炮眼掘进方向须与斜井坡度方向一致。为使底部爆破效果好，底板眼的倾角应比斜井井身倾角大 2° ~ 3°，并且较其他掘进炮眼加深 10% ~ 20%。在围岩较差地段，为防止顶板坍塌，掏槽眼宜布置在开挖断面 1/3 高度处。

此外，斜井系反坡开挖，陡坡提升，地下水集中于工作面，排烟、通风困难。因此，开挖时，应注意排水、通风。

工作的排水，视地下水量的大小，使用体积小、扬程高的水泵，排出井外。斜井深时，可设置多级水泵，接力排水。排水管道宜设置在人行道的对面井壁一侧，为了减小开挖断面，亦可设于人行道的同侧，但需要装整齐，紧靠井壁。

排烟、通风在选定井口位置时，应将井口设置在较开阔的地方，并安设通风机。排烟、通风管道，一般在排水管道的上方紧靠井壁。

斜井坡度采用激光导向仪或坡度尺控制。

⑤斜井支护。

斜井是隧道施工用的临时建筑物，一般不作永久支护。但井颈段应衬砌，井底车场部分净空较大，应加强支护。地质不良的井身地段作局部支护时，宜采用锚杆支护、喷混凝土支护或锚喷联合支护。

喷射作业在装碴作业后面进行，用耙斗机装碴时，在其后 15 ~ 30 m。当围岩条件较差，放炮后应立即在开挖面附近打锚杆或喷薄层混凝土护顶，待开挖面前进后，如有必要，再在耙斗机后面进行复喷。

石砌或混凝土衬砌，沿井身自下而上砌筑，在石质较差或斜井倾角大于30°时，墙基做成台阶。

⑥斜井提升运输。

斜井提升运输是使用提升绞车将运输车辆自井底车场提升至井口外栈桥卸碴；重车或空车在井底车场及井口车场进行调车作业，则由人力推运或其他牵引机牵引。

提升设备包括设在井口外的提升绞车、天轮架及天轮、提升用的钢丝绳、地滚、连接设备及装碴或装料车辆、全套轨道及道岔。用箕斗提升时则还有箕斗卸碴栈桥。

ⓐ轨道布置。

单联式斜井用单道，斜井与隧道相交地段用曲轨及道岔与隧道相接。

双联式斜井用三轨双道，分岔地段分别以曲轨及道岔连接，分岔线则各为单道，重空车分别占用一个分岔来进行调车作业。

井身的适当处所应设置有足够长度的错车道。

ⓑ提升钢丝绳。

在悬挂之前必须经过拉断、弯曲试验，试验合格后方可使用。新的钢丝绳，有厂家出厂合格证，可以不经上述试验。但使用后每六个月至一年必须试验一次。

钢丝绳的安全系数、提升人时为9，提升物时为6.5。

ⓒ斜井运输线路设备及安全设施。

斜井最大提升速度一般为3.5 ~7 m/s，当斜井长度小于300 m，采用斗车运输时，v_{max} = 3.5 m/s。提升绞车应有深度指示器及防过卷装置，并应在斗车之间、斗车和钢丝绳之间设可靠的连接装置，同时加装保险绳。以井口为中心，在井口与井底之间及井口与绞车房之间，用音响和色灯信号联系，并安装直通电话，以便随时掌握井上井下的运输情况。井口挡车器：设在井口摘挂钩地段与井口之间。井身挡车器：设在井底变坡点附近。避人洞：在井身的一侧每隔 30 ~ 50 m 设一个。

(3)竖井

长隧道缺乏设置横洞或斜井的地形，如果埋设较浅，或在其某个地点的埋置特浅(洞顶有凹谷)时，可以开挖从洞顶通向正洞的竖向辅助坑道。这种竖向坑道被称为竖井，其结构如图 10 - 66 所示。当然，竖井需要设置比斜井更为强大和复杂的提升设备，也必须有完善的井口排水措施，而施工效率都很低，因此，非万不得已，一般较少采用。不过长大隧道采用小断面竖井作为施工和运营中的永久通风孔道，则是解决通风问题的有效措施。

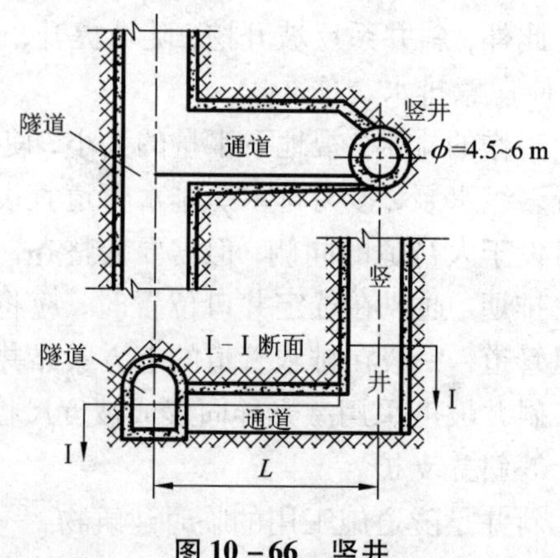

图 10 - 66 竖井

(4)隧道竣工后辅助导坑的处理

辅助导坑不用时，随着时间的流逝，有可能发生坍塌，从而对隧道及人身安全构成威胁，所以应作处理：

①横洞、平行导坑、斜井的洞口应用 M5 号浆砌片石封闭，无衬砌时封闭长度 3 ~ 5 m，有衬砌时封闭长度 2 m。竖井井口用钢筋混凝土盖板封闭。

②与隧道连接处用 M5 号浆砌片石加固，其长度不小于 2 m。

③平导、横洞的横通道，竖井或斜井的连接通道，在靠近隧道 15 ~ 20 m 范围内应进行永久支护或衬砌。

④竖井设在隧道顶部时，回填高度应不小于 10 m。

⑤横洞、平行导坑已作衬砌或锚喷支护的地段或无临时支护而围岩稳定的地段不作处理，其余地段根据地质情况分段作必要的支护。

⑥坑道堵塞后，流水不畅，往往造成隧道开裂，隧道漏水等病害，所以，横洞和平行导坑封闭前，应结合排水需要做好暗沟，并应留出检查通道，斜井、竖井有水时，应将水妥善引入侧沟。

10.8　隧道施工的辅助作业

隧道施工的辅助作业主要包括：通风防尘、压缩空气供应、施工给水与排水、施工供电与照明等。

10.8.1　通风防尘

隧道施工中，炸药爆炸时产生一氧化碳、二氧化氮等有害气体，施工人员则呼出二氧化碳，有些地层中还含有硫化氢一类的有毒气体，钻眼、爆破和装碴作业时又产生大量岩尘，此外，随着坑道的延伸，温度和湿度都会升高。所有这些不利因素，都会危害人体健康和极度影响掘进速度，所以必须做好通风防尘工作。隧道作业环境卫生标准如表 10 – 22 所示

表 10 – 22　隧道作业环境卫生标准

序号	项目内容	标准要求
1	氧气(O_2)	≮20%
2	温度	≯30℃
3	一氧化碳(CO)	≯30 mg/m^3
4	二氧化碳(CO_2)	≯0.5%
5	二氧化氮(NO_2)	≯5 ~ 8 mg/m^3
6	甲烷(CH_4)	≯0.5%
7	粉尘浓度	≯2 mg/m^3(含 10% 以上游离 SiO_2 时) ≯4 mg/m^3(含 10% 以下游离 SiO_2 时)
8	噪声	≯90 dB
9	新鲜空气	≮3 m^3/min/人

(1)通风方式

隧道通风方式，按供风来源分，有自然通风和机械通风两种。自然通风是利用洞内外温度差和气压差造成的自然风流循环，此种通风方式受气候及风向影响很大，因而只适用于200 m以下隧道；机械通风则是利用通风机进行，可分为管道式、巷道式和风墙式三大类。

①管道式通风（如表10－23）。

表10－23　管道式通风方式

管道式通风方式		适应情况	说明
压入式	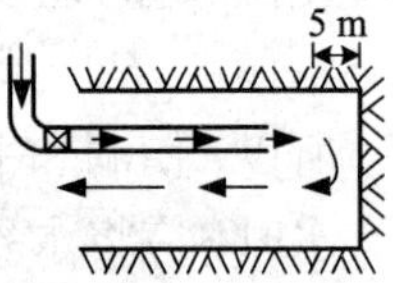 5 m	①单机可使用于100～400 m内的独头巷道； ②多机串联可使用于400～800 m的独头巷道	①能较快地排除工作面的污浊空气； ②拆除简单； ③污浊空气排出时流经全洞
抽出式	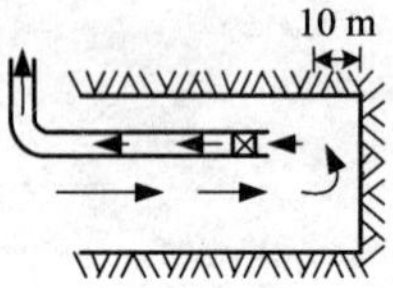 10 m	长度在400 m内的独头巷道	新鲜空气排出时流经全洞，到达工作面时已不太新鲜；要求管末端距工作面不超过10 m，爆破时容易损坏
混合式	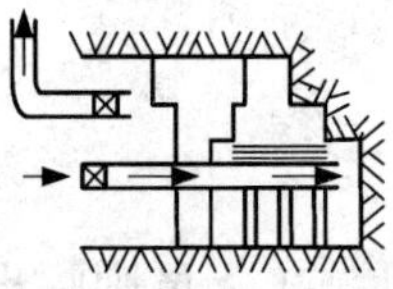	长度在800～1500 m的独头巷道	①两条通风管道必须有20 m以上的搭接长度，以免在洞内形成循环风流； ②吸出风机的能力大于压入风机能力的20%～30%； ③压入式风管的端口与工作面间距应在风流的有效射程内，一般为15～20 m； ④排风管的出口端必须伸出洞外20 m以上，或引向洞口外的上方或旁侧，以免污浊空气回流进洞
	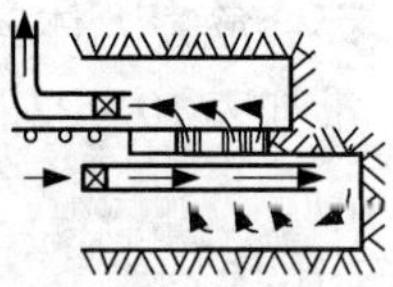	适用于上下导坑或全断面分块开挖，用药量较大，下导坑为双轨断面的隧道	

②巷道式通风。

巷道式通风是利用巷道作为循环风流通道的一种通风方式。整个通风系统是由一个主风流循环系统和一个或一个以上的局部风流循环系统组成的，图10－67为平行导坑的长隧道通风布置。

ⓐ主风流循环系统：在平行导坑洞口的侧面（或顶部）开挖一个通风洞，在其洞口安装通风机（主扇）向洞外排气。新鲜空气从正洞洞口补入，以正洞为通风道送进洞内；污浊空气经横通道和平行导坑，再经通风道排出。为了使主风流能按这样的路线流动，平行导坑的洞口用双层风门关闭，两扇风门的距离应能容纳一组列车；不作风门通道的横通道也用风门关闭和堵死，风门要严密不漏风，并有专人负责开闭。由于巷道的断面比风管大得多，主通风机的功率也比较大，而且通常都要安装两台，轮换工作，以保证不间断通风。

ⓑ局部风流循环系统：主风流循环系统一般并不能直接把新鲜空气送到导坑和平行导坑的开挖面上去，对于这两个工作面，是采用风管式通风来解决的。图中对导坑是采用压入式

通风，而在平行导坑开挖面上，采用的是混合式通风，因为平行导坑总是超前于正洞，通风的距离较长。

③风墙式通风。

这种方式适用于较长隧道，一般管道式通风难以解决，又无平行导坑可以用的情况，它得用隧道成洞，部分较大的断面，用砖砌或木板隔出一条 2～3 m^3 的风道，以减小风管的长度，增大风量，满足通风要求，如图 10－68 所示。

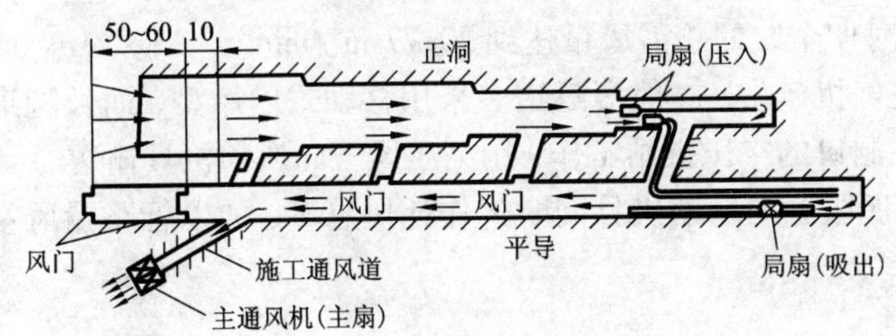

图 10－67　巷道式通风布置(单位：m)

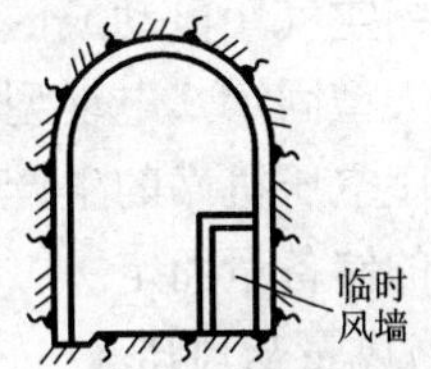

图 10－68　风墙式通风布置

(2)洞内通风量计算

根据同一时间洞内工作人员计算：

$$Q = k \cdot m \cdot q_n \tag{10-12}$$

式中：k 为风量备用系数，采用 1.1；m 为同时在洞内工作人数；q_n 为每一工作人员所需新鲜空气，一般地区取 3 m^3/s，高寒高海拔地区取 4 m^3/s。

(3)按爆破作业确定风量(参看表 10－24)

表 10－24　爆破作业风量计算

通风方式	计算公式	单位	符号意义
压入式	$Q=\frac{0.13}{t}\sqrt[3]{GL^2S^2}$	m^3/s	G——同一时间爆破炸药量(kg) T——爆破后要求有害气体达到允许浓度的通风时间(s) S——坑道净横断面面积(m^2) L——坑道全长(m) $L_{抛}$——爆破后粉尘抛掷距离(m) $L_{入}$——吸风口至工作面的实际距离(m)
吸出式 $L \leqslant 1.5\sqrt{S}$	$Q=\frac{0.3S}{t}\sqrt{\frac{G}{S}}L_{抛}$		
混合式	$Q=\frac{0.13}{t}\sqrt{GS^2L_{入}^2}$		

(4)防尘措施

洞内粉尘，85%～95%来自凿岩作业，其次是由于爆破产生，装碴、运输所占比例很少。隧道施工防尘的方法是湿式凿岩标准化、喷雾洒水经常化、机械通风正常化、个人防护普遍化等综合措施。在水源缺乏，容易冻结或岩石性质不适于湿式凿岩的地区，可采有带有捕尘设备的干式凿岩。当干式凿岩所采用防尘措施不能达到 2 mg/m^3 以下时，严禁打干风钻。

湿式凿岩：就是通常所谓的“水风钻”凿岩，在凿岩过程中，利用高压水湿润岩粉，变成岩浆，流出炮眼，防止岩粉飞扬。

喷雾洒水：使爆破前后降低粉尘，也宜用洒水来防止。

个人防护：如配戴口罩，可减少吸入粉尘和有害气体，也是行之有效的防尘措施。

10.8.2 压缩空气供应

隧道施工中应用种类众多而大量的风动机具，诸如凿岩机、装碴机，混凝土压送器，喷射混凝土机，压浆机，锻钎机等，无不以压缩空气为动力，需要大量的压缩空气的供应。例如，据成昆铁路施工资料表时，某一时期全线的总需风量达到 20177 m^3/min。

压缩空气用电动或内燃的压缩空气机产生，一般短隧道多采用移动式内燃型，而长隧道则采用大型固定式电动型机。集中在洞口的空压机站工作，用高压风管向风动机具输送。

每座空压机站的生产能力，按其所服务的风动机具同时工作耗风总量、加以管路漏风量和一定的储备量而定。

(1)风量与风压

空压机站的设备能力应能满足同时工作的各种风动机具的最大耗风量。国产空压机排气压力一般为 0.7 ~ 0.8 MPa，经过管道的压力损失，要求到达最前面的工作面风压不小于 0.5 MPa。确定风管管径时，可根据计算的总耗风量和允许的最大压力损失，按有关施工手册查表，一般不需精确计算。即首先根据总耗风量与管路总长查表选用钢管直径，至于管路中的变径管、弯头、阀门、三通等，均可查表折合为直线长度而并入管路总长，再由总耗风量与钢管直径或胶管直径便可查表得出风压损失。如此反复查选调整，便可得出能保证工作面风压的合理管路与管径。

(2)高压风管路安装

①靠近空压机 150 m 以内的高压风管法兰盘接头，因温度较高宜用石棉衬垫。

②高压风管路在洞内敷设于电缆电线的另一侧，并与运输轨道有一定距离，而且管路高度不应超过运输道轨面。

③洞内管路前端至开挖面宜保持 30 m 以上的距离，用 ϕ50 mm 高压软管接分风器，再用 ϕ19 ~ ϕ50 mm(长度不宜大于 50 m)高压胶管接到工作面的机具上。

10.8.3 施工给水与防排水

隧道施工中用水的场合很多，湿式钻眼、喷雾洒水、拌和混凝土、空压机的冷却、施工人员的生活等等，都需要大量的给水。而地层中的潜水则会渗入坑道，施工防尘亦有废水，造成工作上的不便，并软化围岩，特别是遇到暗流时造成大量涌水甚至能淹没坑道，毁坏工程，如成昆线施工中某隧道日涌水量竟达 28800 m^3。因此，隧道施工中必须认真做好给水、排水工作，方能确保施工的顺利进行。

(1)给水方式

给水水源主要有地表水、泉水或钻井取水，用渠道引流或用机械提升到高处的蓄水池储存，通过管路送到使用地点。水池位置应高于工作面 30 m 以上，以确保有 0.3 MPa 的工作压力。缺水地区须用汽车运水，以确保给水。

(2)防排水方式

①措施与方法。

隧道施工防水排水工作，一般应以排为主，采取截堵排相结合的综合措施：

ⓐ截断水源，尽可能减少洞内水量和堵水困难。如在洞顶开挖地表水沟渠、截排水坑道(泄水洞)等；

ⓑ给水以出路，沿着安排的途径疏干围岩含水，防止水对施工的危害与影响，消灭渗漏水侵蚀衬砌，损坏和降低工程质量；

ⓒ寒冷及严寒地区排水系统，应有防寒保温设施，防止冻结；排水坑道埋深宜大于当地地层最大冻结深度；

ⓓ将水堵于主体工程以外集中汇流排出。

开挖前压浆堵水：根据设计文件中地质及水文地质资料，预计隧道开挖将有较大地下水涌出，且可能引起大量坍塌而给掘进带来难以克服的困难，或原设计未能预计到而掘进施工中突然遇到以上情况时，则宜在开挖前压浆堵水，先堵后排。一般有地表压浆与洞内压浆两种方法。

衬砌后压浆堵水：开挖后的涌水如未能在衬砌之前处理，则须在衬砌后采取压浆来防堵水。一般是向衬砌背后压注水泥砂浆，如果衬砌仍有渗漏水的地段，可采用向衬砌圬工内压注化学浆液或水泥水玻璃浆液，以增强衬砌自身抗渗能力。隧道经压浆防水后，若拱部还有轻微渗水或成片潮湿不能满足电化要求时，则可采用喷涂防水层整治。

②洞口排水。

隧道施工前必须先做好洞顶、洞口和隧道周围地表的防排水工作。如平整洞顶地表，排除积水，首先完成天沟、吊沟、侧沟等排水系统工程等。

③正洞和辅助坑道排水。

ⓐ竖井和长隧道反坡地段，如涌水量较大并有长期补给来源时，应采取抽水机分段分级抽排水。

ⓑ隧道通过砂层时，为防止细小颗粒随排水流入坑道应设置滤层，并采取降低流量和流速的措施。

ⓒ通过大面积渗漏水地段，应尽可能采用钻孔将水集中汇流，经管、槽排入水沟。

(3)注浆堵水

注浆堵水主要作用是封堵裂隙，隔离水源，堵塞水点，以减少洞内涌水量，改善施工条件。

注浆通常有单液压浆，即压注水泥浆液，适用于基岩裂隙，地面预注浆或工作面预注浆，壁后充填加固等，凝胶时间 6 ~ 15 h；双液压浆，即压注水泥浆液和水玻璃浆液(或其他化学浆液)适用于基岩裂隙、地面预注浆和工作面预注浆、壁后注浆、堵特大涌水等，胶凝时间为十几秒到几十分钟。注浆流程如图 10 - 69 所示。

①注浆材料。

它分为粒状浆材和化学浆材两类。粒状浆材主要有纯水泥浆和黏土(膨润土、粉煤灰)水泥浆等，它一般用于裂隙宽度(或粒径)大于 1 mm 的断层破碎带和砂卵石地层，其特点是材源广、价格低、强度高、不污染环境。

化学浆材适用于粒径小于 1 mm 粉细砂层和细小裂隙岩层及断层泥地段。它可分为有机化学浆材和无机化学浆材。

有机化学浆材主要有环氧树脂类、甲基丙烯酸脂类、聚氨脂类和木质素等。其特点是可注性好，黏结强度高，可按工程需要调节浆液胶凝时间，它适用于重要工程的加固和防渗漏等。但浆材的价格昂贵，一般隧道工程难以承受。

无机化学浆材中使用最早，目前仍然广泛采用的是水玻璃类浆材。它具有材源广、价格低、可注性好，可根据工程需要来调节浆液胶凝时间等特点。但水玻璃浆液固结体强度较低，为此，可采用水玻璃－水泥浆的双液注浆来提高其强度，但在粒径小于1 mm 的粉细砂层中不能使用。

水玻璃为碱性金属(钠或钾)的硅酸盐，共主要物理化学参数有：

ⓐ模数(M)。它表示所含 SiO_2 的摩尔数与 Na_2O(K_2O)摩尔数的比值，市场出售的工业水玻璃溶液的模数一般在1.5～3.5之间。随着其模数增加，固结体强度也增加，但当模数达到3.3之后，强度反而下降，模数在2.75～3.0范围内强度最高。

ⓑ波美度(°Be′)和黏度(η)。它表示水玻璃溶液的浓度。当水玻璃溶液模数和温度一定时，波美度越高，溶液的黏度也越高，其固结体强度越大，但可注性越差。粉细砂层采用小导管注浆要求浆液的黏度越小越好，市场出售的水玻璃浓度多为(30～50)°Be′，使用时需要稀释，使其黏度接近水的黏度(约为 10^{-3} Pa·s)。

目前使用的胶凝剂种类很多，有氯化钙、铝酸钠、磷酸、硫酸等。它们与水玻璃溶液配制可形成各种类型的浆液，其胶凝时间由几秒到几十分钟，固结体强度为0.1～1.0 MPa，黏度为$(1.1 \sim 100) \times 10^{-3}$ Pa·s。

根据被注地层的颗粒级配、空隙率、含水量、pH 等，进行室内外试验以确定浆液的合理配合比及胶凝时间等。

②注浆设计参数。

ⓐ扩散半径。国外学者对砂及砂砾石地层中的注浆，经理论研究提出了不少计算扩散半径的公式，如莱福公式、马格公式、卡路公式等，其中较常用的为马格公式：

$$R = \sqrt{\frac{2rKht}{n\alpha} + r^3} \tag{10-13}$$

式中：R 为注浆有效扩散半径，cm；r 为注浆管半径，cm；k 为砂层渗透系数，cm/s；h 为注浆压力(水头高度计)，cm；t 为注浆时间，s；α 为浆液黏度与水的黏度比；n 为砂的孔隙率，%。

ⓑ注浆量。它是指加固单位体积的砂(土)所需注入的浆液数量，即：

$$Q = KVn \tag{10-14}$$

式中：Q 为注浆量，m^3；V 为固结体体积，m^3；K 为注浆量折减系数，通过试验确定；n 为砂的孔隙率，%。

ⓒ注浆压力。注浆压力的大小，取决于被注地层的岩体压力和浆液的渗透性质。注浆压力愈大，浆液扩散范围也愈大，在一定扩散半径下所需的注浆持续时间愈短。但压力过大，会造成注浆管止浆面破裂产生冒浆及引起地面隆起。在满足注浆要求的情况下，压力不宜过大，实际使用多大压力应通过试验确定。

ⓓ注浆管间距。其间距应小于扩散半径的二倍，否则两相邻孔不能交圆成幕。间距太小，注浆时浆液从相邻管中溢出，影响注浆效果。其间距选用扩散半径1.5倍较为合适。

为了对注浆做出合理的设计和施工方案，必须事先对被加固地层进行物理力学指标试验，以查清其含水量、容重、压缩系数、内摩擦角、黏聚力、渗透系数、孔隙比、pH 及抗压强度等。并在现场选择适当地点进行注浆试验。

③注浆方法。

压浆和注浆通过压注浆设备向地层中注入凝结剂固结地层，减少地层的渗透性，提高地层的稳定性和强度。目前国内外所采用的注浆方法有：

ⓐ渗入性注浆。即在注浆过程中，浆液充填地层中被排出的空气和水的空隙，胶凝成固结体，以提高地层的稳定性和强度。

ⓑ劈裂性注浆。即在注浆过程中，在注浆压力的作用下，浆液作用的周围土体被劈裂并形成裂缝，通过土体中形成的浆液脉状固结作用来增强土体内的总压力，以提高其强度和稳定性。

ⓒ压密性注浆。即用浓稠的浆液注入土层中，使土体形成浆泡，向周围土层加压使其得到加固。

ⓓ高压喷灌注浆。即通过灌浆管在高压作用下，从管底部的特殊喷嘴中喷射出高速浆液流及其外围的高速气流，促使土粒在冲击力、离心力及重力作用下，随注浆管的向上抽出与浆液混合形成柱状固结体，以达到加固之目的。

注浆用于防水，通常采用的方法是开挖前压浆堵水和衬砌后压浆堵水。根据设计文件中地质及水文资料，预计隧道开挖将有较大地下水涌出，且可能引起大量坍塌而给掘进带来的难以克服的困难或者是原设计未能预计到而掘进中施工中突然遇到以上情况下，则宜在开挖前压浆堵水，先堵后排。一般有地表压浆与洞内压浆两种方法。开挖后的涌水如未能在衬砌之前防堵，则须在衬砌后采取压浆来防水、堵水。若衬砌背后压注水泥砂浆后，仍有渗漏水的地段，可采用向衬砌圬工内压注化学浆液或水泥水玻璃浆液，压浆压力为 1.2 ~ 2.0 MPa。

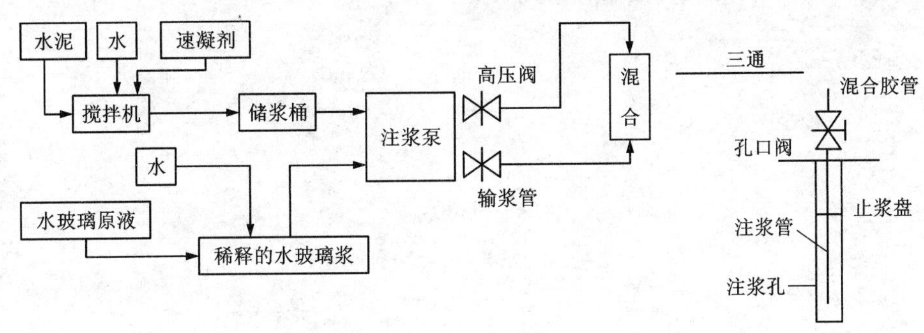

图 10－69　双液注浆工艺流程

10.8.4　施工供电与照明

隧道施工离不开用电。洞内必须有充足照明，洞外有大量电动机械和设备。

隧道供电一般是通过变电所将 6 ~ 35 kV 的系统电压降到三相四线 400/230 V 的动力和成洞地段照明电压，然后在工作地段降为 36、32、24、12 V 四个等级的照明电压。动力设备采用三相 380 V，照明电压作业地段不得大于 36 V，成洞和不作业地段可用 220 V。

对于长隧道，低压长距离输电的压降太大，往往需用 6 ~ 10 kV 的高压电引入洞内，在洞内适当地点设置变电站，将电压降到 400/230 V 然后再在工作地段用携带式照明变压器继而降到 24 或 36 V。

变压器容量应按电气设备总用电量确定。当单台电动设备容量超过变压器容量 1/3 时，应适当考虑增加起动附加容量。

洞外变电站宜设在洞口附近，并应靠近负荷集中地点和设在电源来线一侧。变电站电源来线如跨越施工地区，电线最低距人行道和运输线路的最小高度 35 kV 为 7.5 m；6 ~ 10 kV 为 6.5 m；400 V 为 6 m。

洞内照明和动力线路安装在同一侧时（风水管路相对一侧）。必须分层架设，电线悬挂高度距人行地面，400 V 以下不小于 2 m，6 ~ 10 kV 不小于 3.5 m。高压在上、低压在下；动力线在上，照明线在下；干线在上，支线在下。禁止在动力线上加挂照明设施。

工作地段的动力线都应用橡皮电缆，以确保安全。当施工地段没有高压电时，一般采用自发电解决。

思考与练习

1. 隧道施工方法的种类有哪些？
2. 隧道施工开挖方法有哪些及它们的特点是什么？
3. 新奥法的基本概念是什么？
4. 隧道施工辅助方法的类型有哪些？
5. 隧道施工辅助方法的特点是什么？
6. 隧道爆破设计方法及内容是什么？
7. 隧道监控量测的目的、内容及方法是什么？
8. 隧道施工辅助坑道的种类及作用是什么？

第 11 章

隧道常见病害类型及其养护与维修

在隧道中，车辆行驶产生的冲击和排放的废气会使衬砌结构产生这样或那样的病害，但车辆运行对隧道结构产生的影响并不是主要的，危害主要来自于地下水、围岩的恶化、施工未按设计要求进行，质量上留有隐患、设计有不合理的地方等等。在这些因素的长期综合作用下，隧道结构就可能逐渐出现病害。

铁路隧道的营运管理较为简单，因列车总是按照铁路局编制的运行图行驶，很有规律，照明要求也不高，除了设置机械通风的长大隧道需要控制通风设施的运转外，其他没有什么过多的管理要求。而公路隧道的运营管理则要求较高，它包括对汽车进行交通管理和对各种附属设施进行管理两个方面。近年来，公路隧道内部设施的标准在逐渐提高，在管理方面，也从人工管理向自动化管理转变。对管理者技术水平的要求也越来越高。有的已明显区分出不同的专门技术，如机械方面需要专业机械管理技术，电器方面需要专业的强电和弱电管理技术等。虽然管理上区别较大，但在土建结构的养护和维修上，却是共同的，因铁路隧道和公路隧道出现的病害性质都是相同的。

隧道一般位于山区，地形复杂，内部工作净空狭窄，洞口场地有限，当进行维修作业时，往往会与交通发生冲突，从而给正常运营带来一定程度的影响。通过精心安排可以将影响降低，比如铁路隧道的检查、维修和大修都必须在不中断行车的条件下进行，仅仅是对车速有所限制而已。但总的来说，由于隧道净空的限制，维修时往往需要进行交通管制(列车限速也是一种管制)，工作量大的维修可能还需要关闭隧道，为了将对交通的影响降低到最低限度，就要求作业尽快完成，以恢复正常的交通。所以，隧道维修作业必须制定出周密的计划，将材料、工具都准备齐全，力争在最短的时间内完成。同时，还必须根据维修作业的需要，向有关管理单位申请交通管制，获得批准后才能进行维修作业，而管理部门则必须预先编制好交通管理计划以确保维修作业的顺利进行。此外，在维修过程中，任何细小的疏忽都可能造成严重的事故，比如铁路隧道的维修车未能在规定的时间内挪下轨道，被列车撞上，后果就不堪设想。

维修养护作业有多项内容，包括养护维修、大修(包括修理、加固和病害整治)和抢修。定期检查一般可用肉眼观察，为了能仔细观察结构物的病害，维修人员必须徒步检查，从一些洞壁的变形特征上宏观判断是否已经发生变形，如混凝土表面剥落掉块，内装材料松动或剥落，拱部或边墙出现渗水现象或渗漏现象加剧等。检查内容是全面的，除拱、墙之外，还要对排水设施、路面等做定期检查和不定期检查。凡留有长期观测点的地方，均应做定期量测，如压力盒、应变计、位移测点等。对隧道结构物发生的微小变化，经认真观察后，在现场仔细勾画出变形或裂缝范围，并根据里程桩号在图上标出准确位置，绘制出变形特征图，记录尺寸，纳入技术档案，以备查考。使用单位除了接受施工单位移交的各种技术档案之外，在营运初期，还应对隧道进行仔细检查和记载，以便将来在使用过程中，通过与原始记录对比，及早发现隧道结构物的微小变化。维护修理的基础资料有设计图、地质资料、工程记录、竣工图以及历次观测(观察)记录、维修记录等，这些记录都必须妥善保存，以备查用。一旦检查发现问题，应尽快予以维修。

11.1 隧道养护检查

检查及其发现隧道结构是否出现病害是隧道养护工作的重要内容，其目的是为尽早发现结构已出现的破损，避免由于破损程度的发展而导致破损范围的扩大，以便尽可能减少维修的程度以及维修的工程费用。即遵循早发现、控制发展，早维修、省工料费。

11.1.1 检查制度

隧道检查有：经常检查、定期检查、特别检查和限界检查等。

①经常检查。以目测为主，每日一次。其内容包括：排水设施是否通畅，衬砌表面是否有漏水，洞口山坡是否可能有坍方落石，隧道上方地表是否出现冲沟和陷穴，对已有病害进行观测并做好记录以便存档。

②定期检查。用仪器和量具量测。由工务段按铁路局工务处的布置，对管区内所有隧道进行每年一次的全面检查，检查时间一般在秋季或春季。检查内容包括：洞口、洞内各种建筑物的状况，可能产生的病害，洪水前后的状态变化，严寒地区春季冰雪融化后对建筑物的影响等。

定期检查应该由有经验的技术人员担任，并徒步进行，对隧道结构物发生的微小变化，经认真观察后应仔细在现场勾画出变形或裂缝范围，并根据里程桩号在图上标出准确位置，绘制出变形特征图，记录尺寸，纳入技术档案，以备查考。这就要求使用单位除接受施工单位移交的各种技术档案之外，在营运初期，自己应对隧道进行仔细检查和记载，以便将来在使用过程中，对隧道结构物的微小变化也能及早发现。由于隧道净空的限制，维修时往往受到许多限制，甚至需要在短时间内，完成大量的、有时是多工序的维修作业，就必须预先编好维修作业计划。

③特别检查。由铁路局组织或指定有关单位，对个别长大的、构造复杂的和有严重病害的隧道进行特别检查或不定期检查，如暴雨或地震过后，应酌情做仔细检查。凡留有长期观测点的地方，均应做定期或不定期量测。例如：施工中或竣工后在衬砌出现裂缝处，黏贴观测变形砧标(条)等简易方法进行观测(或观察)。

④隧道限界检查。它是专门对隧道衬砌限界所进行的全面检查，是隧道技术管理的重要内容之一。工务规则规定，至少每5年要检查1次，并做好检查记录以便存档。

11.1.2 检查范围和内容

(1)检查范围

包括洞身、洞门、避车洞、两端路堑、防护措施、排水系统、通风、照明、标志、标线、监控、消防等设施。

(2)检查内容

①检查衬砌的变形和裂缝状况，洞内渗漏水状况，及时进行针对性处治；

②检查轨(路)面、人行道并修理损坏部分；

③检查各种标志、标线等，如有污染、缺损，及时清扫、修理、涂料、刷新；

④检查隧道附属设施，维护并确保通风、照明、通信、监控、消防、消音等设施处于完好状态；

⑤检查隧道内外排水系统，修理损坏部分，定期疏通，保持畅通；

⑥及时清除隧道内外的塌(散)落物、隧道口边仰坡上的危石、积雪、积水和挂冰；

⑦经常保持洞内各部的清洁，以提高照明和引导视线的效果；

⑧维护洞口有关设施和树木花草的完好；

⑨定期检测洞内有害气体含量、烟雾浓度。

11.1.3　不同隧道的检查重点

①有衬砌隧道：重点检查衬砌变形、开裂、渗漏水(挂冰)；衬砌表面腐蚀、剥落及灰缝脱落；端墙、侧墙、翼墙位移、开裂；仰拱(铺底)拱起、沉陷、错台、开裂。

②无衬砌隧道：及时处理松动、破碎危石，隧道内孔洞、溶洞或裂缝情况。

③明洞与半山洞：重点检查山体边坡是否存在危石或崩坍可能；明洞上的填土厚度和地表线，是否保持设计要求；防水层及洞顶设置的过水、泥石流等渡槽设施是否漏水等。

11.1.4　检查方法

常用于观察隧道结构是否出现病害的方法有：

①洞内肉眼观察；

②定期对设置的观察面进行量测，并用曲线外插法，预测变形及受力状态；

③观察地下水数量及水质变化；

④钻孔探查，了解岩石受力及松动状态、岩石与隧道接触状态、隧道结构变形裂缝状态、密封层防水性等；

⑤开挖检查井及坑道；

⑥现代测量方法，如物理地质电测法、地质电测法、红外线测量法等。

现在常用的检查方法有：

(1)声波检测法

在混凝土中传播的超声波，其速度和频率反映了混凝土材料的性能、内部结构和组成情况，混凝土的弹性模量和密实度与波速和频率密切相关，即强度越高，其超声波的速度和频率也越高。所以，可通过测定混凝土声速来推定其强度。超声波检测仪主要用于衬砌强度检测。

声波检测的具体方法为：根据隧道不同区段衬砌强度的差异，布置多个测站，以便更客观地反映隧道的病害状况。同时为保证检测结果的可靠性，在同一测站中应布置不同的测点，然后取其平均值，这样可使检测结果更加合理。

(2)探地雷达检测法

在地下传播的超高频电磁波当遇到有电性差异的界面或目标体时(介电常数和电导率不

同)即发生反射。探地雷达检测法是通过对所接收的反射波进行叠加、滤波和以不同方式显示等一系列处理，并根据回波的速度和时间确定目标层的位置，再根据回波的形态、强度及其变化等判定目标的性质。

探地雷达对隧道及围岩的检测主要包括以下几方面内容：

①隧道衬砌厚度，可设不同的测线，从而分别测出拱顶、拱腰、拱脚及边墙位置的衬砌厚度，必要时也可测出道床仰拱的厚度，同时还可沿隧道的横断面进行厚度探测。

②隧道周围2~3 m范围(根据需要可进行调整)内的围岩状况、钢筋及钢拱架、格栅钢架等分布，并可准确定位。

③隧道衬砌或围岩中排水盲沟的分布及堵塞或畅通情况、高寒地区的冻融情况。

④隧道围岩或衬砌中的裂隙水分布及赋水情况、初衬与二次衬砌之间的密实状况以及衬砌间空洞的展布情况；在岩溶地区还可测出溶洞的位置和范围。

⑤隧道围岩超挖部分的位置、分布和回填情况，超挖空间回填的性质及空间的展布情况；隧道欠挖情况可通过衬砌厚度反算得出。

⑥衬砌中的裂隙分布，尤其是衬砌深部不易为肉眼看出的裂隙分布和发展趋势；配合强度检测可对衬砌状况做出全面的评价。

11.2 隧道常见病害类型及其防治措施

11.2.1 隧道的水害及其防治

隧道水害对隧道稳定、洞内设施、行车安全、地面建筑和隧道周围水环境产生诸多不良影响甚至威胁，影响内部结构及附属设施，降低使用寿命，严重时将危害到隧道及地下工程的运营安全。因此，研究隧道水害成因，进行合理的防水技术设计，采用正确的方法、工艺进行整治，成为隧道设计、施工和养护的重要内容。

下面主要讨论隧道水害的类型及成因，防水原则，以及运营隧道的水害整治。

(1)隧道渗漏水的影响和危害

隧道渗漏水对隧道稳定、洞内设施、行车安全、地面建设和隧道周围水环境产生诸多不良影响甚至威胁。

①渗漏水加剧混凝土衬砌风化、剥蚀，造成衬砌结构破坏；渗漏水还会软化围岩，引起围岩变形；有些隧道渗水中含有侵蚀性介质，造成一般的衬砌混凝土和砌筑砂浆腐蚀损坏，降低衬砌的承载能力；在寒冷和严寒地区，隧道漏水会造成边墙结冰，侵入隧道建筑限界，还会造成衬砌冻胀裂损。

②渗漏水加快内部设备(通信、照明、钢轨等)锈蚀，影响设备的正常使用，缩短线路设备的使用寿命，增加维修费用。

③水害引发路基下沉、基底裂损、翻浆冒泥等病害，导致铁路线路轨距水平变形超限，冻胀引发洞内线路起伏不平，以及洞内漏水潮湿降低轮轨黏着力，均会影响行车安全；水害使电绝缘失效、短路、跳闸，影响安全运营，引发漏电伤人事故；少数隧道，暴雨后隧道铺底破损涌水，造成淹没轨道，冲空道床，影响行车安全。

(2)隧道渗漏水的成因

成因、机理是解决工程问题的基础。隧道水害的成因是，修建隧道，破坏了山体原始的水系统平衡，隧道成为所穿过山体附近地下水集聚的通道。当隧道围岩与含水地层连通，而衬砌的防水及排水设施、方法不完善时，就必然要发生隧道水害。

也可以将隧道水害归结为客观和主观两方面的原因。

①隧道穿过含水的地层。

ⓐ砂类土和漂卵石类土含水地层。

ⓑ节理、裂隙发育，含裂隙水的岩层。

ⓒ石灰石、白云岩等可溶性地层，当有充水的溶槽、溶洞或暗河等与隧道相连通时。

ⓓ浅埋隧道地段，地表水可沿覆盖层裂隙、孔洞渗透到隧道内。

②隧道衬砌防水及排水设施不完善。

ⓐ原建隧道衬砌防水、排水设施不全。

ⓑ混凝土衬砌施工质量差，蜂窝、孔隙、裂缝多，自身防水能力差。

ⓒ防水层(内贴式、外贴式或中间夹层)施工质量不良或材质耐久性差，使用数年后失效。

ⓓ混凝土的工作缝、伸缩缝、沉降缝等未做好防水处理。

ⓔ衬砌变形后，产生的裂缝渗漏水。

ⓕ既有排水设施，如衬砌背后的暗沟、盲沟，无衬砌的辅助坑道、排水孔、暗槽等，年久失修阻塞。隧道建设是一个过程，分为勘测与设计、施工、验收等阶段，在每个阶段或材料供应等关键环节出现问题，都可能引发隧道水害。例如，施工中经常出现的附加防水层接缝处理不好导致漏水，防水材料品质不过关防水失效，防水材料与基面黏结不良或不适应，等等。

(3)隧道渗漏水的防治

隧道防水要“防患于未然”，首先从设计做起，要在水文地质调查的基础上，从工程规划、结构设计、材料选择、施工工艺等方面进行合理设计。防水设计应考虑地表水、地下水、毛细管水等的作用，以及由于人为因素引起的附近水文地质改变的影响。防水设计要遵循隧道防水原则、定级准确、方案可靠、施工简单、经济合理。

目前，国内传统采用的排水型设计日益受到质疑，主要是一味大量排水会破坏地下水的原有平衡，造成地下水资源流失。隧道在施工过程中遇到各种各样的水文地质条件，涌水量较大的区段多为裂隙发育的岩层或为断层破碎带，它们与地下水有着复杂的联系。如果对地下水以排为主，则会造成当地地下水位下降，影响植被生长和生态平衡，对当地工农业生产造成长期不良影响，使地下水资源大量无谓流失。其次，渗流携带泥砂对周围岩石稳定和排水畅通不利。隧道开挖加快了地下水的流速，在渗流中会夹带着泥砂或岩层中的微细填充物。这些填充物的流失，一则造成在地层中岩块间的结合逐渐疏松，自稳能力变差，使围岩对衬砌的压力增加，威胁衬砌的安全；二则泥砂在流动过程中在管道的低凹处淤积，天长地久造成排水管路堵塞，使衬砌壁后水压增大，导致隧道渗漏。

而全封闭防水型隧道，需要采用措施将水封堵在隧道衬砌之外，势必增加工程成本。因此，对于具体隧道要辩证地采用综合性防排水技术。山岭隧道，特别是长大隧道，为保护地面生态环境；城市地下水工程为防止水压在衬砌背后聚集而破坏结构，均不宜单独采用排水型设计，而应采用“排堵结合，以堵为主”的原则，或者称为“以堵为主，适量排放”的原则。

(4)隧道渗漏水病害治理

运营隧道的漏水整治，除利用原有排水设施外，在不影响交通的情况下，常采取以下措施：

①堵治法。

对于漏水不严重的渗水或滴水地段可采取堵的方法，通常把衬砌大部分漏水部位，尤其是拱部，设法堵住。对水压不大、漏水轻微的小孔洞或裂缝，可直接堵漏。堵漏方法是：将裂缝剔成八字形沟槽，用堵水材料直接堵塞。堵水材料有快硬膨胀水泥、石膏矾土膨胀水泥、水玻璃等。

当衬砌表面有大面积渗水时，可用防水砂浆抹面。先将衬砌表面凿毛、清洗，将明显的漏水孔临时堵塞(使涂层硬化前不受动水作用)，抹2～3层防水砂浆即可。防水砂浆可选用氯化物金属盐防水砂浆、硅酸钠防水砂浆等。

渗水、滴水地段也可采用喷浆或喷混凝土防水层法。将衬砌表面凿毛、洗净，然后喷射水泥砂浆(砂浆内可掺入适量的速凝剂和防水剂以提高抗渗能力)或喷射混凝土，形成总厚为12～30 mm厚的防水层，分层喷比单层喷效果更好。

②引治法。

适用于无水压的，成线状漏水且孔洞较多、裂缝较密集的地段。具体做法为将漏水孔及裂缝凿成连通的倒八字槽。然后在槽内设置塑料管，并用胶浆填塞。水流通过塑料管引至排水沟。

③排治法。

对那些漏水严重，且有一定水压的明显股水地段，可在水源处设置排水暗沟进行治理。具体做法为在水源处凿槽(排水暗沟)与排水沟连通，将水引入排水沟。此法虽然凿槽费工，但排水效果明显。不过，使用久后可能会引起暗槽堵塞而失效。

④外部防水法。

在隧道漏水地段，可向衬砌背后压注化学聚合物防水浆液，如丙烯酰胺浆液，水泥－水玻璃浆液等，以充填围岩裂隙，并在围岩与衬砌之间形成一层隔水层来防水。

隧道漏水的整治方法较多，必须因地制宜，根据隧道所处的工程地质及水文地质条件，在调查清楚漏水状况的情况下，结合现有设备、材料及技术条件，选择行之有效的治理办法。

(5)渗漏水整治技术关键

不论采用哪种材料，不论增设内防水层还是注浆堵水都应严格按施工工艺进行，否则将严重影响整治效果。

首先，隧道增设内防水层时衬砌表面必须平整，要用凿毛、喷砂及高压水进行认真清理，使衬砌表面不得有灰尘、油污、泛碱、油漆、泛浆、剥落在即的混凝土等。不然，无论用什么方法施作的内防水层都不可能与衬砌牢固地黏结在一起。

其次，增设内防水层必须在经过注浆堵漏的基础上进行，在衬砌有明显水流的情况下，不论用何种材料施作内防水层，都不可能与基底黏结牢固。也就是说，增设内防水层只能在没有明水的基面上进行(有的材料要求基面必须干燥)。衬砌有较大射流或渗流时，必须先进行堵漏处理，然后增设内防水层。

第三，堵漏必须与引排相结合，一般是在拱部采取堵的办法，在墙部采取排的方法。在漏水严重的地段，应先凿槽埋管引排，避免因强堵而增加衬砌背部的积水压力，导致衬砌其他薄弱部位出现新的渗漏，甚至引起衬砌结构受力过大而开裂。

第四，注浆堵水应按施工工艺进行，必须根据漏水情况合理布孔，根据堵水类型保证钻孔深度，严格控制水灰比和注浆压力，注浆前先压水检查注浆孔贯通情况及估算注浆量，注浆完成后应认真复查注浆效果，未达到设计要求的应进行补浆。基底注浆还应保证注浆量及基底清洗的洁净度，如基底清洗不干净，含有泥砂，注浆就不能达到预期效果。

表 11－1 给出了地下工程的防水方案，根据使用功能、结构形式、环境条件、施工方法及材料性能等因素合理确定。

表 11－1　地下工程防水方案

<table>
<tr><th colspan="2">工程部位</th><th colspan="4">主体</th><th colspan="5">内衬砌施工缝</th><th colspan="5">内衬砌变形缝、诱导缝</th></tr>
<tr><td colspan="2">防水措施</td><td>复合式衬砌</td><td>离壁式衬砌衬套</td><td>贴壁式衬砌</td><td>喷射混凝土</td><td>外贴式止水带</td><td>遇水膨胀止水条</td><td>防水嵌缝材料</td><td>中埋式止水带</td><td>外涂防水材料</td><td>中埋式止水带</td><td>外贴式止水带</td><td>可卸式止水带</td><td>防水嵌缝材料</td><td>遇水膨胀止水条</td></tr>
<tr><td rowspan="4">防水等级</td><td>一级</td><td colspan="3">应选 1 种</td><td rowspan="2">—</td><td colspan="5">应选 2 种</td><td>应选</td><td colspan="4">应选 2 种</td></tr>
<tr><td>二级</td><td colspan="3">应选 1 种</td><td colspan="5">应选 1～2 种</td><td>应选</td><td colspan="4">应选 1～2 种</td></tr>
<tr><td>三级</td><td colspan="2" rowspan="2">—</td><td colspan="2">应选 1 种</td><td colspan="5">应选 1～2 种</td><td>应选</td><td colspan="4">宜选 1 种</td></tr>
<tr><td>四级</td><td colspan="2">应选 1 种</td><td colspan="5">宜选 1 种</td><td>应选</td><td colspan="4">宜选 1 种</td></tr>
</table>

总之，隧道和地下工程结构防排水是一项综合工程，要贯彻“防、排、截、堵相结合，刚柔并济，因地制宜，综合治理”的原则，才能取得良好的防水效果。

11.2.2　隧道衬砌裂损及其防治

隧道衬砌是承受地层压力、防止围岩变形坍落的工程主体建筑物。地层压力的大小，主要取决于工程地质、水文地质条件和围岩的物理力学特性。同时与施工方法、支护衬砌是否及时和工程质量的好坏等因素有关。作用在支护衬砌上的地层压力，主要有形变压力、松动压力，在膨胀性地层有膨胀压力，在有冻害影响的隧道存在冻胀性压力。

由于形变压力、松动压力作用、地层沿隧道纵向分布及力学性态的不均匀作用、温度和收缩应力作用、围岩膨胀性或冻胀性压力作用、腐蚀性介质作用、施工中人为因素、运营车辆的循环荷载作用等，使隧道衬砌结构物产生裂缝和变形，影响隧道的正常使用，统称为隧道衬砌裂损病害。

衬砌裂损是隧道病害的主要形式，隧道衬砌裂损破坏了隧道结构的稳定性，降低了衬砌结构的安全可靠性，影响隧道的正常使用，甚至危及行车安全。衬彻裂损变形的主要危害有：

①降低衬砌结构对围岩的承载能力；

②使隧道净空变小，侵入建筑限界，影响车辆安全通过；

③拱部衬砌掉块，影响行车和人身安全；

④裂缝漏水，造成洞内设施锈蚀，道床翻浆，严寒和寒冷地区产生冻害；

⑤铺底和仰拱破损，基床翻浆、线路变形、危及行车安全，被迫降低车辆运行速度，大量增加养护维修工作量；

⑥在运营条件下对裂损衬砌进行大修整治，施工与运输互相干扰，费用增大。

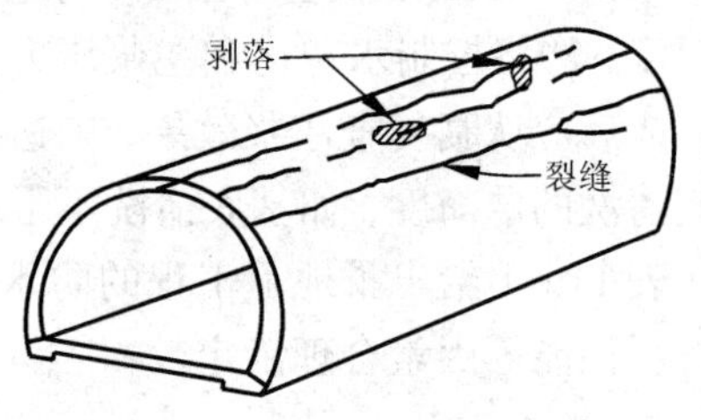

图 11－1 隧道纵向裂缝

(1)隧道衬砌开裂的类型

隧道衬砌裂缝根据裂缝走向及其和隧道长度方向的相互关系，分为纵向裂缝、环向裂缝和斜向裂缝三种，如图 11－1～图 11－3 所示。环向工作缝裂纹，一般对于衬砌结构正常承载影响不大。拱部和边墙的纵向及斜向裂纹，破坏结构的整体性，危害较大。

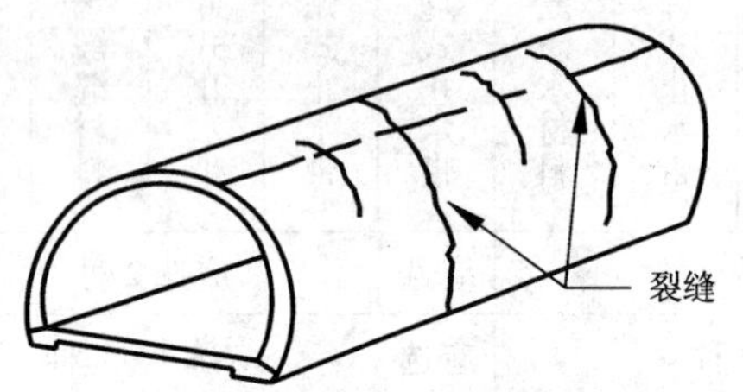

图 11－2 隧道环向裂缝图

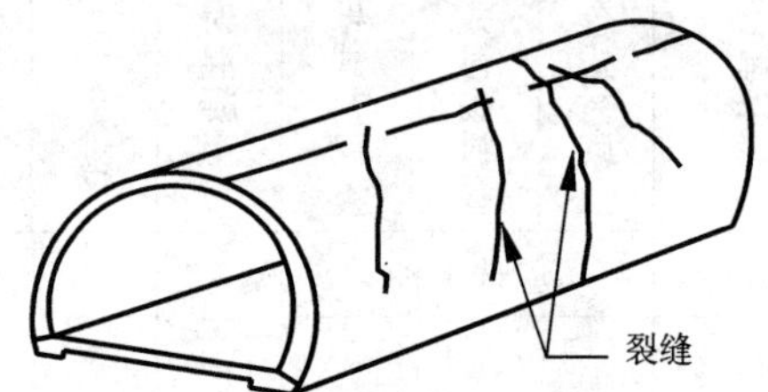

图 11－3 隧道斜向裂缝图

①纵向裂缝。

纵向裂缝平行于隧道轴线，其危害性最大，发展可引起隧道掉拱、边墙断裂甚至整个隧道塌方。

纵向裂缝分布具有拱腰部分比拱顶多，双线隧道主要产生在拱腰，单线隧道主要产生在边墙的规律。从受力分析来看，拱顶混凝土衬砌一般是内缘受压形成内侧挤压衬砌开裂、剥落掉块；拱腰部位主要是混凝土衬砌内缘受拉张开；拱脚部位裂缝则会产生衬砌错动，导致掉拱可能；边墙裂缝常因混凝土村砌内缘受拉张开而错位，会使整个隧道失稳。

②环向裂缝。

环向裂缝，主要由纵向不均匀荷载、围岩地质变化、沉降缝等处理不当所引起，多发生在洞口或不良地质地带与完整岩石地层的交接处，环向裂缝约占裂缝总长的 30%～40%。

③斜向裂缝。

斜向裂缝一般和隧道纵轴呈 45°左右，也常因混凝土衬砌的环向应力和纵向受力组合而成的拉应力造成的，其危害性仅次于纵向裂缝，也需认真加固。

有关部门曾对我国铁路 88 座典型隧道，全长 78 km，裂纹总长度 32482 m 延长的裂损情况进行了调查统计。纵向裂纹、斜向裂纹及环向裂纹三种类型情况如表 11－2 所示。按衬砌受力变形形态和裂口特征分类，主要分为衬砌受弯张口型裂纹，如图 11－4(a)所示，内缘受挤压闭口型裂纹，衬砌受剪错台型裂纹，如图 11－4(b)所示，收缩性环向裂纹等四种，如表 11－3 所示。其中，以拱腰受弯张口型纵向裂纹最为常见，衬砌向内位移；相应拱顶部位发生内缘受压闭口型裂纹，向上位移。纵向和斜向裂纹，使隧道衬砌环向节段的整体性遭到破坏。当拱腰和边墙中部出现两条以上粗大的张裂错台，并与斜向、环向裂纹配合，衬砌被切割成小块状时，容易造成结构失去稳定、发生坍落，对运营安全威胁最大。

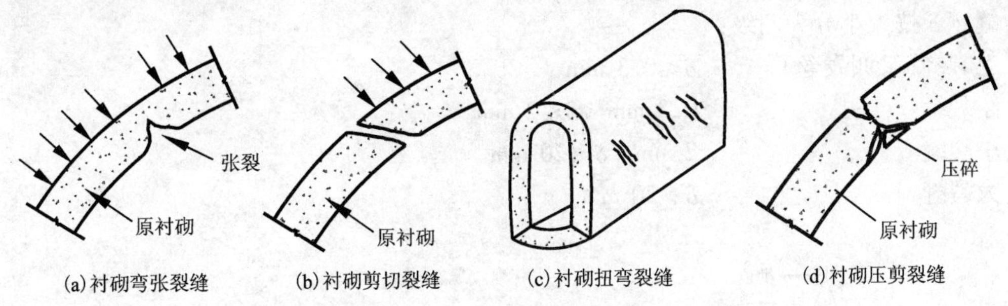

图 11－4　衬砌裂损受力特征

表 11－2　隧道混凝土衬砌裂缝情况调查统计表

顺序	裂纹种类	占裂缝长度的比例/%	部位	占裂缝长度的比例/%
1	纵向裂纹	79.3	拱腰纵裂	64.7
			边墙纵裂	19.9
			拱脚纵裂	12.2
			拱顶纵裂	3.22
2	斜向裂纹	4.9	拱部、边墙	
3	环向裂纹	14.1	拱部、边墙	

表 11－3　按隧道衬砌受力变形形状和裂口特征分类表

顺序	裂纹种类	隧道混凝土衬砌受力变形形态和裂口特征
1	衬砌受弯张口型裂纹	常见在拱腰部位，边墙中部，衬砌承受较大的地层压力作用，衬砌受弯向内位移，内缘拉应力超过混凝土的极限抗拉强度，而发生张口型裂纹
2	内缘受挤压闭口型裂纹	常见在对应于两拱腰发生较严重的纵向张裂内移地段的拱顶部位，出现闭口型纵裂，衬砌向上位移。其中较严重处，拱顶内缘在高挤压应力作用下发生剥落掉块
3	衬砌受剪错台型裂纹	偶见拱腰部位衬砌，在其背后局部松动滑移围岩的推力作用下，沿水平工作缝较薄弱处，有一侧的衬砌变形突出，形成错台型裂纹
4	收缩性环向裂纹	多见在隧道靠洞口地形，受气温变化影响较大，混凝土衬砌环向施工缝出现收缩性裂纹

(2)隧道衬砌开裂的描述

①隧道衬砌部位划分。

将隧道衬砌的拱部分为左右两半，边墙分左右两边，仰拱作为一个部分，整个隧道衬砌共分五部分。每一部分依其内缘周长再划分为四个等分，将全断面分为 14 个部位，如图 11－5 所示。

②裂缝宽度与分级。

裂缝开裂宽度在缝口处沿垂直裂面方向量取。

缝宽 δ 按大小分为四级：

毛裂缝（又叫发丝）	$\delta \leq 0.3$ mm
小裂缝	0.3 mm $< \delta \leq 2$ mm
中裂缝	2 mm $< \delta \leq 20$ mm
大裂缝	$\delta > 20$ mm

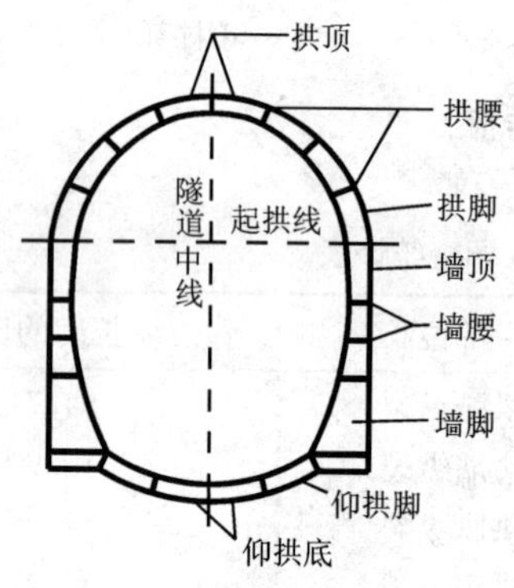

图 11－5 隧道衬砌部位划分图

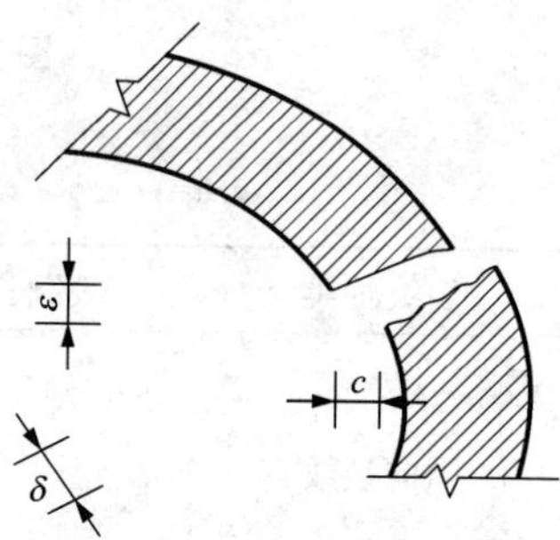

图 11－6 衬砌错台示意图

③裂缝错距。

衬砌出现错牙，用裂缝错距表示。错距沿垂直方向和水平方向量取，前者叫垂直错距，后者叫水平错距，如图 11－6 所示。

④裂缝间距。

具有走向大致相同的相邻裂缝间距，用以表述衬砌破碎程度，一般宜取每一个节段单位来分析。

⑤裂缝密度。

裂缝密度是表述衬砌裂损的另一种形态指标，分为节段裂缝密度和节段局部裂缝密度。

ⓐ节段裂缝密度 η_d：

$$\eta_d = \sum S_d / S \tag{11-1}$$

式中：$\sum S_d$ 为该节段内所有裂缝的总面积，等于各裂缝长度与裂缝宽度乘积的总和，m²；S 为该节段衬砌的内缘表面积，m²。

ⓑ节段局部裂缝密度 η_b：

将同一节段中衬砌划分为：拱顶部、左边墙、右边墙、仰拱等几个部分，分别统计其裂缝密度 η_b。

$$\eta_b = \sum S_b / S_b \tag{11-2}$$

式中：$\sum S_b$、S_b 分别是该部分的裂缝总面积及衬砌表面积，m²。

(3) 衬砌开裂的原因分析

①设计方面的原因。

隧道设计时，因围岩级别划分不准、衬砌类型选择不当，造成衬砌结构与围岩实际荷载不相适应引发裂损病害。

客观上，因隧道穿越山体的工程地质和水文地质条件复杂多变，受勘测设计工作的数量、深度所限，大量的隧道都只有较少的地质钻孔，在设计阶段难以取得完整准确的地质资料，可能出现一些地段的围岩级别划分不准，衬砌类型选择不当的情况，如果在施工中，得不到纠正，或施工中对正确的设计进行了错误的变更，都会造成这些地段的衬砌结构与围岩实际荷载不相适应。例如：对一些具有膨胀性围岩地段，未采取曲墙加仰拱衬砌；偏压地段未采用偏压衬砌；断层破碎带、褶皱区等局部围岩松散压力或构造应力较大地段，衬砌结构未能相应采取加强措施；对基底软弱和易风化泥化地段，未设可靠防排水设施，混凝土铺底厚度及强度不足。

②施工方面的原因。

施工时，受技术条件限制，方法不当，管理不善，造成工程质量不良。如：

先拱后墙法施工时，拱架支撑变形下沉，造成拱部衬砌产生不均匀下沉，拱腰和拱顶发生施工早期裂缝。对Ⅲ级以下的围岩，过去通常采用先拱后墙（上下导坑）施工方法，由于工序配合不当、衬砌成环不及时、落中槽挖马口时拱部衬砌悬空地段过长、拱架支撑变形下沉等原因，都容易造成拱部衬砌产生不均匀下沉，导致拱腰和拱顶衬砌发生施工早期裂缝。

拱顶与围岩不密贴，在“马鞍形”受力作用下，拱腰内缘张裂，相应拱顶上移，内缘受挤压。模筑混凝土衬砌拱背部位常出现拱顶衬砌与围岩不密贴的空隙，由于不及时压浆回填密实，就形成拱腰承受围岩较大荷载，而拱顶一定范围空载，这种常见的与设计拱部荷载不相符、对拱部衬砌不利的“马鞍形”受力状态，正是导致拱腰内缘张裂、相应拱顶上移、内缘受挤压等常见病害产生的荷载条件。

由于施工测量放线发生差错、欠挖、模板拱架支撑变形、坍方等原因，而在施工中未能妥善处理，造成局部衬砌厚度偏薄。

过早拆除模板支撑，使衬砌承受超容许的荷载，易发生裂损。

施工质量管理不善，混凝土材料检验不力，施工配合比控制不严，水灰比过大，混凝土捣实质量不佳，拱部浇注间歇施工形成水平状工作缝等，造成衬砌质量不良，降低承载能力。

（4）衬砌开裂的预防和整治

①预防措施。

加强地质勘探工作，为隧道衬砌结构设计提供准确的工程地质与水文地质资料。采用地质雷达探测、开挖面超前钻探等方法进行超前地质预报，加强施工中的地质复查核实工作，正确选择施工方法和衬砌断面。对不良地质地段衬砌，应贯彻“宁强勿弱，宁曲勿直，加强衬砌过渡段，宁长勿短”的设计原则。例如，衡广复线某隧道原设计 200 多米长的Ⅲ级围岩地段，开挖后发现绝大部分只能算作Ⅵ级围岩，出入甚大，因而设计所选用的衬砌类型也就无法符合实际地层情况，这是施工现场经常遇到的问题。为了弥补设计上的缺陷，作为现场施工技术人员，要对开挖暴露后的围岩情况及时与设计图纸进行核对，如有不符之处不可盲目照图施工，而应立即会同现场设计人员协商做出相应的变更。

采用先进的施工技术设备，尽量减少施工对围岩的扰动，提高衬砌质量。大力推广光面爆破，锚喷支护，提高喷混凝土永久性衬砌的抗裂、抗渗性能。采用模板台车进行模筑混凝土，进行壁后压浆提高混凝土衬砌与围岩之间的密实性。

②整治原则。

ⓐ加强观测，掌握裂缝变形情况和地质资料。查清病因，对不同裂损地段，采用不同的工程措施。

ⓑ对渗漏水、腐蚀等病害，一并综合进行整治，贯彻彻底整治的原则。

ⓒ合理安排施工慢行封锁计划，尽量减少对正常运营的干扰。

ⓓ精心测量，保证加固后的隧道净空满足隧道限界要求，确保锚喷加固衬砌、拱背压浆等项整治措施的施工质量。

③衬砌裂损整治措施。

首先应该明确的是，已裂损的衬砌仍然具有相当大的承载能力，可以充分利用。多数情况下采取加固手段就可以达到稳定的效果。只有在没有加固的可能条件，或经济上不合理的情形下，或根据长远技术改造的规划要求才考虑更换衬砌。

ⓐ衬砌背后压浆加固。这种压浆和围岩固结压浆的目的不同，它主要是针对衬砌的外鼓、侧移而用。通过压浆可以增加对衬砌的约束作用，提高衬砌的刚度和稳定性。一般为局部压浆，主要用在外鼓变形的部位。

ⓑ嵌补。对于不严重且已呈稳定的裂缝，可以进行嵌补处理。先将裂缝修凿剔深，然后在缝口用水泥砂浆、环氧树脂砂浆或环氧混凝土等材料进行嵌补。

ⓒ套拱。如图 11－7 所示。套拱加固衬砌适用于拱顶净空有富余的情况。套拱时应将拱脚与原衬砌边墙顺接。故原衬砌拱脚至拱腰处的内表面要局部凿除（或爆破）相应厚度（图中阴影部分）。套拱与原衬砌间用 $\phi16\sim18$ mm 的钢筋钎钉锚接，钎钉埋入原拱 20 cm 左右，作为钢筋的生根处。套拱中的主筋也可用钢格栅来代替，格栅的榀间距为 50～80 cm，榀与榀之间用 $\phi22$ 的纵向钢筋连接，然后用 C20 的混凝土灌筑，其厚度为 20～30 cm。套拱拆模后要进行压浆，以充填其背后的空隙，使新旧拱圈连成整体。

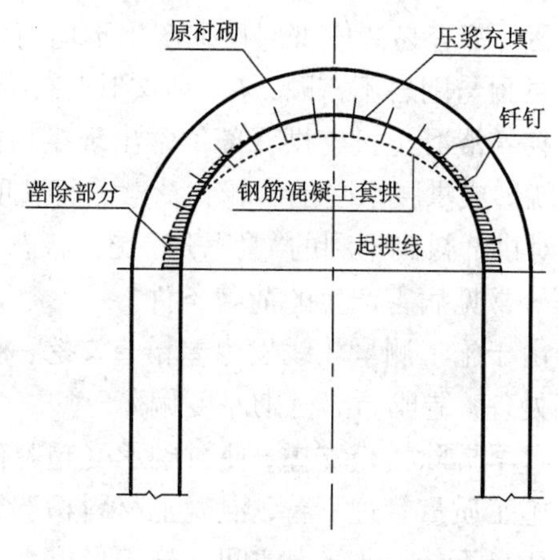

图 11－7　套拱施作示意图

ⓓ嵌钢拱架。如图 11－8 所示，在拱顶净空无富余的情况下，可以考虑采用嵌钢拱架方法。在原衬砌上按一定间距（小于 1 m）环向凿槽，嵌入钢拱架（多为工字钢），然后灌筑混凝土，成为一环形钢筋混凝土结构物，以加固原有拱圈。有时为了增加其稳定性，可沿原拱纵向凿槽，用钢筋把相邻钢拱架焊成整体后再灌筑混凝土，最后也要进行压浆。由于混凝土的凿除量大，且破坏了原拱的完整性，故采用此法时要慎重，此外，严重破损碎裂的衬砌不能采用此法。

ⓔ全拱更换。当拱部衬砌严重破损，用其他方法已难以保证结构的稳定时，或者衬砌严重侵入限界，采用其他整治措施有困难时，才考虑更换全拱。

ⓕ增设仰拱或水平支撑。仰拱的设置可以显著地改善衬砌结构的受力状态，当铺底上鼓、节段下沉时可增设仰拱。若原有仰拱已经破裂，说明其强度不足，可更换为钢筋混凝土

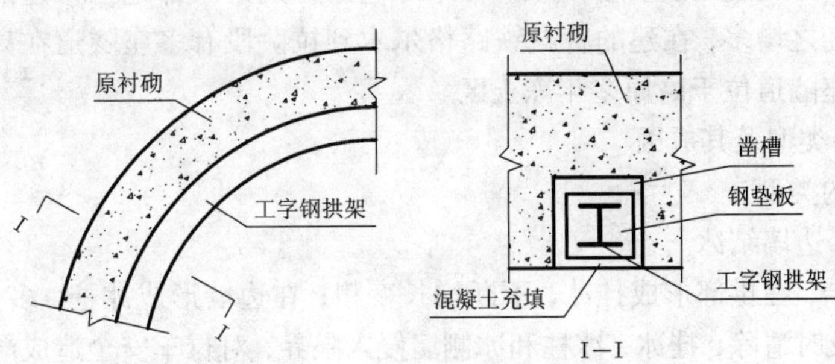

图 11 - 8　嵌钢拱架加固示意图

仰拱。此外，一旦增置了仰拱，对于边墙或拱圈的裂缝均有抑制作用。若仅有墙脚内移而无下沉，为了减少工作量，也可考虑设置水平混凝土支撑，一般截面为 40 cm × 40 cm，两端适当放大，间距 1.5 ~ 2.0 m，公路隧道设在路面以下，铁路隧道以轨枕不压支撑为准。

ⓖ锚喷加固。采用锚喷加固取代灌注混凝土加固是行之有效的好方法，20 世纪 80 年代铁道部昆明局和原长沙铁道学院对此进行了卓有成效的研究，它具有施工简单、加固效果显著的优点。经大力推广，已成为病害整治的常用方法。既可将二者分开单独使用，也可锚喷联合加固，还可加入钢筋网，成为网锚喷联合加固。

ⓗ锚杆加固。在原拱部衬砌上设置预应力加固锚杆，用锚杆将衬砌与岩体嵌固在一起，形成一环均匀的压缩带，既加固了衬砌又加固了围岩。采用此法时应查清衬砌厚度、背后超挖回填及围岩整体性状况。如还采用了衬砌背后压浆，则锚杆的设置应在压浆后两星期进行。锚杆的类型、直径、长度和间距视加固的需要而定。锚杆应锚入围岩稳定层中，既可沿内缘张裂缝的两边布置，以作局部加固，也可全断面布置加固。

ⓘ喷射混凝土加固。将原衬砌裂损部位凿毛、清洗，然后喷上一层 8 ~ 12 cm 厚的混凝土。它的加固作用是通过喷射混凝土挤入缝隙，黏结表层，将由于裂损而分离的衬砌紧密结合起来，增加了裂损衬砌的整体性。为了防止收缩裂缝，提高喷层的抗冲切能力，可以在喷层中设置钢筋网，也可以采用钢纤维喷射混凝土。

ⓙ锚喷结合加固。将锚杆加固与喷射混凝土(包括加网与不加网)加固联合应用于裂损衬砌的加固中，可以使锚杆、喷层、钢筋网三者互相发挥各自的优点，加固效果更好，对增加裂损衬砌的刚度、稳定性，提高其承载能力特别显著，甚至可以较原衬砌没裂损之前还要提高。

11.2.3　隧道冻害及其防治

隧道冻害是寒冷地区和严寒地区的隧道内水流和围岩积水冻结，引起隧道拱部挂冰、边墙结冰、洞内网线设备挂冰、围岩冻胀、衬砌胀裂、隧底冰锥、水沟冰塞、线路冻起等，影响到安全运营和建筑物的正常使用的各种病害。寒冷地区指最冷月平均气温为 -5 ~ -15℃ 地区。严寒地区指最冷月平均气温低于 -15℃ 地区。

隧道冻害会导致衬砌冻胀开裂，甚至疏松剥落，造成隧道衬砌结构的失稳破坏，降低衬砌结构的安全可靠性，严重影响运输的安全和正常运行。我国幅员辽阔，冻土地区分布广泛(其中多年冻土占整个陆地面积的 1/5)，现有的铁路、公路隧道相当一部分处于冻土分布地区。随着铁路和公路交通的进一步发展，在寒冷地区特别是西部地区修建的隧道不断增多，隧道冻害问题会随之增多，在建的青藏铁路格尔木到拉萨段有多座隧道在高原多年冻土区，青藏公路也有多座隧道位于高原多年冻土区。

(1)隧道冻害类型及其成因

①隧道冻害的类型。

ⓐ拱部挂冰、边墙结冰。

隧道漏水冻结，在拱部形成挂冰，不断增长变粗；在边墙形成冰柱，多条相近的冰柱连成冰侧墙；如不及时清除，挂冰、冰柱和冰侧墙侵入限界，对行车安全造成严重威胁。

ⓑ围岩冻胀破坏。

Ⅳ～Ⅵ级围岩和风化破碎、裂隙发育的Ⅲ级围岩。在隧道冻结圈范围内含水量达到起始冻胀含水量以上(表11－4)，并具有水分迁移和聚冰作用条件下，围岩产生强烈的冻胀，抗冻胀能力差的直墙式衬砌产生变形，限界缩小，衬砌裂损；洞门墙和翼墙前倾裂损；洞口仰拱坍塌。

表11－4　各类土的起始冻胀含水量

土的类别	黏土、砂黏土		砂黏土		粉砂 细砂	中砂、粗砂、砾砂、卵石砾石	
	一般的	粉质的	一般的	粉质的		一般的	含粉黏粒
起始冻胀 含水量 W_0/%	18～25	15～20	13～18	11～15	10～15	5～8	5～15

隧道拱部发生变形与开裂。拱部受冻害影响，拱顶下沉内层开裂，严重时有错牙发生，拱脚变形移动。冻融时又有回复，产生残余裂缝，多次循环危及结构安全。

隧道边墙变形严重。边墙壁后排水不畅，积水成冰，产生冻胀压力，造成拱脚不动，墙顶内移，有的是墙顶不动，墙中发生内鼓，也有墙顶内移致使断裂多段。

隧道内线路冻害。线路结构下部排水措施，在地下水丰富地区，水在冬季就冻结，道床隆起，在水沟处因保温不好，与线路一样有冻结，这样水沟全长也会高低不平。冻融使线路和道床翻浆冒泥、水沟断裂破坏。水沟破坏后排水困难，水渗入线路又加大了线路冻害范围。

衬砌材料冻融破坏。隧道混凝土设计标号较低，抗渗性差，在富水区域水渗入混凝土内部。冬季混凝土结构内冻胀，经多年冻融循环使结构变酥、强度降低，造成冻融破坏，洞口段冻融变化不大，衬砌除结构内因含水受冻害外，岩体冻胀压力传递等破坏，促使衬砌发生纵向裂纹和环向裂纹。

隧底冻胀和融沉。对多年冻土隧道，隧底季节融化层内围岩若有冻胀性，而底部没有排水设备，每年必出现冻胀融沉交替，无铺底的线路很难维持正常状态，有时铺底和仰拱也发生隆起或下沉开裂。

ⓒ衬砌发生冰楔。

硬质围岩衬砌背后积水冻胀，产生冰冻压力(称为冰劈作用)，传递给衬砌。经缓慢发展，常年积累冰冻压力像楔子似的，使衬砌发生破碎、断裂、掉块等现象。

已裂解为小块状的拱部衬砌混凝土块，在冰劈作用下，可能发生错动掉块。

衬砌的工作缝和变形缝充水冻胀经多次冻融循环，使裂缝不断扩大，引起衬砌裂升、疏松、剥落等病害。

洞内网线挂冰。隧道漏水落在铁路电力牵引区段的接触网和电力、通信、信号架线上结冰。如不及时除掉，会坠断网线，使接触网短路、放电、跳闸，中断通信、信号，危及行车和人身安全。

②隧道冻害的成因。

ⓐ寒冷气温的作用。

隧道冻害与所在地区气温(低于 0℃或正负交替)直接相关，气温变化冻融交替是主因。

ⓑ季节冻结圈的形成。

季节性冻害隧道中，衬砌周围冬季冻结、夏季融化范围的围岩，沿衬砌周围各最大冻结深度连成的圈叫季节冻结圈，当衬砌周围超挖尺寸不等，超挖回填用料不当及回填密实不够产生积水，形成冻结圈。修建在多年冻土中的隧道，衬砌周围夏季融化范围的围岩，称为融化圈。

在严寒冬季，较长的隧道，两端各有一段会形成冻结圈，称为季节冻结段。中部的一段、不会形成季节冻结圈，成为不冻结段。隧道两端冻结段长度不一定相等。同一座隧道内，季节冻结段的长度恒小于洞内季节负温段的长度。

隧道的排水设备如埋在冻结圈内，冬季易发生冰塞。

ⓒ围岩的岩性对冻胀的影响。

在隧道的季节冻结圈内如果是非冻胀性土，不会发生冻胀性病害。因此，如果季节性结圈内是冻胀性土，更换为非冻胀性土是有效的整治措施。

ⓓ隧道设计和施工的影响。

隧道在设计和施工时，对防冻问题没有考虑或考虑不周，造成衬砌防水能力不足，洞内排水设施埋深不够、治水措施不当，施工有缺陷，都会造成和加重运营阶段隧道的冻害。

(2)隧道冻害的防治

严寒及寒冷地区隧道冻害的防治，其基本措施是综合治水、更换土壤、保温防冻、结构加强、防止融坍等，可根据实际情况综合运用。

①综合治水。

隧道冻害的根本原因就是围岩地下水的冻结，如果能将水排除在冻结圈以外，杜绝水进入冻结圈，就能达到防止冻害的目的，因此，综合治水是防治冻害的最基本措施。

综合治水要在查明冻害地段隧道漏水及衬砌背后围岩含水情况后，采取“防、排、堵、截”综合治水措施，消除隧道漏水和衬砌背后积水，具体措施包括：

ⓐ加强接缝防水，防水材料要有一定抗冻性，以消除接缝漏水。

ⓑ完善冻害段隧道的防、排水系统，消除衬砌背后积水，并防止冻结圈外的地下水向冻结圈内迁移。

新建和改建排水设备。要求实测隧道内最大冻结深度，合理确定水沟埋深；严寒地区宜把主排水沟(渗水沟、泄水洞)设在冻结圈以下，并要最大限度地降低冻结圈内围岩的含水量。

深埋渗水沟如图 11－9 所示，适用于严寒地区、最冷月平均气温低于－15℃、当地黏性土冻深在1.5～2.5 m、水量小的条件。

防寒泄水洞如图11－10所示，适用于严寒地区、最冷月平均气温低于－25℃，当地黏性土冻深大于2．5 m、水量较大的条件。

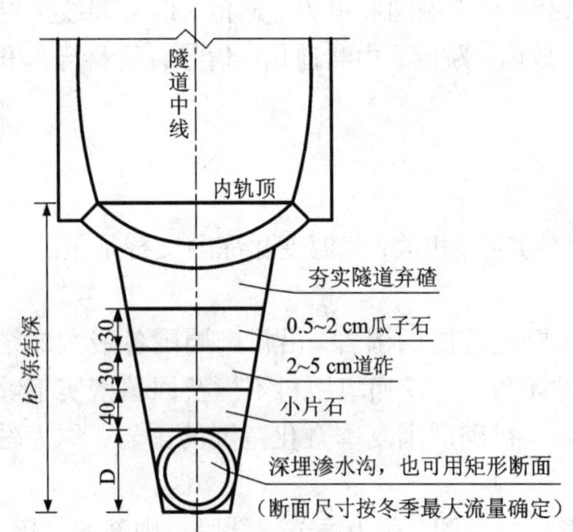

图11－9 深埋中心防寒渗水沟（单位：cm）

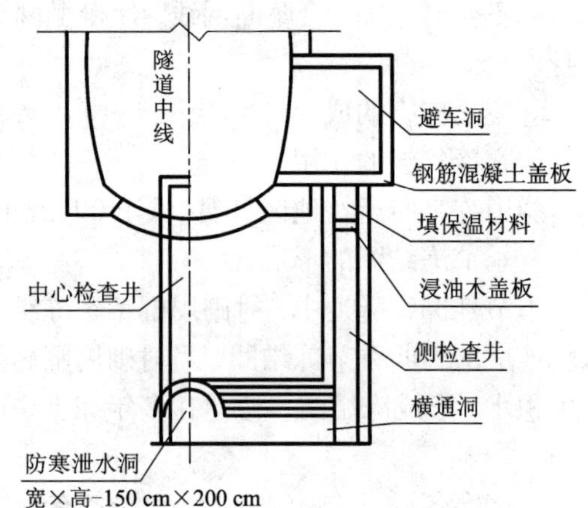

图11－10 防寒泄水洞示意图

保温水沟。寒冷地区，当设浅埋侧沟时，必须采取可靠的保温防冻措施。图11－11为浅埋保温侧沟，适用于寒冷地区、最冷月平均气温低于－10℃，当地黏性土冻深在1.0～1.5 m范围、冬季有水的条件。而且，还要按实际需要修筑盲沟、泄水孔、横向沟（洞）、保温出水口等配套排水设备。衬砌背后空隙用砂浆回填密实，排水设施或泄水沟应保证不冻结。

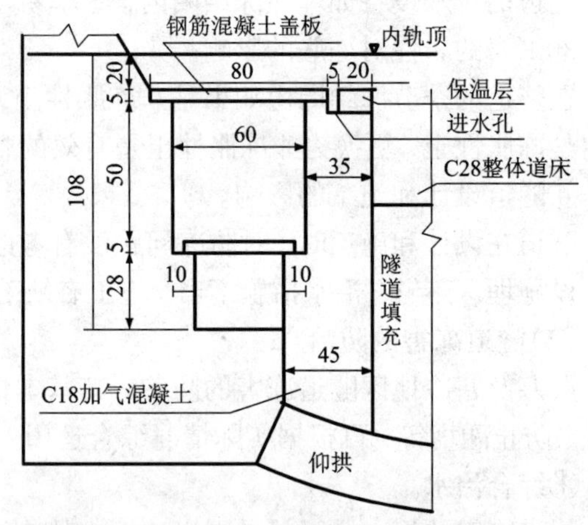

图11－11 浅埋保温侧沟（单位：mm）

多年冻土中的隧道。在多年冻土区修建隧道可采用中心深埋泄水洞以及隧道综合排水、防寒措施，如图11－12所示。

ⓒ更换或改造土壤。

将冻结圈内的围岩更换或改造，将冻胀土变为非冻胀土、透水性强的粗粒土或保温隔热材料，从而达到防治冻害的目的。更换土壤一般是将砂黏土、粉砂、细砂更换为碎、卵石或炉碴，换土厚度为多年冻深的0.85～1.0倍，同时加强排水，防止换土区积水。

改造土壤就是采用压浆固结方法，在砂类土及砾卵石等容易压浆的岩土中注入水泥－水玻璃或其他化学浆固结冻结圈内岩土，消除冻胀性。

改造土壤的另一种方法就是在冻结圈注入憎水性填充材料，使之堵塞所有孔隙、裂隙，阻止土中水分迁移和聚冰作用。

ⓓ保温防冻。

保温防冻通过控制湿度，使围岩中水分达不到冰点，以达到防冻目的，方法主要有保温、

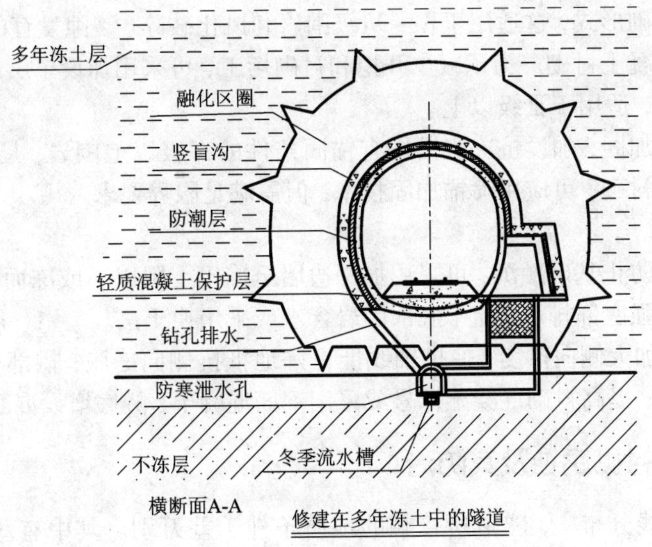

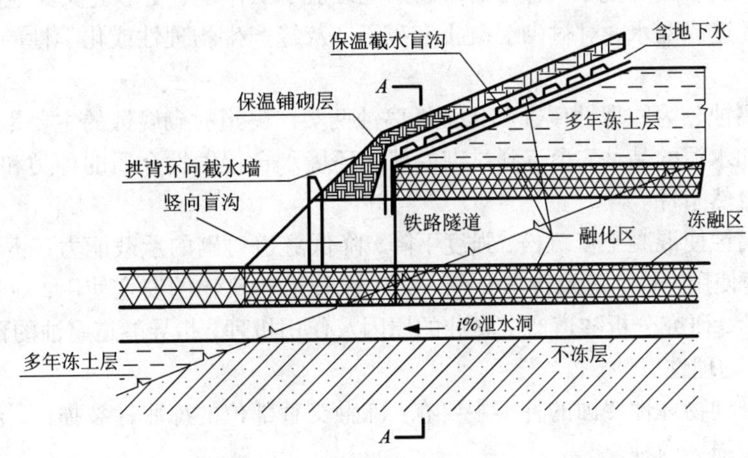

图 11－12　多年冻土中隧道排水系统和纵断面

供热、降低水的冰点。

加设保温衬层。在消除隧道渗、漏水的基础上，隧道衬砌加筑一层保温层，净空富裕地段修建在原衬砌的内侧，改建衬砌段可设在衬砌外侧。适用于隧道的内衬保温材料有：加气混凝土，膨胀珍珠岩(膨胀蛭石、漂石)混凝土，多孔烧黏土陶粒混凝土。这些材料可制成预制块砌筑，以便施工和更换，也可喷射混凝土。

降低水的冰点。向围岩中注入丙二醇、氯化钙、氯化钠，使水的冰点降低，从而降低围岩的起始冻结温度，达到防冻目的。

采暖防冻。在浅埋侧沟洞口段上下层水沟间铺设暖气管道，冬季每天以锅炉供热汽三次，保持气温 3～4℃，不发生冰塞，或夏季白天机械送热风融化泄水洞内结冰。

ⓔ结构加强。

防水混凝土曲墙加仰拱衬砌。冻结圈或融化圈内的岩土，经受强裂频繁的冻融破坏，岩土性质改变，冻胀性由弱变强，冻害逐步发展，需要采用加强衬砌，一般宜采用半圆形拱圈、曲边墙加仰拱衬砌形式，这适用于Ⅳ～Ⅵ级围岩和风化破碎、裂隙发育的Ⅲ级围岩地段。

防水钢筋混凝土衬砌。为了减少开挖和衬砌圬工，可采用加设单层或双层钢筋网的防水钢筋混凝土衬砌，适用于Ⅲ级以上。

网喷混凝土加固，加设抗冻胀锚杆有锚固条件的Ⅳ级以上围岩，局部冻胀性硬岩地段，对既有冻胀裂损衬砌，可应用喷锚加固技术，但需满足限界要求。

ⓕ防止融坍。

隧道洞内要防止基础融沉，可采用加深边墙至冻土上限以下或冻而不胀层；防止道床春融翻浆可采用加强底部排水，疏干底部围岩含水或采用换土法。

也可采用：加大侧向拱度，使拱轴线能更好地抵抗侧向冻胀；拱部衬砌厚度增加，一般加厚 10 cm 左右；提高衬砌混凝土标号或采用钢筋混凝土；隧底增设混凝土支撑。

11.2.4 隧道衬砌腐蚀及其防治

铁路、公路线分布广，隧道所接触的地质条件千差万别。其中有些地区富含腐蚀性介质。衬砌背后的腐蚀性环境水，容易沿衬砌的毛细孔、工作缝、变形缝及其他孔洞渗流到衬砌内侧，成为隧道渗漏水，对衬砌混凝土和砌石、灰缝产生物理性或化学性的侵蚀作用，造成衬砌腐蚀。

隧道衬砌腐蚀分为物理性侵蚀和化学性腐蚀两类。隧道衬砌腐蚀的主要影响因素有：衬砌圬工的质量和水泥的品种，渗流到衬砌内部的环境水含侵蚀性介质的种类和浓度，环境的温度和湿度等自然条件。

隧道衬砌腐蚀使混凝土变疏松，强度下降，降低隧道衬砌的承载能力，还会导致钢轨及扣件腐蚀，缩短使用寿命，危及行车安全。为确保隧道建筑物的安全使用，应积极对衬砌腐蚀病害进行防治，研究分析隧道产生腐蚀的原因及作用机理，指导隧道腐蚀的预防和整治。

(1)衬砌的物理性腐蚀

隧道衬砌受到物理性侵蚀的种类主要有：冻融交替部位的冻胀性裂损，干湿交替部位的盐类结晶性胀裂损坏两种。

①冻融交替冻胀性裂损。

ⓐ产生条件。

隧道在寒冷和严寒地区衬砌混凝土充水部位。

ⓑ侵蚀机理。

普通混凝土是一种非均质的多孔性材料，其毛细孔、施工孔隙和工作缝等，易被环境水渗透。充水的混凝土衬砌部位，受到反复的冻融交替冻胀破坏作用，产生和发展冻胀性裂损病害，造成混凝土裂损。

②干湿交替盐类结晶性胀裂损坏。

ⓐ产生条件。

隧道周围有含石膏、芒硝和岩盐的环境水。

ⓑ侵蚀机理。

渗透到混凝土衬砌表面毛细孔和其他缝隙的盐类溶液，在干湿交替条件下，由于低温蒸发浓缩析出白毛状或棱柱状结晶，产生胀压作用，促使混凝土由表及里，逐层破裂疏松脱落。常见在边墙脚高 1 m，混凝土沟壁，起拱线接缝和拱部等处裂缝呈条带状，局部渗水处成蜂窝状腐蚀成孔洞，露石、骨料分离，疏松用手可掏碴。

干湿交替盐类结晶性胀裂损坏会造成混凝土或不密实的砂石衬砌和灰缝起白斑、长白毛，逐层疏松剥落。沿渗水的裂缝和局部麻面处所，呈条带状和蜂窝状的腐蚀成凹槽和孔洞。

(2)衬砌的化学性腐蚀

隧道衬砌混凝土腐蚀是一个很复杂的物理的、物理化学的过程。综合国内外目前研究成果，根据主要物质因素和腐蚀破坏机理，分为硫酸盐侵蚀、镁盐侵蚀、软水溶出性侵蚀、碳酸性侵蚀、一般酸性侵蚀 5 种。

①硫酸盐侵蚀。

腐蚀机理：主要原用是水中的 SO_4^{2-} 浓度过高。

ⓐ当 SO_4^{2-} 浓度高于 1000 mg/L 时，能与水泥石中的 $Ca(OH)_2$ 起反应，生成石膏。$Ca^{2+}+SO_4^{2-}=CaSO_4$ 石膏体积膨胀 1.24 倍，形成混凝土物理性的破坏。

ⓑ当 SO_4^{2-} 浓度低于 1000 mg/L 时，铝酸三钙与 $Ca(OH)_2$、SO_4^{2-} 共同作用，生成硫铝酸盐晶体。$3CaO\cdot Al_2O_2\cdot 6H_2O+3CaSO_4+25H_2O=3CaO\cdot Al_2O_3\cdot 3CaSO_4\cdot 31H_2O$。体积较原来增大 2.5 倍，产生巨大的内应力，破坏混凝土。

②镁盐侵蚀。

腐蚀机理，主要原因是水中含有 $MgSO_4$、$MgCl_2$、镁盐与水泥石中的 $Ca(OH)_2$：发生下列反应。

$$MgSO_4+Ca(OH)_2+2H_2O=CaSO_4\cdot 2H_2O+Mg(OH)_2$$

$$MgCl_2+Ca(OH)_2=CaCl_2+Mg(OH)_2$$

$CaSO_4$ 产生硫酸盐侵蚀，$CaCl_2$ 溶于水而流失，$Mg(OH)_2$ 胶结力很弱，易被渗透水带走。

③溶出性侵蚀(软水侵蚀)。

腐蚀机理：主要原因是水中 HCO_3^- 含量过少，在渗透水的作用下，混凝土中的 $Ca(OH)_2$ 随水陆续流失，使得溶液中的 CaO 浓度降低。当 CaO 浓度低于 1.3 g/L 时，混凝土中的晶体 $Ca(OH)_2$ 将溶入水中流失，C_3S 和 C_3A 中的 CaO 也陆续分解溶于水中。使混凝土结构变得松散，强度逐渐降低。

④碳酸盐侵蚀。

腐蚀机理：主要原因是水中的 $CaCO_3$ 含量过高，超过了与 $Ca(HCO_3)_2$ 平衡所需的 CO_2 数量。

在侵蚀性 CO_2 的作用下，混凝土表层的 $CaCO_3$ 溶于水中。

$$CaCO_3+CO_2+H_2O=Ca^{2+}+2HCO_3^-$$

混凝土内部的 $Ca(OH)_2$ 继续与 HCO_3^- 作用或直接与 CO_2 作用。

$$Ca(OH)_2+Ca(HCO_3)_2=2CaCO_3+2H_2O$$

$$CaCO_3+CO_2=CaCO_3+H_2O$$

如 CO_2 含量较多，这种作用将继续下去，水泥石因 $Ca(OH)_2$ 流失而结构松散。

⑤一般酸性侵蚀。

腐蚀机理：主要原因是水中含有大量的 H^+，各种酸与 $Ca(OH)_2$ 作用后，生成相应的钙盐。

$$Ca(OH)_2 + 2H_2O = CaCl_2 + 2H_2O$$
$$Ca(OH)_2 + 2HNO_3 = Ca(NO_3)_2 + 2H_2O$$
$$Ca(OH)_2 + H_2SO_4 = CaSO_4 + 2H_2O$$

由于生成物溶于水的程度不同，侵蚀影响也不同，$CaCl_2$、$Ca(NO_3)_2$、$Ca(HCO_3)_2$ 等易溶于水，随水流失，$CaSO_4$ 则产生硫酸盐侵蚀。

以上几种腐蚀有时是同时发生的。

(3)环境水对混凝土侵蚀的判定标准

化学性腐蚀按程度不同，分为弱侵蚀、中等侵蚀和强侵蚀三种。

遭受弱侵蚀部位，表现为隧道边墙脚附近(季节性潮湿部位)表面起白斑、长白毛、表层 1 cm 以内疏松剥落；或混凝土内部被渗透进去的酸性环境水、软水、侵蚀性 CO_2 等分解溶出部分氢氧化钙后，结构强度降低，其外观尚完整，但用地质锤敲打表面有疏松感。

受中等侵蚀部位，混凝土表层疏松剥落厚 1 ~ 2 cm 强度显著降低。

受强侵蚀部位，表现为隧道拱部、边墙、侧沟等渗水(干湿交替)硫酸盐结晶腐蚀处所，沿裂缝呈条带状、或分散的渗水点呈蜂窝洞穴状，析出芒硝、石膏结晶，结构进一步疏松、溃散、露石、脱落；或混凝土内部大量分解溶出 $Ca(OH)_2$，胶结力逐步减弱，强度严重降低，结构逐步溃散。

环境水对混凝土侵蚀的判定标准如表 11 - 5 所示。

表 11 - 5　环境水对混凝土侵蚀类型及侵蚀程度的判定标准

侵蚀类型	侵蚀程度		
	弱侵蚀	中等侵蚀	强侵蚀
硫酸盐侵蚀(SO_4^{2-}, mg/L)	250 ~ 1000	1001 ~ 4000	> 4000
镁盐侵蚀(Mg^{2+}, mg/L)	1001 ~ 2000	2001 ~ 7500	> 7500
酸性侵蚀(pH)	6.5 ~ 5.5	5.4 ~ 4.5	< 4.5
盐类结晶性侵蚀(g/L)	10 ~ 15	16 ~ 30	< 30
溶出性侵蚀(HCO_3^-, mg/L)	0.7 ~ 1.5	< 0.7	不作规定

(4)隧道衬砌腐蚀的防治措施

隧道衬砌防腐蚀措施，应首先从做好勘测设计着手，掌握隧道工程地质和水文地质资料。查明环境水含侵蚀性介质的来源和成分，在正确判定其对衬砌混凝土侵蚀的程度的基础上，因地制宜地采取防治措施。

产生腐蚀的三个要素是：第一，腐蚀介质的存在；第二，易腐蚀物质的存在；第三，地下水的存在且具有活动性。针对隧道腐蚀产生的原因和条件。目前，对隧道侵蚀采取的防治措施主要有以下几种。

①提高衬砌的密实度和整体性。

这是提高混凝土抗侵蚀性能最主要的，也是最重要的措施。因为不管是混凝土或砌块、砂浆遭受化学侵蚀，还是冻融交替或是干湿交替作用，甚至几种情况同时存在的最不利情况，共同的必要条件是衬砌的透水性。由于水及其中侵蚀介质能渗透到衬砌内部，才会发生一系列物理、化学变化，致使衬砌混凝土或砌块、灰缝产生腐蚀损坏。如果在修建隧道衬砌时，采用了防水混凝土（或防水砂浆砌不受侵蚀的石料）作衬砌，提高了衬砌的密实度和整体性，外界侵蚀性水就不易渗入混凝土内部，从而阻止了环境水的侵蚀速度，就可以提高衬砌的耐久性，降低侵蚀的影响。

一般用集料级配法和掺外加剂法配制防水混凝土，来提高隧道衬砌的密实性和防水性、由于隧道衬砌是现场浇筑，在有地下水活动的地段，往往很难保证防水混凝土的质量，从而影响防水性，因此要采取相应措施。

②外掺加料法。

由于腐蚀主要是由于混凝土中游离的 $Ca(OH)_2$ 等引起的，可以采取降低混凝土中 $Ca(OH)_2$ 浓度的措施来达到抗侵蚀的目的，例如掺加粉煤灰等材料。

③选用耐侵蚀水泥。

合理选择水泥品种，尽量改善混凝土受侵蚀的内因（如：对抗硫酸盐侵蚀的水泥要限制 C_3A 含量≯5%，在严寒地区不宜选用火山灰质水泥等），但目前尚没有完全可以消除腐蚀的水泥品种。从合理选择水泥品种，与优选粗细骨料及级配、掺外加剂、减少用水量等项措施结合起来，最大限度地提高衬砌的抗蚀性和密实度，配制成防腐蚀混凝土，效果就更好。

目前隧道工程常用的防腐蚀水泥有抗硫酸盐水泥、高抗硫酸盐水泥、低碱高抗硫酸盐水泥、矾土水泥、石膏矿碴水泥等。

④加强衬砌外排水措施。

将侵蚀性环境水排离隧道周围，减少侵蚀性地下水与衬砌的接触。目前，在地下水丰富地区，用泄水导洞法将地下水引至导洞内，减少地下水对主体隧道的影响，一般泄水导洞应根据地下水的活动规律和流向，做在主洞的上游，拦截住地下水。地下水不发育地区，在隧道背后做盲沟，将地下水排入盲沟，从而减少对隧道衬砌的腐蚀。

⑤使用密实的与混凝土不起化学作用的材料，在衬砌外表面做隔离防水层。

国内常用的防水卷材有 EVA，ECB，PE，PVC 等，这些材料的耐酸碱性能稳定，作为隔离防水层，是较理想的材料。

⑥采用与侵蚀性环境水不起化学反应的天然石料砌筑衬砌。

这种方法适用地质条件较好的隧道。

⑦衬砌背后压注防蚀浆液。

目前，常用材料有阳离子乳化沥青、沥青水泥浆液等沥青类的乳液，高抗硫酸盐、抗硫酸盐水泥类浆液。

在衬砌表面涂抹防水防蚀涂料，常用的有阳离子乳化沥青胶乳涂料、编织乙烯共聚涂料，近几年又使用了焦油聚氨醋涂料、RG 防水涂料等。

⑧防腐蚀混凝土。

防腐蚀混凝土是针对环境水侵蚀性介质不同，选用相应抗侵蚀性能较好的水泥品种，通过调整配合比、掺减水剂、引气剂，并采用机械拌和、机械振捣生产的一种密实性和整体性较高的抗腐蚀的防水混凝土。

原铁道部标准《铁路混凝土及砌石工程施工规范》规定了耐腐蚀混凝土的等级划分及相应的防护允许值。

对寒冷和严寒地区受冻部位的隧道耐腐蚀混凝土，宜选用1级或2级。温和地区设计耐腐蚀混凝土的等级，应通过环境水检验。按相应的侵蚀性介质的允许值来确定。

提高混凝土的密实性和整体性，是提高混凝土抗侵蚀能力最重要的措施，因为混凝土内部结构均匀密实，外界侵蚀性环境水就不容易渗入混凝土内部，$Ca(OH)_2$ 也不易被水析出。

防腐蚀混凝土的制作，除了严格控制水灰比和最小水泥用量及按规定对水泥类型选择之外，还应满足以下要求：

ⓐ抗硫酸盐水泥的矿物成分：

$3CaO \cdot Al_2O_3$ 即 C_3A 应≤5%；

$3CaO \cdot SiO_2$ 即 C_3S 应≤50%；

$4CaO \cdot Al_2O_3 \cdot Fe_2O_3 + C_3A$ 应≤22%。

ⓑ防腐蚀混凝土原材料

防腐蚀混凝土用的各种材料应按《铁路混凝土及砌石工程施工规范》第二章执行。粗骨料应符合规范对大于或等于C28混凝土的规定，最大粒径≯60 mm：最低耐冻循环次数不得低于10次(硫酸钠法)。应选用坚硬洁净的中(粗)砂；特细砂不得配制防腐蚀混凝土。

ⓒ施工与养护。

防腐蚀混凝土必须采用机拌和机捣。养护：使用AP，BP，CP类水泥，不得少于14 d；使用AS，BS，CS类水泥，不得少于21 d。

防腐蚀混凝土结构物外露面边缘、棱角、沟槽应为圆弧形；钢筋混凝土钢筋的保护层不得小于5 cm。对既有线隧道的普通混凝土衬砌，产生腐蚀病害。应查明病害原因，结合隧道裂损、漏水病害，综合考虑衬砌加固和改善防、排水条件。对于拱部质量较差的衬砌(有裂损、漏水、厚度不足和腐蚀等种病害)，一般应同时考虑衬砌背后压浆后，对衬砌圬工仍存在的局部渗漏且采用排堵结合整治，并采用喷射混凝土补强堵漏。成昆线既有隧道裂损、漏水、腐蚀病害综合整治取得了大量的成功经验证明：压浆与喷射混凝土，是综合整治隧道裂损、漏水、腐蚀三种病害的有效措施。对不需要补强的大面积渗漏水地段，也可采用喷涂阳离子乳化沥青胶乳或喷射防水砂浆，做成内贴式防水、防蚀层。在凿毛冲洗干净的圬工面上，喷射混凝土和防水砂浆，均具有黏结性好、密实度高(满足抗渗标号>B8)，质量耐久可靠等突出优点，应优先考虑采用。

11.3 高速铁路隧道的维修养护管理

从各国高速铁路隧道运营的实践现状来看，对列车安全运行有重大影响的因素有两类：一类是突发性的，如列车火灾事故；另一类是经常性的，如隧道病害。这与普通铁路隧道是相同的。但因高速列车车速快，因此发生事故的后果更为严重。针对高速铁路的安全运营，国际上主要研究隧道内列车火灾事故的预防、发现及消防、救援技术；研究隧道病害的监测、诊断及评定、整治技术。

英法海峡隧道1996年发生的严重火灾给人们的启示是：一要有合理的便于人员疏散的结构布置；二要有火灾发生的预测、预警装置；三要有适应于平时和紧急状态的通风系统；四要有强有力的消防系统。

(1)关于火灾

①隧道疏散结构设置方式。

火灾事故一经发生，最重要的是人员如何能安全、迅速地撤离火灾现场。从目前修建的长大高速铁路隧道来看，在疏散结构设置方式上主要有以下两种：

ⓐ单独设置服务隧道的方式。如英法海峡隧道、青函隧道都是沿隧道全长设置服务隧道，每隔一定距离，就有联络通道与正洞相连，还可以综合应用于避难、通风、排烟及维修养护。

ⓑ分设两个单线隧道的方式。一般高速铁路都是双线，因此可以按上下行线分设为两座单线隧道，两隧道之间则以若干联络通道连接。

这两种方式各有利弊，应根据地质条件、环境条件、输送方式、维修方式等因素综合决定。

②火灾防范系统实例。

简单介绍一下英法海底隧道在防范火灾方面的设计。

ⓐ撤离路线。为了能使人员安全撤离火灾现场，在两条各长 50 km 的运行隧道之间修建了一条服务隧道。运行隧道建有 146 条人行通道与服务隧道相连。当火灾发生时，如果列车停在隧道内，靠近列车的人行通道的隔离门将会打开，乘客可以通过人行通道进入服务隧道，撤离火灾现场。

ⓑ通风系统。如果隧道内发生火灾，对人员危害最大的是火灾引起的浓烟，因此控制隧道内的烟气流动非常重要。英法海峡隧道具有两套通风系统。一套是常规通风系统，用于为隧道提供新鲜空气；一套是紧急通风系统，用于隧道发生火灾时控制烟气流动的方向。该隧道的紧急通风系统，设计成不仅是可逆的，而且风量是可调的。一旦发生火灾，紧急通风系统将开始工作。紧急通风系统将根据列车所停的位置及乘客撤离的方向，控制隧道内的气流方向及风速，以利于乘客迅速撤离火灾现场。当人行通道的隔离门打开后，隧道内的烟气有可能同乘客一起进入服务隧道，乘客将无处可逃。为了避免这样的事情发生，常规通风系统将与紧急通风系统配合，根据隧道内的压力，调整常规通风系统的风量，以保证服务隧道内的空气压力大于服务隧道外的空气压力，保证运行隧道内的烟气不会进入服务隧道。

ⓒ监控系统。隧道内安装了闭路电视及火灾报警系统，用于火灾的监测与报警。在我国只有较为重要的公路隧道才设置监控系统，而铁路隧道一般是不设置的。可见，高速铁路隧道在这方面的要求更为严格。

ⓓ隧道火灾研究。为了避免发生火灾及减少火灾造成的损失，英法两国研究人员曾进行了有关火灾的分析及试验，根据隧道结构将整个海峡隧道分成不同区域，对火灾的规模、火源及火灾发生在不同区域进行计算机模拟及分析，找出最佳方案，制定详细的“隧道紧急情况执行程序”。列车司机及有关人员都必须经过学习程序的培训。一旦发生火灾，有关人员将能按照该程序进行处理。

(2)结构的健全度

在高速铁路隧道的维修养护中最为重要的是：在维修养护中要采取各种手段及时发现变异，推定变异发生的原因，正确地评价结构的健全度，以便选择合理的维修养护措施。

运营实践证实：在良好施工质量的前提下，隧道结构物具有良好的耐久性和健全度。在运营一段时间后，例如 10～15 年左右，隧道会出现各种变异，如衬砌开裂、渗漏水、底鼓等，严重时会影响列车的安全运行。因此，从一开始，就应重视隧道的维修养护工作。维修养护工作除满足一般铁路隧道的要求外，更要结合高速运行的特点进行，如洞口微气压波和空气噪声的测试、列车振动的测试以及隧道底部结构的检查等。

目前在国外的高速铁路中已经建立了相当完整的隧道功能状态检测体系。例如，采用地质雷达探测衬砌背后的状态；采用壁面机械手检查衬砌表面的开裂状态；采用画像摄影方法判断衬砌的健全度等等。

因此，高速铁路隧道的维修管理，应能充分地保证列车行驶的安全，即能及时地发现变异或病害，及时地维护与整治，使隧道结构的功能状态始终处于健全的状态，这是极其重要的。

思考与练习

1. 隧道常见病害有哪些类型？
2. 我国开展隧道病害检测与防治工作有何重大意义？
3. 隧道水害有哪些类型？并说明各自的成因。
4. 隧道水害防治的原则有哪些？
5. 营运隧道的水害整治主要采取哪些措施？
6. 隧道衬砌裂损有哪些类型？衬砌开裂的主要原因有哪些？
7. 隧道开裂常采取哪些措施整治？
8. 隧道冻害有哪些类型？并说明各自的成因。
9. 隧道冻害如何防治？
10. 什么是隧道衬砌的物理腐蚀和化学腐蚀？
11. 隧道衬砌腐蚀的防治措施有哪些？

参考文献

[1] 卢春房. 隧道工程. 北京：中国铁道出版社，2015.
[2] 陈思敏，等. 隧道及地下工程. 北京：清华大学出版社，2014.
[3] 王道远. 隧道施工技术. 北京：中国水利水电出版社，2014.
[4] 李德武. 隧道. 北京：中国铁道出版社，2014.
[5] 钱波. 不良地质条件隧道施工技术. 北京：中国水利水电出版社，2012.
[6] 王毅才. 隧道工程(上册). 2 版. 北京：人民交通出版社，2006.
[7] 高波. 高速铁路隧道设计. 北京：中国铁道出版社，2010.
[8] 杨新安，等. 铁路隧道. 北京：中国铁道出版社，2011.
[9] 彭立敏. 隧道工程. 长沙：中南大学出版社，2009.
[10] 张庆贺. 隧道与地下工程灾害防护. 北京：人民交通出版社，2009.
[11] 丁文其，杨林德. 隧道工程. 北京：人民交通出版社，2012.
[12] 刘维宁. 铁路隧道. 北京：中国铁道出版社，2010.
[13] 李小青. 隧道工程技术. 北京：中国建筑工业出版社，2011.
[14] 郭占月. 高速铁路隧道施工与维护. 成都：西南交通大学出版社，2012.
[15] 王长柏，汪鹏程. 隧道工程. 武汉：武汉大学出版社，2014.
[16] 谭仁辉，王成. 隧道工程. 第 3 版. 重庆：重庆大学出版社，2013.
[17] 孟维军，王国博. 高速铁路隧道工程施工技术. 北京：中国铁道出版社，2014.
[18] 洪开荣. 高速铁路特长水下盾构隧道技术. 北京：中国铁道出版社，2013.
[19] 朱永全，宋玉香. 隧道工程. 2 版. 北京：中国铁道出版社，2007.
[20] 铁道部第二勘察设计院. 铁路隧道设计规范(TBJ 10003—2005). 北京：中国铁道出版社，2005.
[21] 重庆交通科研设计院. 公路隧道设计规范(JTG D70—2004). 北京：人民交通出版社，2004.
[22] 中铁一局集团有限公司. 铁路隧道工程施工技术指南（TZ204—2008）. 北京：中国铁道出版社，2008.
[23] 中交第一公路工程局有限公司. 公路隧道施工技术规范(JTG F60—2009). 北京：人民交通出版社，2009.
[24] 铁路专业设计院. 铁路隧道喷锚构筑法技术规范(TB 10108—2002). 北京：中国铁道出版社，2002.
[25] 铁道部第二勘测设计院. 铁路工程设计技术手册. 北京：中国铁道出版社，1995.
[26] 铁道部第二工程局. 铁路工程施工技术手册. 北京：中国铁道出版社，1996.
[27] 铁路隧道工程施工安全技术规程(TB10304—2009). 北京：中国铁道出版社，2009.
[28] 高速铁路设计规范(TB10621—2014). 北京：中国铁道出版社，2014.
[29] 中铁隧道集团有限公司. 铁路隧道防排水施工技术指南(TZ331—2009). 北京：中国铁道出版社，2009.
[30] 贺少辉. 地下工程(修订本). 北京：北京交通大学出版社，2008.
[31] 周爱国. 隧道工程现场施工技术. 北京：人民交通出版社，2004.

[32] 关宝树. 隧道工程设计要点集. 北京：人民交通出版社，2003.
[33] 关宝树. 隧道工程施工要点集. 北京：人民交通出版社，2003.
[34] 关宝树. 隧道工程维修要点集. 北京：人民交通出版社，2004.
[35] 夏明耀. 地下工程设计施工手册. 北京：中国建筑工业出版社，1999.
[36] 黄成光. 公路隧道施工. 北京：人民交通出版社，2001.
[37] 王英学，高波，朱丹，肖明清，徐向东，赵文成. 高速铁路隧道空气动力效应控制技术. 北京：科学出版社. 2012.
[38] 卿三惠，等. 高速铁路施工技术(隧道工程分册). 北京：中国铁道出版社. 2013.

图书在版编目(CIP)数据

隧道工程/耿大新,方焘,石钰锋主编.
—长沙:中南大学出版社,2016.3
ISBN 978-7-5487-2133-8

Ⅰ.隧... Ⅱ.①耿...②方...③石... Ⅲ.隧道工程 Ⅳ.U45

中国版本图书馆 CIP 数据核字(2016)第 066937 号

隧道工程

耿大新　方　焘　石钰锋　主编

□责任编辑　刘　辉
□责任印制　易红卫
□出版发行　中南大学出版社
社址:长沙市麓山南路　邮编:410083
发行科电话:0731-88876770　传真:0731-88710482
□印　　装　长沙印通印刷有限公司

□开　　本　787×1092　1/16　□印张 16.75　□字数 422 千字
□版　　次　2016 年 3 月第 1 版　□印次　2016 年 3 月第 1 次印刷
□书　　号　ISBN 978-7-5487-2133-8
□定　　价　38.00 元

责任编辑：刘　辉
封面设计：易红卫

普通高校土木工程专业系列精品规划教材

PUTONGGAOXIAOTUMUGONGCHENGZHUANYEXILIEJINGPINGUIHUAJIAOCAI

混凝土结构设计原理
钢结构设计原理
建筑钢结构
荷载与结构设计方法
结构试验教程
建筑节能
混凝土结构与砌体结构
结构工程抗震设计
理论力学
流体力学
结构力学
材料力学
民用建筑设计原理
土木工程专业英语
土木安全工程概论
工程建设法规实务
消防工程导论
工程经济学
土木工程施工组织与计价
土木工程项目管理概论
土木工程伦理
土木工程结构试验教程
工程合同法律制度
工程项目管理

土木工程测量
土木工程测量实验与实习教程
土木工程测量实验与实习
现代测量技术
工程地质实践教程
建筑材料
土力学
基础工程学
隧道工程
铁路选线设计
轨道工程（高铁、城轨、轻轨、重铁）
铁路轨道工程（铁路方向）
城市轨道交通工程
地下铁道
道路工程
公路工程试验与检测
路基工程（铁路方向）
桥梁工程
桥梁施工
钢桥
混凝土桥
工程地质
流体力学

建议销售分类：土木建筑

ISBN 978-7-5487-2133-8
9 787548 721338

定价：38.00元